电机轴承故障诊断与分析

王 勇 赵 明 编著

机 械 工 业 出 版 社

本书从电机轴承故障诊断的方法、理论、实践等不同角度向广大读者系统地介绍了电机轴承故障诊断与分析技术。书中内容从故障诊断的系统方法、检查与测量入手，介绍了电机轴承故障参数的提取方法、判定及其应用；从电机轴承故障诊断参数背后的理论角度，介绍了电机轴承应用技术、振动监测与分析技术、噪声分析方法和电机轴承温度分析方法，同时全面阐述了电机轴承失效分析的理论与实践方法；最后，从电机轴承故障诊断与分析的实践角度对电机轴承的一些典型故障机理、表现以及诊断方法等进行了全面的分析和阐述。

本书可供从事电机设计、使用和维护相关领域工作的技术人员学习参考，也可作为电机技术人员在日常电机设计、试验、维护、保养等涉及电机轴承故障诊断与分析相关的工作中使用，还可作为从事轴承应用技术工作的工程师的指导用书。

图书在版编目（CIP）数据

电机轴承故障诊断与分析/王勇，赵明编著 .—北京：机械工业出版社，2021.2（2024.3 重印）

ISBN 978-7-111-67062-9

Ⅰ. ①电…　Ⅱ. ①王…　②赵…　Ⅲ. ①电机-故障诊断　Ⅳ. ①TM307

中国版本图书馆 CIP 数据核字（2020）第 251465 号

机械工业出版社（北京市百万庄大街 22 号　邮政编码 100037）
策划编辑：江婧婧　责任编辑：江婧婧
责任校对：王　延　封面设计：鞠　杨
责任印制：张　博
北京建宏印刷有限公司印刷
2024 年 3 月第 1 版第 4 次印刷
169mm×239mm · 22 印张 · 448 千字
标准书号：ISBN 978-7-111-67062-9
定价：99.00 元

电话服务
客服电话：010-88361066
010-88379833
010-68326294

网络服务
机　工　官　网：www.cmpbook.com
机　工　官　博：weibo.com/cmp1952
金　书　网：www.golden-book.com
机工教育服务网：www.cmpedu.com

封底无防伪标均为盗版

序

2020年5月《电机轴承应用技术》一书出版，这本书从电机轴承的应用角度介绍了一些相关的技术，受到广大工程技术人员的喜爱，作者深受鼓舞。与此同时，很多工程技术人员在实际的日常工作中遇到了大量的轴承故障诊断与分析相关问题。与电机轴承应用技术一样，工程师可以找到的专门阐述电机轴承故障诊断与分析的相应技术书籍十分有限，很多资料零散的分散在各处，难于查找应用，更难以成体系地被介绍。

作者在近二十年的轴承技术工作中，深感轴承故障诊断与分析技术在轴承使用中的重要性，于是萌生了从轴承故障诊断与分析角度将对相关知识进行总结梳理回馈读者的想法，这也是《电机轴承故障诊断与分析》动笔的初心。

从技术使用的角度上，《电机轴承故障诊断与分析》与《电机轴承应用技术》存在较大的不同。应用技术是从轴承选用一直到生产使用过程中的应用技术知识系统，这个知识系统伴随着电机从设计到最终失效的生命周期；而故障诊断与分析技术则是面对已经完成生产制造的电机产品出现的轴承故障时进行的技术判断、处理工作。此时面对的是电机轴承的运行故障，需要处理的工作是分析、判断、原因追溯，以及相应的故障排除处理。有时候，这种处理的过程甚至是应用技术的逆向追溯过程。

同时，在电机轴承故障诊断与分析的实际工作中，往往面临着信息不全，现象难以描述等诸多困难。因此承担电机轴承故障诊断与分析的工作需要有坚实的轴承应用技术知识作为基础。

另一方面，电机轴承故障诊断与分析又与相应的检测技术紧密相连。因此检测技术基础也是电机轴承故障诊断与分析的重要基础。

本书从电机轴承故障诊断与分析中的检测、分析入手，全面地阐述了电机轴承故障诊断的常用方法，参数、指标的判读，以及其背后的技术逻辑。

与《电机轴承应用技术》一样，本书中对电机中最常用的滚动轴承进行相应的故障诊断与分析介绍。对于大型电机中常用的滑动轴承故障诊断与分析，依然可以部分地使用或者借鉴本书介绍的方法、逻辑等。

本书在成书过程中引用了部分《电机轴承应用技术》的相关内容，同时有些数据来源于国家和行业标准、轴承厂商的样本和使用手册。

由于作者水平所限，书中难免有不准确或者是错误的地方。恳请电机和轴承领域的专家以及广大工程师提出宝贵的意见和建议，在此表示感谢！

在本书成书之际，特别感谢伍美芳（Quency NG）女士、吴凯先生、杨彦女士在过去多年对作者的教诲和帮助！感恩曾经的并肩战斗与学习！

王勇、赵明

2020 年 10 月

前　言

从设备故障谈起

电机是工业生产中的重要动力设备，轴承是电机中最易出现问题的关键零部件之一。因此电机轴承的故障诊断是电机运维工作中的一个主要工作内容。讨论电机轴承故障诊断与分析不妨从故障诊断与分析的上一级——设备说起。

一、设备设计与开发过程中的故障诊断与分析

从设备的整个生命周期角度来看，设备的故障诊断不仅仅出现在使用过程中。在设备被生产制造完成之后就已经开始对设备的一些情况进行广义上的故障诊断。这是因为，几乎没有人可以在产品完成之前确保设计、制造等环节完全正确。通常设备的设计都是根据工况要求而制定的设计任务完成的，完成的设计产品会进入生产、制造环节，最终投入使用。在设备的生产制造完成之后的检验环节，经常通过实验等方式来检验和发现原来设计、制造环节中存在的这样或者那样的问题。工程师需要对这些与设计初衷不符的问题进行分析，从而找到原因。

这些与设计初衷不符的问题如果是由设计本身的某些因素引起的，就需要根据分析的原因对设计以及制造过程进行修改。

有时候这种设备表现与设备设计初衷的不符不是设计、制造本身的问题，而是使用工况的差异引起的。这种情况下，要么调整工况，要么调整设计。但所有的行动都是基于对问题的诊断分析得到的结论。

从广义上来说，这里描述的与设计初衷不符的运行表现，也属于故障，或者可以称之为设计使用故障。在这个过程中的问题诊断与分析，对设计修改和工况调整具有重大意义。针对电机轴承而言，就是对电机轴承系统的审视，问题诊断和分析。

需要说明的是，上面提到的情况有时是因为设计、制造偏差，有时是因为对客户提出工况的理解偏差的修正。在设备出厂之前的广义故障诊断更多是对设计和制造引起的故障的发现、分析与修正过程。

二、设备运维的基本理解

设计、制造完成的合格产品将会在工厂中投入使用，此时工业设备的运维是保障工厂正常运行的一个重要工作。对于设备的使用者，希望设备运行可靠、不耽误

生产；而对于设备制造厂也希望自己生产的设备不出问题，减少客户的投诉。在工业生产中，设备使用者为了保证设备可靠运行并达到最佳效率会设置专门的设备运维部门对设备进行管理，因此设备运维成为工业生产保障的重要职能。

但是说起设备运维，内容并不简单。

“运维”一词字面上理解，由“运”和“维”两方面内容组成。也就是说，设备运维包括工业生产中两种不同场景，是工程技术人员对设备的两种不同操作，设备的运行技术和设备的维修是两个不同的范畴，有其专门的定义和应用。

首先，“运”是设备的运行技术，是指对设备进行使用的技术。如何将设备使用到最佳的工作状态以发挥最大的效能是设备使用技术的关键。比如一台电机，如何让它一直工作在最佳效率点；一台锅炉如何让它的燃烧效率达到最高；一个氨法脱硫设备选择怎样的氨水投放量可以达到最好的脱硫效果又不浪费氨水……我们不难看出，设备的运行技术是在设备本身正常的情况下，将设备用到最好的技术，是关于设备使用的技术。对于电机而言，就是电机拖动技术、电机控制技术等专门领域的知识。

而设备“维”与“运”不同。前者重点在于设备的维修，而后者在于设备的使用。我们不妨再做一次拆解：所谓设备的“维修”包括设备的“维”和设备的“修”。这样的拆解不是咬文嚼字，而是说明了设备“维修”中两个重要的工作内容。“维修”中的“维”是维护保养；“修”是修理。

设备的维护保养，是指对设备进行日常的维护工作。此时，设备可能出现故障状态，也可能没有出现故障状态。事实上，很多设备的日常巡检都属于设备维护的范畴。当设备没有出现故障的时候，对设备情况进行记录；当设备出现某些异常表现的时候，根据设备的故障情况确定设备修理需求。当设备仅仅需要很小规模的修理时，通常就在设备维护保养工作中直接完成修理的工作。当设备的故障经过评估达到一定级别的时候，由维保人员提交维修需求，并根据维修计划进行合适的修理工作。

在设备的维护过程中，使用的主要手段是对设备的状态进行监控，以确保设备处于健康状态，这就是很多工程师提到的设备健康管理的概念。在健康管理的过程中，设备状态监测技术发挥着很重要的作用。通过状态监测技术发现设备处于故障状态时，要根据相应的故障诊断和分析知识进行处理。本书讨论的电机轴承故障诊断与分析很大一部分就是关于在这个工作中需要的技术，其中包括从状态监测到故障诊断与分析，最终目的是提出维修建议。这里的维修建议包含维修目标、维修方法与维修时间（预测性维护中会提出维修窗口的概念）。

设备的修理往往是确定了设备已经出现了这样那样的问题而确定需要对设备进行修理工作之后，根据维修计划定期或者不定期展开的设备调整、修理、更换等工作。到达设备的修理阶段，那么设备已经经历了从正常的运行使用到通过设备维护发现问题，再提交维修计划的各个阶段。在维修过程中，故障的诊断与分析为维修提供了方向和方法建议，因此这个环节也是故障诊断与分析最终实践的重要应用场景。

从上面的描述可以看到，设备运维、设备运行、设备维修、设备维护、设备修理有如下的层级关系（见图1）。

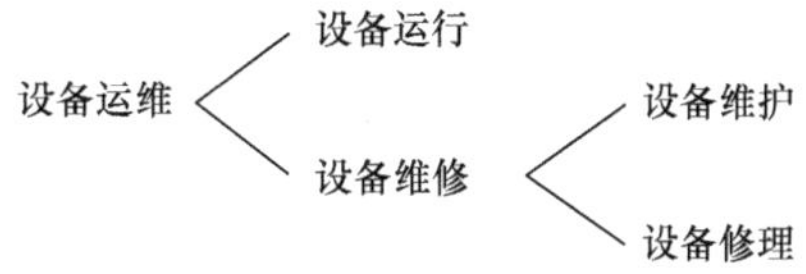

图1　设备运维的概念

现在很多人用设备健康管理的概念来描述设备的运维。这是一个很贴切的概念。如果我们用人的健康管理来理解设备的运维，上述的概念就变得十分易懂了。

首先设备的运行管理用人来做类比，相当于一个健康的人发挥或者使用某种技能。比如健康的人训练射击，学习如何调动身体各个器官以最准确的方式完成射击动作，并且最大限度地命中目标。整件事情更加关注对人身体的使用。此时训练的目的是使人掌握某项技能，假设条件是人的健康以及其他状况均正常。对设备也是一样，设备的运行管理是对健康设备的最大效能利用。

设备的维护，如果用人的身体来做类比，就相当于人的定期保养。人需要白天吃饭，晚上睡觉，有时候还要进补。维护的目的是让身体保持健康，不发生疾病，不影响技能的使用，效能的发挥。对于设备而言，就是定期润滑等维护动作。

设备的状态监测与分析，如果用人的身体来做类比，就相当于人的体检。将人的身体指标进行量化，判断是否健康，然后根据判断结果制定后续治疗或者保健的方案。这个过程中不涉及对人体的治疗和使用，仅仅是对身体状态的明确化。所以设备的状态监测是对设备状态的体检，是量化反应设备情况的手段和方法。基于状态监测结果的分析，就相当于解读人体的体检报告。根据设备“体检报告”的提示，判断是否需要治疗并给出治疗的方法。

设备的维修，如果用人的身体来做类比，则相当于对病人的治疗。如前所述，根据体检结果（状态监测与分析结果），确定了病情（故障诊断与分析，完成了定位定责）之后，采取吃药或手术等治疗措施。此时已经是治病救人。对于设备来讲就需要涉及修理、更换等工作。

综上，设备的运行管理是对设备使用的最优化工作；设备的维护就是对设备本身健康状态的维护；设备的监测与分析就是对设备健康状况的探查与监督；设备的维修就是对设备故障状态的修正。

电机轴承故障诊断、分析与设备运维

电机是设备中的一种，而轴承又是设备（包括电机）里重要的零部件。因此，电机轴承的故障诊断、分析是设备运维管理中重要的一个环节，它的总体逻辑和体系涵盖于设备运维管理范畴之内。前面的描述对于电机轴承而言完全适用。

顾名思义，电机轴承故障诊断的分析对象是电机轴承，是在设备运维管理和故障诊断中已经界定出这个故障表象与轴承有关的时候，对轴承进行深入的研究和分析。然而并不是所有的表现为电机轴承故障的现象都是由轴承本身引起的，电机轴承故障诊断也与周边设备的情况有着密切的联系。所以，电机轴承有故障，则会表现为电机轴承故障现象；反之，电机轴承表现出故障现象，则不一定说明轴承本身有故障。

另外，电机轴承故障诊断与分析主要的工作内容是诊断与分析。在设备运维的领域里与设备维护管理以及设备维修关系最为紧密。在这里，我们不研究如何让轴承发挥更大效能（也就是轴承的运行管理），但是我们研究轴承出现某种非正常状态时的识别并找出导致故障的原因，同时需要给出改善建议。

总而言之，电机轴承故障诊断的对象是电机轴承；工作的内容是故障诊断与分析。诊断与分析的内容就是确定故障的类型，寻找导致故障的根本原因，以及对故障排除提出改进建议。这也是本书试图进行阐述的主题。

本书框架介绍

滚动轴承是电机中最常用的轴承类型，本书介绍的内容主要针对滚动轴承展开。从电机轴承的故障发生到最后完成维修的过程中，需要经过状态检查、状态监测、故障分析等一些过程。考虑到在这个过程中相应的技术和知识框架，本书将电机轴承故障诊断与分析总体技术划分为四个篇章进行介绍。首先对电机轴承故障诊断与分析进行概述，随后分别聚焦于电机轴承状态的检查手段介绍，电机轴承故障诊断与分析的关键技术内核介绍，以及电机轴承故障诊断与分析核心技术在现场的应用组合，也就是故障诊断实战的相关内容。

第一篇，电机轴承故障诊断与分析概述，主要介绍电机轴承运行状态信息以及故障信息的检查与监测的相应技术、手段、标准与检查方法。这些技术是电机轴承故障诊断与分析工作的基础，是后续分析判断工作的依据，是电机轴承健康管理的基本探知窗口，因此本书将这部分内容放在第一篇介绍。

第二篇，电机轴承故障诊断中的检查与测量，主要从电机轴承运行状态最常用的参数指标的测量着手，介绍了测量的方法、限值等相关内容。同时介绍了这些相应的检查方法在电机轴承故障诊断与分析中的实际操作和使用流程。

第三篇，电机轴承故障诊断与分析基本技术，主要介绍了电机轴承故障诊断与分析工作中需要使用的相关技术。这些技术本身往往都是一门相对独立的技术门类。同时这些技术的基本知识在电机轴承故障诊断工作中的综合运用构成了电机轴承故障诊断技术的主体。掌握这些技术才能真正掌握电机轴承故障诊断中的核心技术逻辑，为故障诊断提供实际的理论支撑和实践指导。

本篇从电机轴承故障诊断技术的最主要领域进行分类介绍，它们包括：电机轴承应用技术；电机轴承振动监测与分析技术；电机轴承噪声分析方法；电机轴承温度分析方法；电机轴承失效分析技术。

但是我们知道，上面提及的任何一门技术本身都不是单纯地被电机轴承故障诊断技术涵盖。电机轴承故障诊断与分析技术是包含了这些技术中和故障诊断与分析相关的内容。比如，电机轴承应用技术，除了用作电机轴承故障诊断与分析以外，更主要的功能是对轴承在电机中的合理使用提供设计、选用参考。作为轴承的应用技术，其中的核心逻辑关系在故障诊断中被用于进行正常或异常的判断。所以这门技术在故障诊断与分析工作中的应用构成了故障诊断与分析技术的一个部分。

第四篇，电机轴承故障诊断与分析的实战和应用，主要介绍了电机轴承故障诊断手段、方法以及相应技术在电机轴承故障诊断过程中的实际应用方法。这部分的主要作用是将前面两篇内容根据实际工况进行具有操作意义的组合。本篇还针对电机轴承中最常见的 8 类故障进行了总结。其中每一类故障的总结方法都是按照实际工程中的处理逻辑展开的。

读者在理论学习与实际应用中往往会遇到一个困难，就是学习到的理论知识与现场遇到的问题并不能实现严丝合缝的匹配。这是因为对电机轴承知识的介绍一般是从原因到分类再到呈现现象。而工程实际中当轴承出现故障的时候，首先出现的是轴承故障现象，然后才能根据现象确定属于轴承故障的哪一类，最终根据分类寻找原因。这个逻辑顺序往往和多数技术资料里的顺序相反。而之所以出现这种相反的现象是因为如果从技术阐述的完备性和逻辑性而言，显然是前者更加简便和明确。本书第三篇的描述也基本按照这种逻辑顺序进行。作为实战指导，为了跨越阐述与应用的障碍，本书第四篇对典型故障的阐述尽量遵循从现象到归类到寻因的逻辑。这与实际工况发生的顺序相符，更适合工程师与实际工况进行对应。

本书阅读建议

本书系统地阐述了电机轴承故障诊断与分析过程中的相关技术、手段和使用方法，面对不同需求的读者可以采取不同的阅读方式。

对于希望系统了解故障诊断操作的读者而言，第二篇的内容为他们提供了电机轴承故障诊断与分析实际测量操作的各种介绍，可以单独阅读第二篇相关内容。

对于希望系统了解电机轴承故障诊断与分析技术内核和逻辑联系的读者，可以单独阅读本书第三篇的相关内容。这有助于读者在梳理日常庞杂的故障诊断与分析工作之余，将碰到的现象与理论技术之间搭建畅通的桥梁，同时更加系统地梳理工作中面对的问题。同时也可以提高日常故障诊断与分析的理论水平与准确性。

本书第四篇内容可以适用于某些读者的应急需求。很多读者在面对电机轴承故障的时候，希望迅速做出判断，并予以排除。那么第四篇的介绍涵盖了电机轴承故障中的主要部分，读者可以采取查阅的方式进行阅读。如果在排除故障之余，希望提高对问题认识的理论性，则可以回头阅读第三篇的内容。

同时对于完成第三篇内容阅读的读者，可以通过对第四篇的阅读跨越前面所述的理论与实际工况之间的逻辑顺序相反的矛盾。

当然，对于电机轴承应用技术人员，如果可以系统地阅读和学习本书的相关技术，则可以更加全面地掌握整个电机轴承故障诊断与分析的大部分知识体系。

本书中在阐述技术内容的同时，还列举了几十个典型案例。这些案例全部来自作者几十年工作经历中的真实案例。在典型案例的介绍中一方面介绍了案例的情况并分析解决结果，另一方面时也详细地阐述了案例的分析过程。电机的使用者可以根据这些常见的典型电机轴承故障案例对比自己实际面对的问题，从而寻求答案。同时对电机轴承方面的从业人员也可以从案例的分析过程中学习电机轴承故障诊断与分析的思维方法。

在本书的撰写过程中，除了每一个部分的具体内容之外，各个部分内容的组织形式、排序等本身也反映了一些关于轴承故障诊断工作执行的顺序，以及对相关知识体系等的思考。对零散知识的运用本身就是一种方法论，这也是本书作者想呈现给读者的内容。

编著者

2020年10月

目　录

第三篇　电机轴承故障诊断与分析基本技术

第四篇 电机轴承故障诊断与分析的实战和应用

第一篇

电机轴承故障诊断与分析概述

第一章　电机轴承故障诊断与分析技术体系

电机作为机电能量转换装置在生产和生活中起着非常重要的作用，是诸多工业设备的动力源泉。谈到设备本身的健康状况或者故障，很多时候都会与电机有关。而轴承作为在电机内部唯一一个实现承载并且旋转的零部件，是电机故障的高发点。因此从设备故障概念本身来看，设备到电机到轴承是一个父子集的关系。

然而，故障具有相当的复杂性，轴承如果存在问题，则会表现为轴承故障，但是反之则不一定如此。往往是体现在轴承上的故障不一定是轴承的问题，体现在电机上的故障也不一定是电机本身的问题。这样的复杂性，使概念之间的父子集关系变得模糊。事实上，在实际工况中模糊的不是概念本身，而是对现场情况和现象的界定。工程现场中很多时候因素众多，且相互交杂，导致工程师对故障的诊断和判别发生偏差，这是使整个电机轴承故障诊断问题变得更加复杂的一个重要因素。这也是本书试图梳理的思维逻辑框架。

本书以电机轴承故障为主题详细阐述了电机轴承故障诊断的概念、依据、方法和一些典型参考案例。

第一节　电机轴承故障诊断分析的基本概念与基本方法、步骤

作为电机轴承故障诊断与分析的基础，在进行阐述之前，我们必须对故障诊断的一些基本概念做一定介绍。

一、设备故障与故障诊断

设备故障诊断，顾名思义是对设备的故障进行判定的工作，这个判定包括对设备故障的发生部位的判定以及引起设备故障原因的判定。在做这个工作之前，工程师需要首先明确什么是“故障”。当一个设备完成设计的时候，这个设备在给定的输入条件下应该做出与设计预期相仿的输出，其内部零部件的表现应该与设计意图相符。当设备处于给定输入下，输出和内部运行与设计意图相符的时候，我们说设备处于正常工作状态。当然由于生产加工误差的原因，不可能所有的设备在一致输入条件下都会有一模一样的输出，但总体上都分布在一定的容差范围之内。因此设

备的正常工作状态应该在一个接近设计意图的范围之内。当我们给设备施加一个设计许用范畴内的输入时，若设备并未表现出相应的与设计预期相符的输出，我们认为设备可能存在故障。这里说的与设计预期相符的输出，应该也包括设备内部各个零部件的运行状态与设计意图相符。

当然还有一种情况，设备运行状态正常，但是如果设备的输入条件超出设备设计许用范畴，此时设备表现得异常，不能算作设备本身的故障。

当设备出现故障（在合理的输入下表现出非正常运行状态）的时候，工程师需要对故障进行的定位、定责的工作就是我们说的“故障诊断”。

首先，定位。当一个设备出现故障的时候工程师需要判别的是哪里出现了问题。从总体输入、输出不正常，到具体哪一个子设备，哪一个子设备的哪一个部分，再到相应部分的哪一个零件表现异常的过程，我们称之为“定位”。

第二、定责。当找到相应的故障来自设备或者零部件的时候，为避免盲目维护与维修，在进行维护和维修之前，工程师需要对相应的故障零部件进行根本原因分析。这样分析的目的是为了治标治本，从根本上排除故障，使之不再发生。

在现实的工程实际中，工程师所做的定位、定责工作并不是如概念上说的分离开来。往往是定位的过程中掺杂着定责的一些预估和判断。所谓有经验的工程师就是可以在众多复杂的因素中迅速排除干扰信息，找到关键因素，并深入追查，进而找到故障根源进行排除。这个过程可以形容为“稳、准、狠”。

综上，我们知道，机械设备的故障诊断是识别机器或者机组的运行状态，并且研究机器或者机组运行状态在诊断信息中的反应的学科。在这个定义里，对机械设备的状态识别是进行后续工作的重要基础，没有设备状态的描述就无从谈起诊断与分析。

二、电机轴承故障诊断与分析

前面阐述的故障诊断主体是设备，当这个故障诊断主体是电机轴承的时候，就是我们所说的电机轴承故障诊断与分析。这项工作就是识别电机轴承的运行状态，研究电机轴承在状态诊断信息中的反应。这项工作的一个前提就是电机设备的状态监测与识别，从而已经算大略进行过设备故障诊断中的“定位”工作，并且将焦点定位到电机轴承上。但这仅仅是一个初期“定位”的工作，或者说是一个现象“定位”，只说明这个故障可能源于或者表现在轴承上，而此时造成故障表现的根源，则不一定是轴承本身。现实工况中经常遇到某些故障被定位成轴承故障，但是经过对轴承故障进行相应的诊断和分析，发现故障根源不是轴承，而是周边的其他设备或者零部件问题。而且这种情况占据电机轴承故障问题的很大一部分。这是因为，首先电机常用轴承都是轴承领域已使用上百年的成熟产品，其设计、制造等水平已经相当稳定，只要轴承生产厂家控制好质量，由于轴承本身设计制造而造成的问题相对较少。其次，轴承与其他标准件不同，其选型、使用、维护中有很多专门的技术，因此机械工程师在设计、使用轴承的时候很容易在一些细节部分有所忽略导致最后出现问题，而在出现问题的时候“症状表现”又是轴承，所以很容易让人做出误判。

三、电机轴承故障诊断与分析的基本步骤

电机轴承故障诊断与分析技术的内容是在电机轴承应用技术基础之上加之对现场工况诸多信息的搜集、整理、分析、逻辑推演，然后寻找实际印证并最终做出判断的过程。这个分析的起点是通过电机轴承状态监测发现故障，终点是故障原因的确定，然后给出维护修理的对象和方法。这里的轴承状态监测不仅仅指使用状态监测设备进行的监测，其中也包括运维人员通过日常检查发现故障。电机轴承故障诊断与分析过程如图 1-1 所示。

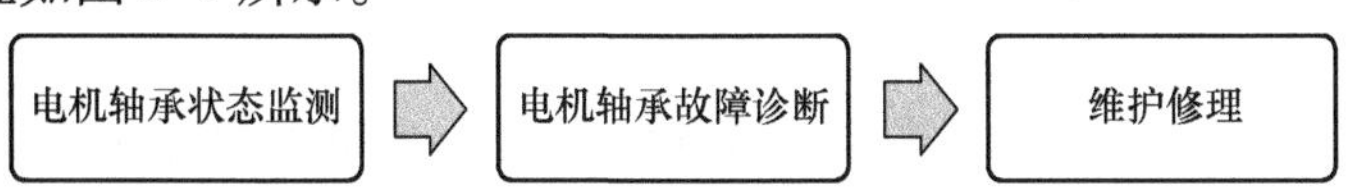

图 1-1　电机轴承故障诊断与分析过程

前已述及，电机轴承故障诊断的起点是通过电机轴承状态监测（人工的或者是设备的）发现所谓的故障。需要指出的是，这里的状态监测是一个广义的概念，绝不仅仅指轴承振动监测的信息。此时这个故障诊断可能是一个粗略的“定位”估计，也可能是一个基于表象的定位。面对这种给定条件，电机工程师需要从以下几个步骤展开工作：

第一、在电机不拆解的情况下，了解周围工况。此时主要是针对工况外界条件进行检查，从而排除由于外界工况变动，或者外界原因导致的轴承故障现象。在条件允许的情况下，可以让故障重现，以便工程师更全面地掌握现场发生故障时候的全部信息。

这一步的检查工作就是对电机工程师所具有的设备及轴承知识基础的一个考验。执行检查的时候往往是通过状态监测设备的信号进行观察，有时候是通过现场的现象进行观察。而观察什么，怎么观察，如何确定重点，是这个阶段最大的难点。

通常而言，现场工程技术人员都希望在这个阶段就已经找到故障的原因，并予以排除。因为此时设备并未拆解，整体的工作量和各方面的损失最少。对于有的故障，工程师能在不拆解电机的情况下找到问题所在，而有的故障就很难找到，因此不得不进入下一阶段的排查和分析。

第二、对电机进行拆解，对电机轴承进行分析。这个过程中切忌盲目而迅速地打开电机取出轴承而不做记录。要在拆解的每一个环节尽量保留一些测量记录，以便在分析中使用。比如，笔者过去经历的一些轴承故障诊断，到达现场的时候，现场已经将电机拆解完毕，现场清扫整齐，轴承已经被清洗得干干净净，静待工程师

仔细研究轴承。笔者即使希望去检查一下油脂情况，也会被告知清洗干净了，没有留存。这样的盲目清理会使大量有用信息丢失，从而大大地增加了故障诊断与分析的难度。即便可以根据经验进行判断，但是由于中间记录的缺失，也无法从实证上找到支持。

第三，电机轴承故障诊断与分析的最后一步工作是根据故障诊断的结论分析出可能导致故障的原因，从而达到从根本上排除故障诱因的目的。现场很多情况是花了大量时间做诊断定位，有时候由于现场条件和信息的限制，工程师对电机轴承故障原因的分析不足，往往会简单地得出更换轴承的维修建议。有时候更换轴承能够缓解或排除一些故障，但是更多的时候于事无补。这些都是诊断分析工作不足导致的结果。所以真正有水平的电机轴承故障诊断与分析是要在基本定位之后完成精确定位，同时完成定责工作。只有精确定位和完整定责才能给出既治标又治本的维护修理建议。

上述仅仅大略描述了基本步骤，具体的分析方法可以参照本书第三篇的相应内容。

第二节　电机轴承故障诊断分析相关技术

不论是在诊断阶段还是在分析阶段，前面介绍的电机轴承故障诊断与分析始终都和很多相关的电机技术、轴承应用技术，以及相关监测技术有着千丝万缕的联系。而电机轴承故障诊断与分析是一个将各个相关技术进行关联应用的综合应用技术。这些技术包含但不限于电机技术、轴承应用技术、轴承失效分析技术、状态监测技术、数据分析技术，甚至一些与设备相关的技术，如图 1-2 所示。

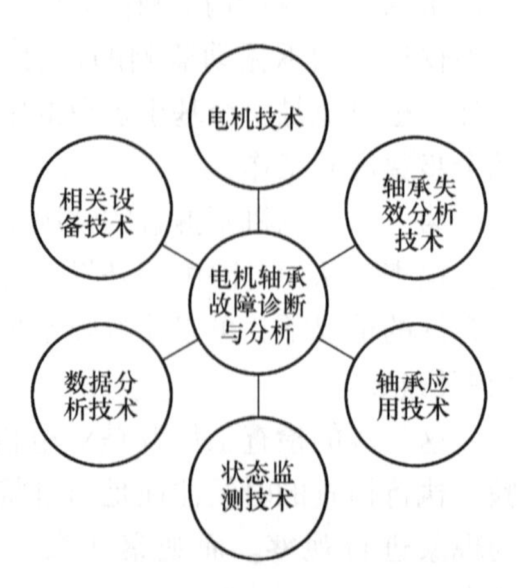

图 1-2　电机轴承故障诊断与分析的相关技术

这些相关的技术从不同角度都可以独立进行一个电机轴承故障诊断和分析的工作，它们之间有很明显的区别和侧重点，相应的也会有自己的局限。而将各门技术综合运用，并且取长补短，最终通过分析对电机轴承故障做出准确定位、定责的工作就变得既相对独立又与各门技术紧密相连。需要指出的是，一方面这些技术除了和电机轴承故障诊断与分析紧密相连之外，各门技术之间也存在着十分紧密的联系，切不可孤立、割裂地看待和学习；另一方面，这种多维度的相互关联的技术，为电机工程师进行电机轴承故障诊断带来了巨大的挑战。

电机轴承故障诊断与分析中最传统和相对完善的是电机轴承应用技术和轴承失

效分析技术。近年来，状态监测技术的发展日趋成熟，电机轴承状态监测与分析技术成为很重要的一个部分。而状态监测数据的积累，又为数据分析（大数据）技术在轴承故障诊断和分析工作中提供了坚实的基础，人工智能技术将这些数据的分析提升到一个全新的层次。目前这项新兴的技术还在继续成长，短期内还只能处理一些相对简单的问题，不过未来前景可期。

不论怎样，这些相应的技术在电机轴承故障诊断中的综合运用构成了电机轴承故障诊断与分析技术的主体，同时作为故障诊断与分析的灵魂，是从现象到原因分析的逻辑桥梁，是本书中第三篇的主要内容。为便于了解各个分支技术与电机轴承故障诊断技术的关系，本章先进行简要介绍，在后续章节还会具体展开。

一、故障诊断与状态监测、分析

电机在设备中投入使用之后，都会进行运行状态的监测与管理，有自动监测也有人工监测（日常人工运维)。这些监测数据体现了电机和设备的健康状况，也就是设备的正常状态。而所谓的正常状态是和电机设备设计意图大致相符合的运行状态。前面在阐述设备故障的概念时提到设备的正常状态和设计的预期状态之间有一定的容差，而这个容差体现在每一台设备上就会出现个体差异。设计中的正常状态不能严格等同于每一台设备的实际运行正常状态。工程师在判断设备是否有故障的时候是对当下的运行状态和此台设备的正常工作状态进行比对才能做出判断。因此，对目标设备日常正常工作状态的记录成为一个非常重要的工作。

设备有正常状态，有故障状态（非正常状态）。如果没有记录就无法比对，而对设备的这些状态进行的监控与测量，就是日常使用电机的工程师所做的状态监测。对于电机而言，目前做得最多的就是振动监测。需要指出的是，电机的状态监测不仅仅指振动监测，完整的状态监测应该涵盖电机所有运行状态的记录。工程实际中，从工况需求角度、设备能力角度，以及成本控制角度，工程师们只能对监测数据进行一定的简化，仅仅抽取出最关键因子实施监测。例如对于电机而言就是电压、电流、温度、振动等信号。

对电机的状态参数进行了监测和收集之后的分析工作就是所谓的状态分析，比如常见的振动分析。前已述及，最简单的分析就是和所谓正常工况的对比，从而发现异常点。这样的对比过程，本身也涵盖了定位、定责相互交杂的过程。比如工程师经常既需要通过状态监测发现哪里有故障，还要根据信号的某些特征判断是什么原因导致的故障。然而并不是所有故障的根本原因都可以从单一状态监测信号中找到的。这就需要综合运用更多的知识进行判断，比如对于电机轴承而言就需要使用电机轴承应用技术。

二、电机轴承故障诊断与电机轴承应用技术

电机轴承故障诊断本身是一个“全息”的工作场景，电机工程师进行电机轴

承故障诊断的时候，必须充分利用现场的所有状态信息，才能得到正确的判断和结论。而目前的技术水平几乎很难做到设备的全息监控，在仅有的条件下，这些状态信息有的是通过状态监测手段得以留存和记录的，有的则没有。而电机轴承的故障情况不可能仅仅是由被监控的那几个信号所反映的因素引起的，有很多状态信息并没有被监测和记录，而很多故障恰恰是由那些被忽略的细节引发的。电机工程师仅仅从某一个或者几个状态监测信息进行故障诊断往往有很大难度，同时其准确性也往往有限。我们经常说的魔鬼在细节之中，而那些细节多半就是被我们忽略的未被观察和记录的信息。

除此之外，还有一些是目前状态监测很难记录的，例如信息之间的机理联系以及基于线索的缺失信息的寻找和挖掘。所以在不完整信息下，工程师就需要在熟练掌握电机轴承应用技术的基础之上，将状态监测信息进行组合、联系，并查找缺失，理顺逻辑通路，找到根本原因。如果没有电机轴承应用技术，那么这个寻找的过程将是缺乏逻辑、无目的并且效率低下的。

随着计算机技术的发展，大数据、人工智能的广泛应用，上述内容中的一部分“强机理”的电机轴承应用技术被沉淀到计算机中，可以减轻一些工程师的负担。然而目前所能沉淀的知识十分有限，也仅仅处于起步阶段。人对强机理的掌握，仍然是电机轴承故障诊断的核心。这里面的人就是工程师，机理就是电机轴承应用技术。

因此，电机工程师在进行电机轴承故障诊断的时候需要有一定的电机轴承应用技术基础，而故障诊断则是对这门技术的一个综合运用。

三、电机轴承故障诊断与失效分析

电机轴承失效分析是和故障诊断经常连在一起提及的概念。其实它们之间存在着一定的差异。设备的故障是指设备在应达到的功能上丧失能力；而失效是指设备丧失了预定期限内的正常功能。一般而言，故障是可以通过一定手段进行恢复和排除的；而对于失效部件本身而言，失效在一定时间内不可排除。

前已述及，故障是指设备，以及设备零部件没有运行在“正常状态”。此时，设备可能存在两种情况。

第一种情况：设备内部所有的子设备或者零部件并没有损坏。但是子设备与其他子设备的协同关系发生问题，或者某个零部件仅仅是由于某种原因工作在“不舒服”的状态下，而这个零部件本身并未受伤。这个时候，现场需要做的工作就是纠正子设备间的不正确协同关系，或者消除零部件的“不舒服”状态。这个排除故障的整个过程中没有零部件损坏，没有零部件失效，不需要更换。因此，也不存在所谓的失效分析。

第二种情况：设备内部某个零部件出现了损坏以及失效。比如，电机噪声大，但是在未拆解电机之前判断不出原因所在，而拆解之后发现轴承已经失效，而对轴承的失效进行分析，从而查找导致失效的可能原因的过程，就是我们说的失效分析。此时，失效分析工作就是故障诊断的一个部分。同时根据失效分析结论进行纠正的过程就是排除故障的过程。一般而言，失效的轴承都不应该被继续使用，需要进行及时更换，这个维护工作也是故障排除的一部分。

不难看出，设备故障不一定包含设备或者零部件的失效，但是零部件失效一定会导致设备或者零部件的故障现象（有时候很轻微，不易感知，但不是不存在）。对于电机轴承而言，失效的轴承一定要更换。但是对于没有导致轴承失效的故障，一经排除，若轴承尚未失效轴承可以继续使用。

第三节　电机轴承故障诊断与分析的目的和意义

一、电机轴承故障诊断分析在电机设计中的应用、目的和意义

一台电机的设计会根据设计要求展开一系列设计工作，其中包括电机轴承系统的设计。这些设计工作进行的过程中需要考虑最终的应用工况、电机生产安装中的工艺、储运，以及实际运行的工况等诸多因素。但所有的设计完成之后都需要进行一系列的试验和验证，其中包括在电机厂进行的型式试验和出厂试验，也包括在客户现场进行的初期安装使用之后的试运行。

通常情况下，电机轴承轴系统结构设计在遵循一定的设计计算后，会有相对较大的可能性实际运行符合设计预期。然而，设计、生产制造、储运、安装过程的一系列环节都会对电机轴承运行性能造成影响。有时候在这些试验和试运行的过程中就会出现这样或者那样的异常情况。轴承轴系统的某些性能和设计预期存在一定的差异，比如温度高、噪声大、振动大等情况。这样的运行表现和设计意图之间的明显差异属于我们所描述的故障范畴。电机工程师则需要根据试验，或者运行现场的情况确定故障的原因，这属于本书讨论的电机轴承故障诊断与分析范畴。

此时，电机轴承故障诊断与分析的目标包括鉴别电机异常运行表现中哪些是设计原因，哪些是生产制造原因，哪些是储运原因，哪些是现场使用原因等。同时需要根据故障诊断和分析的结论找到造成这个故障的原因并予以排除，从而对相关环节进行修正。

所以，电机轴承故障诊断与分析在设计、应用过程中的目的和意义可以包含：

- 查找设计问题；
- 纠正工艺偏差；
- 改善不当工艺流程；
- 检查零部件质量；
- 检查不当试验方法；
- 纠正不当安装使用。

总之，对于电机厂而言，电机轴承故障诊断在电机设计制造中起到了设计校验闭环的作用，对电机的设计验证和正确使用而言意义重大。

二、电机轴承故障诊断分析在设备维护中的应用、目的和意义

当电机完成设计安装并投入使用之后，就进入了电机设备的运维阶段。此时，电机轴承故障诊断主要是在电机设备的维护中起到关键作用。

前面在电机轴承故障诊断与分析基本概念里我们阐述了电机轴承故障诊断与设备维护、修理之间的关系。作为设备零部件本身的轴承也应该有自己的维护策略和方法，这些都是与设备自身维护策略紧密相关的。同时，在维护过程中需要依据轴承的健康状况对后续修理保养给出明确的建议，这也是电机轴承故障诊断与分析的重要任务之一。本部分以设备维护策略为基础，介绍几种设备维护的基本策略。而这些设备维护的基本策略也是电机轴承维护的基本策略。

（一）设备维护策略

设备运行使用过程中的维护并不是随机进行的。在设备维护具体实施方案之前，需要确定设备维护基本策略。对于电机轴承维护而言，也同样在基本维护策略范畴之内。对于设备（电机轴承）维护的几种主要维护策略包括：

1. 被动型维护

设备在正常使用时，不出现问题就不维护；出了问题，停机维护。这种维护方式称为被动型维护。被动型维护的维护、修理动作不是设备使用者决定的，是设备出现故障问题之后不得不进行的，在设备运维的策略上属于被动行为。这样维护的主要问题就是，设备的停机时机不可控，维护时间也不可控。一旦设备在生产高峰期发生故障，此时的停机损失将是巨大的。而设备或者电机在生产高峰期通常使用频繁，此时发生故障的概率较淡季更高。很多工厂都为此付出了不小的代价。这样一来，被动型维护的非计划停机维护中，只能通过缩短维修时间来减少停机时间带来的损失。严格地说，此时的维护已经是维修的过程。在整个非计划维修过程中，维修人员、维修工具、备品备件的准备等都是巨大挑战。这样的维护，对设备使用者而言十分不可靠，经济上也会造成很大的损失。所有的设备使用者都在努力避免这种被动的局面发生，随着工厂设备维护能力的提高，这种被动型维护也变得越来越少。

在电机轴承的被动型维护中，电机轴承故障诊断技术起到的作用十分重要，对这个技术的熟练掌握可以大大缩短维护周期，提高维修效率，同时根本故障诱因的确定和排除也消除了故障复发的情况。

2. 主动型维护

主动型维护是设备使用者主动地对设备进行维护的策略。主动型维护中，设备使用者根据各种使用经验、技术对设备进行评估，主动掌控设备维护时间、维护深度等方面的因素。让设备尽量在可控的情况下运行，减少非计划停机时间。这是目

前工矿企业中广泛使用的设备维护策略。在主动型维护过程中，设备使用者根据做出的维修计划可以主动地安排调度维护中所需要的人、财、物料等因素，使整个维修过程在有准备的情况下发生，减少意外损失。然而在这个维修过程中最大的挑战就是维护周期的确定，设备使用者必须在设备维护成本与设备可靠性中间做平衡。

（1）过维护　主动型维护中，如果维护间隔过短，维护工作频繁进行，虽然可以提高设备运行可靠性，消除设备的非计划停机，但是这样做有时候也会造成维护过度、维护费用上升、浪费（备品备件浪费），“计划停机时间”过长等问题。这种维护称为过维护。然而，有些设备一旦出现故障将会造成重大损失，这些地方，有时候不得不采取过维护的维护策略，以消除因设备故障造成的风险。比如核电等关系重大的领域。

过维护实际上是在设备可靠性与设备维护成本之间，偏重于可靠性。如果这种选择是设备使用者做出的倾斜，严格意义上来说也不能称为浪费。但是如果盲目地追求不必要的可靠性，那是一定要付出成本的代价的。

（2）欠维护　在主动型维护中，与过维护相反，欠维护是维护间隔过长，虽然设备维护费用有所降低，但是在维护间隔期内设备非计划停机的可能性会大大增加，严重地削弱了主动型维护的意义。并且总体看来，设备使用者付出了计划性维护的成本，同时还有承担维护间隔中非计划停机的各种成本，因此，设备维护的总成本也会增加。与此同时，还不能获得良好的设备可靠性。

（3）预防性维护　随着各种技术手段的发展和进步，人们有了更多的方法来确定最合适的设备维护周期，以减少由于过维护和欠维护造成的浪费。其中，最重要的就是基于设备失效周期记录结果统计分析来确定最恰当的维护周期的方法。另一种方式就是通过传感器对设备运行状态进行监测，从而试图发现早期失效，在早期失效与晚期失效之间择机维护的方法来确定设备维护周期。这种通过设备以往记录或者状态监测结果来确定设备维护周期的方法也属于主动型维护的范畴，我们称之为预防性维护。

上述设备维护策略，适用于电机轴承的维护。根据以往经验，电机的维修中轴承部位的维修几乎占据一半的比重。因此对电机轴承如果能够主动地、可预测地进行维护，就可以大大地减少电机轴承维护中的浪费，同时提高电机运行的可靠性。

电机轴承的预防性维护，一般是借助对轴承振动、温度、转速等因素的检测来来实现的。这也就是我们所说的轴承运行状态监测。

（二）电机轴承故障诊断在维护中的作用

在电机的维护工作中，轴承的故障诊断与分析是十分重要的环节。

首先，电机轴承的日常状态监测提供了电机轴承正常状态，从而为非正常状态（故障状态）的识别提供了基础。在日常的监测中一旦发现轴承的故障表象，就需要通过电机轴承故障诊断与分析技术确定问题的根源，为后续的维修工作提供目标和方法建议。鉴别造成电机轴承故障的原因不论对被动型维护还是主动型维护都十分必要。因为现场维护人员总希望一次维修彻底解决问题，而不出现复发。

其次，在主动型维护中，电机轴承故障诊断是基于对状态监测信息的解读进行的。状态监测信息的解读，为设备预防性维护（有时候是其他的主动型维护）的维护时机选择提供了参考。基于状态监测信息对电机轴承故障阶段的准确诊断，是合理、可靠的选择预防性维护周期的关键。因此，电机轴承故障诊断与分析是电机维护周期确定的重要技术依据和工具。

总而言之，电机轴承故障诊断在电机运行阶段的维护工作中起到两方面的作用：

第一，对于所有的设备维护而言，电机轴承故障诊断与分析可以帮助技术人员确定维护目标，给出维护建议。

第二，对于主动型维护，电机轴承故障诊断与分析可以为维护策略的选择提供设备故障信息参考，并制定合理高效的预防性维护方案。

第二篇
电机轴承故障诊断中的检查与测量

上一章提到了设备以及电机轴承故障诊断的基本概念、方法、目的和意义，而所有这些工作的基础都是对电机轴承状态的正确检查与测量。电机轴承故障诊断的检查是所有电机轴承故障诊断技术的第一步，缺乏了电机轴承基本状态信息，所有的诊断和分析都将会变成猜测。基于电机轴承运行状态检查与测量的信息为电机轴承故障诊断提供了数据线索与支持，同时也对故障诊断之后的修正工作提供了量化指标，是现场人员进行维护、诊断、修理的重要组成部分。

第二章　电机轴承故障分析常用指标参数的测量方法与限值

电机轴承处在运行状态的时候，用一些测量指标描述轴承的运行状态表现是一个将运行状态量化的过程。然而一个轴承的运行是包含很多信息的，要想完整地刻画一个轴承的运行状态，在工程实际上是难以做到并且很多时候也是没有必要的。通常在工程实际中会进行一定的工程简化，选取一些电机轴承运行时的主要参数来描绘这个轴承的大致运行状态，就可以满足故障诊断与分析的需要。

在工程实际中，最常用的电机轴承运行参数包括：电机轴承的转速、转向、温度、振动和噪声等。其中电机轴承的转速和转向对于轴承而言是一个被动参数，电机轴承不会自己旋转，转速改变也是受到电机本身的制约，而不会脱离输入而自行改变。当然，工况总有轴承卡死电机停转的情况，此时是一个转速自主变化的过程，但是这种情况发生的时候已经是晚期故障，在故障发展到这一步之前，早有其他征兆参数已经提示故障的存在，此时的卡死不转已经是一个结果，而不是一个运行征兆参数了（是一个故障征兆参数）。相应地，转速、转向信号等受到很多电机其他因素的影响，有时候是一个结果参数。而相比于转速、转向参数，温度、振动、噪声对轴承运行故障状况的反应显得更加直接。因此，这些参数也是工程实际中对电机轴承故障诊断与分析最重要的一些表征指标。

同时轴承的温度、振动、噪声等参数也是目前对轴承故障状态描述使用最多的指标。因此本部分着重从这几个指标方面进行讲述。

第一节　电机轴承温度的测量与限值

电机轴承的发热是由于轴承内部摩擦引起的，轴承的发热可以反映轴承内部摩擦状态，也就是说电机轴承的温度会随着轴承内部摩擦状态的改变而发生变化。电机轴承在运行状态和非运行状态下，其内部从没有摩擦变成有摩擦，因此，轴承的温度会有不同的表现。当轴承内部摩擦状态发生异常的时候，电机轴承的发热也随之变化，从而轴承的温度也会产生变化。由此可见电机轴承的温度与轴承内部摩擦状态存在紧密的联系，因而温度作为电机轴承对内部摩擦状态直接体现的参数，经常受到工程师的关注。

另一方面，电机轴承的温度变化也会受到外界的影响，比如环境影响、电机本身发热的影响。其中的关系和判断将在第7章中展开介绍。需要说明的是，轴承的温度在时间上的变化受到热源温度变化以及整体热容的影响，因此轴承内部温度变化与所测量的温度变化之间具有一定的时间延迟。有时候这个延迟很短，来不及处理，有时候温度上升是有一个过程的，这都与热源、传播路径，以及测量方法和位置有关系。了解这些特性对掌握温度变化对内部轴承情况的判断有一定的帮助。

本节介绍电机轴承温度的测量方法以及相应的温度限值。

一、电机轴承温度的测量

电机的表面温度呈现一定状态的分布，同时电机内部、外部的结构由于散热条件的不同也会带来一定的温度分布差异，因此在不同的测量位置进行测量，其结果也会存在不同。对电机轴承温度的测量需要首先选择正确的测量位置，这样才能对不同电机、不同工况下的温度测量结果提供可参考性。

另一方面，使用不同类型的测量工具对相同点的温度进行测量，由于测量工具本身的原因也会带来测量差异。

为保证电机轴承温度测量的正确和可比性，工程师对电机轴承温度的测量需要使用正确的工具在正确的位置上进行。

（一）测量位置

电机运行时轴承的温度可用温度计法或埋置检温计法进行测量。测量时，应保证检温计与被测部位之间有良好的热传递，温度计与被测部件之间如果存在间隙，应以导热材料填充。测量位置应尽可能地靠近表2-1所规定的测点A或B，如图2-1所示。测点A与B之间以及这两点与轴承最热点之间存在温度差，其值与轴承尺寸有关。对压入式轴瓦的套筒轴承和内径<150mm的球轴承或滚子轴承，A与B之间的温度差可忽略不计；对更大的轴承，A点温度最多可能比B点高出15K。

表2-1 电机滚动轴承温度测量点的位置

轴承类别	测点	测点位置
球轴承或滚子轴承	A	位于轴承室内，离轴承外圈①不超过10mm处②
	B	位于轴承室外表面，尽可能接近轴承外圈处

① 对于外转子电机，A点位于离轴承内圈不超过10mm的静止部分，B点位于静止部分的外表面，尽可能接近轴承外圈。

② 测点离轴承外圈或油膜间隙的距离是从温度计或埋置检温计的最近点算起。

对于上述的两种测点位置，在进行电机轴承故障诊断与分析的时候，如果不能测得内部温度，则B点较为常用。

（二）测量滚动轴承温度的工具

有的电机设计中为轴承温度测量安装了相应的温度传感器，电机用户可以使用电机自带的温度传感器对电机轴承温度进行监控。对于不带温度传感器的电机，一般使用温度计类工具进行相应的测量。

1. 温度计

对图 2-1 所示的 B 点，一般用温度计直接测量。所用的温度计有常见的膨胀式温度计和半导体点温计。

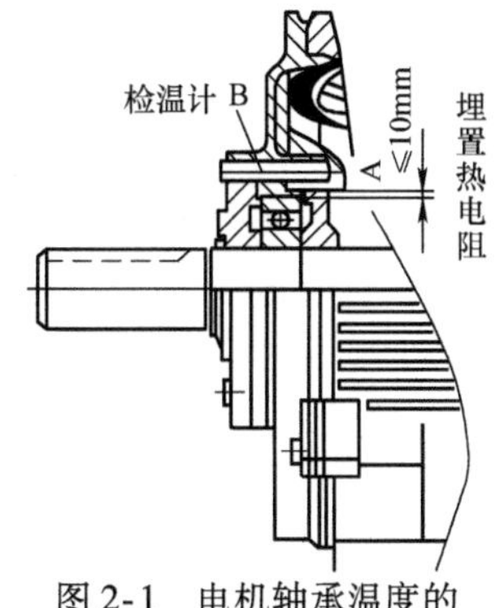

图 2-1 电机轴承温度的测量位置

常用的点温计如图 2-2 所示。有些数字式万用表和钳形表具有点温计的功能，例如图 2-3 所给出的几种类型。

对用点温计较难接触的部位，可使用如图 2-4 所示的远红外线测温仪（简称红外测温仪）。测量时，光线应与被测量面尽可能垂直，距离应尽可能短。

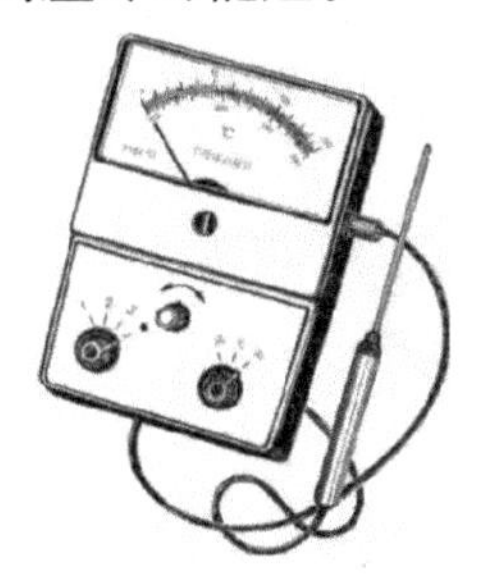
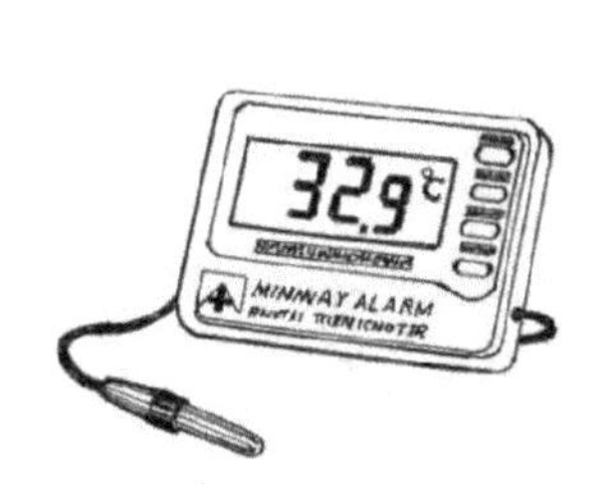

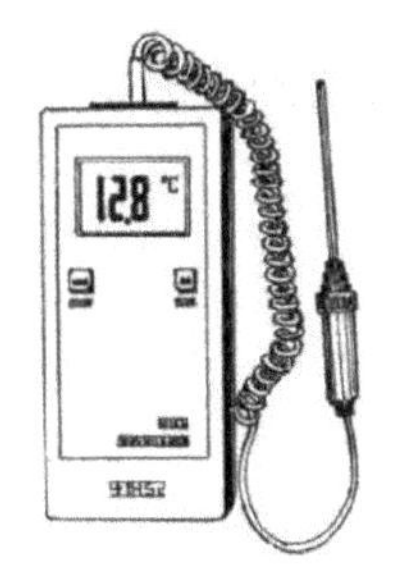

图 2-2 点温计

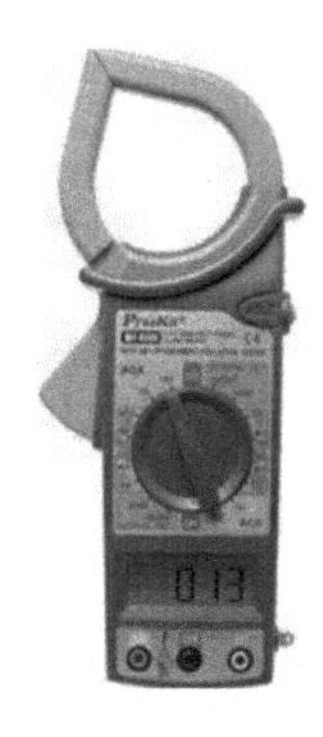

图 2-3 具有测温功能的数字式万用表和钳形表示例

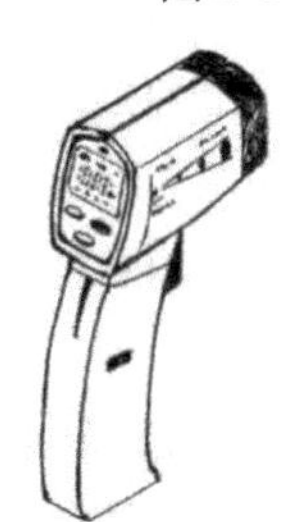
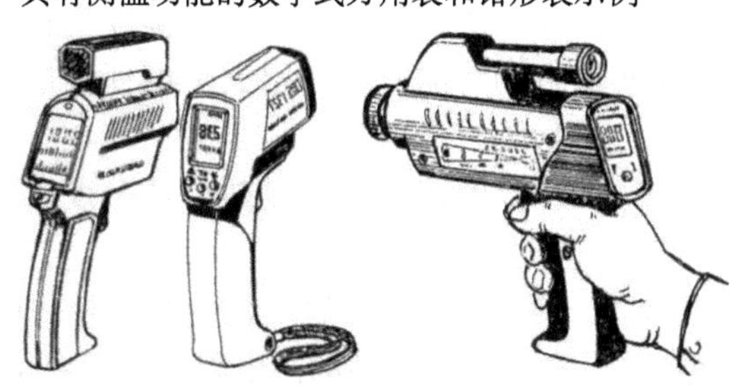

图 2-4 远红外线测温仪

图 2-5 为用点温计和红外测温仪测量接近轴承外圈温度的示意图。

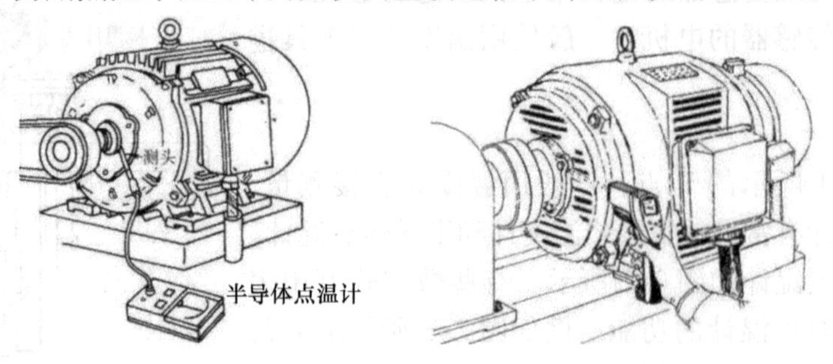

a) 用点温计测量轴承温度　　b) 用红外测温仪测量轴承温度

图 2-5　测量电机轴承运行温度

2. 温度传感器和显示仪表

对事先在电机内部埋置测温元件（称为温度传感器）的，应通过外接的专用仪表进行监测。图 2-6 所示为配用热电阻和热电偶以及配套的专用仪表。

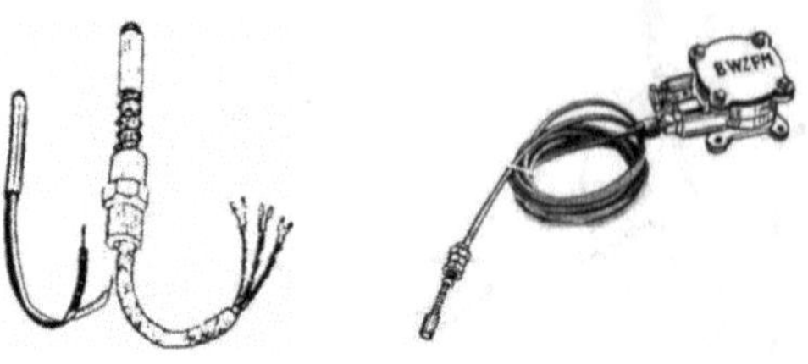

a) 柱状和防震柱状热电偶和热电阻　　b) 隔爆型防震柱状热电阻

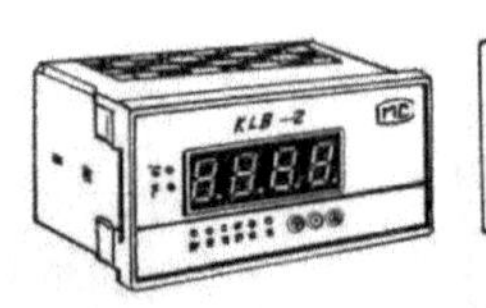

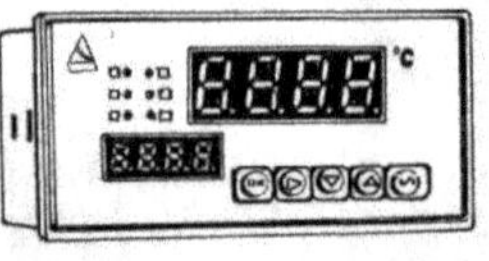

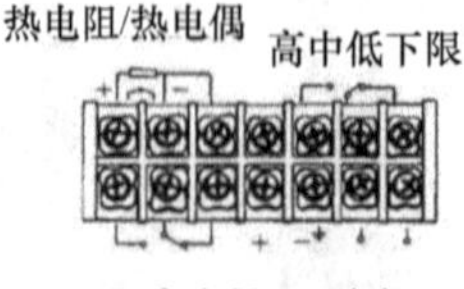

c) 带温度显示和控制器的配套仪表　　d) 仪表接线端子排

图 2-6　热电偶、热电阻和配套专用仪表（带温度控制器）

（1）热电偶及其分度　热电偶在温度发生变化时，其两端产生的电动势也将随之按一定规律发生变化。所产生的电动势与温度变化的关系被称为热电偶的分度。通过对热电偶两端电动势的测量，根据热电偶分度，可以得到被测部位的温度值。

T 分度铜－康铜和 K 分度镍铬－镍硅热电偶分度表（0～200℃，冷端温度为 0℃）见表 2-2。

（2）热电阻及其分度　热电阻在温度发生变化时，其电阻值将随之发生变化，在一定的温度范围内这种变化是线性的。电阻与温度变化的关系被称为热电阻的分度。通过对热电阻阻值的测量，根据热电阻分度，可以得到被测部位的温度值。

表2-2　T分度铜－康铜和K分度镍铬－镍硅热电偶分度表（0～200℃，冷端温度为0℃）

温度/℃	电动势/mV		温度/℃	电动势/mV		温度/℃	电动势/mV	
	T分度	K分度		T分度	K分度		T分度	K分度
0	0.000	0.000	70	2.908	2.851	140	6.204	5.735
10	0.391	0.397	80	3.357	3.267	150	6.702	—
20	0.789	0.798	90	3.813	3.682	160	7.207	6.540
30	1.196	1.203	100	4.277	4.096	170	7.718	—
40	1.611	1.612	110	4.749	—	180	8.235	7.340
50	2.035	2.023	120	5.227	4.920	190	8.757	—
60	2.467	2.436	130	5.712	—	200	9.286	8.138

按所用金属材料来分，较常用的有铜热电阻和铂热电阻两大类。

铜热电阻分度见表2-3。BA1、BA2（Pt100）型铂热电阻分度见表2-4。

表2-3　铜热电阻分度表

温度/℃	电阻/Ω			温度/℃	电阻/Ω		
	G型	Cu50型	Cu100型		G型	Cu50型	Cu100型
-50	41.74	39.24	78.49	70	68.77	64.98	129.96
-20	48.50	45.70	91.40	80	71.02	67.12	134.24
0	53.00	50.00	100.00	90	73.27	69.26	138.52
10	55.50	52.14	104.28	100	75.52	71.40	142.80
20	57.50	54.28	108.56	110	77.78	73.54	147.08
30	59.75	56.42	112.84	120	80.03	75.68	151.36
40	62.01	58.56	117.12	130	82.28	77.83	155.66
50	64.26	60.70	121.40	140	84.54	79.83	159.96
60	66.52	62.74	125.68	150	86.79	82.13	164.27

对于Pt100型铂热电阻，可简记为：0℃时为100Ω，其他温度时，每相差1℃，电阻相差0.4Ω，以此来计算。例如在25℃，电阻相差25×0.4Ω=10Ω，即实际值应为100Ω+10Ω=110Ω左右。

二、电机轴承温度的限值

一般而言电机轴承的运行都会在一定的温度范围之内，不同的设备由于电机工作的负荷情况不同，限值的标准会产生一定的差异。

国内有一些标准和操作规程中对电机轴承的运行给出了一些限值：

表 2-4 BA1 和 BA2（Pt100）型铂热电阻分度表

温度/℃	电阻/Ω		温度/℃	电阻/Ω		温度/℃	电阻/Ω	
	BA1 型	BA2 型		BA1 型	BA2 型		BA1 型	BA2 型
-100	27.44	59.65	40	53.26	115.78	180	77.99	169.54
-90	29.33	63.75	50	55.06	119.70	190	79.71	173.29
-80	31.21	67.84	60	56.86	123.60	200	81.43	177.03
-70	33.08	71.91	70	58.65	127.49	210	83.15	180.76
-60	34.94	75.96	80	60.43	131.37	220	84.86	184.48
-50	36.80	80.00	90	62.21	135.24	230	85.56	188.18
-40	38.65	84.03	100	63.99	139.10	240	88.26	191.88
-30	40.50	88.04	110	65.76	142.95	250	89.96	195.56
-20	42.34	92.04	120	67.52	146.78	260	91.64	199.23
-10	44.17	96.03	130	69.28	150.60	270	93.33	202.89
0	46.00	100.00	140	71.03	154.41	280	95.00	206.53
10	47.82	103.96	150	72.78	158.21	290	96.68	210.17
20	49.64	107.91	160	74.52	162.00	300	98.34	213.79
30	51.54	111.85	170	76.26	165.78	310	100.01	217.40

GB755—2008《旋转电机　定额和性能》中规定：滚动轴承最高温度不得超过95℃，滑动轴承最高温度不得超过80℃。同时要求电机轴承温升不得超过55℃。此标准目前已由GB/T 755—2019《旋转电机　定额和性能》替代，并去掉关于轴承温度的要求。

GB/T 3215—2019《石油、石化和天然气工业用离心泵》中规定轴承金属温度不得超过93℃（200℉[⊖]）。

JB/T 7255—2020《水环真空泵和水环压缩机》关于轴承的工作温度中规定，轴承温升不得超过环境温度35℃，最高温度不得超过75℃。

JB/T 8644—2017《单螺杆泵》中规定泵采用滚动轴承时，轴承温度在轴承箱处测量，保证最高不应超过82℃，且温升不超过40℃。

上述仅仅是罗列了一些泵类行业对电机轴承温度的要求，在其他不同行业、不同应用中对电机轴承温度也都会有相应的规定。一般对于电机本身而言，我们遵守的就是一般电机操作规程中的规定，即电机轴承温度不超过95℃。但是很多电机在被提供给不同用户的时候，会受到用户工况条件以及相应的标准规定的限制。因此需要采用合适的温度限值，这对电机工程师来说也是需要考虑的。

对于轴承自身耐受温度的限值，其中主要考虑到轴承钢材质、保持架、润滑、

⊖ ℉是华氏度的符号，℉ = ℃ ×1.8 +32。

密封件等材料本身对温度的限值，具体信息请参考本书第四章第二节相关内容或咨询相关厂家。

第二节 电机轴承振动的测量与限值

本书讨论的电机轴承振动主要是电机组装完成之后，用于进行电机轴承故障诊断的振动信号的监测与分析。这个信号和轴承本身出厂测试的振动信号监测与分析是有差异的。

单独轴承运转的时候有一定的振动，在一些轴承的出厂试验中也会通过专门的轴承振动测试仪器进行轴承本身的振动检测。这些仪器检测的轴承本身的振动信息，用来分析、判断轴承的设计、生产、制造过程中的质量情况。这些振动的测量结果是在一定的测试条件下进行的，其中包括轴承的负荷、润滑、转速等。

电机完成组装和安装之后，电机轴承承受的负荷、电机的转速、轴承使用的润滑都会和轴承振动测试机上面的情况不同，因此此时轴承本身的振动也会不同。所以不能用轴承出厂测试时候的振动测量来衡量电机轴承装机之后的振动情况。

另一方面，电机运转起来，其中的轴承和定转子是紧密联系在一起的整体。在电机系统中，转子在定子间的转动是主动的，轴承的转动是被动的。电机运转过程中振动是作为一个整体出现的，因此检测到的振动往往是一个总值。第五章中，我们会介绍这个整体信号如何可以分离出与轴承相关的信号来进行分析。但是在分析之前的采集是不可能分开进行的。因此在电机轴承振动信号的测量上，方法与电机本身振动信号的测量几乎一致。我们只是在测量的位置选取以及最后的信号分离上会做一些处理。

一、电机轴承振动的测量

前已述及，电机轴承振动的测量和电机本身的振动的测量方法一致。而这个测量中，电机测试方法和测试仪器的选择与使用直接影响着测量结果。

（一）电机轴承振动测试的仪器

测量电机振动数值的仪器称为振动测量仪，简称为“测振仪”，就其所用的传感元件与被测部位的接触方式来分，有靠操作人员的手力接触和磁力吸盘吸引两种；另外还有分体式传感器和组合式传感器两种；一般同时具有测量振动振幅（单振幅或双振幅，单位为 mm 或 μm）、振动速度（有效值，单位为 mm/s）和振动加速度（有效值，单位为 m/s^2）三种单位振动量值的功能。图 2-7 给出了几种振动测量仪外形示例。

GB/T 10068—2020《轴中心高为 56mm 及以上电机的机械振动　振动的测量、评定及限值》中要求，测量所用的传感器装置的总偶合质量应小于被试电机质量的 1/50，以免干扰被试电机运行时的振动状态。测量设备应能够测量振动的宽带

图 2-7　振动测量仪

方均根值，其平坦响应频率至少在 10Hz ~ 1kHz。然而，对转速接近或低于 600r/min的电机，平坦响应频率范围的下限应不大于 2Hz。

（二）电机振动测试所用标准

电机振动的测量、评定及限值的国家标准现行为等同采用国际标准 IEC60033－14:2007 的 GB/T 10068—2020《轴中心高为 56mm 及以上电机的机械振动　振动的测量、评定及限值》。

该标准适用于额定输出功率为 50MW 以下、额定转速为 120 ~ 15000r/min 的直流电机和三相交流电机；不适用于在运行地点安装的电机、三相换向器电动机、单相电机、单相供电的三相电机、立式水轮发电机、容量大于 20 MW 的汽轮发电机和磁浮轴承电机或串励电机。

需要注意的是，这个标准的测量是针对电机本身的。往往在电机厂做型式试验和出厂试验的时候或者是在现场对电机进行单独测试的时候使用。当电机安装在设备上运行的时候，使用的往往是针对设备的测试标准。

（三）测量辅助装置及安装要求

测量电机的振动时，还需要一些辅助装置，其中包括：与轴伸键槽配合的半键；弹性基础用的弹性垫和过渡板或者弹簧等；刚性安装用的平台等。下面介绍对这些装置的要求及使用规定，其中有些内容是现行国家标准 GB/T 10068—2020 中提出的，有些是在以前的标准（例如 GB/T 10068—1988）中提出的。

1. 半键

对半键尺寸和形状的规定：对轴伸带键槽的电机，如无专门规定，测量振动时应在轴伸键槽中填充一个半键。半键可理解成高度为标准键一半的键或长度等于标准键一半的键。前者简记为“全长半高键”，后者简记为“全高半长键”，如图 2-8a所示。

应当注意的是：配用这两种半键所测得的振动值是有差别的。因前者与电机转子调校动平衡时所用的半键相同，所以，在无说明的情况下，一般应采用前一种，后一种只在某些特殊情况下使用，例如在使用现场需要测量振动，但没有加工第一种半键的能力时。

安装半键的方法和注意事项：将合适的半键全部嵌入键槽内。当使用“全高半长键”时，应将半键置于键槽轴向中间位置。然后，用特制的尼龙或铜质套管将半键套紧在轴上。无这些专用工具时，可用胶布等材料将半键绑紧在轴上，分别如图 2-8b 和图 2-8c 所示。固定时一定要绝对可靠，以免高速旋转时甩出，造成安全事故。

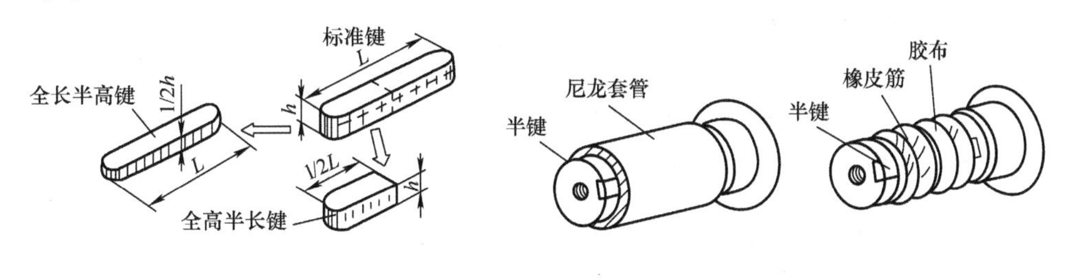

a) 半键　　b) 使用特制的尼龙或铜质套管安装　　c) 使用胶布等材料安装

图 2-8　半键的形状及安装要求

2. 弹性安装装置

弹性安装是指用弹性悬挂或支撑装置将电机与地面隔离，标准 GB/T 10068—2020 中称其为“自由悬置”。

（1）材料种类　弹性悬挂采用弹簧或强度足够的橡胶带等。弹性支撑可采用乳胶海绵、胶皮或弹簧等。为了电机安装稳定和压力均匀，弹性材料上可加放一块有一定刚度的平板。但应注意，该平板和弹性材料的总质量不应大于被试电机的 1/10。

（2）尺寸　标准 GB/T 10068—2020 中没有规定弹性支撑海绵、胶皮垫和刚性过渡板的尺寸要求，但在使用中，建议按电机噪声测试方法标准 GB/T 10069.1—2006《旋转电机噪声测定方法及限值第 1 部分：旋转电机噪声测定方法》中的相关要求，即按被试电机投影面积的 1.2 倍裁制，或简单地按被试电机长 b（不含轴伸长）和宽 a（不含设在侧面的接线盒等）各增加 10%，作为它们的长与宽进行裁制，如图 2-9 所示。

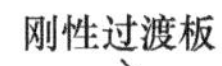

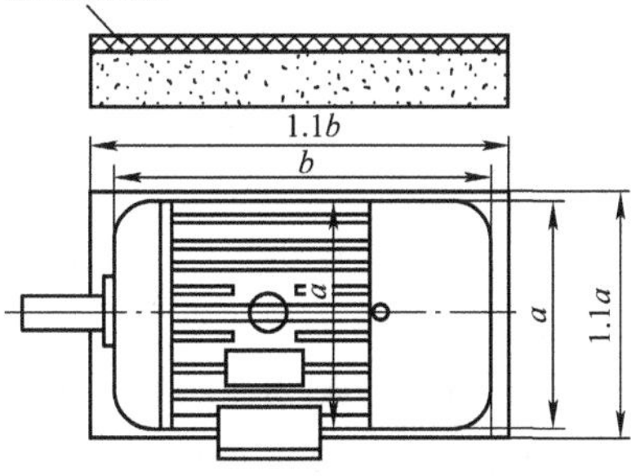

图 2-9　测振动用弹性支撑器件

（3）弹性安装装置的伸长量或压缩量　对于在弹性安装状态下测量电机的振动值，与弹性安装装置的伸长量或压缩量有直接的关系，但标准中没有直接给出规定值。而是规定：“电机在规定的条件下运转时，电机及其自由悬置系统沿 6 个可能自由度的固有振动频率应小于被试电机相应转速频率的 1/3”。

这种描述，对于一般操作人员来说是很难理解的。通过相关理论推导，可得出弹性安装装置的伸长量或压缩量 δ(mm)与被试电机相应转速 n(r/min)的关系：

$$\delta \geqslant 8.047 \times 10^6 \frac{1}{n^2} \tag{2-1}$$

式中 δ——弹性安装装置尺寸变化量（mm）；

n——被试电机转速（r/min）。

在标准 GB/T 10068—2020 中规定：根据被试电机的质量，悬置系统应具有的弹性位移与转速的关系曲线如图 2-10a 所示。实际上图 2-10a 是根据式（2-1）绘出的。表 2-5 给出了几对常用值，使用中的其他转速可用式（2-1）计算求得。

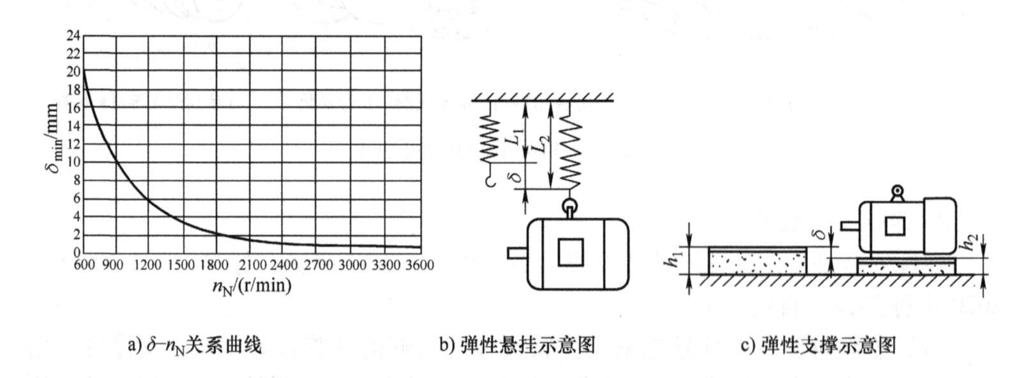

a) δ-n_N关系曲线　b) 弹性悬挂示意图　c) 弹性支撑示意图

图 2-10　弹性悬挂或支撑装置的伸长量或压缩量的最小值 δ 与电机额定转速 n_N 的关系

表 2-5　测量振动时弹性安装装置的最小伸长量或压缩量

电机额定转速 n_N/(r/min)	600	720	750	900	1000
最小伸长量或压缩量 δ/mm	22.4	15.5	14.5	10	8
电机额定转速 n_N/(r/min)	1200	1500	1800	3000	3600
最小伸长量或压缩量 δ/mm	5.5	3.5	2.5	0.9	0.6

标准 GB/T 10068—2020 中没有规定最大伸长量或最大压缩量，但按以前的标准 GB/T 10068—1998 中的规定，若使用如胶海绵作弹性垫，则其最大压缩量为原厚度的 40%。

另外，标准 GB/T 10068—2020 中说：转速低于 600r/min 的电机，使用自由悬置的测量方法是不实际的。对于转速较高的电机，静态位移应不小于转速为 3600r/min 时的值。

（4）对 B5 型卧式电机的安装　对于 B5 型卧式电机，当电机较小时，可直接放在海绵垫上，当电机较大时，建议放在一个合适的 V 形支架上，支架与电机之间应加垫海绵或胶皮等物质以减少附加噪声，如图 2-11 所示，也可采用弹性悬挂的方法。

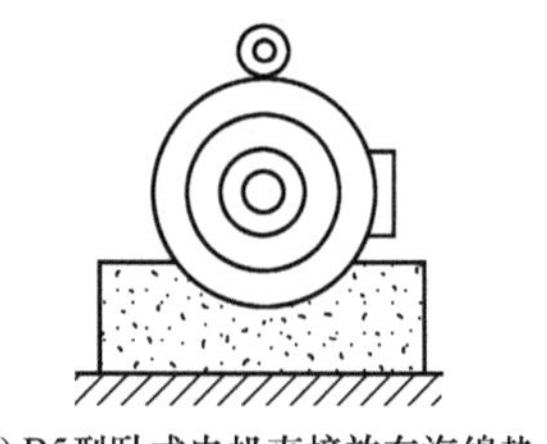

a) B5型卧式电机直接放在海绵垫上

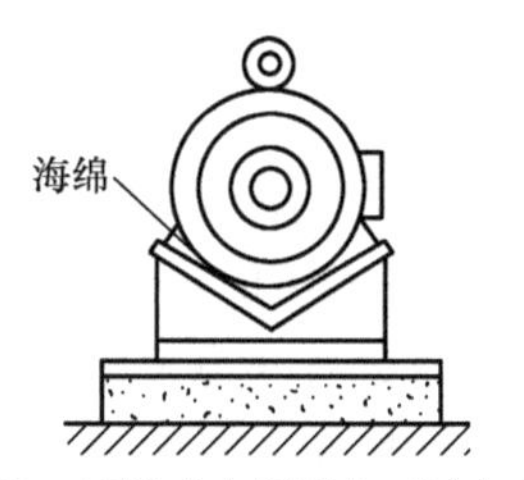

b) B5型卧式电机通过V形支架安装

图 2-11　B5 型卧式电机的安装

3. 刚性安装装置

（1）对安装基础的一般要求　刚性安装装置应具有一定的质量，一般应大于被试电机质量的 2 倍，并应平稳、坚实。

在电机底脚上，或在座式轴承或定子底脚附近的底座上，在水平与垂直两方向测得的最大振动速度应不超过在邻近轴承上沿水平或垂直方向所测得的最大振动速度的 25%。这一规定是为了避免试验安装的整体在水平方向和垂直方向的固有频率出现在下述范围内：①电机转速频率的 10%；②2 倍旋转频率的 5%；③1 倍和 2 倍电网频率的 5%。

（2）卧式安装的电机　试验时电机应满足以下条件：直接安装在坚硬的底板上或通过安装平板安装在坚硬的底板上或安装在满足上述第（1）条要求的刚性板上。

（3）立式安装的电机　立式电机应安装在一个坚固的长方形或圆形钢板上，该钢板对应于电机轴伸中心孔，带有精加工的平面与被试电机法兰相配合并攻丝以联接法兰螺栓。钢板的厚度应至少为法兰厚度的 3 倍，5 倍更合适。钢板相对直径方向的边长应至少与顶部轴承距钢板的高度 L 相等，如图 2-12 所示。

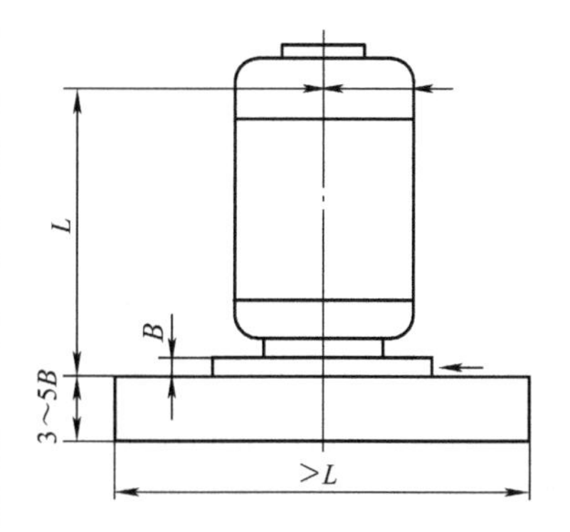

图 2-12　立式（V1 型）电机的安装

安装基础应夹紧且牢固地安装在坚硬的基础上，以满足相应的要求。凸缘（法兰）联接应使用合适数量和直径的紧固件。

（四）电机轴承振动测定方法

电机轴承振动的测试往往会在几种情况下进行。

第一，电机在电机厂进行型式试验或者出厂试验等针对电机本体进行的测试。此时需要按照 GB/T 10068—2020 的要求进行。其中包括前面所述的安装方法，辅助装置要求均需要满足。

第二，电机安装在设备上已经投入运行。此时，电机处于运行状态，无法实现 GB/T 10068—2020 的要求，因此对电机以及轴承的振动监测方法需要遵循相应的设备标准要求。

不论哪种情况，关于振动测量的基本位置选定，结果确定等都十分类似。这里我们引用 GB/T 10068—2020 的方法进行介绍。

1. 电机测试时的运行状态要求

如无特殊规定，电机应在无输出的空载状态下运行。试验时所限定的条件见表 2-6的规定。

表 2-6　电机振动测定试验时的运行条件

电机类型	振动测定试验时的运行条件
交流电动机	加额定频率的额定电压
直流电动机	加额定电枢电压和适当的励磁电流，使电机达到额定转速。推荐使用纹波系数小的整流电源或纯直流电源
多速电动机	分别在每一个转速下运行和测量。检查试验时，允许在一个产生最大振动的转速下进行
变频调速电动机	在整个调速范围内进行测量或通过试测找到最大振动值的转速下进行测量 由变频器供电的电机进行本项试验时，通常仅能确定由机械产生的振动。机械产生的振动与电产生的振动可能会是不同的。为了在生产厂完成试验，需要用现场与电动机一起安装的变频器供电进行试验
发电机	以电动机方式在额定转速下空载运行；若不能以电动机方式运行，则应在其他动力的拖动下，使转速达到额定值空载运行
双向旋转的电机	振动限值适用于任何一个旋转方向，但只需要对一个旋转方向进行测量

上述运行条件是针对电机本体进行检查时要求的运行条件。在这个运行条件下满足 GB/T 10068—2020 的测试要求之后，所测量的电机振动数值可以用 GB/T 10068—2020 的结果评价标准进行衡量。

在电机运行过程中的振动监测与检查不必遵循上述电机本体测试的要求，这样测试的条件不同，当然也就不能用这个标准里的结果进行量度。电机使用者可以根据相应设备的要求进行测试和衡量。

2. 电机轴承振动测点位置的选取

考虑到后续振动分析中可能的需求，电机轴承振动的信号采集应该涵盖针对前后轴承的轴向、径向垂直方向和径向水平方向的信号。

对于端盖式轴承的电机，按照图 2-13a 给出的 6 个测点位置采集振动信号。

其中，对于第⑥点的位置是后轴承的轴向位置，当电机后轴承不带风扇、风罩的时候，或者风扇、风罩允许拆卸的时候可以测得。如果风扇、风罩不能拆除，此点无法测量。若电机允许反转，可以将第⑥点用反转后第①点的位置再测量代替。

对于座式轴承的电机，测点按照 2-13b 中所示采集振动信号。

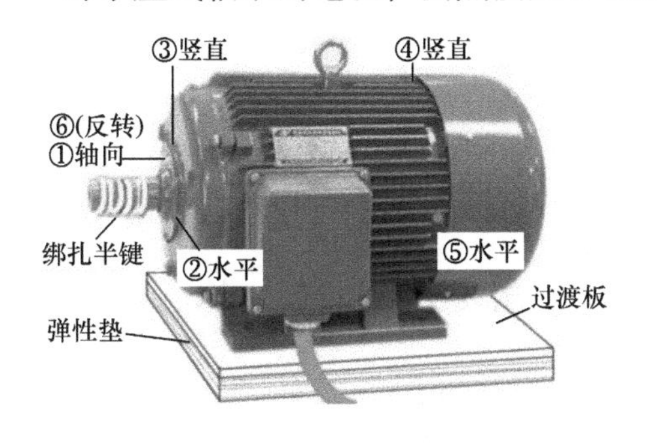

a) 端盖式轴承的电机测点

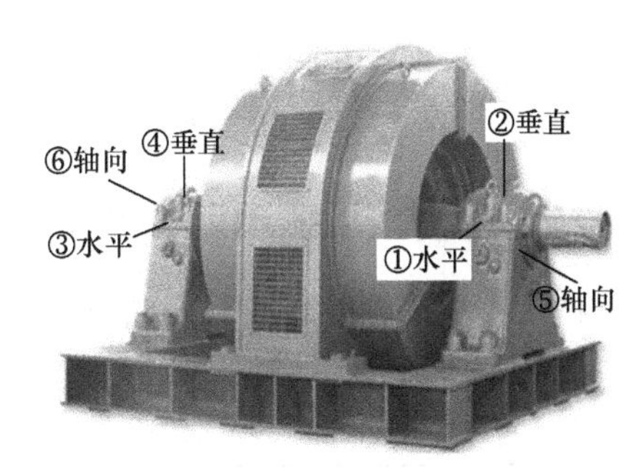

b) 座式轴承的测点

图 2-13　振动测点的布置示意图

前已述及，电机轴承振动的测点的选取也是根据后续振动信号分析的需求进行布置的。除了在正确的位置上布置测点以外，测试探头的正确安装也直接影响测试结果。

如果是磁盘吸附的振动监测仪器，必须选择可靠、平整的吸附平面，同时对吸附平面进行适当的清理，然后将振动探头吸附在被测表面，之后开始测量。

如果是手持式振动检测探头，监测人员必须尽量保证测点与探头之间的可靠接触，并且在测试的时候避免探头的移动。可靠接触适度按压之后，开始采集数据进行测量。

（五）电机轴承振动测试结果的确定

电机轴承振动检测需要根据后续轴承故障诊断与分析的需要测取不同的数值。其中主要包括振动的时域信号和频域信号。目前很多测试设备都具有时域信号和频域信号的采集和存储功能，工程师直接从仪器中读取电机轴承振动测试结果即可，这在后续诊断分析中更加有利。

但是对于日常点检的设备运维人员来说，有时候只是在单点时间对电机轴承的振动进行检查，电机轴承振动的现场检测只能单独进行。依照前述的方法，电机轴承振动测试会得到两端轴承 6 个测点的数据。同时，测试人员会在每一个测点进行若干（一般是三次）次测量，这样总共 18 个数据。如果测试人员仅仅测试幅值信息，那么取最大值即可。如果测试人员测取的是频域波形信息，则在存储数据的同时需要记录测点的位置。

测量振动幅值的时候，对于感应电机，特别是 2 极感应电机，常常会出现 2 倍转差频率振动速度拍振现象，这种情况下，振动烈度（有效值）$v_{r.m.s}$可以根据下面公式确定：

$$v_{r.m.s}=\sqrt{\frac{1}{2}(V_{max}^2+V_{min}^2)} \tag{2-2}$$

式中 V_{max}——最大振动有效值（mm/s）；

V_{min}——最小振动有效值（mm/s）。

二、电机轴承振动测试的限值

技术人员采集时域信号振动总值来判断电机相关设备的振动状态时，可以采用表2-7的ISO 2372机械振动分级表作为参考。

表2-7 ISO 2372机械振动分级表

<table>
<tr><th>振动烈度/(mm/s)</th><th>I类</th><th>II类</th><th>III类</th><th>IV类</th></tr>
<tr><td>0.28</td><td rowspan="3">好</td><td rowspan="4">好</td><td rowspan="5">好</td><td rowspan="6">好</td></tr>
<tr><td>0.45</td></tr>
<tr><td>0.71</td></tr>
<tr><td>1.12</td><td rowspan="2">满意</td></tr>
<tr><td>1.8</td><td rowspan="2">满意</td></tr>
<tr><td>2.8</td><td rowspan="2">不满意</td><td rowspan="2">满意</td></tr>
<tr><td>4.5</td><td rowspan="2">不满意</td><td rowspan="2">满意</td></tr>
<tr><td>7.1</td><td rowspan="5">不允许</td><td rowspan="2">不满意</td></tr>
<tr><td>11.2</td><td rowspan="4">不允许</td><td rowspan="2">不满意</td></tr>
<tr><td>18</td><td rowspan="3">不允许</td></tr>
<tr><td>28</td><td rowspan="2">不允许</td></tr>
<tr><td>45</td></tr>
</table>

注：1. I类为小型电机（额定功率小于15kW的电机）；II类为中型电机（额定功率在15～75kW的电机）；III类为大型电机（硬基础安装）；IV类为大型电机（弹性基础安装）。

2. 表中测量速度有效值（RMS）应在轴承座的3个正交方向上。

对电机厂生产的电机进行单独测试的时候，可以使用现有标准中针对电机的振动限值。这个振动限值适用于在负荷规定频率范围内所测得的振动位移、速度、加速度的宽带的方均根值。用这三个测量值的最大值来评价振动的强度。

如按规定的两种安装条件进行试验，轴中心高≥56mm的直流和交流电机的振动强度限值见表2-8（GB/T 10068—2020中规定。3个测量值均应合格，若有协议规定，可只考核其中的振动速度有效值）；小功率电机（折算到1500r/min，功率在1.1kW及以下的电机）振动限值见表2-9和表2-10（GB/T 5171.1—2014《小功率电动机 第1部分：通用技术条件》规定）。

表 2-8　电机振动限值（GB/T 10068—2020）

振动等级	轴中心高 H/mm	56 ~ 132			>132 ~ 280			>280		
	安装方式	位移/μm	速度/(mm/s)	加速度/(m/s²)	位移/μm	速度/(mm/s)	加速度/(m/s²)	位移/μm	速度/(mm/s)	加速度/(m/s²)
A	自由悬挂	25	1.6	2.5	35	2.2	3.5	45	2.8	4.4
	刚性安装	21	1.3	2.0	29	1.8	2.8	37	2.3	3.6
B	自由悬挂	11	0.7	1.1	18	1.1	1.7	29	1.8	2.8
	刚性安装	—	—	—	14	0.9	1.4	24	1.5	2.4

注：1. 等级 A 适用于对振动无特殊要求的电机。

2. 等级 B 适用于对振动有特殊要求的电机。轴中心高≤132mm 的电机，不考虑刚性安装。

3. 制造厂和用户应考虑到检测仪器可能有 ±10% 的测量容差。

4. 以相同机座带底脚卧式电机的轴中心高作为机座无底脚电机、底脚朝上安装式电机的轴中心高。

5. 一台电机，自身平衡较好且振动强度等级符合本表的要求，但安装在现场中因受各种因素，如地基不平、负载机械的反作用以及电源中的纹波电流影响等，也会显示较大的振动。另外，由于所驱动的诸单元的固有频率与电机旋转体微小残余不平衡极为接近也会引起振动，在这些情况下，不仅只是对电机，而且对装置中的每一单元都要检验，见 ISO 10816—3 振动监测评估标准。

表 2-9　普通小功率交流电动机振动限值（GB/T 5171.1—2014）

电机类型	三相异步和同步电动机	单相异步和同步电动机
振动速度有效值/(mm/s)	1.8	2.8

注：对于三相和单相异步电动机，应为铁壳和铝壳结构。

表 2-10　小功率交流换向器电动机额定转速空载运行振动限值（GB/T 5171.1—2014）

额定转速/(r/min)	定子铁心外径/mm	
	≤90	>90
	振动速度有效值/(mm/s)	
≤4000	1.8	2.8
>4000 ~ 8000	2.8	4.5
>8000 ~ 12000	4.5	7.1
>12000 ~ 18000	11.2	11.2
>18000	在相应标准中规定	

第三节　电机轴承噪声的测量与限值

电机轴承本身单独运行的时候会有一定的噪声，同时电机轴承在被装入电机之后的运行中也会出现噪声，此时电机轴承的噪声就和电机运行状态以及轴承实际运行状态紧密相关。电机轴承的噪声是电机轴承内部运行情况的一个直接反应。

实际电机运行过程中轴承的噪声明显并易于察觉，它可以提示技术人员对相应的部件进行检查。本书主要讨论的是电机轴承运行或者试验中的轴承故障诊断，其中不包括用于检验轴承生产质量的轴承本体噪声测试的情形。

一、电机轴承噪声的现场测量

电机装机运行的时候，电磁噪声、风扇噪声、轴承噪声等所有噪声都会混合在一起发生。此时如果仅仅用送话器去采集噪声总体水平的分贝值，得到的是所有电机噪声的总和。目前有一些方法可以帮助电机工程师对电机轴承的噪声进行一些分析，其中包括：与电机轴承振动测试原理相同的方法，对噪声信号的波形进行分解，从而找到频域特征来推断噪声的来源；使用送话器阵列来定位噪声的位置等。

另一方面，电机噪声信号十分容易受到周围环境因素的干扰，因此测试要求的试验条件相对苛刻，一般的工厂或者工程实际现场很难达到。所以工程实际中，只能通过一定的修正计算对测量结果进行调整。但这个测量结果也仅仅是电机噪声的总和，难以分离到各个零部件。所以对故障诊断的定位定责目的而言，作用相对模糊。目前实际工况中，对电机轴承噪声的测量往往是采用总值考核与人工听感感受相结合的方法。具体的分析方法在本书第六章中展开。

工程现场中，为了甄别电机轴承的噪声，技术人员就需要借助一些简化的工具对电机轴承噪声信号进行收集，其中最常用又简便的工具就是听棒，如图 2-14 所示。

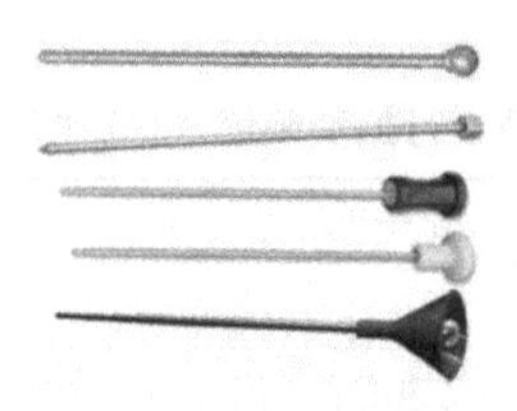

a) 专用听棒

b) 用听棒监听轴承的运转声

图 2-14 用听棒监听轴承的运转声

听棒的作用是将电机刚体机座的振动通过听棒本身传递到人的耳朵里，从而规避了空气介质的长距离传输和衰减，同时也很大程度上避免了周围环境因素的干扰。正是因为这个原因，使用听棒的时候必须注意：

第一，听棒测量点的位置要尽量接近轴承。这样才能避免长距离传输带来的声音衰减。

第二，听棒一定要紧紧抵住测点，这样增加听棒与被测部件的接触，有助于噪声的传导。

第三，工程师使用听棒的时候需要将听棒紧紧抵住自己的耳屏（见图 2-14b)。

其中道理和紧紧抵住被测部件是一样的，可以更大效率地将振动传导到耳鼓中，有利于听测。

不难发现，其实噪声和振动有着紧密的联系，而听棒其实就是将轴承的噪声激励源——振动因素通过刚性连接提取出来，传递到被测人员的耳朵里。所以实质上说，听棒测量听的是轴承的振动（噪声的激励源）。

比听棒更先进的工具就是电机轴承的听诊器。现在已经有一些厂家可以提供效果很好的专用听诊器，甚至还具有录音功能。当然在成本允许的情况下，专用的听诊器效果会更好。图 2-15 所示为一些电机轴承噪声听诊器装置。

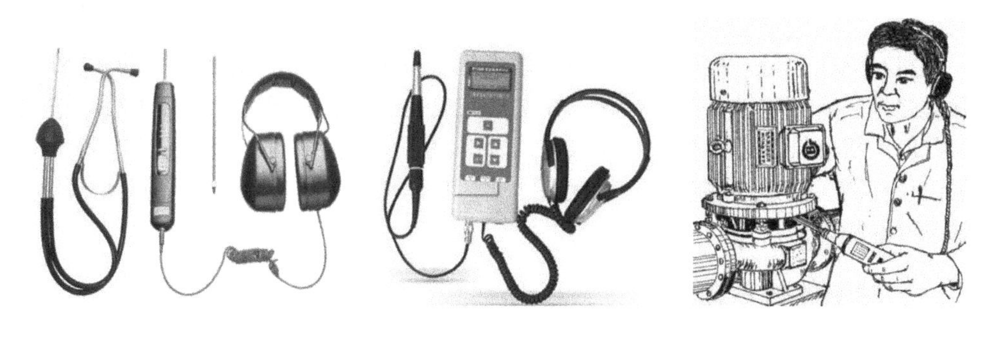

a) 简易机械噪声听诊器　　b) 电子机械噪声听诊器　　c) 电子机械噪声听诊器的使用

图 2-15　用听诊器监听电机轴承的运转声

二、电机轴承噪声现场判断

电机轴承装配之后，由于轴承和电机本体的噪声出现了混杂，因此通过外界的送话器测得的噪声绝对幅值不能用于判断电机轴承的噪声。现场实际使用的方法更多的是工程师根据噪声检测装置采集来的噪声与经验的噪声特性进行比对，从而做出初步判断。

很多轴承厂家也在自己的噪声检测装置中内置了一些典型的噪声录音装置，便于技术人员在进行电机噪声诊断的时候进行对比。也有一些厂家将噪声录音内置到一些手机 APP 中给工程技术人员作为参考。比如 NSK 的 BearingDoctor APP 中就内置了如下一些典型轴承噪声的录音：

- 滚道音；
- 滚子掉落音；
- 保持架音；
- 碾压音；
- 滚道伤音；
- 钢球伤音；
- 异物伤音；

- 电机轴承中的球伤音；
- 电机轴承中的保持架音；
- 电机机架共振音。

由于噪声的性状难于形容，而对噪声信号的定量描述在工程实际中并不常见（理论上和电机轴承振动的频域分析类似），因此工程师需要根据录音的基本信息判断自己听到的声音是否与录音相符或者相类似，从而做出基本判断。

第四节　电机轴承的其他运行状态指征检查

电机轴承在运行过程中最常用的状态指征就是前面提及的温度、振动和噪声。但除此之外还有一些轴承的运行状态在电机完成装机之后的试运行过程中可以被观察，此时电机和轴承都未长时间投入使用，因此还没有很多的速度、温度、噪声的数据以供检测。但是这些轴承运行状态的观察和异常情况排查可以很早起到排除电机轴承潜在故障的作用。

一、轴承旋转不顺畅

一般在电机装配完成之后都会对电机与轴承的装配进行大致检查。当工人用手盘动电机轴的时候可以观察电机轴承的运转情况，观察轴承是否旋转顺畅。通常完好的轴承通过正确安装后的运转应该是连续、顺畅并且没有自主转速突变的。时转时停，各种旋转的阻滞等都应该引起技术人员的注意。

二、轴承室内部滚动体转动异常

电机轴承运转的时候，轴承内部的滚动体的运动应该呈现一定的规律。在负荷区的滚动体应该除了自转也有公转，同时负荷区滚动体的自转速度应该一样。如果在负荷区出现某些滚动体不旋转，或者与其他滚动体转速不同的情况，应予以确认是否存在某些问题。

对于圆柱滚子轴承以及没有施加预负荷的深沟球轴承而言，上面提到的负荷区主要分布在轴承受载方向的承载侧。这个区域的摆动幅度应该在120°左右。这个区域过大和过小都反映一些问题，本书第八章将展开介绍。

对于已经施加预负荷的深沟球轴承、角接触球轴承等，由于轴向预负荷的添加，整圈滚动体都应该处于负荷区。如果其中存在某些滚动体滚动异常，则应予以排查。

三、密封件异常

电机轴承安装之后、试运行过程中，以及故障诊断之前，技术人员也需要对电机轴承的密封进行观察。密封件唇口有没有破损，密封件本体有无变形，密封安装位置是否恰当，密封唇口是否有不恰当的润滑脂泄漏等。

四、轴承外观是否有损伤

安装轴承之前和之后，都应该对轴承外观进行检查，以避免让轴承带伤运行。尤其是对于轴承的关键部位，一旦带伤运行，即便初期并无参数异常（温度、振动、噪声），但是经过一段时间运行，这些早期损伤会发展成更严重的故障。

轴承最关键的表面包括：滚动体表面、滚道表面、轴承与轴承室的配合面、保持架表面、轴承与轴的配合面等。尤其是滚动体和滚道表面的损伤，原则上一定要对轴承进行更换。

五、轴承润滑脂是否正常

轴承在投入使用之前，在条件允许的情况下，可以检查润滑脂是否被正确地添加，添加量是否合适，添加是否均匀，进油和出油通路是否顺畅。第四章第七节将展开介绍相关判断细节。

六、轴承防锈油是否有异常

厂家往往会对新出厂的轴承的轴承表面做一定的防锈处理。如果轴承经过一段时间的储存，轴承的防锈油将会挥发。使用之前需要检查防锈油是否已经挥发，如果防锈油已经挥发了，那就需要对轴承表面是否生锈进行相应的检查。

另外，有的电机厂在对电机轴承进行安装的时候会使用加热安装的方法。有些加热方法温度太高会使轴承表面的防锈油碳化，甚至干结。如果这种干结或者碳化的防锈油混入润滑脂，并且进入滚道，将会成为“污染”物带来潜在的问题。

总而言之，不论是在电机出厂试验还是电机进入实际运行的过程中，工程技术人员对电机各种运行指征的观察应该是全方位的，其中既包含了主要的温度、振动和噪声，也包括其他未被量化的指征。很多时候这些未被量化的指征的异常还可能是后续引起温度、振动、噪声异常的前期因素。越早发现，越有利于阻止故障恶化。这里仅仅列出的几点不能涵盖所有需要在电机轴承运转时和运转前检查的因素。这就需要工程技术人员利用长期积累的现场和使用经验进行判别。同时这些观察也是后续电机轴承故障诊断与分析中重要的线索和依据。

第三章　电机轴承故障信息参数的应用

电机轴承的故障诊断贯穿于电机轴承从选型到最终修理的整个生命周期。第二章中介绍了电机运行状态、故障表征的基本参数以及测量方法。当这些参数和表征出现“异常”的时候，就需要对故障进行进一步分析。首先，电机轴承的故障诊断一般在如下几种场景下出现。

第一，电机设计完毕的型式试验。此时试验的目的是对设计本身进行验证。其中包括了对电机结构设计的试验验证。轴承就是其中一个重要组成部分。因此在电机设计型式试验的过程中发现的与设计初衷或者相应标准不符的轴承表现，就需要进行修正。这种运行表现的不符可以广义地理解为“故障”。此时故障诊断的目的是验证设计。对于轴承而言就是对轴承设计选型、结构设计、油路设计等环节的检查校验。

第二，已经投入生产的电机在完成生产制造之后，出厂之前的出厂试验。这时电机的设计已经在型式试验中完成，此时的检查重点是生产安装工艺，因零部件质量的因素导致的电机性能与设计初衷或者相应标准的不符。此时排查的重点在于制造过程。对于轴承而言就是对轴承安装环节的检查。

第三，电机用户安装前的检查。此时电机用户在对电机安装之前要对电机本身做一个质量检测，以确保电机本身的质量。其中包括电机本身的电磁设计、结构设计、物流运输的影响等。对于轴承而言，经过出厂试验的检查，此时安装前的检查重点是针对储运过程对轴承造成影响的检查。

第四，电机运行的时候，当电机运行表现和以往的正常表现有所不同，或者一些参数明显超出相应设备的运行标准的参数限值的时候而进行的故障排查。对于轴承而言，就是对使用维护过程的操作结果进行检查。

第五，电机维护、维修过程中，对已有故障进行分析和排查并以此确定维修方案，实施维修计划。此时对于轴承而言就是修正整个电机轴承应用生命周期里的各个环节中的问题，从而找到维护修理方法。从而排除故障重复发生的可能性。

在上述诸多场景中，工程技术人员对运行的电机轴承进行故障分析主要通过一些现象、参数的提示。最初的工程技术人员只能通过对运行状态的感官判断，进行故障诊断与分析。

随着各项标准的量化，一些信号被提取和测量，并建立了相应的标准。因此有了基于运行状态监测信号的故障诊断。并且，随着电机轴承运行状态监测技术的发展，工程技术人员越来越依赖状态监测信号分析来进行电机轴承故障诊断。

然而，目前为止，由于监测信号的有限，工程技术人员很多时候仍然需要对电机轴承运行状态本身进行观察、检查。更多的方法是两者的结合使用。

当今计算机网络通信技术越来越发达，智能制造、智能运维技术也正在被大众接受。通过这些技术，积累了大量的电机运行参数数据，基于丰富的大数据挖掘的故障诊断的价值也已经开始显现。

事实上，上述的各种方法就是对电机轴承运行状态参数的使用。本章针对故障诊断中对电机轴承状态参数使用的各种方法进行一些介绍。

第一节　基于电机轴承设计参数的检查与分析方法

对轴承本身的运行状态的检查在电机轴承使用的全生命周期中起着至关重要的作用。对轴承出现故障表现的电机进行检查，首先要确定检查哪些因素，然后将轴承的表现和状态与这些因素进行联系，找到现象的相关证据，从而确定故障原因和纠正方法。这些检查方法是对电机轴承应用技术的应用，是建立电机运行状态参数与实际应用情况之间逻辑关系的过程。事实上，电机轴承上述的这些检查主要就是针对电机轴承的设计参数展开的。

这个检查过程也主要沿着电机轴承生命周期的进程进行，从工况、设计、制造、运输、使用等诸多方面进行检查和验证。本节仅仅就电机设计参数检查的方法本身以及检查的对象进行介绍，涉及的具体技术内容将在第四章中详细阐述。

一、电机工作工况的检查

电机轴承系统的设计是在电机结构设计阶段就完成的工作。在进行结构设计的时候电机工程师要明确设计要求、边界条件。对于轴承而言就是要明确如下一些因素：

- 电机的安装方式；
- 电机轴承的受力情况；
- 环境温度；
- 电机的负荷状态；
- 电机的工作制；
- 其他工况环境因素。

当电机轴承出现故障的时候，进行故障诊断的第一步就是了解电机周围的工作条件，以确认是否与设计初衷相符合。

首先，如果电机周围的工作条件与设计时给出的电机工作条件一致。此时我们需要检查电机设计人员所选择的轴承是否可以满足这些工作条件，是否存在未考虑到的因素。此时的故障原因就会指向设计结构本身。

第二，当电机实际工作条件与设计给定不符的时候。通常这样的故障诊断需要了解工况条件与设计给定不符的原因。如果是设计时被漏掉，就需要重新考虑这个漏掉的因素；如果是实际工况出现的不可避免的偏差，就需要考虑进行一些弥补性工作。

上面两种情况，究其本质都是首先要检查电机实际的工作条件与设计意图指向的给定工作条件之间是否存在差异，以及存在差异的原因。这是电机轴承故障诊断的第一步，也是十分重要的一步。电机设计工程师只能根据设计给定的条件进行设计计算和校核，当实际工况偏离给定工况时，原来的设计就不一定适用。此时的表现就是电机故障。对应于轴承就是轴承故障。而事实上这并非轴承出了问题，而是这样的轴承以及轴承结构设计不能满足新的工作条件。此时如果不对周围环境进行研究，盲目追究轴承本身质量问题，是没有任何意义的。

典型案例 1. 卧式电机被立式安装后轴承的发热和噪声

某电机厂生产的卧式电机被客户立式安装。对于一些电机而言，这样的安装使用会导致轴承在应用的时候出现发热现象。事实上，当对于卧式电机的设计，所有的电机转子重力等都是轴承的径向负荷，而当电机处于立式安装的时候，所有的转子重力都成为固定端轴承的轴向力（参照本书第四章第三节相关内容）。对于一些小型电机，由于轴承本身承载能力存在余量，此时问题不大。但是对于稍大一些的电机，这个轴向力很有可能严重影响轴承寿命。这种情况下表现出故障的电机往往是固定端轴承发热，非固定端轴承出现噪声。有时候两种状况同时发生，有时候出现两者之一。此时既不是电机轴承系统设计本身的问题，也不是轴承质量问题，而是实际工况与设计给定工况的不符。出现这种情况必须更改电机轴承系统设计以适应实际工况。对于小型电机，即便此时轴承没有故障表现，但是轴承本身的寿命（尤其是固定端轴承）将比卧式安装的电机短。

典型案例 2. 钢厂运输辊电机的轴承噪声

某电机厂为某钢厂生产运输辊驱动电机，其大致结构如图 3-1 所示。钢厂为电机厂给出的工况条件是运输辊承受比较大的径向负荷，运输辊和电机通过联轴器连接，电机采用卧式安装。此时电机厂的工程师将运输辊的大径向负荷计入了电机轴承需要承受的负荷（电机轴承负荷计算将在第四章第二节中介绍）。因此对这个电机采用了一柱一球结构。前端使用圆柱滚子轴承，后端使用深沟球轴承。最后电机运行的时候驱动端轴承出现比较大的噪声，同时有部分轴承有发热现象。

但是根据下面这个系统进行受力分析不难发现，运输辊上的大径向负荷是被两个运输辊轴承承担的，而在联轴器连接的电机里，电机仅仅承受转子重力和联轴器重力的径向负荷。这个负荷并不大，且驱动端轴承和非驱动端轴承受力差别也不是非常大。完全可以使用两个深沟球轴承的结构。现场使用的圆柱滚子轴承在这样的小负荷下运行，面临着不能达到轴承所需最小负荷的风险。一旦出现这种情况，滚动体在轴承内部就不能形成良好的滚动，从而出现滑动等不良状态，产生噪声以及发热。

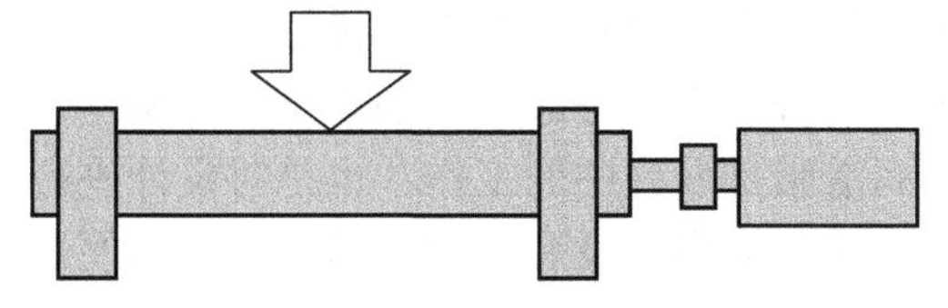

图 3-1　运输辊系统受力图

从上面分析可以看到，这个电机的设计是按照轴端承受大的径向负荷的要求设计的，实际工况与这个假设并不相符。此处的“轴承噪声”“轴承发热”等故障现象，并非电机或者轴承质量问题，而是工况与设计假设的不符。

二、电机轴承系统设计的检查

在确认了电机实际工况的条件后，电机轴承系统设计的检查工作主要目的是检查电机轴承系统的设计是否合理，并满足工况需求。通常工程技术人员是在电机轴承出现故障现象或者报警时进行这一步检查。事实上，这个检查进行得越早、越彻底，越有利于避免故障的发生。

电机轴承系统的检查主要包括如下几个方面：

第一，轴承选型检查。电机轴承的选型检查包括检查对轴承本体的选择和对轴承后缀的选择。此时需要检查根据设计给出的各项负荷状态的情况选择合适的轴承类型。然后检查原设计是否根据环境温度选择合适热处理等级的轴承本体、保持架类型、合适的密封件，以及根据工作状况选择合适的轴承游隙。同时对于密封轴承还需要根据工况进行密封件选择和润滑脂选择。

第二，所选电机轴承负荷能力的检查。这个检查的主要目的是检查所选择的轴承是否能够满足实际工况负荷。这其中包括轴承实际承受负荷的方向和负荷的大小。比如轴承承受轴向负荷，那么 NU 和 N 系列的圆柱滚子轴承就不能被选用。对于轴承承受负荷的大小，除了考虑轴承能承受的最大负荷能力之外还要考虑轴承所需要承受的最小负荷。

第三，电机轴承配置的检查。电机轴承系统轴承配置的检查和工况检查，以及负荷能力检查之间紧密联系，这些工作有时候都是连带一起进行的。电机轴承配置的检查主要是检查电机轴承系统中所选择的轴承的布置方式是否满足工况需求。比如，定位端、浮动端配置是否明确，定位端、浮动端轴承选择，定位方式的选择，预负荷的选择等。

第四，电机轴承、轴承室部位各个尺寸设计的检查。当电机轴承出现故障表现的时候，工程技术人员也需要对电机轴承以及轴承室的各个部分尺寸进行检查。这项检查的工作包含尺寸公差的检查，以及形状位置公差的检查。在设计检查计算环节，尺寸检查的目的不是针对工件本身加工质量的检查，而是图纸中这个尺寸选择是否合理、是否正确。比如公差是否选择正确、预负荷尺寸计算是否正确、O 形环相关尺寸选择是否恰当等。

第五，电机轴承的润滑设计检查。对于电机轴承润滑方案设计的检查包含两大方面，一是润滑脂选择是否恰当。考虑电机轴承工作的温度、转速、负荷等情况对电机轴承选择合适的润滑脂是设计中的工作，也是对设计进行检查中的一个重要环节；二是润滑油路设计是否恰当。没有好的油路设计，即便选择正确的润滑，也无法实现良好的润滑性能。

典型案例 3. 弹簧预负荷不足导致的电机轴承噪声过大

某电机厂生产的一批电机出现批量性噪声问题。通过噪声诊断判断与轴承预负荷相关，检查与负荷计算（请参考本书第四章相关内容）没有问题。但是现场出现弹簧预负荷没有压紧的情况。电机厂认为是工件加工问题。后来检查所有工件尺寸均符合要求。最后发现工程师在计算弹簧剩余长度（压缩后长度）的时候，并未将轴向尺寸链的累积公差计入，刚好这一批工件都偏向于某一偏差，最终导致弹簧预负荷不足的情况。对症下药，问题得以解决。

这个案例中所有的核查都是基于设计参数和工况参数进行的，同时主要是对电机轴承应用技术的综合运用，在诸多参数中抽丝剥茧找到症结。

典型案例 4. 电机油路设计的断头路问题

某电机厂一批电机出现加入补充润滑脂之后轴承温度过高的现象。现场检查发现：端盖如图 3-2 所示，这个端盖的油路有进油口，但是没有排油口。当加入润滑脂的时候，多余的润滑脂无法排出，轴承内部润滑脂过多从而导致轴承运转过程中出现温度过高的现象。

另外国内一些电机厂为了美观起见，有意缩小排油口直径，导致排油不畅，进而出现补充润滑脂之后的轴承温度过高现象。

图 3-2　无排油口端盖的不良设计

电机的结构图纸中也蕴含着很多设计参数，对这些设计参数的检查在这个案例中起到了关键作用。

综上所述，电机轴承轴系统的检查就是为了检查电机在设计阶段可能出现的疏漏。是排除（或者确定）电机轴承故障与设计相关的因素的工作过程。这个过程需要对电机轴承知识、电机结构知识以及实际工况知识的熟练掌握和应用。

三、电机轴承安装工艺的检查

在对电机轴承故障进行诊断和分析的过程中，必须排除或者确定电机轴承的安装工艺等方面因素对轴承造成的影响。这个过程是基于故障轴承的线索对电机轴承的安装工艺进行检查，并非是按照现有的工艺文件对实际安装过程进行检查。这部分检查的内容包括对电机安装工艺合理性以及实际操作行为导致结果的确认。当然，在这部分检查中还包含对相关零部件的质量检查。

电机安装工艺的检查主要包含以下一些方面：

对轴、轴承室的尺寸公差进行检查。一般在进行电机轴承故障诊断与分析的时候，都是在轴承和电机已经完成安装之后，根据故障提示再进行检查。此时一般轴承已经安装到轴上面，轴的尺寸已经没法检查了。有时候对怀疑有故障的轴承需要进行拆卸，之后可以对轴的尺寸进行一些检查。需要明确的是，此时轴已经经过安装，因此尺寸会发生一些变化，对测量尺寸结果的评估需要考虑这个变化。从这里可以看到，在安装前轴尺寸的测量和记录是十分有必要的，因为一旦出现后续故障需要进行分析，这些记录就可以拿出来作为一些判断的依据。

另一方面，对疑似故障的轴承的轴承室进行测量是有必要的。一般的卧式内转式电机，轴承室的配合为过渡配合，因此可以在最小损伤的情况下进行拆卸然后测量其尺寸。

对轴与轴承、轴承与轴承室的配合尺寸进行检查：根据前面对轴或者轴承室测量的结果。判断轴承与其安装部件之间的配合情况。当然实际故障诊断与分析的过程中，我们需要考虑检查设计本身是否有问题。因此第一步是检查图纸上这些部分的配合选择是不是正确。然后检查实际工件，判断其尺寸是否存在与图纸设计不符。由此可以判断是设计时配合选择不当，还是工件不合格带来的问题。

对轴承室的形状位置公差进行检查：一般的电机厂对轴，以及轴承室的尺寸公差都有一定的质量控制。但是对于这些工件的形状位置公差的控制就不如尺寸公差控制那么严谨。事实上形状位置公差与电机轴承运行表现之间的联系十分紧密，是很多电机轴承故障的根源。本书第四章将介绍现场实用尺寸公差简易测量方法。

对安装过程的检查：电机轴承的安装根据不同的轴承形式、大小有不同的方法。确保使用正确的方法是避免在安装过程中对轴承造成伤害的关键。在安装过程中如果对轴承造成一定的伤害，轴承往往在后续运行中会表现为振动噪声超标，或者发热。这些伤害如果严重的话，轴承在装机之后的测试中就可以被察觉。但是如果这些伤害比较轻微，就会成为轴承运行的潜在风险。很多投入使用一段时间的轴承出现故障，当拆开轴承的时候就会发现一些与安装处置不当相关的失效形貌。这时候往往会对疑似故障的轴承进行失效分析，根据轴承表面形貌的特征，推断可能的轴承安装处置不当，此时除了更换轴承已经没有别的补救方法。而这种初期受到轻微伤害的轴承在出厂时，如果不使用专门的测试设备，有时候微弱的异常信号会被忽略。不论安装过程对轴承造成的伤害严重与否，判断安装布置是否恰当的前提是了解正确的电机轴承安装布置方法，具体内容可以参照本书第四章第六节相关内容。

对润滑脂填装的检查：电机轴承故障诊断与分析时，工程技术人员在对设计的检查中应该已经检查了润滑脂的选择问题、油路设计问题等。对轴承安装工艺的检查工作中，主要是检查是否将前述问题得以逐一落实。比如，润滑脂添加的量是否正确，添加位置是否正确，添加方法是否正确等因素。

对轴承预负荷实施部分的检查：很多轴承都会使用弹簧对轴承施加一定的预负

荷。通常在电机轴承中应用的弹簧包括柱弹簧和波形弹簧等。不论是柱弹簧还是波形弹簧，都要保证在安装使用之后有正确的压缩量。弹簧变形量过大或者过小都会导致轴承预负荷异常，从而导致电机轴承运行的故障表现。

对轴承质量进行检查。虽然轴承是标准件，其质量相对稳定，但是对电机轴承进行故障诊断与分析的过程中，也不排除对轴承质量的检查。对轴承的检查通常就是对轴承各个零部件的尺寸等进行测量，对密封件进行检查。有的厂可能还配备轴承振动测试仪，这个测试仪可以检查轴承内部的一些质量情况。

四、电机储运、使用、维护状态和工况的检查

电机检验合格出厂之后，被运输到使用单位，在投入使用过程中对出现故障的电机轴承进行诊断和分析就需要检查电机的储运过程、使用过程，以及维护过程的诸多环节。

首先，电机的储存和运输过程的检查。很多电机厂会出现一些电机在出厂时候各项检测均为合格，但是运输到客户投入使用之前就发现轴承振动或者噪声超标。在两次检查之间，电机和轴承唯一经历的就是运输过程。因此就需要对这一个过程进行检查，看是否有对轴承造成伤害的不当运输包装方式。这一部分的详细表征、诊断与处置请看到第九章相应内容。

第二，检查电机储存是否得当。当电机长期放置在仓库里储藏的时候，电机轴承不转，电机轴承负荷区固定，受重力影响润滑脂重新分布。这些都会对轴承造成不利影响。本书第十章将展开细节介绍。

第三，电机轴承使用工况的检查。合格的电机投入使用，会经历电机的安装过程。在这个过程中，电机的安装情况是否正确，是否有对中不良，地脚是否安装坚固稳妥等都是这个环节需要做的检查。

第四，电机轴承运行过程中的维护工作检查。一般电机轴承投入使用，其中维护工作量最大的就是补充润滑脂。电机投入运行的补充润滑脂工作需要按照正确的补充润滑脂方法，将正确的润滑脂以正确的补充润滑量添加到轴承的正确位置。这一系列动作都需要有明确可靠的流程和方法。具体方法请参考本书第四章。

五、电机轴承状态检查的顺序与优先级

在进行电机轴承故障诊断与分析的时候，我们需要对前面所述的所有电机轴承相关因素进行检查。在实际工况中，当电机轴承出现故障的时候，工程师往往不可能对所有环节逐一不漏地进行检查。很多时候都会根据故障提示的现象，在庞大的检查网络中寻找最有可能的路径，大胆求证、小心推断，用最高的效率找到问题点的所在。但是能够这样做的前提是电机工程师在自己的知识体系里有一个完整的知识网络，面对轴承故障的时候是在这个知识网络里寻求答案的过程。所谓有经验的工程师就是可以在这个庞大的网络的基础上做出“稳、准、狠”的判断。

我们试图将前面的检查网络绘制成思维脑图，如图 3-3 所示。

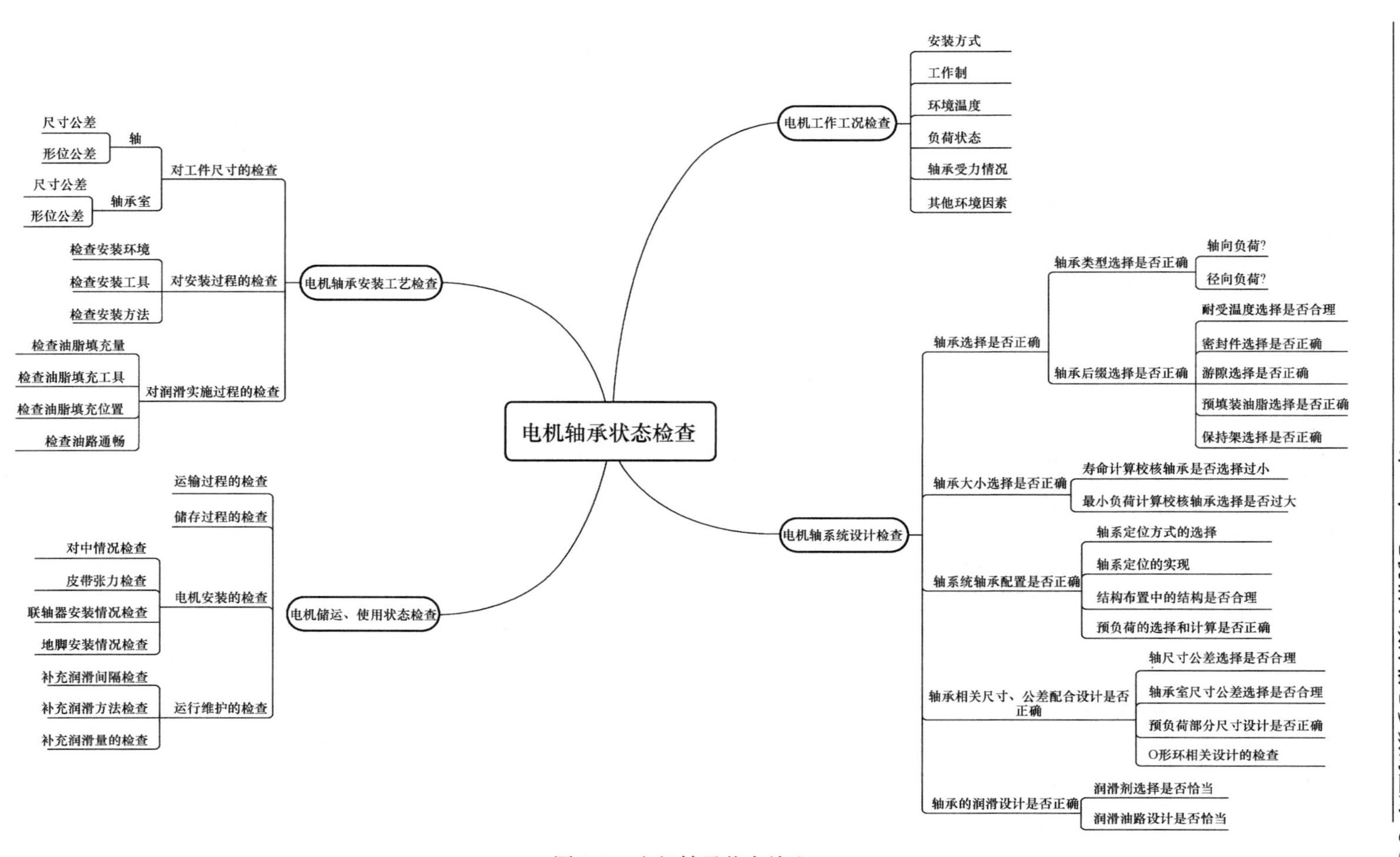

图 3-3 电机轴承状态检查

第二节　基于运行状态监测参数的分析方法

第一节中讲述了根据电机轴承设计、安装、储运、使用等各个环节的因素对电机轴承出现故障的诊断与分析。这些是基于设计参数的分析方法。事实上在故障发生之前的状态检查是为了避免故障，而对故障已经出现时候的倒推分析是查找故障原因。这样的分析需要工程师对电机轴承应用技术的所有环节熟练掌握才能迅速找到症结所在。很多时候，工程技术人员会抽取电机轴承的最重要指征，并根据这些指征进行分析就可以做出一定程度的故障诊断与分析。这就是对电机轴承运行状态参数的检查与分析。第二章中提出了这些最常用的运行状态参数，以及测量方法。本节阐述这些测量方法是怎样在故障诊断中应用的。

一、主要使用的状态监测参数

描述电机轴承运行状态的指征参数有很多，电机中最常用的就是轴承的温度参数、振动参数、噪声参数。这些运行参数最终都是通过各种检测手段的信号体现出来的。由于这些运行参数涵盖了电机轴承运行的绝大部分运行状态，所以对这些参数的监测就是我们常说的状态监测，通常也就是对状态参数信号的监测。

一般地，在电机实际投入运行的工矿企业中，噪声信号不易获取，因此更多的时候电机用户使用的是温度信号和振动信号。噪声信号在这种情况下更多的是用人耳聆听的方法作为判断的参考参数出现，很难实现真正的测量。

相应地，在电机进行设计型式试验的时候，往往会做噪声测试。但此时做得更多的是电机总体噪声，而不是轴承噪声检测。一些科研机构可以根据声音的频率分离出某些与轴承相关的噪声特征信号加以分析，原理与振动分析类似。但是，由于条件所限，这种方法在工程实际中所用甚少。

二、基于状态监测信号的时域分析

电机轴承的运行过程是一个随时间推移的过程。状态监测仪器对设备的状态监测（人工或者自动方式）可能是固定时间点的监测，也可能是连续的信号监测。不论怎样，这些状态监测信号在时间轴上如果排列开来，就呈现出一个时序的信号图像。对于设备而言，最著名的状态监测时域图形就是著名的“浴盆曲线”，如图3-4所示。

图3-4中所示的曲线4为“浴盆曲线”，随着时间的推移，这条曲线呈现出中间平滑，两头翘起的形态。这条曲线由三个部分组成：

1）设备投入运行之后的早期失效（infant mortality）。这段曲线中失效率一开始很高，随后持续下降。

2）设备运行时的随机失效（constant mortality/ random mortality）。这段曲线

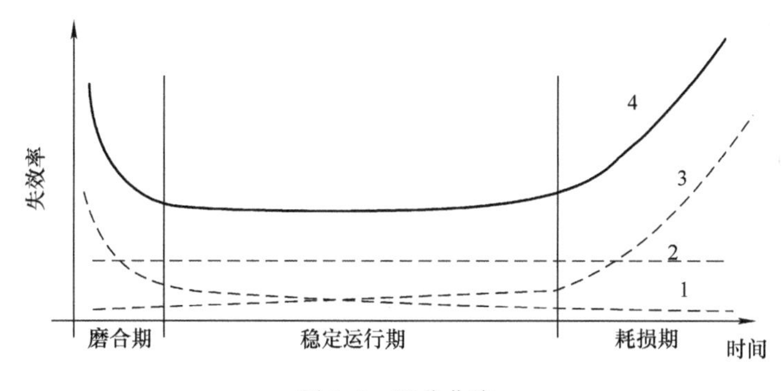

图 3-4 浴盆曲线

中，失效率是平均持续存在的。对于稳定的设计，这个阶段设备的失效率低并且稳定。

3）耗损失效（wear out）。随着设备的运行，设备势必出现一定的性能劣化，此时的失效就是耗损失效。它随时间的推移呈现上升趋势。

三部分失效的总和，就组成了“浴盆曲线”，浴盆曲线由其形态可以大致划分为三个阶段：

1）磨合期：设备初装，各种原因引起的失效率偏高，但是随着时间的推移，设备的失效率明显下降。设备的磨合阶段，是各个零部件在磨合期更好地相互协同以达到最终稳定的状态，此时设备的维护成本比正常运行的时候高。

2）稳定运行（稳定）期：经过磨合期，设备各个零部件达到一定的协同，设备稳定于一个低失效率的运行阶段。这就是设备的稳定运行期，在这个阶段里，设备贡献出最大的效能，维护成本最低，是设备用户最重要的使用期。

3）设备耗损期：进入设备耗损期，设备性能劣化带来的失效率上升，逐渐占据主流趋势。设备的维护成本明显增加。此时需要进行设备的维修甚至更换。

浴盆曲线同样适用于电机轴承的运行时域表现。轴承在电机中安装完毕投入运行之后也将经历磨合期、正常运行期和耗损期。

电机轴承的磨合期：轴承在刚刚装入电机投入运行的时候，轴承滚道和滚动体之间的运行就进入了磨合期。轴承在出厂之后运行之前，其滚道和滚动体表面都会有加工过的刀痕。滚动体和滚道之间的接触存在尖峰与尖峰的接触。此时轴承的振动信号表现会比正常运行的时候偏大。同时，轴承内部填装的润滑脂分布在最初期也没有达到最优，随着轴承滚动体的滚动，轴承内部润滑脂重新分布，逐渐达到最优状态。当然这个过程比滚动体和滚道的磨合过程要快。所以很多轴承刚刚投入运行和刚刚完成补充润滑脂之后会出现短时的温度上升，随着匀脂的完成，温度会回到较低的正常水平。

经过磨合期，轴承滚动体和滚道表面的金属经过一些滚动，完成了金属表面“削峰填谷”的过程，金属的部分高点被压平，金属和金属的接触面积达到比较优良的状态。轴承持续稳定运行。此时轴承的振动信号呈现相对较低的稳定水平，轴承的运行温度也保持稳定。

但是随着轴承的运行，轴承滚动体和滚道内部或者表面逐渐出现劣化。如果润滑正常，此时的劣化多数发生在金属内部；如果由于润滑等其他原因，也可能出现在金属表面。如果再考虑保持架、密封件等的原因，轴承的故障率逐渐增加，进入耗损期。此时不论哪个地方开始出现劣化，当劣化达到一定程度，轴承的振动、温度等信号就会有所反应。感官上可能出现振动变大、噪声变大、温度升高等现象。

综上所述，可以看出，轴承的振动、温度、噪声等信号随着轴承投入运行时间的变长呈现一定的规律，基于时序的信号变化趋势分析，就是我们常说的时域分析方法。时域分析方法相当于对轴承整个运行生命周期内的体征监测，同时时域监测更多的是分析趋势变化，从而做出状态判断或者预警。具体不同信号的时域分析方法可以参考本书后续相关章节。

三、基于状态监测信号的特征量分析

基于状态监测的电机轴承故障诊断与分析中时域分析是判断电机轴承“健康体征”的正常与否，或者是否有预警。但是如果想对电机轴承已经出现的“健康体征”预警进行更深入的分析，以初步确定问题的某些原因，那就需要借助基于状态监测信号的特征量分析方法。

基于状态监测特征量分析的方法在振动和噪声分析中经常用到。这个分析方法的基础就是对信号的分解和解耦。将标志某些基本特征的信号从总体信号中分离出来。在振动分析中最典型的就是使用傅里叶分析的方法，将振动信号分离成不同频率的振动信号。是通过对不同频率信号的幅值分布与电机轴承或者电机本身某些零部件的特征频率分布进行对比分析，从而确定故障发生的部位的一种方法，这种方法就是电机轴承振动信号的“频域分析”。本书第五章会就振动的频域分析做详细介绍。

对于噪声信号的特征量分析方法和对于振动信号的特征量分析方法原理一致。只是噪声的采集在现场相对于振动而言比较困难，同时容易受到干扰。一旦干净的信号得以采集，分析方法就大同小异了。

需要说明的是，即便是基于特征量的振动信号分析，依然只能进行大致定位和判断，诸如对中不好，地脚松动或者判断轴承某个零部件存在问题。但是如果想更深入地对电机轴承故障或者失效进行分析，就只能借助专业的失效分析技术了。

前面关于设备运维与故障分析的部分描述的“定位”与“定责”的概念中，振动频域分析的地脚松动问题和对中问题的结论属于以电机为对象的“定责”判断，但是如果界定出轴承“内圈失效”“外圈失效”“滚动体失效”“保持架失效”的时候，只能看作对轴承的“定位”判断。此时失效分析就成为判断原因的“定责”分析手段。通过定责，才能找到根本原因。

第三节 基于轴承形貌的分析方法（轴承失效分析技术）

根据失效轴承的表面形貌对轴承失效原因进行分析的方法就是我们经常提到的轴承失效分析技术。

电机轴承失效分析是电机轴承故障诊断与分析中的一个重要手段。顾名思义，轴承的失效分析对象应该是一个已经失效的轴承。此时轴承已经出现某种失效，同时根据失效的特征倒推可能产生的原因。国外一些资料里称之为“根本原因分析”(root cause failure analysis)。电机轴承失效分析有一定的国家标准和国际标准。电机轴承失效分析方法的内容十分完备而具体，本书第八章将专门展开介绍。

电机轴承失效分析是承接电机轴承设计参数检查与电机轴承状态监测信号分析的下一步分析方法。当使用前面两种方法已经完成电机故障排除的时候，整个分析过程就不需要走到这一步了。

电机轴承失效分析与电机轴承设计参数检查紧密相连，单纯的根据电机轴承失效分析的某些标准进行失效分类不能满足现场设备故障诊断与维护维修的需求，因此必须将失效分析与基于电机轴承应用技术的电机轴承设计参数检查结合起来，才能找到导致故障或者失效的根本原因。

相应地，通过电机轴承振动频域分析得到的轴承某个部位失效的结论，需要使用失效分析的方法确定可能产生这个失效的原因。但是，与振动分析不同的是，电机轴承失效分析必须对轴承进行观察，因此难免需要对电机或者轴承进行拆解。而振动分析则不需要这个环节。这是电机轴承失效分析相比于振动分析的一个弊端。

第四节 基于大数据的轴承故障诊断分析方法

随着计算机技术、网络技术和人工智能技术的发展，越来越多的设备故障诊断可以通过大数据和人工智能技术得以实现。大数据和人工智能技术也是对工业智能制造领域的一个创新和前沿技术。

一、基于大数据的轴承故障诊断基本思路和步骤

谈到数据分析，对于绝大多数工程师来说并不陌生。平时不论进行分析计算还是进行各种技术和质量的试验，工程师总会面临不少的数据处理的工作。以往很多工业工程师处理的数据仅仅是自己面对的某个试验技术问题或者某个机器的数据，其数据数量相对较少。但是如果手头的技术数据规模呈数量级形式的增长，过去我们常用的分析手段和方法就难以应对了。

我们可以粗略地认为，大数据就大在数据规模上。当我们面对海量的数据，人工的方法无法进行有效的分析、识别和判断。此时就需要计算机的帮助。这就是大

数据在工程实际中经常起到的作用。可以认为，大数据是由于数据数量的庞大带来的处理方法和手段与传统数据处理相比完全不同。

另一方面，由于计算机和算法的客观性，往往对大量数据的判断更具客观性和全局性。因此经常可以通过大数据特有的分析手段在传统的大量数据中挖掘出被忽视的某些数据之间关联与结果。

工业工程师很难通过人工的手段对海量的数据进行操作，因此需要不同技术领域的工程师通力合作。一般的对与工业设备相关的大数据分析至少需要三种能力的工程师参与：工业工程师、数据工程师、IT 工程师。而实现一个大数据分析工作大体需要以下步骤：

第一，数据的采集、存储。大数据技术和人工智能技术的前提和基础是设备的数据。只有对数据的充分采集和存储，才能形成大数据基础，通过对这些大数据的分析才能达到我们期望的目标。数据的采集、传输、存储等工作是 IT 工程师的专业，需要 IT 工程师的参与才能完成。

第二，数据处理。数据从完成采集到使用数据进行模型分析，这中间的过程在工程上不是简单地直接进行。事实上由于数据采集器以及网络的诸多原因，采集来的数据往往有很多遗漏、缺失、误报等。因此需要数据工程师对采集来的数据进行处理，使数据的质量达到可以进行分析的水平。这个环节往往会耗费大量的时间和人力。数据处理工作是数据工程师负责的工作。

第三，算法模型的建立。工程师针对所需要分析的问题应用一定的算法建立模型，从而能够对经过数据处理的数据进行相应的分析。对于算法模型的搭建需要工业工程师和数据工程师的通力合作。工业工程师针对实际工程问题，将其准确地描述为一个数据问题，数据工程师根据数据问题找到相应的解法进行模型的搭建。有时候具有数据处理能力的工程师也能独立承担算法模型的搭建工作。当算法模型建立完成之后，IT 工程师需要提供算法运行的平台，以保证这个算法可以在稳定的 IT 框架下的执行。

第四，数据结果的呈现、印证和修改。当数据结果通过模型完成计算的时候，往往需要进行一定程度的呈现，便于工业工程师的使用。这个呈现工作就需要 IT 工程师完成。而对结果的评估则是工业工程师和数据工程师的任务。

图 3-5 所示的步骤是通过大数据解决实际工业问题最常见的方法。这种方法有一个问题就是在数据采集的初期是盲目的、广泛的、大量的收集。当然，理论上设备状态数据收集越全面，越能更完整地描述设备状态，这有利于最后的分析并且能

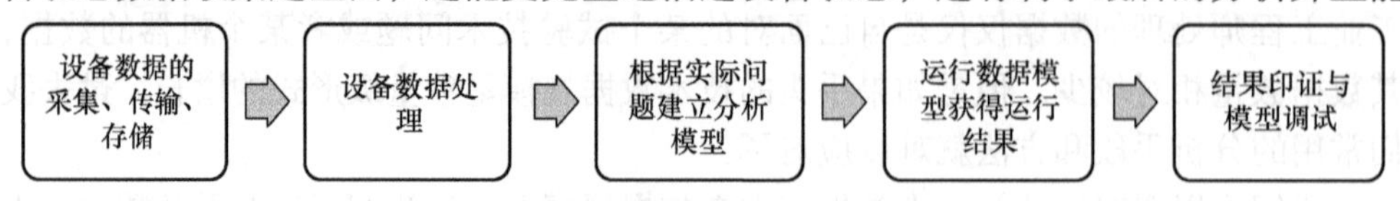

图 3-5　通过大数据进行数据诊断的过程

够避免产生遗漏。但是这样的盲目收集带来的是巨大的工作量，以及资源的浪费。

在工程实际中，使用上面的顺序会带来这样的问题：在数据采集阶段如果不知道最后数据模型的要求，很有可能采集到的数据不是最终分析所需要的数据。也有可能要分析的折本问题所需要的数据被遗漏了。这样一来只能重新调整数据的采集、传输和存储。这就是前面提到的工作量的浪费。

因此有工程师提出将实际设备问题分析作为第一步。首先了解工业工程师需要通过大数据解决什么问题，从问题角度出发来决定用哪些数据进行分析，然后将所需要的数据作为数据需求提交给前序步骤。这样从数据采集的步骤开始就已经是针对最终问题。这样做大大地提高了整个过程的准确性。

因此改进的工作流程如图 3-6 所示。

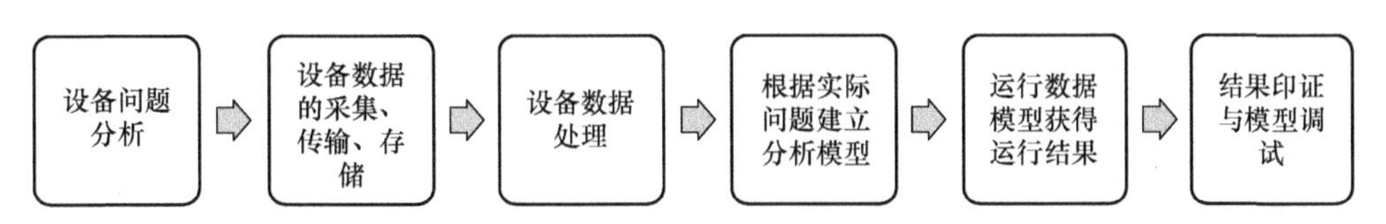

图 3-6　改进的通过大数据进行数据诊断的过程

二、电机轴承故障诊断与分析的大数据实施思路

对于电机轴承的故障诊断而言，其本身是大数据在工业应用中的一个典型场景。真正的故障诊断在工程实际中的落实也不外乎上面的方法。首先电机工程师需要知道我们要诊断的部位是轴承，前已述及我们一般做轴承故障诊断所需要的数据主要就是轴承设计参数、状态参数（振动、温度、噪声）以及其他的运行状态参数等。

电机轴承的各类参数中，设计参数和运行状态参数的采集和使用相对比较普及，但是对于轴承表面形貌的数据化需要更多的比如图像识别等专门的技术，目前尚待更加成熟可靠的技术出现。

最普遍的将电机轴承整个状态进行数据化描述的参数就是前面章节已经阐述过的温度、振动、噪声。因此我们会按照 IT 专家的要求采集电机轴承这方面的信息。当然工程实际中还要规定采样频率等具体要求。

根据数据采集的情况，数据工程师对数据进行处理，从而可以建立所要分析的问题的模型。

对于电机轴承故障诊断最常用的几种状态监测方法的模型现在已经相对比较成熟，电机工程师和数据工程师可以根据各种现有的开源工具对数据进行加工、整理和分析。其中主要使用的依然是对时域信号的分析和对频域信号的分析。

目前比较流行的人工智能算法本质上是一个需要经过大量数据进行“训练”的黑盒子程序。大量的数据“喂养”之后，需要工业专家对模型计算的偏差给出反馈并以此为依据修正模型（监督学习）。修正的越多，模型就会越准确。因此，工业工程师不能指望数据模型第一次就跑出百分之百的准确率。这些计算模型都是会随着使用、反馈、修正的不断迭代，变得越来越准确的。

三、基于大数据的统计分析

前已述及，大数据对于电机轴承进行分析主要结合模型的时域和频域数据。而大量数据的统计分析是大数据分析的主要手段和方法。

如果将设备运行状态参数的时域数据进行统计分析，也会得到一些时域特征指标：

- 期望
- 方差
- 方均根
- 偏度
- 峭度
- 脉冲系数
- 裕度
- 波形系数
- 峰值系数

这些时域特征指标分别具有一定的物理意义。比如对于一台电机的轴承振动，上述概念可以理解为如下概念（本书仅举一些例子，其他概念工程师可以自己参照统计学的文献进行查阅，本书不再赘述）：

- 轴承振动的期望值：又叫平均值。这个数值标志着轴承在过去时间内平均的振动水平。
- 轴承振动的方差：振动值的方差标志着轴承振动数值的离散程度。换言之，这个轴承的振动是否稳定地分布在期望值附近，或者具有较大的离散性。
- 轴承振动的方均根值：轴承振动的有效值。电机工程师对有效值的概念并不陌生。其概念放在轴承上是一样的。
- 电机轴承振动的峭度：一般轴承无故障运行的时候，其振动幅值分布接近正态分布，此时峭度指标约等于3。当故障出现的时候，随着故障的发展，振动信号中的大幅值将会增多，概率密度增大，信号幅值会偏离正态分布。此时振动幅值的正态分布会出现偏斜或者分散，峭度值也随之增大。

一个使用统计分析的实际应用的例子：

前面温度信号限值部分提供了一些标准中规定的电机轴承温度限值。例如，对于一些泵类负荷，设备要求轴承运行温度不得超过80℃。如果现在有一台电机轴承运行温度为82℃。此时如果按照正常的要求就应该发出温度报警。

现在给出两种额外的边界条件，可能就会得到相反的结论：

这台电机五年以内所记录的轴承温度均值是82℃，并且其方差显示相对集中。这个过程中轴承无损坏。

相同负荷情况下，100台相同电机同样位置的轴承平均温度为82℃，且分布相对集中。所有的电机轴承均无损坏。

上述两个条件任意一个条件都可以很快让工程师得出判断，这个轴承很可能不需要修。因此也许会做出调整报警限值的决定。这就是基于统计得到的故障诊断和分析的结论。

四、基于大数据的趋势分析与预测性分析

在时域分析中，大数据可以记录设备以及电机轴承随时间变化的各种状态指标。在电机轴承整个运行生命周期的中期状态指标会呈现“浴盆曲线”的特征。在设备维护策略部分提及，电机的使用者不会在电机轴承已经出现严重故障且停机的时候对轴承进行维护，因为这样的非计划停机成本太高。预测性维护就需要对电机轴承振动进入耗损期的特征进行提取。我们知道振动信号的采集一般都是按照毫秒级进行的，这样的时序信号数据如果全部记录下来就是一个海量数据，大数据的方法就能很好地解决这种问题。

以振动信号为例，电机轴承进入耗损期，振动幅值会增加。电机工程师可以通过大数据的统计分析方法，看振动的幅值本身是否达到某个报警值。

除了设定更合理的报警值以外，更重要的是，这个振动幅值变化是一个趋势的研判。从轴承振动信号的时域值的趋势可以看出这个轴承是从一个状态进入另一个稳定状态，还是在持续恶化。对于后者，必须采取行动。当然工程实际中很多数据工程师为这些趋势找到了很多特征算子，通过算法可以进行判断。

另一方面，一旦电机轴承振动趋势出现失效迹象，如果大数据记录了很多条轴承在耗损期进入失效的振动历史记录，工程师可以根据众多曲线发现幅值增加到轴承失效情况的平均时间。这个时间，就可以用作维护时间窗口。换言之就是当轴承出现开始失效的迹象的时候，还有多长时间可以留给维修工程师进行检修。这个结果也就成了轴承剩余寿命的一个估计。

在大数据方法出现以前，轴承剩余寿命的估计一直是工程实际中的难题。现场工程师发现了轴承有故障迹象，但是很难判断轴承还可以运行多久。从经济性角度来说，过早的维修也会使维护成本上升。

由此可以看到，大数据对预测性维护的重要意义，尤其是在设备故障预警值的调整、轴承残余寿命估计等方面具有得天独厚的优势。

五、基于大数据的特征量分析

在频域分析方面，以前的电机工程师使用快速傅里叶分解的方法将不同特征频率下的振动幅值提取出来，之后通过对频谱图中的特征量进行归因判断，从而得到

电机轴承故障诊断的一些结论。

事实上每个特征频谱都意味着某些频率下幅值的增加。数据工程师根据频谱图可以利用计算机将特定频率幅值的信号提取出来，或者将幅值高的信号的频率提取出来，然后与特征频率进行对应比较。这样提高了判断的准确率和速度。

同时，数据工程师拥有的分析工具除了一般的傅里叶变换之外还有互谱分析、高阶谱分析、相干谱分析、倒谱分析、全息谱分析等诸多工具。

六、基于知识图谱的人工智能故障诊断与分析

在电机轴承的故障诊断中，我们除了使用一些设备状态参数指征来进行分析以外，大量的诊断与分析工作都是对电机轴承状态的检查与分析。事实上有很多电机轴承的状态量超出了振动、温度、噪声的范畴。当这些状态特征没有办法被量化记录的时候，解决方法就是希望通过现场专家进行判断。

事实上，所有的现场技术专家的判断，都是基于专家脑海中常年积累的行之有效的问题分析网，我们称之为知识图谱。

现在主流的自学习人工智能算法，本质上是一个不断自我修正的黑匣子。算法本身是不含有知识的。当给算法一些输入，算法给出的第一输出往往不是工业专家的判断，那么专家就将误差反馈给算法，通过算法进行修正，直到算法可以输出与专家一致的答案。经过多问题反复的迭代，算法内部进行反复“学习”，就可以做出与现场专家十分接近的诊断与分析结果。此时我们认为，算法已经向专家“学习”了这个知识。其本质上并不是学会了机理本身，而是学会了如何得到与专家脑海中机理相近的判断。

在这个过程中，工业专家反复对算法输出结果的修正的依据，就是他脑海中的知识图谱。工业专家脑海中的知识图谱有的可以简单地由工业专家写出来，让算法直接纳入，进行判断。而现场最难的部分是无法写出的经验和判断方法，这些就需要通过机器的“自学习”反复地迭代修正。

这就是我们说的基于知识图谱的大数据分析人工智能故障诊断与分析。现阶段，一些简单的故障诊断可以利用故障树的方式通过算法实现，但是真正被工程实际广泛应用的类似专家的系统，还有待进一步完善和成熟。

事实上，在电机轴承故障诊断与分析中使用的大数据分析方法不仅有上述几种。经常使用的方法包括：假设检验、回归分析、聚类分析、判别分析、因子分析、时间序列分析、典型相关分析等诸多手段。随着大数据在工业领域应用的日趋成熟，各种手段的应用也会更加普及。

第三篇

电机轴承故障诊断与分析基本技术

前述章节从基本概念和方法论角度，介绍了电机轴承故障诊断与分析的常用指标以及这些指标的基本检查、监测与使用方法。并由此大致描述了电机轴承故障诊断与分析的基本操作框架。从本章起，我们对电机轴承故障诊断与分析所使用的各项技术本身的内容、逻辑与实施进行阐述。

第四章　电机轴承应用技术

第一节　电机轴承应用技术在故障诊断中的作用

电机轴承应用技术在电机轴承故障诊断与分析过程中的应用，主要是电机轴承故障诊断与分析基本方法中的基于电机轴承状态的检查，是对电机设计参数的检查与校核判断的技术依据。这项技术方法是最传统最成熟的，其依据的理论体系也最完善，至今为止都是对电机轴承故障诊断与分析的基础。同时也是其他方法的理论基础。

前面章节中已经阐述，电机轴承故障的诊断与分析经常使用的场合是电机出厂前的各种试验中，以及电机投入运行之后出现故障的时候。所谓电机轴承运行状态的检查，其目标是电机轴承选用设计参数，涵盖的是电机轴承从设计、制造到使用过程中的所有环节。通过检查，找到有哪些环节与标准的正确方法、逻辑不符，从而找到引发故障的线索，并顺藤摸瓜最终发现故障的根本原因从而进行修正。要使用这个方法，就必须对电机轴承从设计选型到安装试验，再到投入使用的过程中的所谓“标准的”“正确的”方法有清楚的掌握。然后才能根据实际观察取证的信息做出清楚的对比和合理的判断。

在电机轴承故障诊断与分析的过程中，对电机轴承应用技术的熟练掌握可以避免和减少现场基于经验的猜测。通过相应的理论知识和实际取证信息之间的对比，梳理出参数与现象的对应关系，从而得出分析推断的结论，这才是做好轴承故障诊断与分析的正确途径。

首先，电机轴承应用技术涵盖了电机轴承从设计选型、校核计算、图纸布置、实际安装、润滑设计、电机轴承的维护技术等不同的部分。这也是工程师对电机轴承故障诊断与分析所做检查的几个基点。

换言之，在电机轴承故障诊断与分析过程中，工程师需要面对目标电机从以下几个问题的角度进行回答和解释：

- 这台电机轴承的类型选择是否正确？
- 这台电机的轴承大小选择是否合理？

- 这台电机的轴承在轴承系统中的布置是否合理？是否满足负荷要求？
- 这台电机的轴承在安装过程中是否存在问题？
- 这台电机的轴承润滑设计是否正确？其中包括润滑脂的选择以及润滑油路的设计是否正确？
- 这台电机投入使用之后的维护工作是否合适？是否到位？

电机工程师往往是在电机轴承出现故障的时候，才想到需要面对这些问题，并且很多工程师此时都是急于找出故障的原因，以期望通过现象直接对比出问题原因以及解决方案并进行快速处理。有时候这样急切的从现象跳转到原因的诊断，忽略了对电机轴承周围信息的分析和判断，经常出现治标不治本的情形，有时候还会弄错分析方向，事倍功半。有经验的工程师往往在故障出现的时候，会看看“周边”情况，这个“周边”的意思就是故障点上游下游以及周边的信息，往往这些周边信息中蕴含着造成故障的根本原因。然后通过轴承周边信息逐步缩小检查范围并加深检查深度，一步一步有理有据，避免疏漏，同时分析的速度也会很快，真正可以做到“稳准狠”。

在工程实际中比较常见的错误做法是当电机轴承出现故障了就更换轴承。当然有的时候换了轴承，故障会被排除，但是更多的时候换了轴承故障依然未被排除。这种盲目的更换忽略了原因的查找，往往会造成浪费。并且即便更换轴承之后故障被排除了，工程师也很难有信心说这就是轴承的问题。因为在这个环节中，只做了“定位”分析，并未做“定责”分析。引发故障的原因被假定为轴承质量问题。这样的盲目“定位”判断，应该在熟练掌握电机轴承应用技术的基础上逐渐改善。

上述两种错误的电机轴承故障诊断与分析思路在实际工作中十分常见，造成这样的情况一方面是因为现场人员工作急于求成；另一方面也有可能是由于对电机轴承应用技术知识的掌握不熟练。

这两方面原因导致现场工程师跳过电机轴承应用技术所规定的逻辑关系直接将现象与结论进行盲目对应，反倒导致了工作效率的下降。更有甚者在现场会把电机轴承故障描述成所谓“见鬼”问题。其实哪里有鬼，只不过现场人员的知识体系不够全面，使造成电机轴承故障的原因钻过现场人员有限的知识网络，成了“漏网之鱼”也就出了“鬼”。

第二节　电机轴承选型检查

电机轴承故障诊断与分析中经常需要做一个判断，电机轴承是否选错了。要做出这个判断，就必须对什么是正确的选型有清楚的认识。本节我们介绍电机轴承正确选型需要考虑的一些因素。

一、检查电机轴承的选型

首先，电机工程师对电机轴承进行选型之前需要对各类型的轴承有一个基本的了解。电机轴承进行正确的选型也需要对电机轴承的一些常用共性指标有足够的认识才能完成。而了解电机轴承的共性指标首先需要熟悉各类轴承的基本属性。故障诊断对电机轴承选型检查的目标就是明确完成的选型与实际轴承能力之间是否存在差异。因此作为电机轴承故障诊断最基本的知识，电机工程师需要了解本节的基本内容。

（一）电机轴承的基本分类与性能

在电机中主要使用的轴承包括深沟球轴承、圆柱滚子轴承、角接触球轴承、球面滚子轴承和少量的其他类型轴承（绝缘轴承等可以分别归入相应的轴承基本大类，并不单独划分）。全世界电机中轴承的消耗中，深沟球轴承占总量的百分之七十，圆柱滚子轴承占总量的百分之二十，其他类型占总量的百分之十。因此了解深沟球轴承和圆柱滚子轴承非常重要。本章仅就轴承相关承载能力进行简略概述，这有助于后续对轴承结构配置的理解。

1. 深沟球轴承（DGBB）

从结构上可以看出，深沟球轴承（见图 4-1）滚动体是球形，也经常被称作“滚珠”。所以，深沟球轴承也经常被称作滚珠轴承。深沟球轴承运转的时候，滚珠在滚道内进行周向旋转。一般地，深沟球轴承滚道的曲率半径和滚珠的曲率半径不同。通常我们把滚道弧长大于三分之一滚珠球大圆周长的径向滚动轴承叫作深沟球轴承。由于其具有足够的“深”度，因此深沟球轴承除了具有径向负荷承载能力之外，还具有一定的双向轴向负荷承载能力。

深沟球轴承滚动体和滚道之间的接触是点接触。因此相较于线接触的滚子轴承而言，其承载能力偏弱。同时两者相比，深沟球轴承滚动体和滚道接触面积较小、发热小、散热相对容易；相对于同直径的滚子而言质量较轻，球轴承滚珠旋转离心力小，因此球轴承相较于同内径尺寸的滚子轴承而言，其转速能力更高。

深沟球轴承承受偏心负荷的能力较差，偏心负荷最大值不应该超过 10 弧分。通常不建议电机工程师选择这样的轴承偏心负荷能力。

2. 圆柱滚子轴承（CRB）

圆柱滚子轴承在电机中常用的是 N 系列和 NU 系列，如图 4-2 所示。从结构中可以看出，这两类轴承如果在内圈或者外圈具有双侧挡边，则在相应的另一个套圈没有挡边，轴承滚动体可以在没有挡边的滚道上实现轴向移动。因此，这两类圆柱滚子轴承不具备轴向承载能力。

由于圆柱滚子轴承滚动体和滚道之间的接触是线接触，因此具有径向承载能力大的特点。同时相较于深沟球轴承，其转速能力相对较差。

图 4-1　深沟球轴承

图 4-2　NU 系列与 N 系列圆柱滚子轴承

由于圆柱滚子轴承承载时的接触线是沿轴向的，因此圆柱滚子轴承对负荷的偏心十分敏感。电机的对中不好，或者基座加工引起的轴承负荷不对中等情况，会对圆柱滚子轴承带来较大的影响。

圆柱滚子轴承是柱状滚动体，其内部的承载接触是线接触，对内外圈不对中十分敏感，所以它具有较差的偏心承载能力，通常只允许小于 2 ~4 个弧分的偏心负荷。电机工程师应该严格控制圆柱滚子轴承承载的偏心，避免提早失效。

在常用的圆柱滚子轴承中，经常有电机工程师询问 N 系列和 NU 系列在使用方面的利弊。从两个轴承的结构上就可以看出，NU 系列圆柱滚子轴承滚动体保持架和外圈是一个整体组件，而 N 系列圆柱滚子轴承相反。当我们对电机进行组装的时候，两者的区别就显现出来了。通常圆柱滚子轴承的安装都是内外圈分开安装的，先将外圈装入轴承室，再将内圈装在轴上。对于 NU 系列的轴承，内圈加热仅仅是加热一个铁环内圈；对于 N 系列的圆柱滚子轴承，需要加热一整个内圈和滚动体组件。并且加热之后，工人师傅需要拿起整个热（100℃左右）的组件进行安装。安装过程中极易污染滚动体组件，并且一旦污染，也很难擦拭。这个困难在 NU 系列的圆柱滚子轴承里就不会存在。因此从安装使用环节上说，NU 系列更加便于安装。

另一方面，在立式安装的情况下，当轴承旋转的时候，N 系列却比 NU 系列具有更好的油脂保持能力，更有利于润滑。

具体轴承的选择，需要电机工程师根据实际工况进行酌情处理。

3. 角接触球轴承（ACBB）

角接触球轴承是另一类电机中常用的轴承。如图 4-3 所示，从其结构可以看出，角接触球轴承由于接触角的存在，可以承受比较大的轴向负荷（相对于深沟球轴承而言），以及相应的径向负荷。

角接触球轴承的内部滚动接触和深沟球轴承类似，因此具有较高的转速性能。又由于角接触球轴承运行的时候所有滚动体都承受负荷，系统刚性更好。角接触球轴承的转速性能甚至可以优于深沟球轴承。这是因为在有些高转速场合，需要使用施加过预紧的角接触球轴承替代深沟球轴承来获得更高的转速性能。

4. 调心滚子轴承（SRB）

调心滚子轴承（见图4-4）内部是两列可以调心的滚子结构。轴承运行的时候，两列滚子运行在球面滚道之上，在一定范围内可以实现“无摩擦的”调心 。调心滚子轴承具有较好的径向负荷承载能力，同时具备双向的轴向负荷承载能力。

图4-3　角接触球轴承

图4-4　调心滚子轴承

由于调心滚子轴承是两列滚子承载，所以相较于单列的圆柱滚子轴承而言，其径向负荷承载能力更好。相应的，其滚动体滚动发热更大，散热更不利，内部润滑更困难，高速下滚子离心力更大，因此其转速能力相对圆柱滚子轴承更差。

调心滚子轴承，由于其内部的滚动体和滚道的形状，导致其具有良好的调心性能，可以适应一定程度的负荷不对中。

5. 其他类型轴承

电机中还有可能使用一些其他类型的轴承，诸如圆锥滚子轴承、四点接触球轴承、调心滚子推力轴承等。

圆锥滚子轴承使用相对复杂，尤其其预负荷调整，对一般的电机厂而言，是需要比较多的知识和经验累积。但是对于某些轴向负荷很大的工况而言，不得不采用此类轴承。

四点接触球轴承是两柱一球结构中可能会使用的轴承，此类轴承不能承受径向负荷，仅仅能承受轴向负荷。通常，在轴向负荷不是很大的情况下，很多电机厂会用相应尺寸的深沟球轴承进行替代。

调心滚子推力轴承在一些大电机中有可能会使用，它通常运行于一些极大的轴向负荷之下。工况特殊，一般中小型电机中应用不多，此处不赘述。

（二）电机轴承承受的负荷方向

前面阐述了电机中常用轴承的基本特性。从轴承本身的结构来说，不同轴承能够承受负荷的情况不同。这些差异包括轴承能承受负荷的大小和方向等方面。

关于轴承承受负荷的能力是否适应工况需要的问题，将在轴承寿命校核中展开阐述。同时工程技术人员需要根据相应的校核计算结果进行检查。

除了负荷的大小，在对轴承选型进行检查的时候，还必须对轴承正在承受以及能够承受什么样方向的负荷有一个基本的判断。

电机轴承在电机中一般承受来自电机轴的轴向或径向负荷，当电机轴承承受的负荷既有轴向负荷又有径向负荷的时候，我们称之为复合负荷。但是不同类型的轴承能够承受负荷的方向以及在这个方向上的承载能力是不同的。

一般的，我们把轴承滚动体与内外圈滚道接触点的连线与径向的夹角定义为接触角，如图 4-5 所示的 α 角。

不难看出，图 4-5 中接触点连线是轴承受力的传导方向。接触角越大，这个方向在轴向上的分量越大，轴承承受的轴向力就越大；反之，轴承在径向上的受力分量就越大，轴承承受的径向力越大。因此接触角越大轴承承受轴向力的能力也就越大，反之亦然。

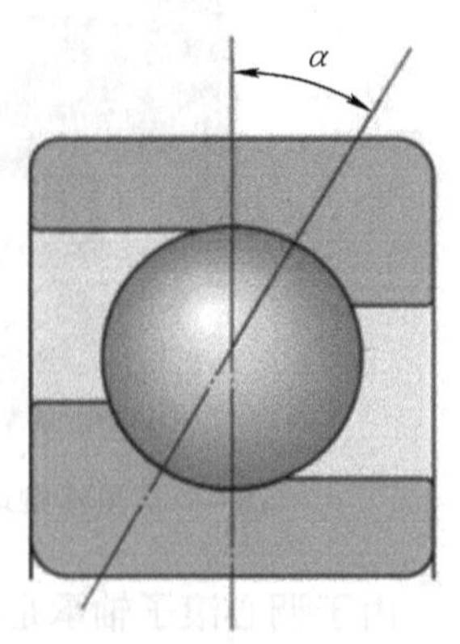

图 4-5　角接触球轴承的接触角

对于深沟球轴承而言，轴承的接触角为 0°，轴承应该不具备轴向承载能力。但是由于轴承内部沟道深度的原因，使得深沟球轴承具备一定的轴向承载能力。对于圆柱滚子轴承而言，如果是一个圈无挡边的圆柱滚子轴承，这个轴承就不具备轴向承载能力。而如果使用带挡边的圆柱滚子轴承专门用来承受轴向负荷，其内部将出现挡边与滚子的滑动摩擦，并非轴承设计的主要承载能力。本着轴承内部应该尽量避免滑动摩擦的原则，最好不要这样使用。在做故障诊断的时候，电机工程师也需要明确是否存在这样的滑动摩擦。

对于接触角在 0 ~ 90° 的球轴承，就是我们常说的角接触球轴承。图 4-5 所示的轴承就是一个角接触球轴承。对于单列角接触球轴承，只能承受单方向的轴向力，如果负荷方向与轴承接触线方向相反，轴承就会脱开，此时轴承如果运转就会出现发热的现象。

典型案例 5. 立式电机角接触球轴承过热

某电机厂生产的立式电机，电机内部使用一个单列角接触球轴承作为定位端，另一端使用一个深沟球轴承作为浮动端。电机轴伸端直接链接轴流式风机叶轮，结构如图 4-6所示。

电机在试验的起动过程中，经历很短的时间，定位端角接触球轴承发热烧毁。经过现场检查，所有零部件均尺寸正常，负荷施加也是正常状态。此时角接触球轴承已经烧毁，深沟球轴承完好无损。

现场故障诊断工程师检查了负荷状态，是直接连接轴流式风机叶轮。从流体力学的相关知识我们可以知道，这类风机在起动的时候，叶轮会出现一个反向的轴向力。当这个力大于电机转子重力和叶轮自身重力的时候，整个转子就会在垂直方向浮起来（此时电机是立式安装）。我们知道，角接触球轴承的运行需要在一定的单向轴向负荷的情况下进行，如果整个转子浮起来，轴承内部滚动体就不能有足够的负荷实现纯滚动，此时就会出现滑动摩擦，从而发热，最终变成恶性循环，轴承出现发热甚至烧毁的现象。

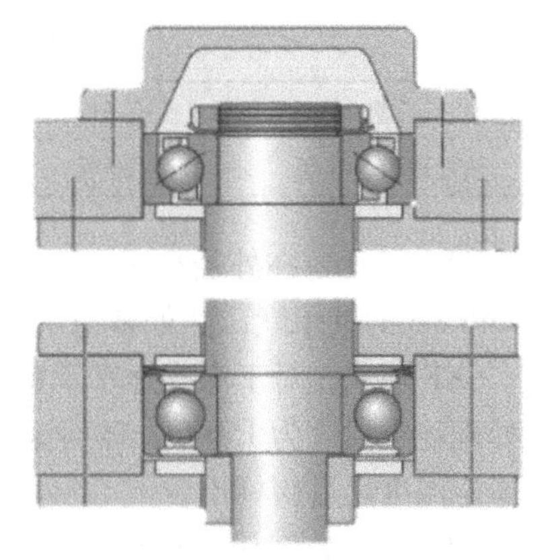

图 4-6　某电机厂立式电机轴承结构

经过上面的分析，工程师在现场进行一定条件的试验，确实发现起动时整个转子向上浮动近 2mm。

故障诊断分析完成后，对这个单列角接触球轴承施加了一个防止电机起动时转子上浮的预负荷，此问题得以解决。

（三）电机轴承的耐受温度

电机轴承运行在工况中，经常出现过热的问题。在进行故障诊断与分析的时候，工程技术人员必须了解电机轴承能耐受多高的温度，从而针对故障的程度做出准确的判断。

另一方面，电机轴承出现故障的时候，工程技术人员也需要根据所使用轴承能耐受的最高温度极限来检查轴承的选择是否恰当。

我们知道一般的轴承主要包含滚动体，内、外圈，保持架，密封件和润滑脂几个基本组成部分。下面分别阐述：

1. 电机轴承轴承钢的耐受温度限值

轴承的滚动体和内、外圈是由轴承钢加工而成，轴承钢经过一定的热处理可以保持一定的尺寸稳定性。轴承钢的热尺寸稳定性是指轴承钢在受热作用下轴承尺寸发生变化但是依旧保持某一尺寸容差的能力。当然，在受热的时候，钢材质内部金属组织结构和成分也会发生变化，而由此带来最大的变化就是轴承钢硬度的变化。综上，轴承受热时轴承钢最主要的变化就是尺寸以及硬度。

对于普通轴承钢都有一个热处理稳定温度，在这个温度以下轴承保持尺寸稳定，同时轴承钢材质的硬度等也满足使用要求。一般轴承的热处理稳定温度为 150℃。在轴承上通常用 SN 标记，或者省略标记。除此之外，根据 DIN623，轴承的热处理稳定温度及其相应后缀见表 4-1。

相应地，各个厂家对不同类型轴承的热处理稳定温度有不同的要求，因此具体热处理稳定温度需要咨询相应厂家。例如：

表 4-1 轴承热处理稳定温度

后缀	S1	S2	S3	S4
热处理稳定温度	200℃	250℃	300℃	350℃

FAG 轴承，在外径小于 240mm 的轴承默认热处理稳定温度为 150℃；外径大于 240mm 的轴承默认热处理稳定温度为 200℃。其他热处理稳定温度用后缀标出。

SKF 轴承，对于深沟球轴承默认热处理稳定温度为 120℃；圆柱滚子轴承默认热处理稳定温度为 150℃，球面滚子轴承默认热处理稳定温度为 200℃。其他热处理稳定温度用后缀标出。

NTN 轴承，默认轴承热处理稳定温度为 120℃，其他热处理稳定温度用后缀标出。

当普通电机轴承需要在高于热处理稳定温度的情形下工作的时候需要选择特殊热处理的轴承。同时当电机轴承运行温度超过热处理稳定温度的时候，轴承也会出现不可逆的损伤。

2. 电机轴承保持架耐受温度限值

工程技术人员在对电机轴承进行故障诊断的时候也要核对电机轴承的运行温度是不是轴承保持架可以耐受的温度。凡是与合理范围存在差异的都需要引起注意。

电机轴承常用的保持架材质主要有三种：钢、黄铜和尼龙材料。其中钢和黄铜材料对高温的耐受能力和内外圈应该相近。因此主要是在使用尼龙保持架的时候，其温度限值是需要考虑和检查的范围。

一般电机常用轴承的尼龙保持架的耐受温度范围是 -40 ~ 120℃。当然有的具有特殊材质的尼龙保持架的耐受温度限制会有不同，具体的范围请询问轴承厂家。但是总体而言，不建议尼龙保持架工作于超出其耐受温度范围的环境下。

电机工程师十分关注轴承的高温限制，事实上一些低温场合同样会对轴承各个零部件带来影响。比如国内一些电机厂生产的铲雪车电机，电机经常工作于 -40℃的场合，此时尼龙保持架就不能适用。

尼龙保持架工作温度过低时，材质本身会变脆，因此断裂痕迹呈现脆性断裂。而当工作温度过高的时候，保持架材质本身会变软，此时保持架会先出现变形，进而可能出现断裂。进行电机轴承故障诊断的时候，看到保持架断裂的痕迹，可以判断出轴承保持架是否经历高温。

3. 电机轴承密封件耐受温度极限

电机常用的轴承中有一类是具密封件的轴承。电机中常用的具密封件轴承主要是深沟球轴承以及部分调心滚子轴承。具密封件的电机轴承也受到密封件本身的温度限制。超过这个温度限制，密封件的性能也会发生变化，从而导致故障，因此这也是故障诊断需要考虑的一个因素。

一般电机用的轴承密封件都是丁腈橡胶材料内置骨架的形式。对于丁腈橡胶，工作温度范围是－40～100℃。丁腈橡胶可以稳定地工作于100℃以内，同时也可以短时工作于120℃；对于氟橡胶而言，其工作温度范围是－30～200℃。氟橡胶可以稳定地工作于200℃以内，同时可以短时工作于230℃。

橡胶密封件在温度低的时候会变脆，在温度高的时候会软化，在唇口部位由于和轴之间存在接触和摩擦，因此软化的唇口很快就会被磨损。

在对电机轴承进行故障诊断与分析之后，对密封件唇口进行观察，结合对温度的考虑，可以找到一些相关的线索。

4. 电机轴承润滑的耐受温度

电机工程师在对轴承应用的时候一定进行了润滑的设计，其中包括对润滑脂的选择。润滑脂选择中温度指标是一个十分重要的影响因素。

同样的，在对已经完成设计的电机轴承进行故障诊断的过程中，同样需要检查润滑脂选择是否恰当。这部分知识将在后续润滑检查中进行介绍。

润滑的温度限制与其他指标不同，不是一个单纯的限值问题。润滑有各种温度限值参数，但是电机轴承通常是在润滑的工作温度范围内工作，这个温度范围往往比润滑的物理温度限值范围窄（比如润滑脂的滴点温度比润滑脂的工作温度上限会高50℃左右）。最重要的是，在做润滑设计的时候，工程技术人员主要是考虑电机轴承工作温度范围以及在这个范围内的润滑性能能否保障轴承运行，而不是仅仅考虑润滑脂本身在这个温度范围内的物理化学性能变化。所以通常不用润滑的物理化学性能限值来考量润滑耐受温度（当然，如果突破物理化学性能温度限值，一定是不行的）。

做故障诊断的时候，工程技术人员需要判断电机轴承润滑实际工作温度与计算工作温度之间的差异是否得当。当实际工作温度比计算工作温度高的时候，轴承润滑寿命也比计算润滑寿命降低得多，大致可以参考如下：在参考温度（通常为70℃）以上，工作温度每升高15℃，润滑脂寿命降低百分之五十。

典型案例6. 实际工作温度与测试工作温度差异带来的油脂噪声问题

中国某北方电机厂，每到冬季就出现电机噪声不达标的比例特别大的问题，电机厂认为是电机轴承质量问题。经过检查发现，在冬季，电机厂实际仓库温度接近0℃，而试验场地的温度在10℃左右。电机通常在这个情况下，起动初期噪声很大，待运行进入稳定的时候噪声消失。其实，这是一个典型的实际工作温度和额定工作温度不同带来的问题。电机工程师根据稳定工况，按照70℃的情况选择的轴承和润滑，在接近0℃起动的时候，油脂稠度过高，轴承内部润滑不良，同时会搅动润滑脂带来噪声。当电机进入稳态工作，电机温升稳定，接近额定温度，电机轴承噪声自然会消失。因此种情况不是轴承质量问题，也不是工程师设计问题。因此，仅仅需要对测试的环境温度进行调整，就可以解决问题。

当然，电机工程师可以选择满足0℃工作的轴承，可是这种工况既不是额定工况，也不是常见工况，如果兼顾70℃，又兼顾0℃工况，这样将付出很多不必要的成本。

典型案例7. 地域温度差异引起的油脂工作温度范围不合理

中国电机厂选用的中温润滑脂被送到热带地区工作，轴承很快温度升高导致过热。根据失效轴承进行判断，是润滑失效。后来检查润滑选择，发现中国北方的电机厂润滑选择时候的温度基准比印度等热带地区的实际工作温度低很多，导致油脂实际工作温度超出计算温度基准，寿命大幅度降低，后来改变润滑选型，问题得以解决。

相同的，笔者在印度一些电机厂发现他们要求通用的润滑大都是高温润滑脂，这主要是因为印度本地日常温度就比较高（通常环境温度都在40℃左右），电机轴承运行的环境温度比中国高很多，因此北方地区的高温润滑脂对于他们来说刚好是合适的润滑脂。印度的电机厂在出口电机的时候一样会遇到润滑脂稠度与当地工作温度不匹配的问题。因此电机厂在对电机进行润滑选择的时候，应该尽量多地考虑电机使用场合的温度，而不仅仅是考虑工厂所在地的温度情况。

（四）电机轴承的转速限值

电机轴承应该在一定的许用转速范围内工作。如果查阅轴承供应商的轴承型录基本信息，都会有额定转速的标定。对电机轴承进行故障诊断与分析的时候需要对不同轴承转速而定的限值加以注意，核查实际运行转速是否是在额定限值之内的。另外，对于电机轴承而言除了一些转速的限值，某些轴承结构形式对电机轴承的转速也形成一定的限值，这些因素也需要进行考虑。

1. 电机轴承的额定转速（Speed rating）

首先，电机轴承的额定转速是电机轴承运行时的一个转速限值，当电机轴承的实际转速超过这个限值的时候，就会出现问题。但并不是所有的限值都不能超越，某些限值在满足一些条件的情况下，可以合理超越，依然不至于有故障发生。因此我们必须先弄清楚电机轴承额定转速及其相关概念。

电机轴承的转速额定值是指轴承在设计时的规定数值，是反应轴承转速性能的数据。这个额定值与一般电机的额定值的概念类似，就是指轴承正常使用所能达到的转速性能。实际上转速额定值包含两个额定：与轴承发热相关的转速额定值（热参考转速）；与机械强度相关的转速额定值（机械极限转速）。

有的轴承型录里列出的额定转速分为油润滑和脂润滑的额定转速。不论油润滑还是脂润滑的额定转速，事实上都是电机轴承的热参考转速的范畴。电机轴承转速额定概念之间的关系如图4-7所示。

（1）电机轴承的热参考转速㊀（Reference speed）　电机轴承在一定的负荷下

㊀ 各轴承型录中的命名是“参考转速”，鉴于与摩擦发热紧密相关，为便于理解，在此称之为热参考转速。

运转，随着转速的升高，其内部摩擦也会越来越大，轴承温度就会升高。轴承的热参考转速的额定是根据 ISO　15312 –2018《滚动轴承　额定热转速　计算》中给定的条件设定的。

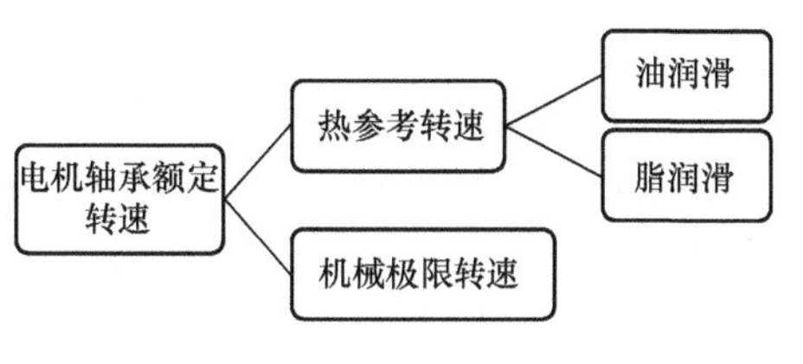

图 4-7　电机轴承转速额定

- 外圈固定，内圈旋转；
- 环境温度为 20℃；
- 轴承外圈温度为 70℃；
- 对于径向轴承：轴承径向负荷为 0.05 C_0；
- 对于推力轴承：轴承轴向负荷为 0.02 C_0；
- 普通游隙，开式轴承。

1）对于油润滑。

- 润滑剂：矿物油，无极压添加剂；
- 对于径向轴承：ISO VG32，40℃基础油黏度为 $12mm^2/s$；
- 对于推力轴承：ISO VG68，40℃基础油黏度为 $24mm^2/s$；
- 润滑方法：油浴润滑；
- 润滑量：最低滚子中心线位置作为油位。

2）对于脂润滑。

- 润滑剂：锂基矿物油，基础油黏度 40℃时为 $100 \sim 200mm^2/s$。

满足这个条件的时候，轴承型录中标定的额定转速以下运行的轴承其表现的温度就会在标准中规定的温度以下。

不难发现，电机轴承热参考转速实际测试条件与现场工作环境之间是存在差异的。当电机轴承的转速超过电机轴承的热参考转速时，电机轴承温度会升高，如果电机工程师通过改善润滑和加强冷却的手段使电机轴承温度回落到合理范围内，那么这种超过热参考转速的运行，也是可以接受的。

由此可知，电机轴承的热参考转速在一定条件下是可以被超越的。这与电机本身的过载运行有些相似（可以短时超越、可以在改善冷却的情况下在一定范围内超越等）。

在电机轴承故障诊断与分析的过程中，如果遇到电机轴承发热的问题，工程技术人员需要核对是否这个轴承转速超过了其本身的热参考转速。而如果有所超越，这个超越范围是否合理（参看机械极限转速），以及超越热参考转速之后，相应的措施是否得以正确的实施。

（2）电机轴承的机械极限转速㊀（Limiting speed）　电机轴承的热参考转速从发热角度给出了高转速下电机轴承运转的限值，但是轴承在高转速下运行除了面临

㊀ 各轴承型录中的命名是“极限转速”，鉴于与机械强度紧密相关，为便于理解，在此称之为机械极限转速。

摩擦发热的问题以外，随着转速的增加，轴承内部各个零部件离心力也会增大，电机轴承的机械强度面临着严峻的考验。对此给出了轴承的机械极限转速额定值。

电机轴承机械极限转速与轴承内部各个零部件的机械强度相关，其中最重要的就是轴承的保持架。轴承运转在高转速的时候，保持架除了维持和引导滚动体以外，自身也存在较大的离心力。很多情况下，对于电机常用的轴承，在高转速下最先出问题的往往是保持架。

从轴承的机械极限转速的定义可以知道，轴承内部零部件的机械强度成为转速的限制和瓶颈。对于完成设计的轴承，使用者是没有办法影响其内部结构和机械强度的。因此电机轴承的机械极限转速对于使用者而言是不可以被超越的。这点与热参考转速的界定有所不同。

在对电机轴承故障诊断与分析的过程中，有时候会见到保持架断裂的情况。工程技术人员需要核对的第一步就是这个轴承运转的转速是否超越了机械极限转速。如果这一点得以排除，则可以进行下一步的诊断与分析，反之则需要检查设计选型是否满足工况要求，以及实际应用是否超越设计的转速额定。

2. 电机轴承的其他转速限值

首先某些特殊轴承的内部结构限制了轴承可以在不同润滑条件下达到不同的转速限值。比如电机中最常用的圆柱滚子轴承结构。

通常电机中常用的圆柱滚子轴承的保持架按照引导方式分为滚动体引导、外圈引导和内圈引导三种方式。内圈和外圈引导方式其保持架距离内圈或者外圈比较近，滚动体依靠其与轴承圈的碰撞修正运行轨迹。保持架和轴承圈之间的狭缝非常不利于油脂润滑。而对于油润滑，由于虹吸作用，非常容易保持润滑油。因此在使用脂润滑，且 $ndm>250000$（式中，n 为轴承转速，单位为 r/min；dm 为轴承内外径的算术平均值，单位为 mm）时，不建议使用内圈或者外圈引导的轴承。

另一方面，密封件与轴承圈接触部位的相对运动速度也限制了轴承的转速。通常密封件唇口与相接触表面的相对速度不应该超过 15m/s。

对于配对使用的轴承，其转速能力应该为单个轴承额定转速的 80%。

二、电机轴承的承载能力校核

轴承在电机里的作用是承载并且旋转。对于滚动轴承而言，在设计之初，电机工程师会根据工况要求对轴承承载能力进行选择。在故障诊断与分析阶段，工程师需要对比现场实际故障时的负荷与轴承负荷能力之间的关系是否与设计的假设一致；另一方面，判断实际使用的轴承是否可以承载实际工况中的负荷。这样的诊断分析结果是用来判断轴承是选大了还是选小了，实际负荷是过大了还是过小了。

因此故障诊断的时候就需要明确电机能够承受负荷的边界条件。这个电机轴承承载能力的边界条件包含承载能力上限与承载能力下限。

（一）电机轴承承载能力的上限

电机轴承承载能力的上限是指当实际承载大于这个负荷的时候，电机轴承不能达到预期的寿命。通常我们使用寿命计算的方法㊀，对电机轴承承载能力的上限进行校核。校核的判断标准就是这个轴承在这个负荷下是否能够达到设计的寿命要求。这个寿命要求在一般的机械设计手册以及相应的技术标准里都可以查到。

表 4-2 是其中一种。工程实际中，这些寿命要求也来自于客户的指定。需要注意的是，客户指定的电机轴承寿命是指电机轴承的实际服务寿命要求，这个要求与寿命校核计算算出来的寿命的含义是不同的。本书寿命计算部分会澄清这些概念。

表 4-2　不同机械设备轴承寿命参考值

机械类型	轴承寿命参考值/h
家用电器、农业机械、仪器、医疗设备	300～2000
短时间或间歇使用的机械：电动工具、车间起重设备、建筑机械	3000～8000
短时间或间歇使用的机械，但要求较高的运行可靠性：电梯、用于包装货物的起重机、吊索鼓轮等	8000～12000
每天工作 8h，但并非全部时间运行的机械：一般的齿轮传动结构、工业用电机、转式碎石机	10000～25000
每天工作 8h，且全部时间运行的机械：机床、木工机械、连续生产机械、重型起重机、通风设备、输送带、印刷设备、分离机、离心机	20000～30000
24h 运行的机械：轧钢厂用齿轮箱、中型电机、压缩机、采矿用起重机、泵、纺织机械	40000～50000
风电设备：主轴、摆动结构、齿轮箱、发电机轴承	30000～100000
自来水厂用机械、转炉、电缆绞股机、远洋轮的推进机械	60000～100000
大型电机、发电厂设备、矿井水泵、矿场用通风设备、远洋轮主轴轴承	>100000

在对电机轴承大小的选择正确与否进行判断的时候，是计算这个轴承在当前负荷状态下能否达到上述表格里的寿命要求。如果不能达到这个要求，轴承就会提早失效。解决办法是可以通过选用更大的轴承，或者降低负荷要求。

关于寿命计算的具体方法，可以参照本章第五节的相关内容。

这里需要注意的是，此处的寿命校核计算是校核设计选型是否正确的方法。在原始设计中，其实质也是使用预期寿命校核选择的轴承是否过大或者过小。用寿命计算的方法对轴承进行“算命”或者对实际服务寿命进行预测是不准确的。

在电机轴承故障诊断与分析中，我们对电机轴承寿命进行校核的目的有两个：第一、校核设计选型是否恰当；第二、检查实际电机轴端承受的负荷是不是在合理的范围（设计给定的范围）以内。

㊀ 对于往复运动的滚动轴承以及低转速（低于 10r/min）的轴承校核额定静负荷的安全系数。

对于已经完成设计的电机，校核其轴端可以承受的最大负荷可以用下述方法：

为阐述方便，我们以普通卧式电机径向负荷的工况为典型场景，试算一例：

图 4-8 中，我们称左边轴承为 1 号轴承，右边轴承为 2 号轴承。1 号轴承为定位轴承，位于轴伸端。2 号轴承为浮动轴承，位于非轴伸端（定位轴承与浮动轴承的概念请参考本章第三节相关内容）。

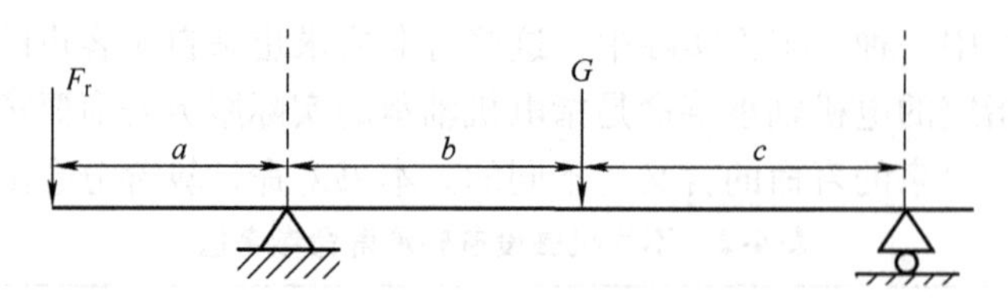

图 4-8　卧式电机纯径向负荷的受力

电机轴伸端受到径向负荷 F_r；图 4-8 中，a 为轴伸端受力点距离轴伸端 1 号轴承的距离；b 为轴伸端轴承距离电机转子质心的距离；c 为电机转子质心距离 2 号轴承的距离。G 为转子重力。

图 4-8 中我们可以算出 1、2 号轴承径向负荷 F_{r1} 和 F_{r2}。

$$F_{r1}=\frac{F_r(a+b+c)+Gc}{b+c} \tag{4-1}$$

$$F_{r2}=\frac{Gb-F_ra}{b+c} \tag{4-2}$$

式中　F_{r1}——1 号轴承径向力（N）；

F_{r2}——2 号轴承径向力（N）；

a——轴伸端受力点距离轴伸端 1 号轴承的距离（mm）；

b——轴伸端轴承距离电机转子质心的距离（mm）；

c——电机转子质心距离 2 号轴承的距离（mm）；

G——转子重力（N）。

假设图 4-8 中轴承均为深沟球轴承，此工况下轴承当量负荷即为其径向负荷电机轴承寿命要求是 $L1$ 和 $L2$。

则

$$L1=\left(\frac{C1}{F_{r1}}\right)^3 \tag{4-3}$$

$$L2=\left(\frac{C2}{F_{r2}}\right)^3 \tag{4-4}$$

式中　$L1$——1 号轴承基本寿命（百万转）；

$L2$——2 号轴承基本寿命（百万转）；

$C1$——1 号轴承的额定动负荷（N）；

$C2$——2 号轴承的额定动负荷（N）。

因此有

$$F_{r1}=\frac{C1}{\sqrt[3]{L1}} \tag{4-5}$$

$$F_{r2}=\frac{C2}{\sqrt[3]{L2}} \tag{4-6}$$

将式（4-3）代入式（4-1），将式（4-4）代入式（4-2）得到

$$F_r=\frac{\frac{C1}{\sqrt[3]{L1}}(b+c)-Gc}{a+b+c} \tag{4-7}$$

$$F_r=\frac{Gb-\frac{C2}{\sqrt[3]{L2}}(b+c)}{a} \tag{4-8}$$

此时，我们得到两个径向力的值：由 1 号轴承的 $C1$ 和寿命 $L1$ 计算出来的径向力，以及由 2 号轴承的 $C2$ 和 $L2$ 计算出来的径向力。

从两个轴承的受力计算来看，随着轴伸端径向力的增大，1 号轴承承受较大的向下的径向力，并且随之增大。此时 2 号轴承在径向力小于$\frac{Gb}{a}$的时候，随着轴伸端径向力的增大，轴承受到向下的径向力减小。当轴伸端径向力大于或等于$\frac{Gb}{a}$的时候，2 号轴承承受向上的径向力。并且随着轴伸端径向力 F_r 的继续增大，向下的径向力会越来越大。

以上分析可知，1 号轴承随着轴伸端径向力的增大单调下降，而 2 号轴承随着轴伸端径向力的增大，先减小再增大。

从轴承系统考量，两个轴承的最小寿命就是这个轴承系统的设计计算寿命。因此在这种工况下，1 号轴承所计算的公式（4-5），应该是这个轴承系统所能承受的最大径向负荷。

根据上面公式可以做以下分析：

从式（4-5）可以看出，轴伸端受力的位置对承受径向负荷的能力有所限制，a 值越大，所能承受的最大径向负荷越小。也就是说，电机轴伸端承受径向负荷的距离越远，其最大承受能力越小。因此，在对电机轴承进行故障诊断与分析的时候，除了要检查由于受力的大小导致的轴承寿命的变化以外，还要关注受力的位置是否恰当。

上面计算中，1 号轴承的额定动负荷决定了轴伸端最大径向负荷能力。也就是说，如果轴伸端的径向负荷越大，就应该选择负荷能力越大的 1 号轴承。

另一方面，当轴伸端径向力小于$\frac{Gb}{a}$时，径向负荷会使 2 号轴承负荷变小（寿命计算值变大），但是当轴承形成滚动所需要的最小负荷大于$\frac{Gb}{a}$的时候，2 号轴承

会出现提前失效。这不是表面下疲劳失效，也不是寿命计算的计算目标，是可以通过最小计算算出来的（请后续进行电机轴承承载能力下限校核）。

与以上的方法类似，工程技术人员可以据此推导：①复合负荷情况下电机轴伸端能承受的最大径向、轴向负荷，以及相同负荷下的受力位置关系；②立式电机轴伸端所能承受的最大径向、轴向负荷，以及相应的负荷下受力的位置关系。

通过以上的方法，电机工程师可以类似的推出轴向力的情况及立式电机的情况等。

用上面的方法，对电机轴伸端承受的负荷进行校核，可以判断电机轴承是否承受了设计给定范围以外的负荷，并做出相应调整。

（二）电机轴承承载能力的下限

前面阐述了电机轴承承载能力的上限的概念，它主要是通过寿命计算的方法来校核。如果通过计算，电机轴承寿命能达到预期值，就说明这个选型可以满足实际负荷下轴承承载能力上限的要求。但是另一方面，是不是寿命校核结果越大越好呢？答案是否定的。这其中就涉及轴承运转所需要的最小负荷问题。

首先，滚动轴承的滚动体在滚道内形成滚动需要一个最小的正压力，对于整个轴承而言，这个达成轴承滚动体纯滚动的最小正压力要求就是轴承运转所需要的最小负荷。

电机轴承运行的过程中，如果滚动轴承所承受的负荷不能达到最小负荷的要求，滚动体在滚道内就会出现滑动与滚动掺杂的情形，轴承则会出现温度升高的现象，有时候还伴有异常的噪声。

电机几种常见的不能达到最小负荷的情形主要包含：①电机轴承选择过大，负荷能力远超实际需求。出现实际负荷无法达到最小负荷的情形；②电机驱动端轴承承受很大的径向负荷导致非驱动端轴承被翘起，轴承内部承受负荷不足。参考上一节图 4-3 中 2 号轴承处于非驱动端的情形；③角接触球轴承承受反向轴向力脱开的情形，如图 4-1 的情形；④球面滚子轴承承受较大单向轴向力的情形。此时轴承非负荷方向一列的滚子与反向受力的角接触球轴承的情形相似，出现负荷不足的情况。

上述几种仅仅是最常见的最小负荷不足的情况，实际工况中应该有更多的可能性，需要工程技术人员在进行电机轴承故障诊断与分析的时候仔细观察周围各种信息综合进行判断。

电机轴承内部形成滚动所需要的最小负荷在一般情况下是可以计算的，各大厂商给出了如下的一些建议：

1. FAG 轴承的最小负荷计算

FAG 轴承针对不同轴承类型给出了轴承最小负荷推荐：

对于球轴承：$P=0.01C$

对于滚子轴承：$P=0.02C$

对于满滚子轴承：$P=0.04C$

其中，P 为当量负荷（计算方法见轴承寿命计算部分）；C 为轴承额定动负荷。

2. SKF 轴承最小负荷计算方法

对于深沟球轴承：

$$F_{m}=k_{r}\left(\frac{vn}{1000}\right)^{\frac{2}{3}}\left(\frac{dm}{100}\right)^{2} \tag{4-9}$$

式中　F_m——轴承的最小负荷（kN）；

k_r——最小负荷系数（SKF 轴承型录可查）；

v——润滑在工作温度下的黏度（mm^2/s）；

n——转速（r/min）；

dm——轴承平均直径，$dm=0.5(d+D)$（mm）。

对于圆柱滚子轴承：

$$F_{m}=k_{r}\left(6+\frac{4n}{n_{r}}\right)\left(\frac{dm}{100}\right)^{2} \tag{4-10}$$

式中　F_m——轴承的最小负荷（kN）；

k_r——最小负荷系数（SKF 轴承型录可查）；

n——转速（r/min）；

n_r——参考转速（SKF 轴承型录可查）（r/min）；

dm——轴承平均直径，$dm=0.5(d+D)$（mm）。

三、检查电机轴承游隙选择

电机轴承的内部游隙直接影响着轴承装机之后的运行表现，不当的轴承游隙选择会导致严重的轴承问题。因此对电机轴承进行故障诊断与分析的时候，游隙的检查是一个不可忽视的环节。

轴承的内部游隙是这样的概念：轴承一个圈固定，另一个圈相对于固定圈的移动最大距离就是这个轴承的内部游隙。轴承内部游隙有径向游隙和轴向游隙之分，轴承的径向游隙是指轴承两个圈在径向方向的最大相对可移动距离；相应的轴承的轴向游隙是指轴承两个圈在轴向上的最大相对可移动距离，见图 4-9。

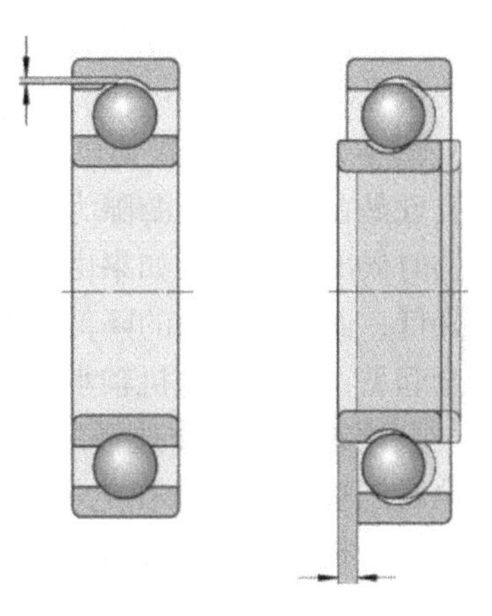

图 4-9　轴承游隙

作为机械标准件，轴承内部的游隙都是按照一定的国际标准进行生产的。ISO　5753－1－2009《滚动轴承．内部间隙．第 1 部分：向心轴承的径向内部间隙》中，将轴承游隙分为若干组：C2、C0、C3、C4、C5 等。其中 C0 组代表普通标准游隙的组别。C 字母后面的数字越小，代表相对应的游隙组的游隙就越小。电机常用深沟球轴承以及圆柱滚子轴承游隙可参考本书附录 3 和附录 4。

一般对于电机中常用的深沟球轴承或者圆柱滚子轴承，游隙表里列出的就是它们的径向游隙；对于角接触球轴承的承受轴向力的轴承，通常表格中列出的是它们的轴向游隙。

在电机设计过程中对轴承进行选择的时候，电机工程师选择的结果是游隙的初始值组别，也就是标准里列出来的组别。但是轴承真正处于工作状态的时候，其内部游隙的数值和初始值不同，我们称之为工作游隙。

电机轴承的工作游隙一般比初始游隙小。这主要是由两方面原因造成的：①如果电机轴承内圈与轴的配合或者外圈与轴承室的配合是紧配合，那么由于配合的原因，会使轴承在安装之后出现一个内部游隙的减小量；②由于热膨胀带来的轴承内部游隙减小量。以一般的内转式工业电机为例，一般而言电机转子的散热条件比定子的散热条件差。因此当轴承处于工作状态的时候，轴承内圈的温度高于外圈的温度，这样轴承内圈的热膨胀量就会大于外圈。此时轴承内部的游隙就会因此减小。

因此，电机轴承的内部实际工作游隙应该是：

$$C_{工作}=C_{初始}-\Delta C_{配合}-\Delta C_{温度} \quad (4\text{-}11)$$

式中 $C_{工作}$——工作游隙（μm）；

$C_{初始}$——初始游隙（μm）；

$\Delta C_{配合}$——由于配合引起的游隙减小量（μm）；

$\Delta C_{温度}$——由于温度变化引起的游隙减小量（μm）。

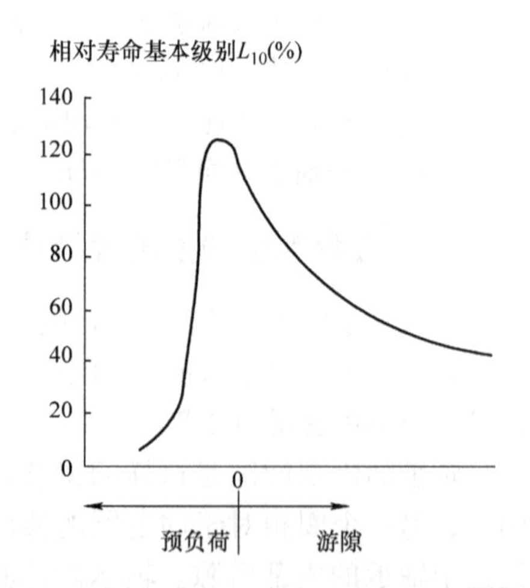

图 4-10　轴承工作游隙与寿命的关系

电机轴承选型时选择的游隙组别最终是为保证电机轴承工作游隙处于一个良好的状态。电机轴承工作游隙与轴承运行寿命之间的关系见图 4-10。

图 4-10 中可以看到电机轴承的寿命最佳表现是在轴承工作游隙为一个比 0 略小的值的时候出现。此时如果由于外界原因，轴承游隙进一步减小，轴承寿命表现将迅速降低；而相反方向的降低速度不那么快（图中曲线的斜率相对较小）。因此，为安全起见，合理的电机轴承工作游隙应该是一个比 0 略大的值。

上述的轴承游隙选择的原则是电机工程师在轴承游隙选择时需要遵循的，同时也是工程技术人员在电机轴承故障诊断中对游隙情况进行判别的原则。在故障诊断与分析中，判断工作游隙是否正常主要是通过观察负荷区接触轨迹面积来进行的。

1. 游隙过小

图 4-10 中电机轴承工作游隙如果过小，寿命表现迅速降低的宏观表现就是轴承会出现发热等症状。有时候情况比较恶劣，发热速度十分快，会导致轴承卡死甚至烧毁。轴承内部滚动体负荷区的面积会超出正常值。在对轴承进行失效分析的时候，如果负荷区的接触轨迹超出了正常范围，则可以判断轴承运行时内部的工作游隙有可能出现过小的情况。具体内容参考本书轴承失效分析相关的内容。

2. 游隙过大

图 4-10 中如果电机轴承工作游隙偏大，轴承寿命也会降低，此时轴承内部负荷区小于正常范围，剩余游隙偏大，轴承会表现出噪声偏大的状态。同样的，工程技术人员在进行故障诊断的过程中，可以通过失效分析观察到滚道负荷区接触轨迹相对正常范围出现偏小的特征，同时负荷区内有可能出现较严重的疲劳。具体内容可以参照轴承失效分析相关的内容。

一般而言，对于普通的中小型工业电机，在一般的工况下 C0 组游隙和 C3 组游隙是最为常用的。但是对于一些特殊工况，需要做出相应的调整。其调整原则也同样遵循本节阐述的内容。

就最常用的 C0 游隙和 C3 游隙来说，在电机运行中表现出来的差异大致有以下几个方面：

配合相同的情况下，C3 游隙的轴承噪声会偏大。这主要是因为轴承内部剩余游隙较大，滚动体有较大的振动空间。因此如果一味地要求 C3 游隙轴承噪声与普通游隙轴承的噪声保持一致，在不改变外界环境因素的情况下是难以实现的。

对于发热较大的场合，C3 游隙更安全。这主要是为了避免由于发热过大带来的严重的游隙减小而引发的风险。对于轴承是发热较大，对于电机而言就可能是电机负荷较大，工作制较长，以及工作环境温度较高等的场合。

以上是电机轴承故障诊断时检查工作状态以及轴承游隙选型时需要注意的地方。

第三节　电机轴承布置检查

前面一节阐述了电机轴承故障诊断与分析过程中对轴承选型本身的检查。在排除了轴承选型错误以及异常状态以后，需要进一步根据整个电机轴承轴系统的设计进行进一步的检查和分析。这进一步检查和分析的目的主要是查找电机轴承轴系统布置和设计中可能存在的问题。

首先，我们知道轴承在电机轴系统中的作用是承担并分隔定、转子。其中“承担”指的是电机轴承需要承担由轴传递过来的各种轴向、径向负荷。“分隔”是指要保证电机定转子之间气隙的稳定和均匀。同时，轴承本身也是为了避免或者减缓机械零部件之间的摩擦、发热甚至劣化，因此轴承内部的灵活运转也是十分重要的。

要使轴承达到上述期望，就需要根据轴系统本身的要求，对轴承进行合理布置。在电机轴承故障诊断与分析阶段，面对轴承表现出的故障就需要检查电机轴上所有轴承的布置是否合理。这些检查中主要包含如下几个方面：

轴系统中的布置能否实现电机对轴的要求？

针对轴系统的要求，轴承选型是否得当？

轴承安装部分结构设计是否合理？

轴承相关零部件尺寸设计是否得当？

本节从电机轴系统的基本要求以及轴承配置部分的实现开始，先介绍常用的电机轴承布置方式，同时提出每一种布置方式需要检查的上述几个基本点，最后针对一些特性问题进行介绍。

一、电机轴系统的基本要求以及轴承的相应布置方式

旋转电机的基本结构是一个定、转子结构，其在机械系统中主要的作用是传递转矩。对于电机而言，作为一个整体被安装在其他机械设备中的子设备，其轴系统需要被固定。换言之就是安装好的电机，一般不希望轴可以在定子内部出现很大的轴向移动。这一方面是一般机械设备的要求，同时也是电机内部定、转子需要最大程度轴向对齐的要求。因此图 4-11 所示的轴承布置方式是普通旋转电机中不常采用的（特殊设备结构的要求除外）。

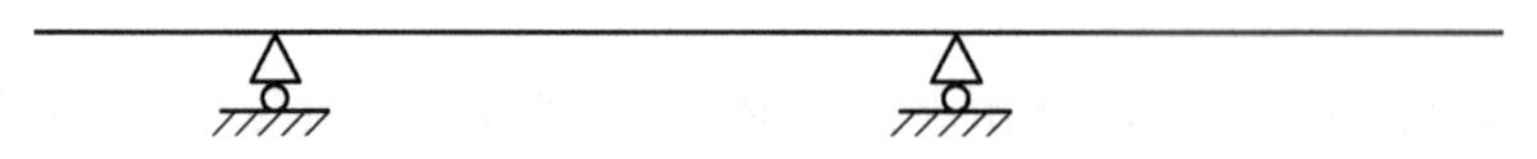

图 4-11　两端轴向自由移动的轴承布置方式

图 4-11 中，两端支撑的轴承都是可以在轴向上自由移动的，我们称之为浮动端。如果在轴向上不能进行移动，便称之为定位端。其中的定位和浮动均指的是轴向方向。图 4-11 的轴承布置方式，不能让整个轴系统在轴向上实现定位。

图 4-12 是与图 4-11 不同的轴系统配置方式。图 4-12 中两端轴承都进行了定位。这样的轴承布置当然是保障了轴系统的轴向固定，但是会存在一个不可避免的风险：当电机从停机到稳定工作状态的时候，电机内部会发热。前面在轴承游隙的部分已经谈到，电机的转子散热比定子散热条件差。因此转子各部分的热膨胀与定子相比会更大。这种热膨胀差异在径向的尺寸变化上影响了游隙，在轴向上的变化

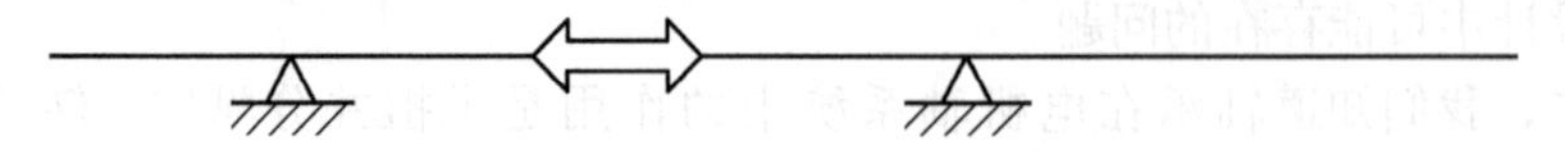

图 4-12　两端轴向固定的轴承布置方式

则带来一个向两端轴承外侧的额外的附加轴向负荷。这对轴承运行非常不利，因此需要避免。

由上面可知，一般工况下，在电机轴承布置的时候使用两端定位与两端浮动的结构都是不恰当的。如果在电机轴承故障诊断中发现了类似情形，需要进行分析，如果确实是无特殊要求的工况，则应该对这样的轴承布置进行纠正。

（一）定位端与浮动端

两端轴承定位和两端均采用浮动的轴承布置方式都存在问题，轴承的正确布置形式应该是一端定位，一端浮动的[㊀]，如图 4-13 所示。

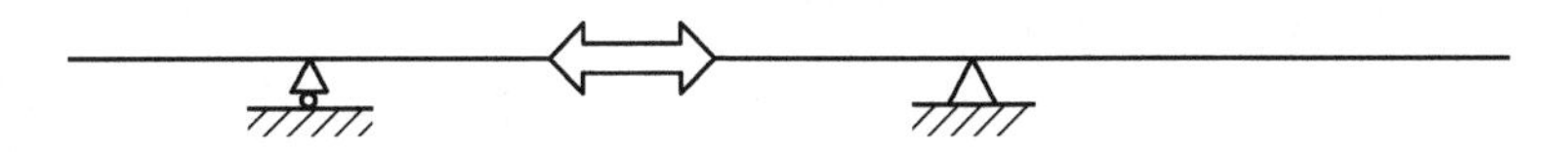

图 4-13　单固定端轴承布置方式

图 4-13 中左边的轴承作为非固定端轴承，右端轴承作为固定端轴承。电机整个轴系统通过固定端轴承进行轴向定位，同时如果电机轴出现转子热膨胀，轴向尺寸可以通过浮动端轴承的轴向位移实现移动，从而消除了由于热膨胀而带来的轴承轴向附加负荷。

电机轴系统中的固定端轴承，其作用是轴向定位，因此就需要固定端的轴承必须具有轴向承载能力。结合前面轴承基本性能的介绍，我们知道电机常用的轴承中，深沟球轴承、角接触球轴承、调心滚子轴承等具有轴向承载能力，因此可以作为定位端轴承使用。而一般的 NU 和 N 系列的圆柱滚子轴承不具备轴向承载能力，因此不能作为定位端轴承使用。当然有的电机如果存在特殊的空间尺寸限值，必须使用圆柱滚子轴承作为定位端轴承，那就必须选用带挡边的特殊设计的圆柱滚子轴承。

电机轴承的定位端是通过轴向固定实现的，如图 4-14 所示。

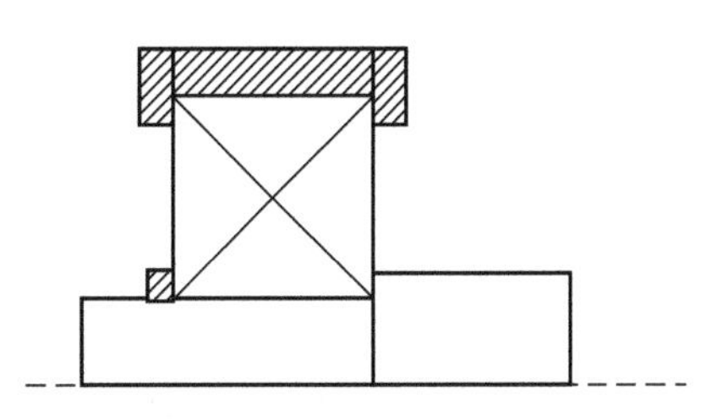

图 4-14　轴承的轴向定位

图 4-14 中，轴承内圈是通过轴肩与附加的固定装置（卡簧、锁紧螺母等）进行定位的；轴承外圈是通过轴承室或者轴承盖进行定位的。可靠的定位端设计必须在轴承内圈和外圈同时进行固定。此处的固定仅仅起到定位的作用，并非特殊的配合面，也不需要特殊的夹紧力。

非固定端轴承可以选用深沟球轴承、圆柱滚子轴承、角接触球轴承、调心滚子轴承等类型。其中对于 NU 与 N 系列的圆柱滚子轴承，其轴向尺寸的浮动是通过轴承内部轴向平直的滚道实现的，因此轴承外面的固定方式可以与固定端轴承一致。

㊀　定位端又称为固定端；浮动端又称为非定位端。

对于深沟球轴承等在轴承内部不能实现轴向浮动的轴承，则需要通过轴承室的设计实现“浮动”，如图 4-15 所示。

图 4-15 中所示，轴承内圈通过轴肩以及相应的定位元件（卡簧或者锁紧螺母等）进行定位，在轴承外圈轴承的轴向上放开。这样当轴受热膨胀的时候，轴承外圈可以在轴承室内沿轴向移动。

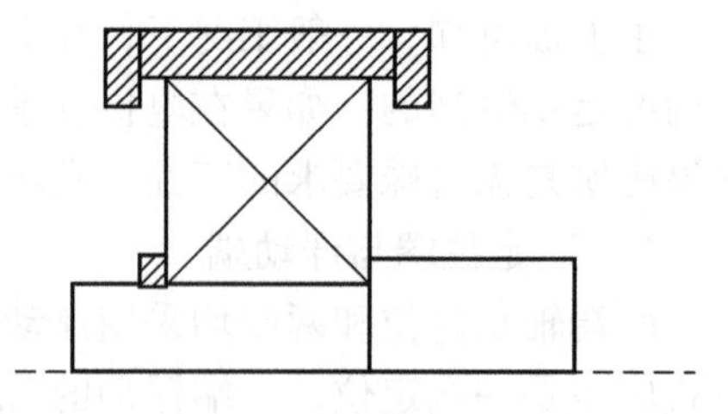

图 4-15　深沟球轴承用作浮动端

综上，我们明确了电机轴承系统对轴承布置的要求，同时也知道电机轴承布置需要安排固定端与浮动端的概念，并且知道了固定端和浮动端在结构设计上的形式。至此我们回答了本节之初提出的在对电机轴承故障诊断阶段对轴承结构进行检查的前两个注意的方面。

（二）定位端、浮动端与轴伸端、非轴伸端的关系

电机轴承轴系统的设计对轴承安排了定位端与浮动端的结构布置形式，同时电机轴承的位置对于转子轴本身而言还有轴伸端与非轴伸端的位置关系。将定位端放在电机轴的轴伸端和非轴伸端，实际上也影响着电机的一些性能表现。

首先，如果将电机定位端置于轴伸端（则浮动端是非驱动端），此时定位端轴承在轴伸端处固定轴承，轴伸端距离定位端（此时就是轴伸端）的长度是 $L1$，电机轴向窜动受到 $L1$ 热膨胀的轴向尺寸变化影响，如图 4-16 所示。

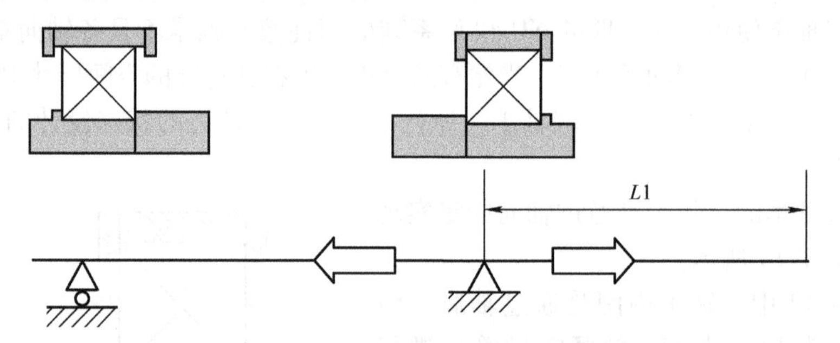

图 4-16　定位端置于电机轴伸端的布置方式

另一方面，如果将电机轴承的定位端放在非驱动端，此时电机轴伸端是浮动端，当电机轴受热膨胀的时候，所有的膨胀量都会在非驱动端（定位端）和轴伸端之间发生，如图 4-17 所示。

通过对比不难发现，对于同一台电机而言，$L2$ 大于 $L1$，其热膨胀也是后者大于前者。由此可以看出，当定位端置于非轴伸端的时候，由于轴发热尺寸变化带来的轴向窜动会更大。同时考虑系统刚性，定位端放在非轴伸端的时候，由于弹性引起的轴向窜动也会大于定位端放在轴伸端的情况。

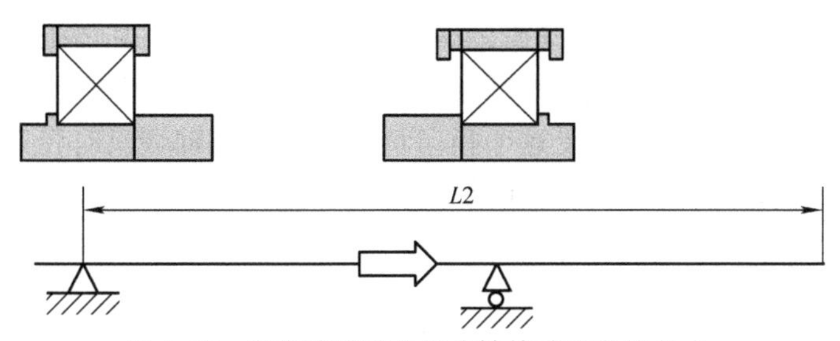

图 4-17 定位端置于电机非轴伸端的布置方式

对于普通的工业电机而言，有时候这个差别影响不大。但是对于一些对电机轴向窜动要求比较严格的场合，不当的配置就会带来相应的故障。

典型案例 8. 电机轴伸端直接安装齿轮，经常啮合不良

某电机轴伸端直接安装斜齿齿轮。电机在运行了一段时间之后，齿轮啮合处经常出现故障。针对齿轮齿面的检查发现，齿轮的啮合有时候处于不良的状态。此时拆解电机，发现电机驱动端轴承使用深沟球轴承做浮动端布置，电机非驱动端是另一个深沟球轴承做固定端布置。电机从工作冷态运行到工作温度，轴向窜动影响了齿轮的啮合，从而带来了齿轮故障。最后将电机驱动端轴承改为固定端轴承，问题随之解决。

典型案例 9. 磨头电机轴伸端窜动过大

磨头电机是用在玻璃磨边机上的一种电机。电机轴伸端直接安装砂轮磨头。当砂轮对玻璃进行打磨的时候，需要系统保持一定的刚度，以确保对磨削量的控制。因此这类电机对电机轴伸端窜动的要求比较高，通常是 20 公斤轴向力下 0. 02mm 以内。传统的磨头电机使用两个配对的角接触球轴承作为定位端置于非轴伸端，深沟球轴承作为浮动端置于轴伸端。客户产品升级要求玻璃磨边机的进给量更大，此时如果维持原设计，发现电机轴向窜动无法满足客户 20 公斤轴向力下小于 0. 01mm 的要求。最后对电机定位端前置到轴伸端，轴承窜动量得以缩小，问题最终得以解决，同时还调整了角接触球轴承的预负荷。

（三）立式电机的轴承布置

立式电机的轴承布置与卧式电机相类似，也需要布置一个固定端一个浮动端。所不同的是立式电机的轴承受力状态和卧式电机不一样。在立式电机中，电机转子的重力就会成为轴承系统需要承受的轴向力并施加在电机轴承的固定端。因此，立式电机中的定位端轴承需要承受比较大的轴向力。这个轴向力包括电机转子的重力以及电机轴伸端承受的轴向力。因此，立式电机固定端轴承的选择需要考虑其是否能够承受这样的负荷，并经过寿命校核进行确认。如果立式电机固定端轴承轴向负荷能力不能满足这个要求，就会出现发热，甚至过早的疲劳失效。在对电机轴承进行故障诊断与分析的时候，对于立式电机固定端轴承出现的故障需要检查其负荷能力。

另一方面，对于立式电机的浮动端轴承，如果电机轴伸端有径向负荷，那么浮动端轴承与固定端轴承一起承受这个径向负荷；当电机轴端没有径向负荷的时候，浮动端轴承几乎没有什么负荷。此时经常容易出现不能达到最小负荷的情况。请参照电机轴承承受最小负荷校核部分的内容进行检查。此时轴承会出现噪声、发热等故障现象。

因此，在立式电机出现上述由于轴承布置和选型导致的故障的时候，其修正方法就是选择能够满足轴向承载能力的轴承作为定位端，同时尽量减小浮动端轴承以满足其最小负荷要求。

二、电机轴承典型布置方式及其故障排查

前面介绍了电机轴承故障诊断的时候对电机轴承布置方面进行检查的基本原则，在诊断现场，工程技术人员面对一台电机进行分析的时候首先就会识别这台电机的轴承是如何布置的，这样的布置的承载特点是什么，从而与工况进行比较，寻找故障线索进行深入分析。对电机轴承的布置方式的判断，不一定从头开始，因为电机本身是一种很成熟的产品，其轴承系统的结构布置已经形成一些基本的通用配置。熟练掌握基本配置会大大方便现场的分析。这里就电机中最常见的轴承布置方式及其特点进行一些介绍。

（一）电机轴承的典型布置方式应用特点及其故障诊断检查要点

1. 双深沟球轴承结构（DGBB + DGBB）

两个深沟球轴承的结构在一般的中小型工业电机中非常常用。这个结构可以用在卧式电机中，也可以用于立式电机中。其中，卧式电机双深沟球轴承大致结构如图 4-18 所示。

通过前面介绍的知识可以分析出，图 4-18 中右端轴承是固定端，处于轴伸端；左端轴承是浮动端，处于非轴伸端。

立式电机的双深沟球轴承结构如图 4-19 所示。

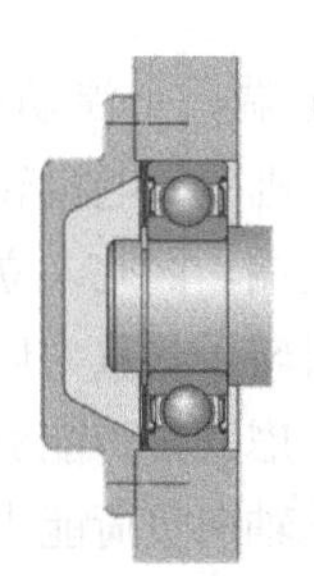
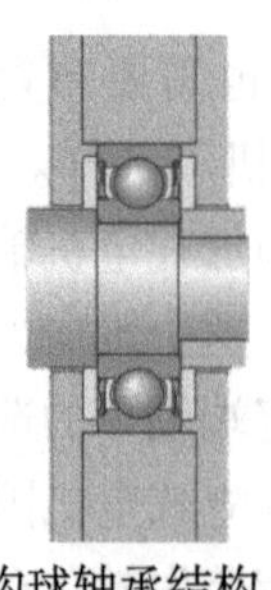

图 4-18　卧式电机双深沟球轴承结构

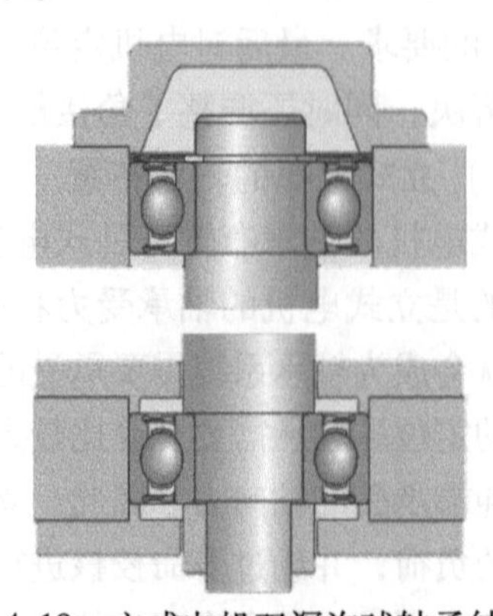

图 4-19　立式电机双深沟球轴承结构

图4-19中下端轴承是固定端，处于轴伸端；上端轴承是浮动端，处于非轴伸端。

双深沟球轴承使用及承载特点：

- 多用于中小型电机，承受径向负荷。具有较小的轴向负荷承载能力。
- 适用于联轴器连接，以及带轮张力较小的带轮负荷连接。
- 适用于较高转速。
- 可以使用具密封件的深沟球轴承，维护方便。
- 为减少噪声，多使用波形弹簧施加预负荷。

双深沟球轴承结构故障诊断检查要点（轴承布置方面）：

- 定位端轴承定位是否可靠。
- 浮动端轴承轴向是否具有浮动空间。
- 轴承室公差配合选择是否得当，以确保浮动端浮动正常（请参考后续公差配合的选择相关内容）。
- 电机轴伸端的轴向、径向负荷是否在轴承承受的能力之内（参见前面的轴承负荷能力检查部分）。
- 弹簧预负荷的大小是否合适，施加是否可靠。
- 立式电机固定端轴承是否具备足够的轴向承载能力。
- 立式电机浮动端轴承是否满足最小负荷。
- 其他问题。例如：铝壳电机的防止跑圈问题等。

2. 圆柱滚子轴承加深沟球轴承结构

圆柱滚子轴承加深沟球轴承结构的轴承布置如图4-20所示。

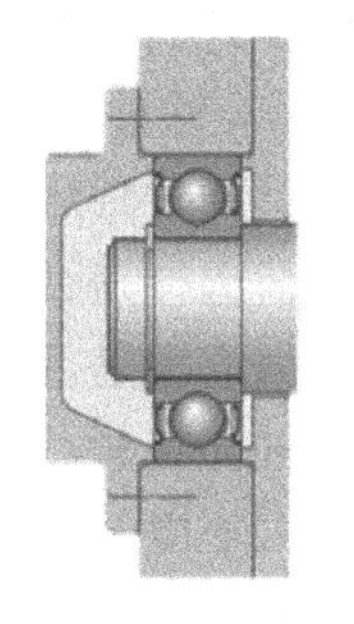
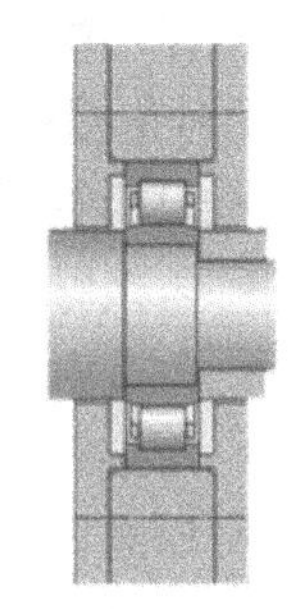

图4-20　圆柱滚子轴承加深沟球轴承结构

图4-20中圆柱滚子轴承被用在轴伸端，作为浮动端轴承；深沟球轴承用在非轴伸端，用作固定端轴承。

圆柱滚子轴承加深沟球轴承结构的使用及承载特点：

- 这个配置的轴伸端径向承载能力相对较大。整个轴承系统的轴向承载能力不大。
- 多数用在皮带轮负荷的中小型电机结构中。
- 整个轴系结构的转速受圆柱滚子轴承的限制。
- 对轴的不对中比较敏感。
- 这种轴承配置的正常噪声，比双深沟球轴承结构的噪声大。这里指的是正常噪声水平，这个噪声不一定是故障指征。

圆柱滚子轴承加深沟球轴承结构故障诊断检查要点（轴承布置方面）：

• 电机的轴端径向负荷是否能够满足圆柱滚子轴承的最小负荷要求。参考典型案例2，以及相应的最小负荷校核计算。

• 这种结构对对中敏感，因此需要检查对中情况。

• 圆柱滚子轴承两端外侧轴向是否夹紧。

• 深沟球轴承和圆柱滚子轴承补充润滑时间间隔是否取两者最小值。

• 轴承公差配合选择是否得当（参考相应章节）。

3. 配对角接触球轴承加深沟球轴承结构

配对角接触球轴承加深沟球轴承结构如图4-21所示。

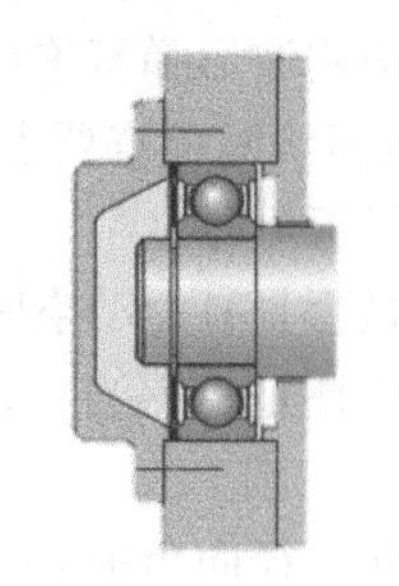
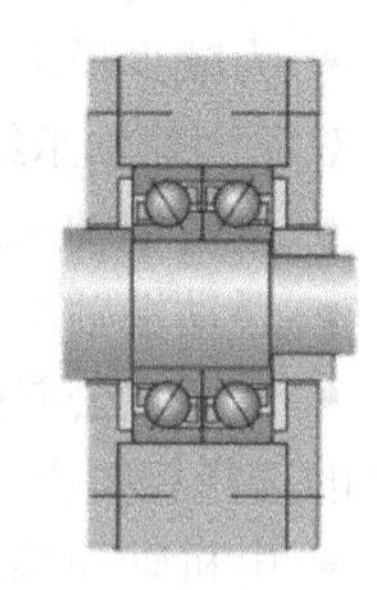

图4-21　配对角接触球轴承加深沟球轴承结构

如图4-21所示，轴伸端是一对配对的角接触球轴承用作定位端；非轴伸端是一个深沟球轴承用作浮动端。为了减少深沟球轴承的噪声，在浮动端使用弹簧垫圈施加预负荷。这个结构可以卧式安装，也可以立式安装。

配对角接触球轴承加深沟球轴承结构的使用及承载特点：

• 可以承受较大的双向轴向负荷，以及一定的径向负荷。

• 轴系统转速能力相对较高。

• 固定端刚性较好，因此轴端的轴向窜动很小。

• 浮动端预负荷施加良好的情况下，这种结构的噪声相对较小。

配对角接触球轴承加深沟球轴承结构故障诊断检查要点（轴承布置方面）：

• 角接触球轴承是否是配对轴承。

• 角接触球轴承预负荷选择是否正确。

• 角接触球轴承配对面放置是否正确。

• 角接触球轴承是否轴向夹紧。

• 深沟球轴承预负荷大小以及施加是否到位。

• 电机外界轴向负荷如果是单向的，单向轴向负荷下，角接触球轴承非受力一侧是否有小于最小负荷的可能性？

• 这个结构配对角接触球轴承一侧时对轴的公差配合比较敏感（影响内部预负荷），因此在故障诊断与分析的时候也需要检查。

4. 配对角接触球轴承加圆柱滚子轴承的结构

配对角接触球轴承加圆柱滚子轴承结构如图4-22所示。

如图4-22所示，图中圆柱滚子轴承作为浮动端，位于轴伸端；配对角接触球轴承作为固定端，位于非轴伸端。角接触球轴承使用锁紧螺母被施以一定的预负荷。这个结构可以卧式安装，也可以立式安装。立式安装的时候要检查轴端径向负荷是否能满足圆柱滚子轴承最小负荷的要求。

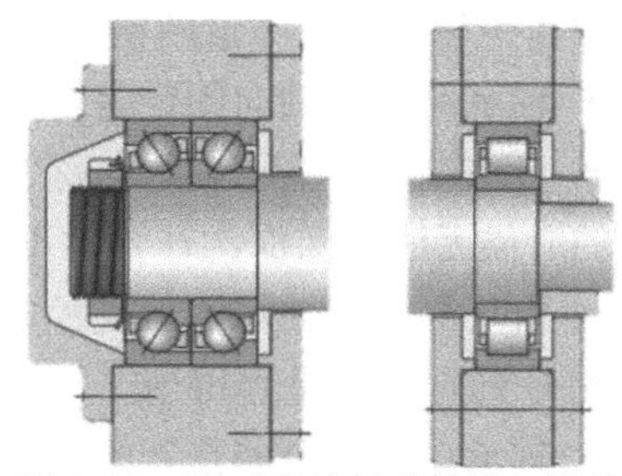

图 4-22　配对角接触球轴承加圆柱滚子轴承的结构

配对角接触球轴承加圆柱滚子轴承结构的使用及承载特点：

- 可以承受较大的轴向负荷和径向负荷。
- 转速能力相对于前面的几种结构略低。
- 多用于中型电机。

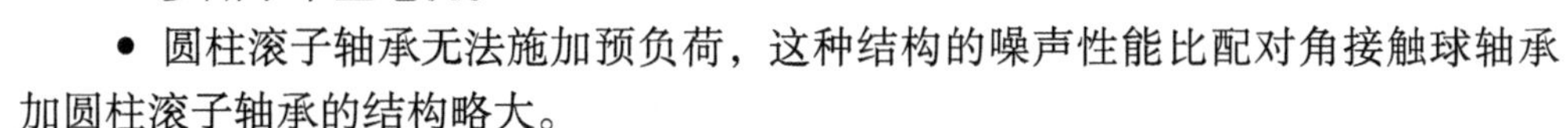

- 圆柱滚子轴承无法施加预负荷，这种结构的噪声性能比配对角接触球轴承加圆柱滚子轴承的结构略大。
- 这种结构对不对中比较敏感。

配对角接触球轴承加深沟球轴承结构故障诊断检查要点（轴承布置方面）：

- 角接触球轴承是否是配对轴承。
- 角接触球轴承配对面放置是否正确。
- 角接触球轴承预负荷设置是否恰当。
- 角接触球轴承是否轴向夹紧。
- 圆柱滚子轴承轴向两端是否夹紧。
- 电机外界轴向负荷如果是单向的，单向轴向负荷下，角接触球轴承非受力一侧是否有小于最小负荷的可能性？
- 这个结构配对角接触球轴承一侧时对轴的公差配合比较敏感（影响内部预负荷），因此在故障诊断与分析的时候也需要检查。
- 如果是立式安装，要检查轴端径向负荷是否满足圆柱滚子轴承最小负荷的要求。

5. 两柱一球结构

两柱一球结构轴承布置如图 4-23 所示。

图 4-23 中可见，非轴伸端采用一个圆柱滚子轴承作为浮动端；轴伸端使用一个圆柱滚子轴承加一个深沟球轴承的组合，其中深沟球轴承用作定位端。电机的径向负荷由两个圆柱滚子轴承承担。

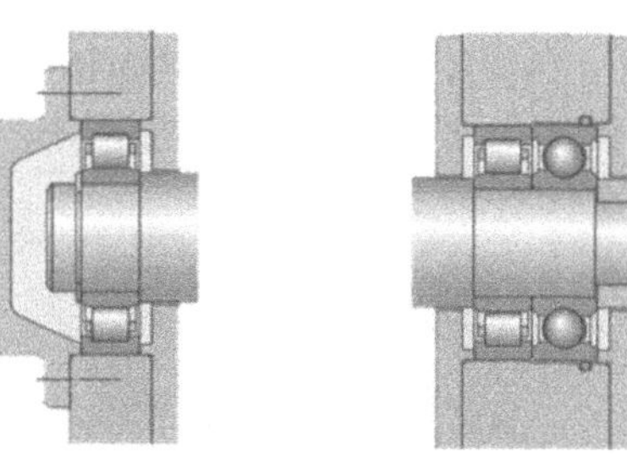

图 4-23　两柱一球的结构

两柱一球结构的使用及承载特点：

- 承受较大的径向负荷，是中型电机常用的轴承配置方式。
- 不能承受大的轴向负荷。
- 转速能力相对于双轴承结构来说较差。

两柱一球结构故障诊断检查要点（轴承布置方面）：

- 轴承两端的轴向固定是否可靠。
- 定位端圆柱滚子轴承与深沟球轴承轴承室尺寸不能一样，否则在承受径向负荷的时候无法确保深沟球轴承不会承载。
- 由于深沟球轴承不承受径向负荷，因此外圈需要使用O形环防止跑圈。
- O形环尺寸是否得当。
- 轴承室与轴公差是否配合得当（请参阅后续相关章节）。

6. 双调心滚子轴承结构

图4-24所示是双调心滚子轴承结构。

图4-24中轴伸端使用一个调心滚子轴承作为定位端轴承；非轴伸端使用一个调心滚子轴承作为浮动端。

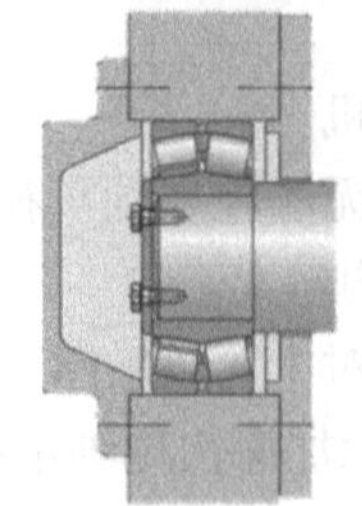
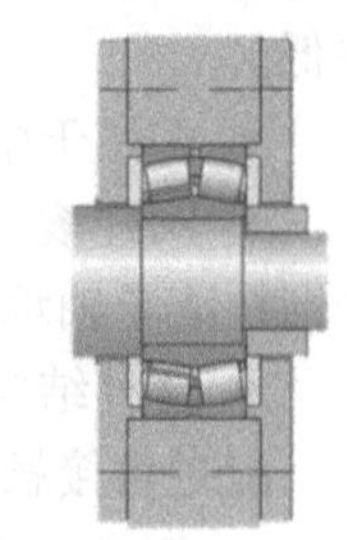

图4-24　双调心滚子轴承结构

双调心滚子轴承结构的使用及承载特点：

- 可以承受大的径向负荷和比较大的轴向负荷。
- 转速受到两个调心滚子轴承的制约，比单列轴承转速能力差。
- 双调心滚子轴承的布置方式与双深沟球轴承的布置方式原理类似，但是由于轴承结构不同，不能用预负荷降低噪声。
- 双调心滚子轴承结构噪声略大。
- 能承受一定的轴挠曲。

双调心滚子轴承结构故障诊断检查要点（轴承布置方面）：

- 电机承受的负荷是否达到两个调心滚子轴承的最小负荷要求？
- 当承受一定的轴向负荷的时候，是否存在承载轴承非负荷方向滚子最小负荷不足的情况。
- 油路设计是否合适。

7. 深沟球轴承加角接触球轴承（单列或者双列串联）结构

图4-25所示是立式电机深沟球轴承加角接触球轴承结构。

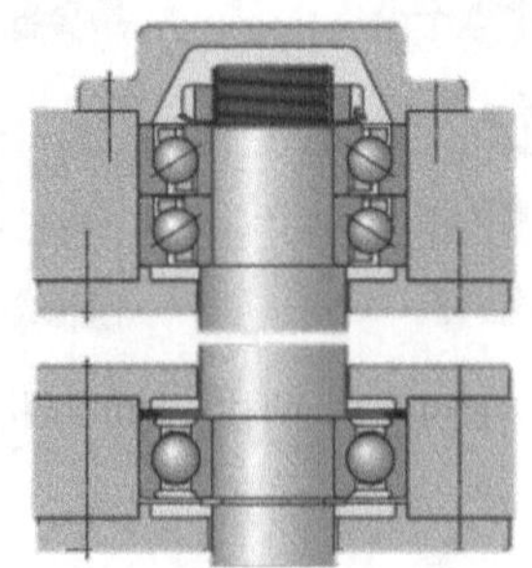

a) 深沟球轴承加双列串联角接触球轴承结构

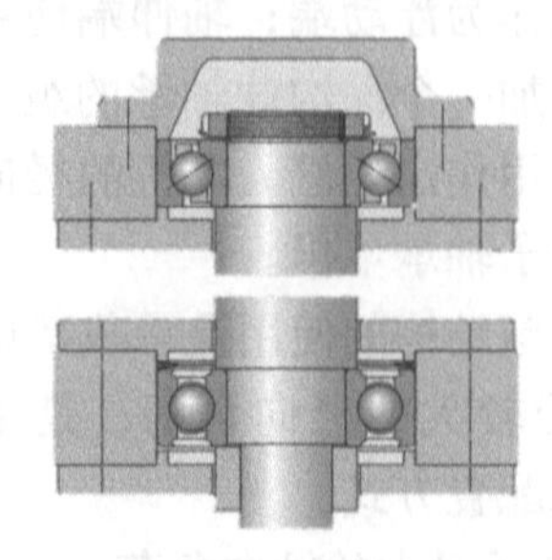

b) 深沟球轴承加单列角接触球轴承结构

图4-25　深沟球轴承加角接触球轴承结构

图 4-24a 所示为深沟球轴承加双列串联角接触球轴承结构，图 4-25b 所示为深沟球轴承加单列角接触球轴承的结构，这两种结构中角接触球轴承作为定位端位于非轴伸端对轴系统进行单向轴向定位；深沟球轴承位于轴伸端作为浮动端轴承使用，同时使用弹簧作为预负荷，都只能使用立式安装。在组装测试运输环节中也要尽量避免卧式安置。

深沟球轴承加角接触球轴承（单列或者双列串联）结构的使用及承载特点：

- 能承受较大的轴向负荷，其中串联结构的轴向负荷承载能力大于单列结构。
- 用于立式电机，在电机安装、测试以及储运过程中应避免卧式安置。
- 径向承载能力受到深沟球轴承制约。
- 只能承受单方向轴向负荷，不可反向。

深沟球轴承加角接触球轴承（单列或者双列串联）结构故障诊断检查要点（轴承布置方面）：

- 检查电机轴系统受到的轴向负荷是否是单方向？方向是否是角接触球轴承的受力方向。
- 检查深沟球轴承预负荷方向是否会被轴向力抵消？

（二）电机轴承配置中的细节检查

1. 交叉定位的轴承布置方式

对于小型电机的轴承布置，经常会使用一种交叉定位结构。交叉定位的结构如图 4-26 所示。

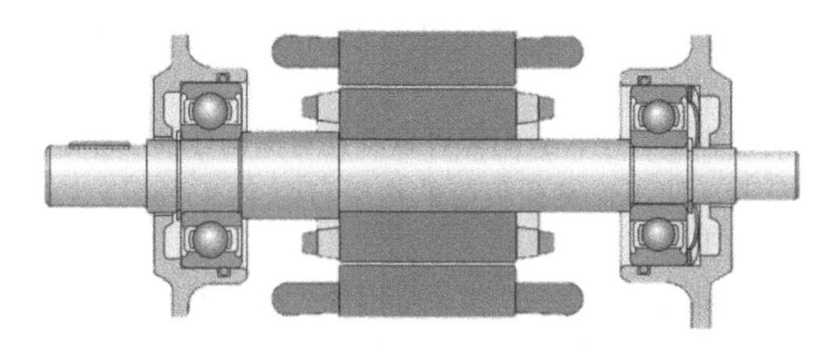

图 4-26　交叉定位结构

图 4-26 中可见，两个深沟球轴承被用于一个电机的轴系，两个轴承分别在轴向的一个方向上对整个轴系统进行轴向定位。这种相互定位的轴承布置方式就是我们常说的交叉定位结构。交叉定位具有结构简单、安装方便、节约成本（有时候可以省去内盖）等特点，在小型电机中被广泛应用。

另一方面，交叉定位结构只能用在小型电机中。这是因为当电机从冷态运行到工作温度的时候，电机轴的轴向热膨胀会使两个轴承的轴向附加负荷增大，而如果电机尺寸很大，轴的膨胀量就更大，从而产生的轴向附加负荷也更大。当轴向热膨胀带来的轴向附加负荷不大的时候，可以在轴承内形成一定的预负荷，不至于过分影响轴承寿命。但是对于大一些的电机，这个附加负荷就有可能影响轴承寿命。因此交叉定位只能用于小型电机。

从图4-26可以看到，对于交叉定位的轴承布置，也会在两个轴承的一端加一个弹簧垫圈对整个轴系统施加一个轴向预负荷。这个预负荷可以施加在整个轴系的两个轴承上，从而减少轴承运行时候的噪声（请参考本书关于预负荷部分的介绍）。

交叉定位轴系统出现故障的时候，如果对轴承布置进行检查主要就是检查实际工件结构是否能够保证两个轴承分别在一端固定，一端放开。两个轴承固定的方向是否是相对的，而不是相向的。

对于立式安装的交叉定位轴系统，要检查预负荷方向是否会被转子重力抵消。选择正确的预负荷方向，确保预负荷得以正确的施加。

交叉定位轴系统针对轴承布置常见故障诊断的分析方向[一]：

- 交叉定位预负荷如果没有很好地施加在两个轴承上，会出现轴承噪声偏大；
- 交叉定位增加预负荷，一端轴承噪声缓解，另一端依然不良，检查两个轴承是否都是单向定位。轴向预负荷是否仅仅被一个轴承承受而未被传递到另一个轴承。
- 交叉定位的轴系统如果电机刚刚进入工作负荷，轴承温度就明显升高。检查轴向尺寸，是否存在过大的轴向尺寸给两端轴承带来过大的轴向附加负荷。
- 交叉定位轴承系统如果开始时轴承一切正常，进入稳定工况（电机温度稳定）之后，轴承温度升高异常，则需要检查是否存在热膨胀导致轴承附加负荷过大的情况（这也是太大的电机不建议使用交叉定位结构的原因）。

2. 深沟球轴承的预负荷问题

在电机轴承的很多配置中，我们都可以看到对深沟球轴承非定位端应用的时候都会使用弹簧预负荷。使用弹簧预负荷的作用有两个，一是减少深沟球轴承的噪声；二是防止伪布氏压痕[二]。

电机轴承故障诊断与分析是一个由果导因的过程。因此当深沟球轴承在轴系统中出现噪声等故障的时候，预负荷施加是否得当就是需要排除的原因之一。

电机中深沟球轴承的预负荷的计算方法大致如下：

$$F = kd \tag{4-12}$$

式中 F——预负荷值（N）；

k——系数；

d——轴承内径（mm）。

[一] 这里是对于交叉定位结构轴承检查轴承布置方面的故障诊断方向。读者千万不能误解成是对于交叉定位结构所有的故障诊断方向。零部件、公差、润滑等诸多因素都没有在上述的范畴。读者面对故障诊断的时候需要综合考虑。

[二] 参考本书轴承失效分析部分相关内容。

当为了避免减少轴承噪声的时候，公式中的系数可以选择 5 ~ 10。

通常问题到这里还没有结束，因为电机工程师需要解决如何实现这么大的预负荷。同时故障诊断的时候也需要判断预负荷是否加得恰当。通常电机安装好之后预负荷难于测量，因此我们只能通过空间尺寸的方法计算预负荷是否恰当。具体计算如下：

如果我们用弹簧对轴承系统施加预负荷，那么根据轴承弹性形变可知：

$$F = K \times \Delta L \tag{4-13}$$

$$\Delta L = \frac{kd}{K} \tag{4-14}$$

式中　F——预负荷值（N）；

K——弹簧弹性系数；

ΔL——弹簧变形量（mm）。

如图 4-27，我们知道弹簧变形后的长度为

$$L1 = L - \Delta L \tag{4-15}$$

式中　$L1$——弹簧变形后长度（mm）

L——弹簧初始长度（mm）。

通过上述计算，我们得出了弹簧变形后的长度。放在图纸里就是图 4-27 中所示的长度 $L1$。

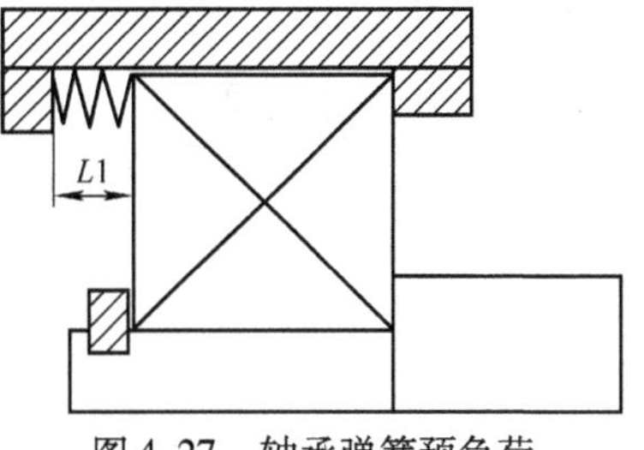

图 4-27　轴承弹簧预负荷

通过这个计算，我们知道为电机轴承施加预负荷的工作在电机图纸绘制的时候就应该已经完成。电机工程师在设计电机总装配图的时候，预留的这个 $L1$ 要根据电机轴承的预负荷通过计算得出，而非随机给出。当然，这个尺寸会受到轴向累计公差的影响。正是考虑到这一点，我们在计算预负荷的时候，给出的系数是 5 ~ 10，此范围足够电机尺寸链累积公差的补偿。

相应的，在对电机轴承进行故障诊断与分析的时候，检查轴承预负荷是否能够可靠的实现的重要一环就是检查 $L1$ 尺寸是否处于一个合理范围内。

除了检查弹簧的变形量尺寸以外，弹簧的弹性系数也是很重要的一个因素。一般而言，弹簧变形后长度为弹簧初始长度 0.5 ~ 0.75 倍时弹簧的弹力最佳。所以上述计算之后的 $L1$ 需要落入此区间，否则需要调整相应系数以确保可靠。

对于一般的中小型电机，如果使用的是波形弹簧，则可以根据JB/T 7590 - 2005《电机用钢质波形弹簧技术条件》中的相应规定进行选取。

电机轴承故障诊断与分析的时候，要检查所选择的波形弹簧是否在相应的国标范围内，以及其安装后的变形量是否能使波形弹簧对轴承施加正确的预负荷。

3. 防止轴承跑圈的设计

轴承配置到轴系中之后，对于正常的设计而言，轴承圈与其相配合的零部件不应该出现相对的轴向转动。对于内转式电机轴承内圈应该和轴一起转动，轴承外圈应该与轴承室一起静止支撑轴系，它们之间不应该发生相对移动。一旦出现相对移动，则是出现了轴承跑圈的问题。跑圈问题首先需要检查公差配合，同时在对发生跑圈问题的轴承进行检查的时候，往往看到有些原设计采取了一些防跑圈的设计。这样就需要对这些设计进行检查，以确保它们是否真的发挥了作用。

一般而言，内转式电机轴承内圈与轴之间是通过紧配合实现相对固定的。配合过松会出现内圈跑圈的现象。

内转式电机外圈和轴承室之间是过渡配合，相对较松，但是由于轴承本身的结构原因，使转动发生在内圈和滚动体上，外圈虽然有一些转动的趋势，但是通过过渡配合提供的摩擦力，一般情况是可以保证不出现严重的外圈跑圈现象的。

造成轴承外圈跑圈的一种可能性是外圈配合选择不当。在公差配合部分会介绍应该如何选择合适的公差配合。此处不再赘述。

实际工况中有些情形无法靠正确的尺寸配合防止跑圈，因此就需要在轴承配置设计的时候对相应的结构和轴承选型进行调整。最常见的工况就是铝壳电机。这是因为铝壳电机轴承室是铝材质，同样受热膨胀的时候，铝的热膨胀是轴承钢的两倍，因此在冷态下合适的配合在工作温度下就会变得过松，因此容易出现跑圈。

在电机轴承出现外圈跑圈故障（可以从轴承失效分析中做出判断），那么就要对防止轴承外圈跑圈的措施进行检查。实际设计中经常使用的防止轴承外圈跑圈的设计如下：

（1）O 形环　O 形环是最常见的防止轴承外圈跑圈的设计。其结构如图 4-28 所示。

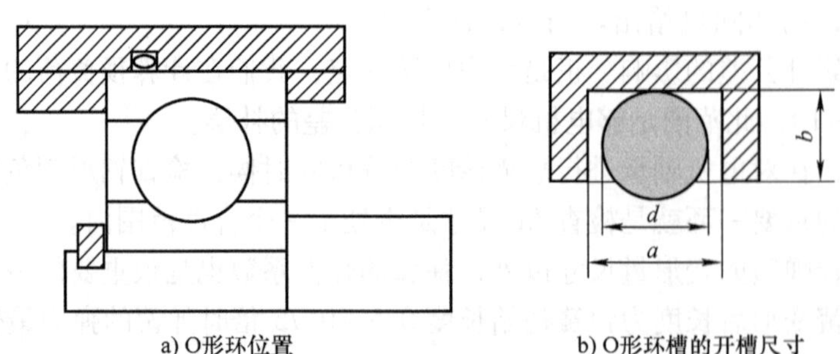

a) O形环位置　　b) O形环槽的开槽尺寸

图 4-28　O 形环结构

图中 4-28a 为 O 形环在轴承室上的位置。一般而言，O 形环位置不布置在轴承正中间，因为这是轴承滚道的中心位置，也是轴承承载的位置，要保证良好的支撑，不应该在这个位置开槽。

图 4-28b 是 O 形环槽的开槽尺寸。其中，$a=1.4d$，$b=0.8d$，d 为 O 形环直径（单根 O 形环的粗细，而非整个 O 形环大圆直径）。

对轴承外圈跑圈的诊断分析中，检查 O 形环槽的设计是十分必要的。一旦设计不当就会有如下故障情形：

- O 形环槽过深，O 形环变形不充分，难以有效阻止轴承外圈跑圈。
- O 形环槽过浅，O 形环在安装的时候容易掉落，同时在装入轴承的时候会被切成两半。
- O 形环槽位于轴承正中间，轴承滚道在承受负荷的时候不能得到有效的支撑，从而出现轴承变形、轴承提早失效、外圈磨损等情况。

（2）钢制轴承室套　在铝壳电机中为了防止轴承外圈跑圈，有的设计会在轴承室内嵌入一个钢制的轴承室套的结构，这样和轴承配合的轴承室接触面就和轴承钢具有一样的热膨胀，只要进行正确的配合选择，在电机工作的时候就不会出现轴承外圈跑圈的现象。

（3）防蠕动轴承　为了防止轴承外圈的跑圈，有的轴承厂家提供了具有防蠕动环的轴承。如图 4-29 所示。这种轴承是将 O 形环槽以及 O 形环设置在轴承上面，免去了在轴承室上设置 O 形环的麻烦，便于使用，但是相比于普通轴承成本略高。

图 4-29　防蠕动轴承

除了上述几种防止电机轴承外圈跑圈的方法以外，有的电机厂还用一些胶水等方法将轴承外圈与轴承室进行固定。这个方法不利与轴承的维护保养与更换。

在一些剧烈震动的场合，为防止轴承跑圈，有的轴承使用了轴向卡槽的设计，在轴承外圈上开一个槽，安装的时候通过挡片阻止轴承外圈跑圈。这个方法不常用，因此此处不展开叙述。

综上，对于铝壳电机以及出现轴承跑圈故障的电机轴承进行诊断与分析的时候，需要检查轴承布置时候是否针对跑圈做了足够的预防措施，以及这些预防措施的有效性。

典型案例 10. 轴承外圈跑圈措施不良

某电机厂发现轴承外圈跑圈，轴承室径向内表面与轴承室轴向端面均出现跑圈的摩擦痕迹。电机是铝壳电机，采用交叉定位结构。其轴承室如图 4-30 所示。

从图 4-30 可以看出，轴承室内壁（径向内表面）与轴承室的轴承挡部分（轴承室轴向端面）均出现磨损痕迹，但是轴承室内壁没有见到任何防蠕动措施，同时检查轴承，使用的也是普通的深沟球轴承（不具有任何防蠕动措施）。向工程师进行询问，工程师从成本角度出发，省略了所有的防蠕动措施；另一方面，为了防止轴承跑圈，工程师采用了夹紧轴承的方式作为防护。

这种使用轴向夹紧防止轴承的跑圈的思路在一些工程师脑海中存在，但是仔细分析就会发现其中的不妥之处。首先，轴向夹紧使轴承与轴承室轴向端面正压力增大了，在通过摩擦变成轴向力来阻止轴向的轴承跑圈。这样的方法十分间接，也难以有效。既然防止周向跑圈，那就用直接用周向力来阻止，不需要如此复杂。另一方面，这种轴向压紧受到电机轴向尺寸累计公差的影响，不易控制准确。同时，如果是交叉定位结构，此时轴向的压紧力是来自于波形弹簧，波形弹簧的力施加在整个轴系中，对于防止跑圈收效甚微。这个案例也说明了这一点。

图 4-30　轴承外圈跑圈

本案例经检查，最后改变轴承室防蠕动结构，采用 O 形环设计得以排除故障。

4. 轴承过电流的防护结构

轴承的过电流问题是近年来电机轴承故障分析中经常遇到的一个课题。在出现电机轴承过电流故障的时候，工程技术人员在了解过电流机理的基础上，需要检查电机轴承配置结构在设计的时候是否使用了正确的防护。

目前对电机轴承过电流的防护主要有疏导和防堵两大类措施。

常见的疏导的方式就是使用附加电刷等方法导通电流，形成对轴承的旁路。常见措施如图 4-31 所示。

图 4-31　附加电刷的结构

防堵的措施主要有使用绝缘轴承（见图 4-32）、绝缘端盖（见图 4-33）、轴的轴承挡绝缘（见图 4-34）等方式。

a) 内圈绝缘的绝缘

b) 外圈绝缘的绝缘

c) 陶瓷球轴承

图 4-32　绝缘轴承

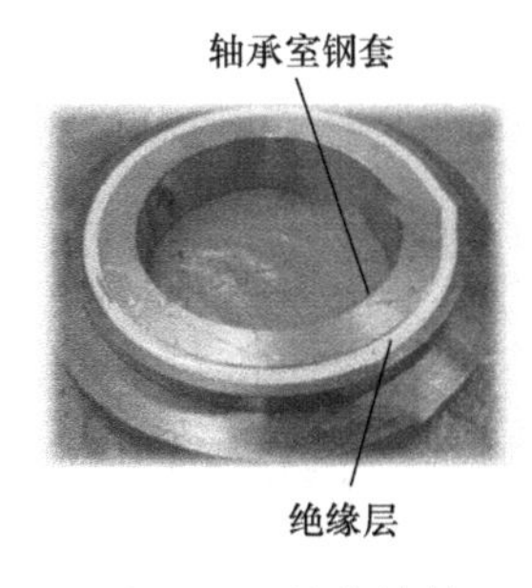

图 4-33　绝缘端盖

图 4-34　轴承挡绝缘

除此之外，还有一些使用具有导电性能的油脂的方法。但是由于导电油脂在轴承内部具有一定分布，随着轴承的滚动，其不同部位的阻抗值分布不同，所以实际应用效果的可靠性尚有待进一步的确定。

事实上上述方法无论疏导还是防堵，都需要综合运用。目前很难做到通过某种方法的单独使用即可完全排除轴承过电流发生。具体的使用和选择方法要针对过电流产生的机理进行合理配置。关于机理部分将在本书第十章节详细展开讲述。

目前最可靠的方式是对电机两端轴承进行绝缘（使用绝缘轴承或者其他防堵措施），然后在轴承附近使用附加电刷进行疏导的方式。这样既阻碍了电流流过轴承，同时也疏导了电流的走向，有效地保护了轴承。

电机过电流防护措施不当或者防护措施选择不合理是导致电机轴承过电流的一个主要原因，因此一旦对故障电机轴承进行失效分析时看到过电流痕迹（见第八章）之后，就需要对电机的过电流保护结构进行检查，以排除引发故障的问题点。

第四节　轴承相关零部件的公差配合检查

电机轴承以及相关零部件公差配合的选择与应用不当可以导致电机轴承的很多种故障。我们知道轴承在电机里起到承载和旋转的作用，本身的设计意图就是让“旋转”发生在轴承以内，如果轴承与相关零部件配合过松就会引起轴承的跑圈问题；相应的如果轴承与相关零部件配合过紧，就会影响轴承内部的剩余游隙，从而导致轴承寿命与运行表现出现异常，严重的情况会使轴承圈断裂。

除了尺寸公差以外，轴承室与轴的形状位置公差也十分重要。不良的几何公差会导致轴承噪声、震动，甚至跑圈和发热等情况。

由于轴承相关零部件公差配合等引起的轴承故障十分常见，因此这部分的检查在故障分析与诊断中起到重要的作用。

对于内转式电机轴承公差配合不当可能导致的故障如图 4-35 所示。

本节针对轴承故障诊断与分析中对轴承相关零部件公差配合的检查进行介绍。

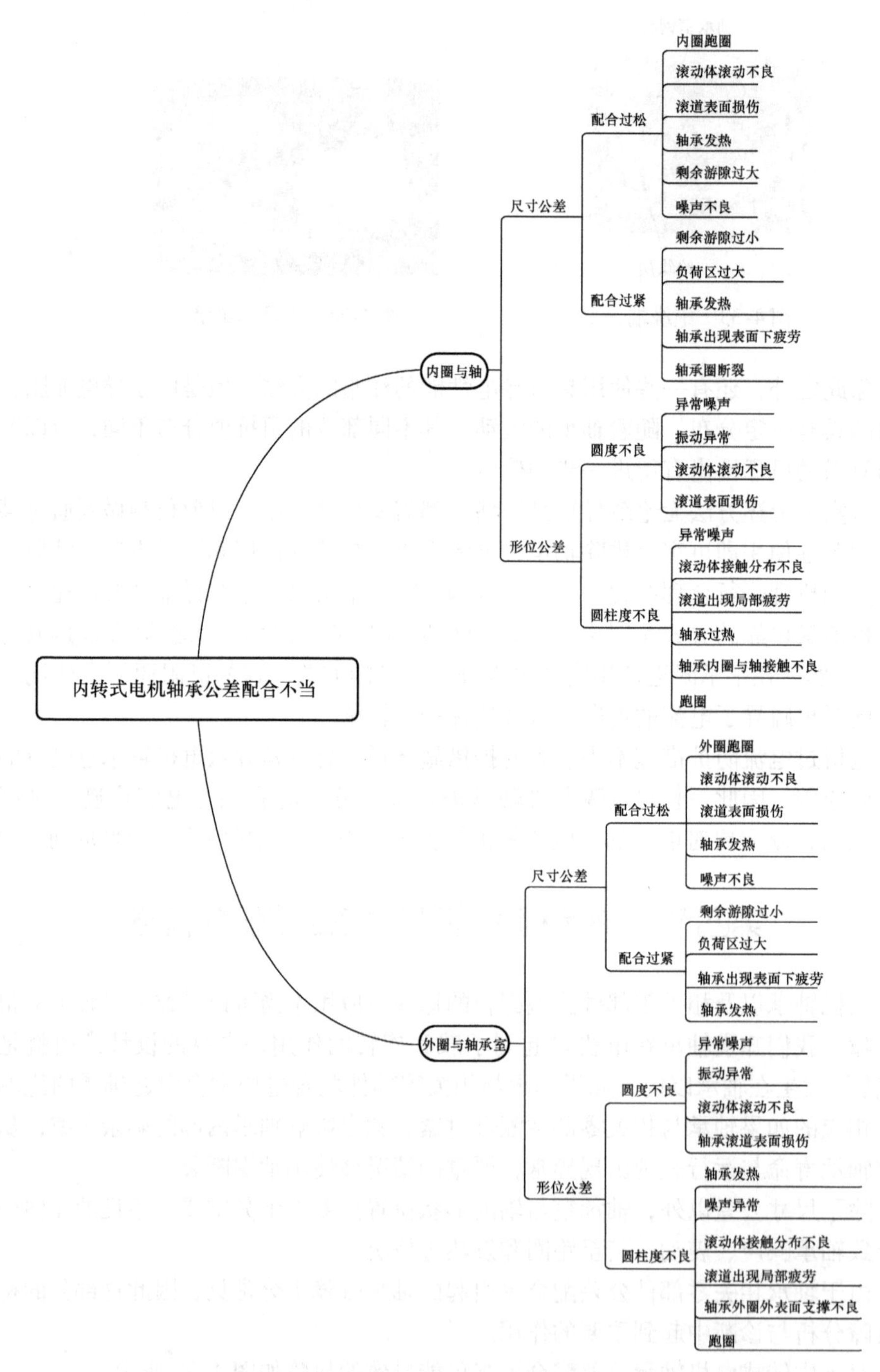

图 4-35　内转式电机轴承公差配合不当可能引起的电机轴承故障

一、轴承与轴承室尺寸公差配合的选择

轴承的公差配合尺寸如图 4-36 所示。

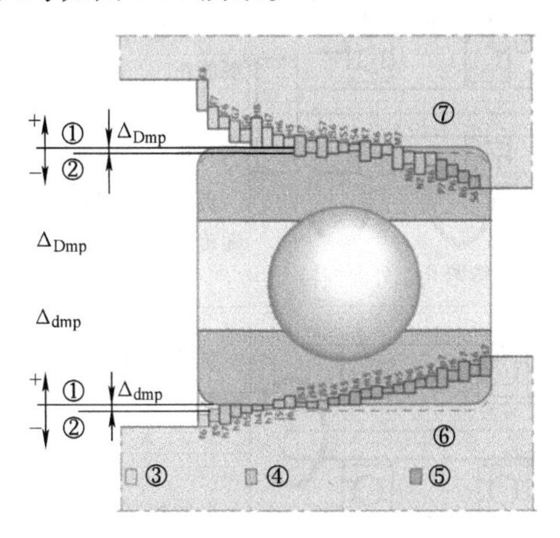

图 4-36　滚动轴承的公差配合

图 4-36 中，①为基准；②为公差尺寸；③为间隙配合；④为过渡配合；⑤为过盈配合；⑥为轴；⑦为轴承室；Δ_{Dmp}为轴承外径公差；Δ_{dmp}为轴承内径公差。

对于一般的电机，轴承与相关零部件之间配合尺寸的选择原则见表 4-3。

表 4-3　轴承配合选择原则

图例	工况	负荷性质	配合选择
负荷静止	轴承内圈旋转、外圈静止	负荷相对于轴承内圈旋转	内圈：过盈配合
		负荷相对于轴承外圈静止	外圈：间隙配合
负荷旋转	轴承内圈静止，外圈旋转	负荷相对于轴承内圈旋转	内圈：过盈配合
		负荷相对于轴承外圈静止	外圈：间隙配合

（续）

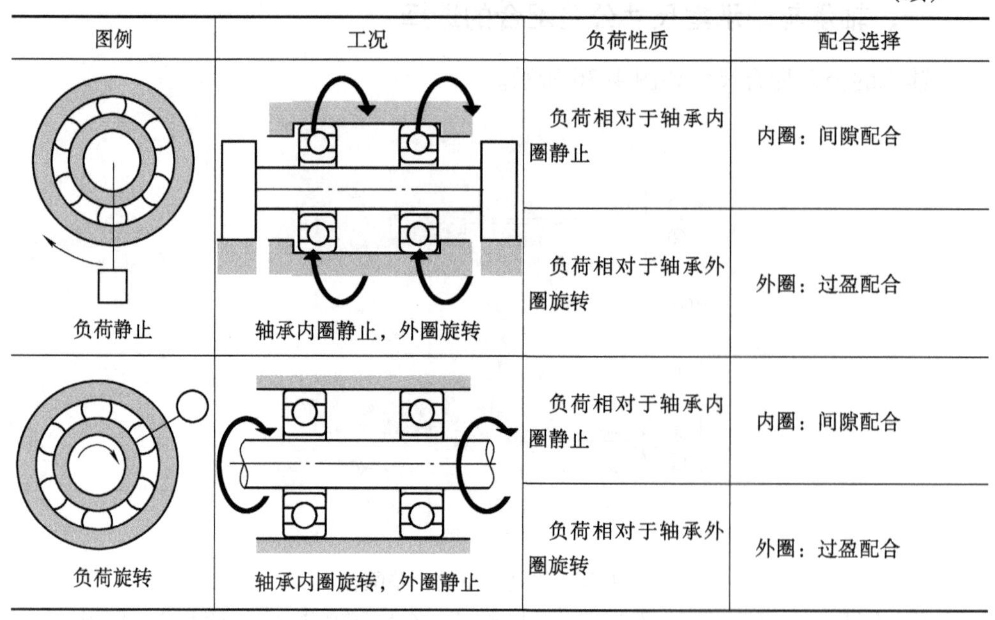

图例	工况	负荷性质	配合选择
负荷静止	轴承内圈静止，外圈旋转	负荷相对于轴承内圈静止	内圈：间隙配合
		负荷相对于轴承外圈旋转	外圈：过盈配合
负荷旋转	轴承内圈旋转，外圈静止	负荷相对于轴承内圈静止	内圈：间隙配合
		负荷相对于轴承外圈旋转	外圈：过盈配合

一般的工业电机，为实现良好的配合，对电机轴与轴承的配合应按照表 4-4 进行选择。表中，P 为当量动负荷；C 为额定动负荷。

表 4-4　实心轴径向轴承配合

条件①	轴径 mm			公差
	球轴承①	圆柱滚子轴承	调心滚子轴承	
轻负荷、变化负荷（$P\leqslant0.05C$）	≤17	—	—	js5
	（17）－100	≤25	—	j6
	（100）－140	（25）－60	—	k6
	—	（60）－140	—	m6
中等负荷、重负荷（$P>0.05C$）	≤10	—	—	js5
	（10）－17	—	—	j5
	（17）－100	—	<25	k5
	—	≤30	—	k6
	（100）－140	（30）－50	25－40	m5
	（140）－200	—	—	m6
	—	（50）－65	（40）－60	n5②
	（200）－500	（65）－100	（60）－100	n6②
	—	（100）－200	（100）－200	p6③
	>500	—	—	p7②

（续）

条件①	轴径 mm			公差
	球轴承①	圆柱滚子轴承	调心滚子轴承	
中等负荷、重负荷（$P>0.05C$）		(280)－500	(200)－500	r6②
		>500	>500	r7②
极重负荷、工作条件非常恶劣的冲击负荷（$P>0.1C$）	—	(50)－65	(50)－70	n5②
	—	(65)－85	—	n6②
	—	(85)－140	(70)－140	p6④
	—	(140)－300	(140)－280	r6⑤
	—	(300)－500	(280)－400	s6min ± IT6/2④
	—	>500	>400	s7min ± IT7/2④

① 对于深沟球轴承，表中轴公差经常要求其径向游隙大于普通游隙。有时工作条件需要加紧配合，以防止轴承内圈跑圈。如果游隙合适，大多数情况下可以使用大于普通游隙的游隙，使用以下公差：k4：轴径 10－17mm；k5：轴径（17）－25mm；m5：轴径（25）－140mm；n6：轴径（140）－300mm；p6：轴径（300）－500mm。

② 轴承内部径向游隙可能会大于普通游隙。

③ 轴承内部径向游隙可能会大于普通游隙，并推荐用于内径小于 150mm 的情况下。对于内径大于 150mm 轴承，内部径向游隙大于普通游隙可能是必需的。

④ 推荐轴承内部游隙大于普通游隙。

⑤ 内部径向游隙大于普通游隙可能是必需的。圆柱滚子轴承推荐内部游隙大于普通游隙。

电机轴承的轴承室与轴承的配合尺寸应按照表 4-5 进行选择。

表 4-5 铸铁或钢质轴承座的径向轴承配合——非分离式轴承座

条件	示例	公差	外圈位移
负荷相对外圈方向固定			
负荷各种类型	标准电机	H6（H7）①	可有位移
通过轴的热传导，有效的定子冷却	装有调心滚子轴承的大型电机、异步电机	G6（G7）②	可有位移
精确且静音运行	小型电机	J6③	通常可有位移
负荷相对外圈方向不定			
轻负荷或普通负荷（$P\leqslant0.1C$）可有外圈轴向位移	中型电机	J7④	通常可有位移
普通负荷（$P>0.05C$）可无外圈轴向位移	中型或大型电机，装有圆柱滚子轴承	K7	不能位移
重冲击负荷	重型牵引电机	M7	不能位移

① 对于大型电机（$D>250$mm）且轴承外圈和轴承座温差大于 10℃时，应该使用配合 G7，而非 H7。

② 对于大型电机（$D>250$mm）且轴承外圈和轴承座温差大于 10℃时，应该使用配合 F7，而非 G7。

③ 如果要求轴承圈容易位移，应使用 H6。

④ 如果要求轴承圈容易位移，应使用 H7。

在对电机轴承进行故障诊断与分析的过程中，工程技术人员需要按照上述原则核查电机的图纸设计是否符合实际工况要求，同时也要对工件进行检查。一般地，经过安装的工件尺寸与未经安装的工件会有偏差，但依然可以从测量中找到些许线索。

典型案例 11. 风力发电机轴承内圈跑圈问题

某厂生产的风力发电机轴承为 6330/C3 的深沟球轴承，经过一段时间运行发现批量的轴承内圈跑圈的现象。故障发生的电机并不是一批次全部出现问题，而是每一批次中有一部分出现跑圈的问题。

经检查，轴承内圈图纸的配合尺寸是 m6。后来实际检查发现样品的轴尺寸均位于 m6 的下段。后经询问了解到，为了控制供应商质量，该厂将供应商轴的尺寸由 m6 擅自调整成了 m5。工程师认为 m5 是在 m6 的基础上更严格的控制，仅仅是公差带两端的收紧。事实上，如图 4-36 可以查到，m5 不是 m6 的两端公差带收紧，而是将 m6 的公差带上端收紧，下端保持不变。这样一来，这个控制等于将整批轴的平均尺寸缩小了，这样会存在跑圈的潜在风险。

另一方面，风力发电机不同于普通工况静止运行的电机，其转速、振动等情况都比较特殊。为防止跑圈，参照表 4-4，应该进一步加紧轴与轴承内圈的配合，取 n6。

以此修改之后，批量跑圈的问题得以排除。从这个案例可以看出，工程技术人员在进行质量控制的时候应尽量避免想当然的情况，同时根据特殊工况的图表查询一定要注意特殊要求，做出灵活调整。

二、几何公差检查方法

电机轴承相关零部件的形状位置公差也是影响电机轴承运行的关键因素。当电机轴承出现故障的时候，需要对电机与轴承相关零部件的形状位置公差进行检查。尤其是当出现明显的安装平面接触不良的痕迹或者轴承出现某些特殊的噪声的时候，都需要对零部件的几何公差进行排查。

电机轴承几何公差一般按照表 4-6 所示进行检查。

表 4-6 轴与轴承室的几何公差

表面特性	符号	公差	容差①					
			普通		P6		P5	
			普通需求	特殊需求	普通需求	特殊需求	普通需求	特殊需求
圆柱度	⌭	t_1	IT5/2	IT4/2	IT4/2	IT3/2	IT3/2	IT2/2
总径向跳动	⌰	t_3	IT5/2	IT4/2	IT4/2	IT3/2	IT3/2	IT2/2

（续）

表面特性	符号	公差	容差①					
			普通		P6		P5	
			普通需求	特殊需求	普通需求	特殊需求	普通需求	特殊需求
台肩垂直度	⊥	t_2	IT5	IT4	IT4	IT3	IT3	IT2
总轴向跳动	⌰	t_4	IT5	IT4	IT4	IT3	IT3	IT2

① 对于较高精度等级的轴承（精度等级 P4 等），请参考高精度等级轴承的相关标准。

在现场进行故障诊断与排查的时候，可能没有完备的测量工具，但是通过简单的千分尺等工具依然可以对轴以及轴承室相关形状位置公差有一个粗略的检查。方法如图 4-37 所示。

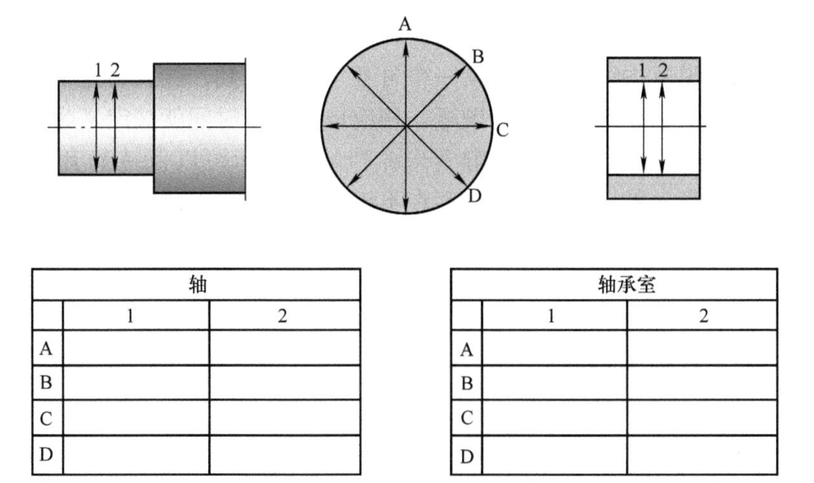

图 4-37 几何公差简易检查

图 4-37 所示，在现场取被测工件（轴或者轴承室）轴向上的两个界面，在每个截面分别测量 A、B、C、D 四个未知的直径尺寸。然后对比不同轴向位置的平均直径，以及同一轴向截面直径最大偏差，从而对几何公差有一定的测量。

典型案例 12. 几何公差引起的电机轴承噪声

某电机厂生产的中型电机，安装后出厂试验由于轴承噪声无法通过。经拆解，电机轴、轴承、轴承室外观均未见异常。通过上述方法对轴承室测量几何公差，发现同一截面 A、C 尺寸偏大；B、D 尺寸偏小。两组尺寸的偏差超过几何公差要求的范围。不同截面尺寸偏差尺寸趋势相同，均是 A、C 尺寸偏大；B、D 尺寸偏小，差值超差。与此同时，两个截面之间的平均尺寸偏差在公差要求范围内。由此可以判定轴承室几何公差超差。后经过修正，故障排除。

第五节　电机轴承的寿命校核检查

电机轴承的提早失效是电机轴承故障诊断与分析中经常遇到的情形。关于电机轴承寿命的概念在电机轴承系统设计、计算以及应用的时候都有应用。对电机轴承寿命计算概念的理解，也有一些容易混淆的地方。

首先，一般电机轴承选型时候所进行的寿命校核计算指的是轴承的基本疲劳寿命 L_{10}。全称是可靠性为 90% 的轴承疲劳寿命。这个寿命指的是轴承内部金属材料在承受负荷时候由于疲劳而引起失效的寿命概率值。这个 L_{10} 寿命没有考虑润滑差异、操作不当、密封问题等因素。因此可知，这样的计算寿命不等于轴承的真实寿命。本质上说轴承寿命计算应该是一个与设计基准进行比较和校核的计算工具。

其次，有一些轴承厂家提出了轴承噪声寿命的概念。对于一些轻负荷电机的轴承而言，往往电机轴承疲劳寿命很难达到，而随着电机的运行，轴承的噪声表现逐渐劣化，当轴承噪声达到或者超过某一个可容忍值的时候，就认为这个轴承不能使用。而此时这个轴承并未出现疲劳破坏。相应地，这个时间就被定义为轴承的噪声寿命（静音寿命）。由此，轴承的静音寿命指的是轴承可以保持静音运行的总时间。目前对噪声寿命界定值的定义尚存在不统一的地方，因此这个概念仅仅在某个领域里使用。

最后，电机的使用者在电机轴承运转到故障出现的时候，认为轴承到达了它的实际寿命。此时电机轴承的寿命是轴承总体运行的最终寿命总值。这个总值不是总体最大值，而是总体最小值：

$$L_{轴承} = \mathrm{Min}(L_{滚道}、L_{滚动体}、L_{保持架}、L_{润滑剂}、L_{密封件})$$

电机的使用者经常会抱怨电机轴承的寿命比计算值小，其实就是没有理解电机轴承的实际寿命与计算的基本疲劳寿命这两个概念。电机轴承整体运行中间任何一个环节出现损坏，都标志着这个轴承实际寿命的终结，而轴承基本疲劳（尤其是计算条件下的疲劳）仅仅是轴承滚动体、滚道达到寿命的一种情形。两者之间存在着差异。

电机轴承故障诊断与分析中遇到的轴承寿命终结往往是未达到轴承总体的预期寿命。因此需要排查的地方也需要包含上面轴承寿命总值公式中的各个方面。

一、电机轴承基本疲劳寿命校核的目的和意义

既然轴承实际寿命与轴承基本寿疲劳命校核计算之间不存在一一对应关系，那么为什么需要在设计和故障诊断的时候进行相应的校核呢？

前面的章节已经提及，实际上电机轴承基本寿命计算是对轴承选型大小的一个

校核检查。在设计电机并选择轴承的时候，用这个计算来检查选择的轴承是否足够大，能否承担给定的负荷以达到预期的寿命。在电机轴承故障诊断中，主要是检查轴承承受的负荷是否超过了当初设计选型时的给定值，以排除不良负荷的原因。这就是电机轴承基本寿命校核计算在故障诊断与分析中的应用。不难发现，对电机设计时候的校核计算目标是校核轴承选型，而在故障诊断与分析的过程中的校核的目标是校核轴承承受负荷。

二、一般电机轴承基本疲劳寿命校核方法

对于一般的电机轴承而言，不论对设计选型进行检查还是对负荷进行检查，都需要以寿命要求作为校核计算的基准点。此时我们可以使用最常见的基本疲劳寿命校核方法。

依据 ISO 281－2010《滚动轴承 额定动载荷和额定寿命》，电机轴承疲劳寿命的计算公式如下：

$$L_{10} = \left(\frac{C}{P}\right)^{p} \tag{4-16}$$

式中 C——额定动负荷（N）；

P——当量动负荷（N）；

p——寿命计算指数，对于球轴承取 3，对于滚子轴承取$\frac{10}{3}$；

L_{10}——可靠性为 90% 的轴承疲劳寿命（百万转）。

上面公式（4-16）中当量符合 P 的计算方法如下：

$$P = XF_{r} + YF_{a} \tag{4-17}$$

式中 P——当量动负荷（N）；

F_{r}——径向负荷（N）；

F_{a}——轴向负荷（N）；

X——径向负荷系数；

Y——轴向负荷系数。

寿命计算公式中的额定动负荷 C 可以在确定了轴承的当量负荷之后，从轴承型录或者手册里查取。

不难看出这个公式仅仅与轴承类型（寿命计算系数）、轴承大小（额定动负荷）、轴承所承受负荷（当量动负荷）有关系。因此对于轴承的大小校核就需要基于寿命要求。同样地，对轴承承受负荷的校核也要依据轴承寿命要求。

因此，设备对轴承的寿命要求成为检查计算的基准。

在一些手册和标准中给出了不同设备轴承的寿命参考值作为校核基准，见表 4-7。

表 4-7 机械设备轴承寿命参考值

机械类型	寿命参考值/h
家用电器、农业机械、仪器、医疗设备	300～2000
短时间或间歇使用的机械：电动工具、车间起重设备、建筑机械	3000～8000
短时间或间歇使用的机械，但要求较高的运行可靠性：电梯、用于包装货物的起重机、吊索鼓轮等	8000～12000
每天工作 8h，但并非全部时间运行的机械：一般的齿轮传动结构、工业用电机、转式碎石机	10000～25000
每天工作 8h，且全部时间运行的机械：机床、木工机械、连续生产机械、重型起重机、通风设备、输送带、印刷设备、分离机、离心机	20000～30000
24h 运行的机械：轧钢厂用齿轮箱、中型电机、压缩机、采矿用起重机、泵、纺织机械	40000～50000
风电设备：主轴、摆动结构、齿轮箱、发电机轴承	30000～100000
自来水厂用机械、转炉、电缆绞股机、远洋轮的推进机械	60000～100000
大型电机、发电厂设备、矿井水泵、矿场用通风设备、远洋轮主轴轴承	>100000

前面轴承基本疲劳寿命校核计算的结果单位是百万转，而表 4-7 中给出的寿命要求是小时。因此需要通过如下公式进行折算：

$$L_{10h}=\frac{10^6}{60n}L_{10} \tag{4-18}$$

式中 L_{10}——基本额定寿命（可靠性为 90%）（百万转）；

L_{10h}——基本额定寿命（可靠性为 90%）（h）；

n——转速（r/min）。

这个公式对于一般的电机轴承基本疲劳寿命校核而言经常被使用，但是有些转速非常高的场合中，轴承校核就不能单纯使用疲劳寿命计算的小时数作为寿命要求了。这种情况下通常需要对比以往轴承选型之后的计算结果作为基准，或者使用轴承的转数而不是时间作为基准。请参照典型案例 13。

三、轴承寿命计算的调整

前已述及，轴承基本疲劳寿命的校核是一种校核对比工具，在计算过程中很多因素都没有被考虑到，因此这个计算值和电机轴承实际寿命之间存在着差异。随着轴承技术的发展，一些更贴近轴承实际运行寿命的寿命计算方法已经相对成熟，并纳入国际标准。2007 年以来，修正额定寿命 L_{nm} 的计算在 ISO 281－2010《滚动轴承 额定动载荷和额定寿命》的附录 1 中已经标准化，对应于该标准的附录 4 的计算机辅助计算，2008 年以来在 ISO/TS 16281－2008《滚动轴承 通用装载轴承用改良参考额定寿命的计算方法》中也有了说明。这些寿命计算方法给予基本轴承疲劳寿命计算，同时加入了对轴承载荷、润滑条件（润滑剂的类型、转速、轴承尺寸、添加剂等）、材料疲劳极限、轴承类型、材料残余应力、环境条件以及润滑剂中的污染状况等因素的考虑。因此电机工程师也可以根据这些计算方法估计轴承的实际运行寿命。

根据 ISO 281-2010《滚动轴承 额定动载荷和额定寿命》的：

$$L_{nm} = a_1 a_{ISO} L_{10} \tag{4-19}$$

式中 L_{nm}——扩展的修正额定寿命（百万转）；

a_1——寿命修正系数，根据可靠性要求调整，见表 4-8；

a_{ISO}——考虑工况的修正系数；

L_{10}——基本额定寿命（百万转）。

在 ISO 281-2010 中，对 a_1进行了修正[⊖]，见表 4-8。

表 4-8 寿命修正系数

可靠性（%）	额定寿命 L_{nm}/百万转	系数 a_1
90	L_{10m}	1
95	L_{5m}	0.64
96	L_{4m}	0.55
97	L_{3m}	0.47
98	L_{2m}	0.37
99	L_{1m}	0.25

公式（4-19）中的 a_{ISO}可以从图 4-38、图 4-39 中查取。

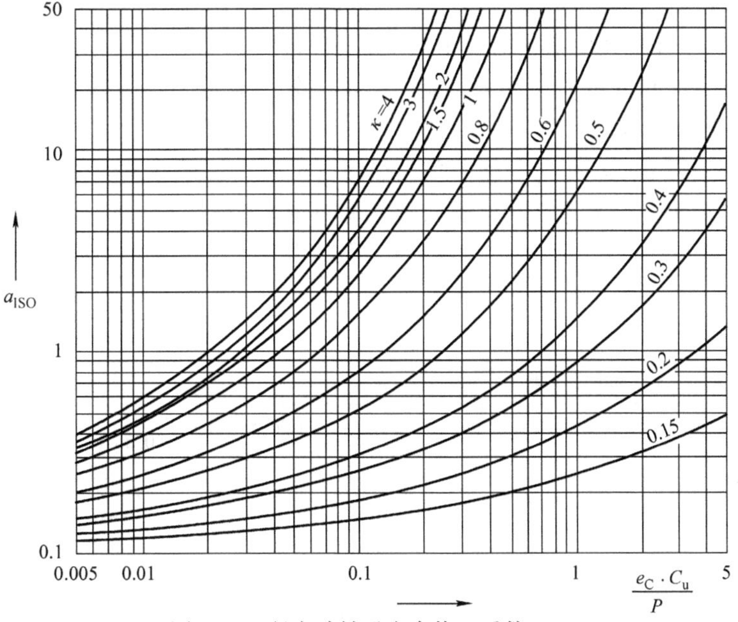

图 4-38 径向球轴承寿命修正系数 a_{ISO}

⊖ 《电机轴承应用技术》中引用的修正系数是调整以前的数值。

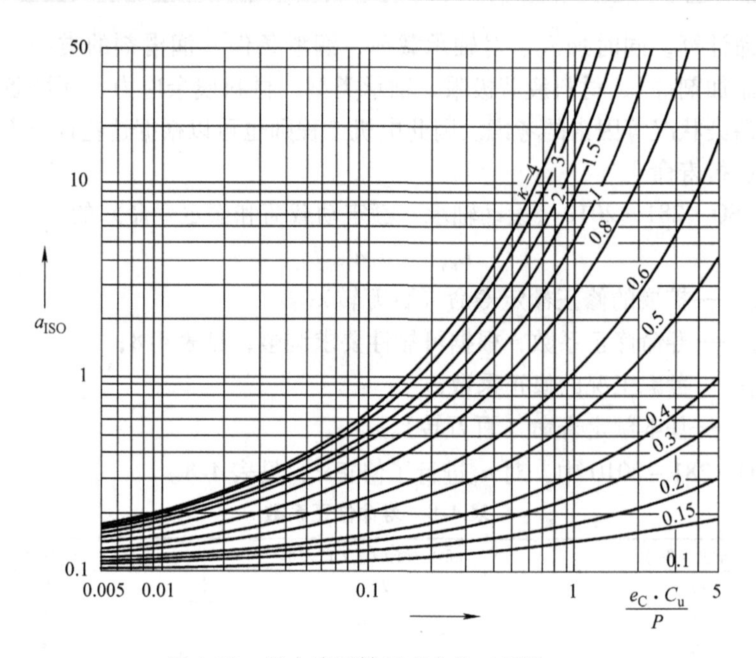

图 4-39　径向滚子轴承寿命修正系数 a_{ISO}

图 4-38、图 4-39 中 κ 为黏度比，在本书润滑部分将展开阐述。

当 $\kappa>4$ 的时候，取 4；当 $\kappa<0.1$ 的时候，这种计算方法不适用。

若 $\kappa<1$，且污染系数大于等于 0.2 的时候，使用含有极压添加剂是有效的，此时可以取 $\kappa=1$。其他情况需要根据 DIN 51819－1－2016《润滑剂的检验　在滚珠轴承试验装置 FE8 的机械动力试验　第 1 部分：通用工作原理》规定进行试验，若印证有效则取 $\kappa=1$。

图 4-38、图 4-39 中 C_u 是疲劳负荷极限。可以在轴承型录中查取。

图中的 e_C 为污染系数，可以通过表 4-9 查取。

表 4-9　污染系数

工　况	污染系数[①]	
	$dm<100$mm	$dm\geqslant100$mm
极度清洁：颗粒尺寸和油膜厚度相当于实验室条件	1	1
非常清洁：润滑油经过极细的过滤器，带密封圈轴承的一般情况（终身润滑）	0.8～0.6	0.9～0.8
一般清洁：润滑油经过较细的过滤器，带防尘盖轴承的一般情况（终身润滑）	0.6～0.5	0.8～0.6
轻度污染：微量污染物在润滑剂内	0.5～0.3	0.6～0.4
常见污染：不带任何密封件的轴承一般情况，润滑油只经过一般过滤，可能有磨损颗粒从周边进入	0.3～0.1	0.4～0.2

（续）

工　况	污染系数[①]	
	$dm<100\text{mm}$	$dm\geqslant 100\text{mm}$
严重污染：轴承环境高度污染，密封不良的轴承配置	0.1～0	0.1～0
极严重污染，污染系数已经超过计算范围的程度，远大于寿命计算公式的预测	0	0

① 以上表格参考值仅适用于一般固体污染物。液体或者水对轴承造成的污染不涵盖其中。

四、负荷变动工况下的寿命计算

在基本轴承疲劳寿命计算中，我们使用的是当量负荷。使用折算的当量负荷进行轴承基本疲劳寿命计算的时候，默认的前提条件是负荷和轴承转速恒定不变。这与实际轴承运行情况存在差异，如果想要轴承寿命的计算值更加接近实际值，则需要对轴承承受的负荷以及转速变动等的情况加以考虑。

当电机的负荷和转速在一个时间周期 T 内变化，转速和当量负荷可以按照下面式（4-20）和式（4-21）计算：

$$n=\frac{1}{T}\int_0^T n(t)\,\mathrm{d}t \tag{4-20}$$

$$P=\sqrt[p]{\frac{\int_0^T \frac{1}{a(t)}n(t)\ Fp(t)\,\mathrm{d}t}{\int_0^T n(t)\,\mathrm{d}t}} \tag{4-21}$$

对于电机而言，最常见的情况是负荷不变，转速变动，此时转速按照下面式（4-22）计算：

$$n=\frac{1}{T}\int_0^T \frac{1}{a(t)}n(t)\,\mathrm{d}t \tag{4-22}$$

电机的转速经常是按照一定的工作制阶梯变化，因此可以按照下面式（4-23）计算：

$$n=\frac{\frac{1}{a_i}q_i\,n_i+\cdots+\frac{1}{a_z}q_z\,n_z}{100} \tag{4-23}$$

式中　n——平均转速（r/min）；

T——时间段（min）；

P——轴承当量负荷（N）；

p——轴承系数，球轴承取 3，滚子轴承取 10/3；

a_i——当前工况下的寿命修正系数 a_{ISO}；

n_i——当前转速（r/min）；

q_i——当前转速占比。

可以看出，电机轴承基本疲劳寿命计算和调整寿命计算是两种不同的方法，而不同的方法解决的是不同的问题。判断轴承大小选择是否合适可以通过基本疲劳寿命计算校核。如果追求贴近实际运行寿命，就需要纳入很多考虑使用调整的寿命计算方法。

典型案例 13. 新能源汽车驱动电机寿命计算无法达标

某新能源汽车在驱动电机设计时对驱动电机轴承进行选型的时候发现按照正常的轴径计算选型的轴承寿命无法达到客户提出的寿命要求。新能源汽车驱动电机的转速是 10000r/min。此时如果按照普通四极电机（1500r/min）计算的轴承寿命是 4 万小时，而在 10000r/min 的转速下算得寿命仅仅为 6000h。

对这个问题的认识可以看出，这个轴承的转数寿命计算结果没有变，仅仅因为转速不同，折算的寿命计算小时数结果发生了巨大的变化。

如果深刻认识轴承疲劳寿命计算的本质意义，就会明确其实校核轴承寿命是为了校核轴承选型大小。既然轴承的转数寿命达到了要求，那么就说明轴承大小选择是对的。因此不必过分纠结时间计算结果。并且，前已述及，轴承的实际寿命与计算的基本疲劳寿命时间结果也不是一一对应的。

尤其对于车辆等设备的电机，更科学的方法是使用里程的单位。事实上里程的单位就和转速的单位更加对应，对于设计的指导意义也更直接。

另一方面，新能源汽车驱动电机不是在恒定转速下工作。而设计人员使用了最大转速计算轴承的时间寿命。这样计算的默认前提是，电机轴承一直以这么高的转速运行，从来没有转速改变。这显然是不合常理。因此轴承寿命计算必须根据实际负荷的变化进行，其中包括负荷大小的变化以及转速的变化。根据载荷谱计算的轴承寿命才更接近实际疲劳寿命值。

最后经过调整，设计单位选择了正确的轴承，也根据载荷谱重新估算了寿命的时间结果，顺利完成了设计。

第六节　电机轴承的安装、拆卸工艺检查

根据一项统计，对轴承故障诊断结果进行分析会发现百分之十六的轴承故障与不良的安装方式有关。可见，轴承的安装工艺是轴承出现故障的重要原因之一。因此对电机轴承进行故障诊断与分析的时候，除了对轴承选型、布置等方面进行检查之外，也要对轴承的安装工艺进行检查。

另一方面，在对电机进行维护的过程中，有时候需要把轴承拆卸下来。不良的拆卸手法可能会伤害轴承，导致轴承无法被再次利用。即便是对已经失效的轴承进行拆卸，不当的拆卸方法留下的痕迹有时候也会给失效分析带来困扰。

在对电机轴承进行故障诊断的时候，往往是根据故障现象判断可能出现的安装

拆卸损伤，然后到安装拆卸现场，通过对工艺过程、手法、工具等方面的检查找到对应的证据进行确认。因此需要了解正确的电机轴承安装拆卸工艺才能找到对应的不符点。

除此之外，在电机维护过程中进行的轴承安装工作，也需要遵守正确的安装工艺流程和方法。

一、电机轴承安装前的准备工作

电机轴承安装前的准备工作除了在电机厂进行生产的时候需要注意之外，对于电机进行维修过程中的轴承安装环节也同样需要加倍小心。

（一）相关零部件的检查

电机轴承安装之前需要对相关零部件进行检查，以确保在安装之前排除零部件不良带来的电机轴承故障。其中与轴承相关的零部件检查包括：

1. 对轴承的初步检查

一般的电机厂或者用户在安装轴承之前，可以对轴承的外观进行初步的检查。新的轴承，轴承外观不应该有磕碰伤，不应该有锈蚀，不应该有不正常的颜色分布（例如局部受热的颜色改变）等。同时轴承应当运转灵活。

有的电机厂会对轴承进行更仔细的检查，比如轴承尺寸检查，轴承振动噪声检查等。尤其是轴承振动噪声检查，有的工厂使用轴承厂专用的振动测试仪，需要指出的是，轴承振动测试仪测试的结构是轴承质量的体现，与轴承安装之后的振动噪声没有严格的一一对应关系，具体原因将在轴承振动噪声故障诊断与分析的部分展开介绍。

2. 对轴的尺寸检查

检查电机轴轴承台部分的基本尺寸、公差、几何公差，可以通过专用仪器进行测量，现场如果条件受限，也可以使用图 4-37 介绍的方法进行测量。

3. 对轴承室的尺寸检查

检查电机轴承室部分的基本尺寸、公差、几何公差，可以通过专用仪器进行测量，现场如果条件受限，可以使用图 4-37 介绍的方法进行测量。

4. 对密封件的检查

对于具有密封的轴承，轴承密封件表面不应有破损，尤其是密封件唇口部分更加重要。

（二）轴承安装环境的检查

除了对轴承以及相关零部件进行检查以外，对轴承安装的环境以及安装工具也有一些要求：

- 应该要求安装轴承的环境保持清洁，不应该有粉尘、液体等的污染。
- 轴承安装环境应该远离产生粉尘的工艺环节。

● 安装轴承的工具、工装应该保持清洁。

● 不使用容易污染轴承的安装工具，比如容易掉碎屑的安装工具，容易有纤维脱落的手套等。

● 保持润滑脂的清洁。润滑脂应该储存在干净的容器内，在不使用的时候需要密闭，防止污染物进入。

● 保持安装工件清洁。在轴承安装之前，可以对轴以及轴承室进行清洁，确保工件本身没有带污染物。同时在工件安装之前，应该采取相应措施进行覆盖遮挡，避免污染。

● 保持轴承清洁。一般轴承的包装可以保护轴承免于被污染，因此在对轴承进行安装之前，不建议过早地将轴承包装打开。轴承包装应该在轴承安装之前再去除。一些小轴承的安装过程为了提高效率会先行将一批轴承包装拆开，如果这样就需要对拆开包装的轴承采取一定的措施覆盖遮挡，避免被污染。

（三）轴承的清洗

事实上轴承出厂之前经过一系列的清洗，同时在出厂之前还会涂装防锈油。一般情况下轴承出厂的防锈油可以和大多数润滑脂兼容，不需要清洗。对于一般的电机厂家和用户而言，其环境等条件一般不如轴承生产厂家，因此往往出现“洗脏了”的情形。

但是，在对电机轴承进行维护的时候，经过故障诊断与分析判断轴承完好，因此需要将轴承进行重新安装。这种时候多数轴承已经有一定的污染，因此可以采用一些方式对轴承进行清洗。

1. 清洗溶剂的要求

清洗滚动轴承的材料有以汽油和煤油为主的石油系溶剂（较常用）、碱性水系溶剂，以及以氯化碳为主的有机溶剂。市场有销售的清洗剂成品，例如 TS－127 型。

（1）对汽油和煤油的要求　对清洗轴承所用的汽油和煤油的要求见表 4-10。其中的质量指标需要通过目测或相关标准规定的试验方法进行鉴定。

表 4-10　对清洗轴承所用的汽油和煤油的要求

序号	项目	质量指标	
		汽油	煤油
1	外观	无色透明	无色透明
2	气味	无刺激臭味	无刺激臭味
3	馏程	略	—
4	闪点（闭口）	—	≥60℃
5	腐蚀（铜片 50℃，3h）	合格	合格

（续）

序号	项目	质量指标	
		汽油	煤油
6	含硫量	≤0.05%	≤0.05%
7	水溶性酸或碱	无	无
8	机械杂质	无	无
9	水分	无	无
10	清洗性能	不低于120号汽油	—
11	酸度	≤1mgKOH/100mL	≤0.1mgKOH/100mL
12	胶质	≤2mgKOH/100mL	—

（2）碱性清洗液的配方　碱性清洗液的配方见表4-11。

表4-11　碱性清洗液的配方

成分名称	配方（任选一种）（%）			
	1	2	3	4
氢氧化钠（NaOH）	3~4	—	2	1
无水碳酸钠（Na_2CO_3）	5~10	10	5	2
磷酸钠（Na_2PO_4）	—	5	—	3
硅酸钠（Na_2Si_3）	—	0.2~0.3	10	0.2~0.3
水	余量			

2. 清洗工艺

对于大量使用的轴承，一般利用专用的清洗机（见图4-40）进行清洗，其工艺过程应根据所用清洗剂、清洗设备和要清洗的轴承规格进行编制和实施。

少量的轴承，特别是对使用过的轴承，则一般使用人工清洗的办法。其步骤如图4-41所示。其中清洗轴承的清洗溶剂，有溶剂汽油（常用的有120号、160号和200号）、三氯乙烯专用清洗剂（工业用，加入0.1%~0.2%稳定剂，如二乙胺、三乙胺、吡啶、四氢呋喃等）等。整个过程中应注意做好防火和防毒工作，为了防止溶剂对皮肤的损伤，应戴胶皮或塑料手套操作。

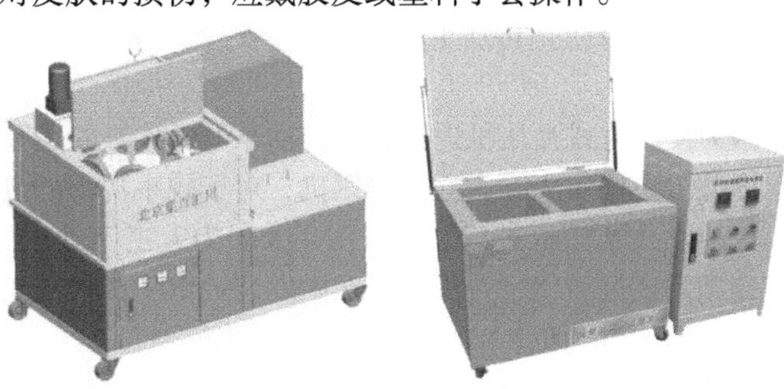

图4-40　专用轴承清洗机外形示例

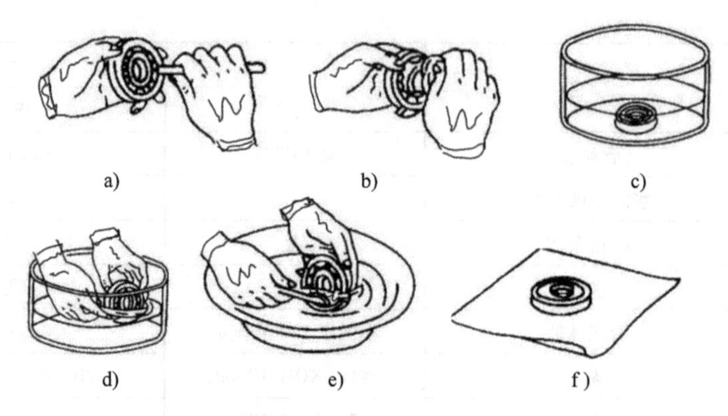

图 4-41 清洗滚动轴承的过程

a）用竹签或木签将轴承中的废油脂刮出 b）用洁净不脱毛的布巾将轴承中的防锈油擦干净
c）将轴承投入清洗溶剂中浸泡一定时间 d）用毛刷刷洗
e）用干净的清洗溶剂再刷洗一到两次 f）用不脱毛的布巾擦干后晾干

二、电机轴承的安装方法

电机轴承的安装方法有冷安装和热安装两种方法。对于内径小于 100mm 的轴承，可以使用冷安装的方法，同时也可以使用热安装的方法；对于内径大于等于 100mm 的轴承，冷安装时候的安装力过大，容易损伤轴承也不容易安装，因此推荐使用热安装的方法。

（一）冷安装

电机轴承冷安装时保持常温状态，用在轴承内圈端面施加压力的方法将其套到转轴轴承挡部位的工艺称为冷装配工艺。装配前，在轴的轴承挡部位上一些润滑油，会对顺利装配有所帮助，如图4-42所示。

图 4-42 在轴承挡加少量机油

使用油压机进行装配时，应设置位置传感器或开关、过压力传感器等装置，以确保压装到位，并且到位后压力就会撤销，以防止再加更大的压力会导致轴承或轴损伤。

图 4-43a 所示为使用立式油压机进行操作，轴承上面放置的是一个专用的金属套筒，抵在轴承内圈上；图 4-43b 为立式油压机，对于较小功率的电机，也可使用人工手动压力机代替立式油压机进行装配；图 4-43c 为人工手动压力机外形示例；图 4-43d 为使用专用卧式油压机进行操作，图中安装轴承的部件为电机的转子，一次操作同时将两端轴承安装到位。

对于外径小于 50mm 的小型轴承，可以使用榔头击打专用套筒顶部将轴承推到

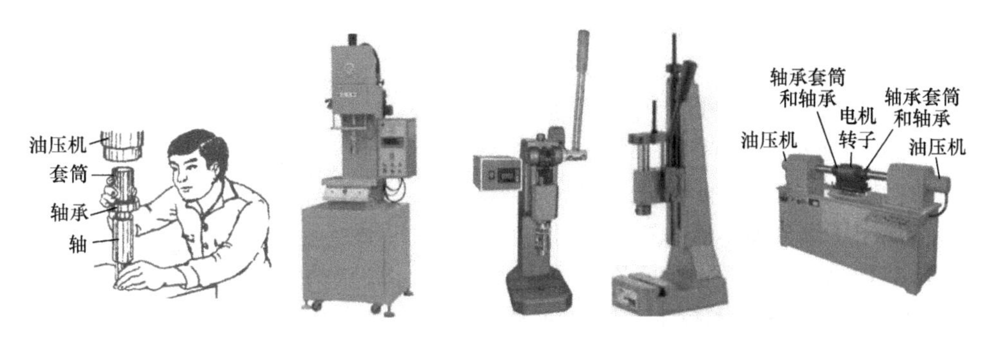

a) 用立式油压机装配　b) 立式油压机　c) 人工手动压力机　d) 用专用卧式油压机装配

图 4-43　用油压机装配

预定位置，敲击时应注意力的方向，要始终保持与电机轴线重合，如图 4-44a 所示。图 4-44b 是用专用套筒安装调心轴承的情况。

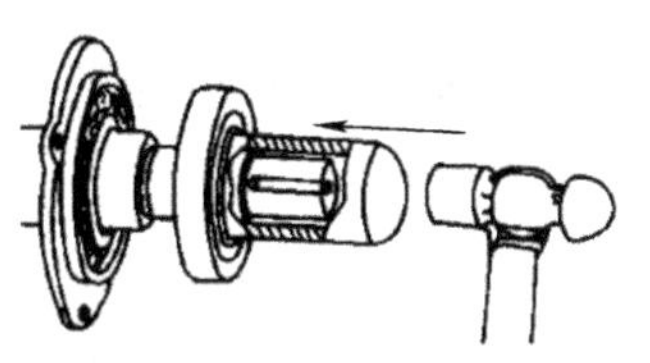

a) 用榔头击打专用套筒顶部装配调心轴承　b) 用专用套筒安装调心轴承

图 4-44　用专用套筒装配

在无上述条件时，可用铜棒抵在轴承内圈上。用榔头击打，要在圆周方向以 180°的角度一上一下、一左一右地循环着敲打，用力不要过猛，如图 4-45 所示。

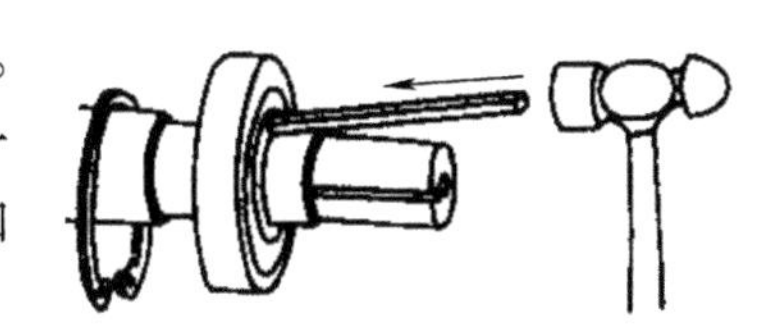

图 4-45　用铜棒敲击装配

（二）热安装

通过对轴承加热，使其内圈内径膨胀变大后，套到转轴的轴承挡处，应注意将刻规格牌号的一端放在外边（下同），以便于查对。冷却后内圈缩小，从而与轴形成紧密的配合。轴承加热温度应控制在 80℃～100℃（带油脂的封闭轴承加热温度不超过 80℃），加热时间视轴承的大小而定，常用的加热方法有如下 4 种。

1. *油煮法*

将轴承放在变压器油中的网架上，如图 4-46 所示。加热变压器油，到预定时间后捞出，用干净不脱毛的布巾将其油迹和附着物擦干净后，尽快套到轴上。此过程中应避免轴承直接接触加热容器，并且需要严格观察加热油的温度。

2. 工频涡流加热法

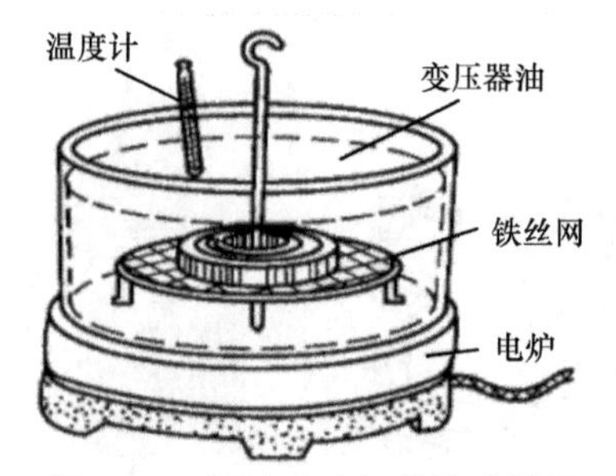

图 4-46　用油煮法加热滚动轴承

工频涡流加热法需要使用工频交流电源涡流加热器（简称工频涡流加热器），可方便地对轴承等部件的金属内圈进行加热，使其膨胀后进行安装。图 4-47给出了部分加热器的外形示例。

表 4-12 和表 4-13 分别是 ZJ 系列和 STDC 系列工频加热器的技术参数，供参考选用。

将轴承套在工频加热器的动铁心上后，接通加热器的工频交流电源。轴承会因电磁感应而在内、外圈中产生涡流（电流），从而产生热量使其膨胀。

使用时，应根据被加热部件的大小和相关要求，控制加热时间和温度。

使用工频涡流加热器对轴承进行加热，加热可靠，无污染，加热速度快。但由于该类型加热器的加热原理是磁场感应加热，因此当加热完毕之后必须对轴承进行去磁，否则轴承会因其残留磁性而会吸引周边杂质，极大地影响轴承的运行。为此，工作场地的清洁问题尤为重要。

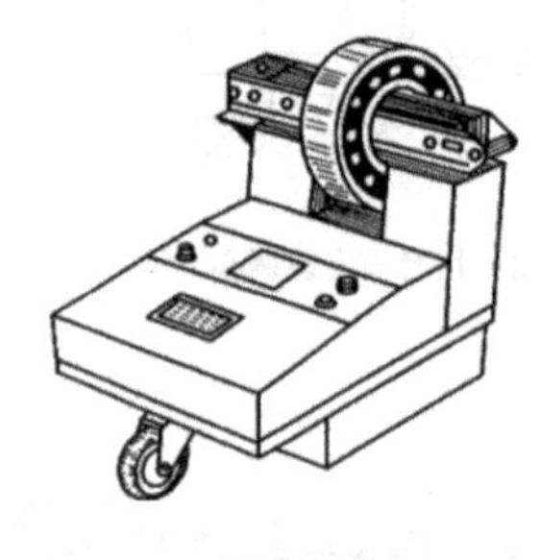
a) ZJ系列

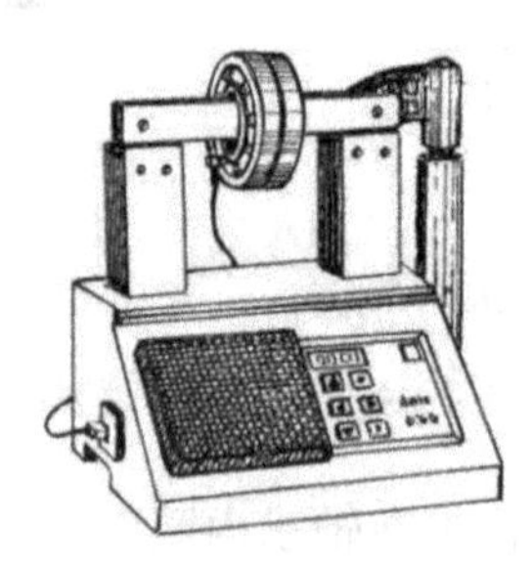
b) STDC系列

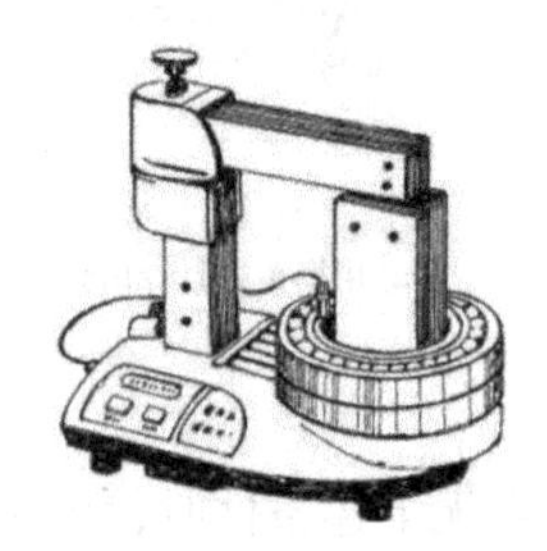
c) 瑞士森马IH090系列

图 4-47　用工频涡流加热器加热轴承

表 4-12　ZJ 系列轴承加热器技术参数

型号	额定功率/kW	可加热的轴承尺寸/mm		
		内径	最大外径	最大宽度
ZJ20X－1	1.5	30～85	280	100
ZJ20X－2	3	90～160	350	150
ZJ20X－3	4	105～250	400	180
ZJ20X－4	5.5	110～360	450	200
ZJ20X－5	7.5	115～400	500	220

表 4-13　STDC 系列轴承加热器技术参数

型号	额定功率/kW	电源电压/V	可加热的轴承尺寸/mm			外形尺寸 长×宽×高/mm	其他功能和参数
			内径	最大外径	最大宽度		
STDC－1	1	220	15～100	150	60	32×22.5×27.5	(1) 最高温度为300℃，有温度显示 (2) 有磁性探头 (3) 具有手动和自动时间与温度控制，时间范围为0～99min，有声音提示 (4) 具有保温功能 (5) 自动消磁
STDC－2	3.6	220	30～160	340/480	150	34×29×31	
STDC－3	3.6	220	30～160	340/480	150	34×29×38	
STDC－4	8	380	50～250	470/720	200	63×36.5×47	
STDC－5	12	380	70～400	700/1020	265	95×64×100	
STDC－6	24	380	70～600	700/1020	265	95×64×100	
STDC－7	12	380	75～400	920	350	120×64×100	
STDC－8	24	380	85～600	900	400	100×50×135	
STDC－9	40	380	85～800	1400	420	150×60×147	

3. 烘箱加热法

将轴承放入专用的烘箱内加热，如图 4-48 所示。烘箱易于获得，操作简便。但其加热温度难以控制，往往造成轴承温度过高的现象。尤其容易使轴承表面的防锈油碳化。碳化的防锈油会在轴承滚动体和滚道之间成为污染物，对轴承的运行带来潜在威胁。这些问题需要在操作中加以注意。

图 4-48　用烘箱加热轴承

加热到适当时间后，尽快将其套在轴上轴承挡的预定位置。操作时要戴干净的手套，防止烫伤或脱手后砸脚，如图 4-49 所示。

4. “电磁炉”式加热器加热法

将轴承放在一种原理与家用电磁炉相同的专用轴承加热器（或称轴承加热盘）上进行加热，如图 4-50 所示。其注意事项同用工频涡流加热器。

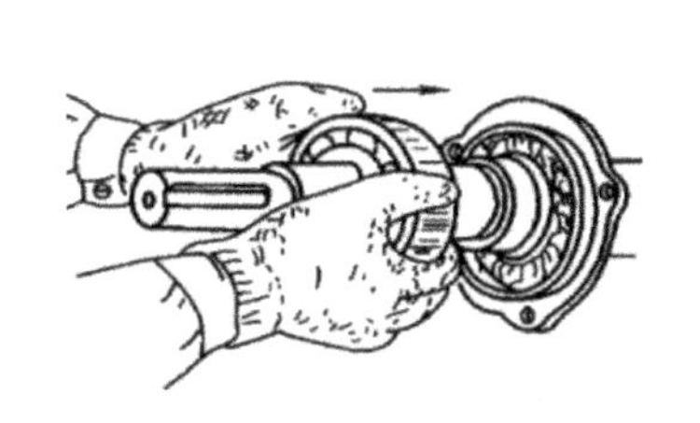

图 4-49　加热后套装

图 4-50　电磁炉加热

在对轴承进行热安装的时候，当轴承装入轴承挡，应确保轴承安装到位。对于比较小的轴承，安装时候需要用力推紧一段时间，待轴承稍微冷却固定之后再行离开。

三、电机轴承安装后的检查

电机轴承装配完成之后，应进行相应的检查而非直接投入运行或者直接进入出厂试验环节。因为如果未经检查而直接投入使用，一旦安装过程中轴承有什么不妥，在正常载荷和转速下很容易对轴承造成不可逆的损伤。

对于中小型电机，轴承安装完毕之后，操作人员应该用手盘动电机轴，使轴承慢慢转动。这种转动在初期可以帮助轴承内部油脂的匀脂，同时可以观察轴承运转是否顺畅，是否有异常的振动和声音。如果有异常发生，应及时寻找原因，并进行修正。此时轴承仅仅初步旋转，多半并未造成损坏，及时纠正问题，尚可使用。

对于中大型电机，可以通电使其起动后，运转很短的时间就断电，让转子自由滑动，来观察轴承运转情况。无异常时，便可投入出厂试验运行。

对于中大型电机，其主轴的轴伸端经常使用圆柱滚子轴承，轴和轴承室的偏心会对轴承运行造成很不利的影响。可以使用如下方法进行测量。

在轴承内圈上安装一个千分表，然后将轴承旋转 180°，测量此过程中的最大径向尺寸偏离值 d_x，如图 4-51 所示。然后用下式（4-24）计算偏心值（不对中角度）：

$$\beta = \frac{3438d_x}{D_0} \tag{4-24}$$

式中　β——不对中角度（°）；

d_x——最大尺寸偏离值（mm）；

D_0——轴承外径（mm）。

一般地，圆柱滚子轴承能容忍的最大偏心角度为 2°～4°；深沟球轴承，最大偏心角度为 10°。因此测量结果大于此值时，需要进行纠正，以避免影响轴承寿命。

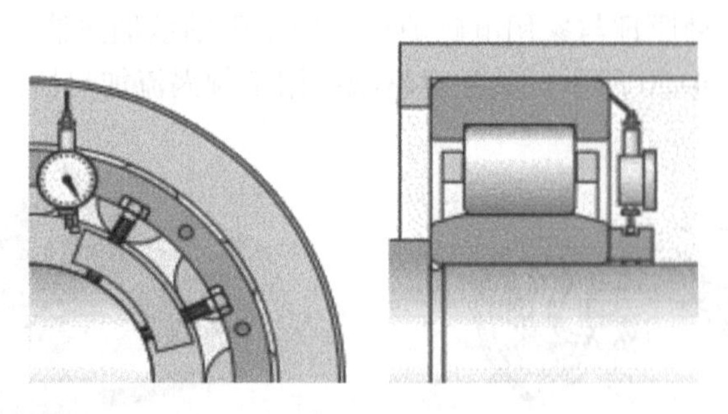

图 4-51　用千分表测量轴承偏心程度

四、轴承的拆卸方法

对电机轴承进行故障诊断与分析以及维修的时候需要将轴承从电机上拆卸下

来，在这个过程中应尽量避免对轴承以及相关的零部件带来损伤，否则不仅增加了故障诊断的难度，也会使相关零部件无法重复使用。

即便是对已经失效的轴承进行拆卸，正确的拆卸方法也可以避免破坏失效痕迹，最大程度保留轴承失效时的原貌，这对于失效分析十分有帮助。

对于中小型的电机轴承可以使用拉拔器对轴承进行拆卸，对于配合力较大的轴承可以使用液压拉拔器。不论是哪种拉拔器，应尽量保证拉拔器的施力点就在配合面的元件上，避免拆卸通过轴承滚动体，而造成进一步的损伤。

（一）轴承拆卸工具

1. 拉拔器

拆卸滚动轴承用的拉拔器有手动和液压两大类，另外还可分为两爪、三爪、可换（调）拉爪、一体液压和分体液压等多种，如图 4-52 所示。

安装拉拔器时，在轴伸中心孔内应事先涂一些润滑脂，可减少对该孔的磨损。若拆下的轴承还要使用，则钩子应钩在轴承内环上，可减少对轴承的损坏程度，配用图 4-52e 所示的专用轴承卡盘可保证这一点。使用中，拉拔器要稳住，其轴线与轴承的轴线要重合，旋紧螺杆时用力要均匀。当使用很大的力还不能拉动时，则不要再强行用力，以免造成拉拔器螺杆异扣、断爪等损坏。

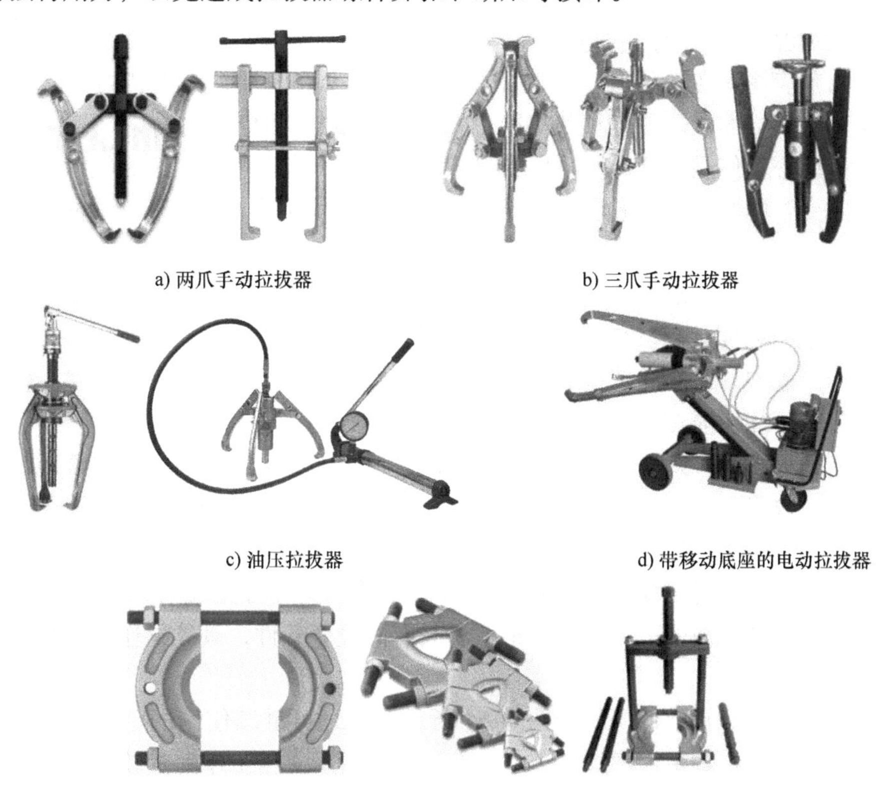

a) 两爪手动拉拔器　b) 三爪手动拉拔器

c) 油压拉拔器　d) 带移动底座的电动拉拔器

e) 专用轴承卡盘和两爪手动拉拔器组合

图 4-52　拉拔器

2. 喷灯

拆卸轴承时候比较常用的加热工具就是喷灯。

喷灯用于加热轴承内圈，使轴承内圈受热膨胀后，便于轴承从轴上拆下。一般在使用拉拔器拆卸比较困难时使用。按使用的燃料来分，有煤油喷灯、汽油喷灯和液化气喷灯三种，如图 4-53 所示。

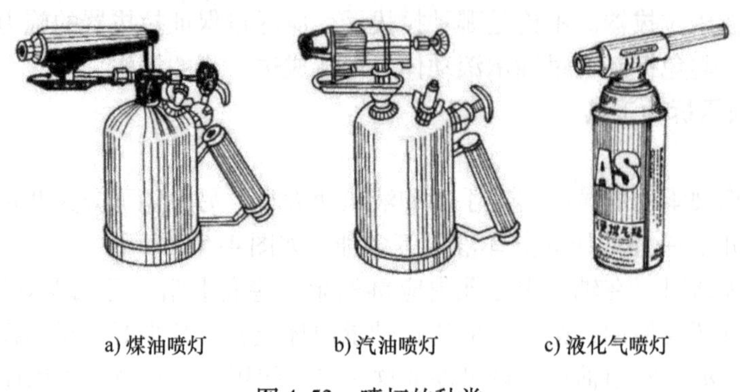

a) 煤油喷灯　　b) 汽油喷灯　　c) 液化气喷灯

图 4-53　喷灯的种类

对于燃油喷灯，使用时，加入的燃油应不超过筒容积的 3/4 为宜（不可使用煤油和汽油混合的燃油），即保留一部分空间储存压缩空气，以维持必要的空气压力。点火前应事先在其预热燃烧盘（杯）中倒入少许汽油，用火柴点燃，预热火焰喷头。待火焰喷头烧热且预热燃烧盘（杯）中的汽油烧完之前，打气 3～5 次，将放油阀旋松，使阀杆开启，喷出雾状燃油，喷灯即点燃喷火。之后继续打气，至火焰由黄变蓝即可使用。应注意气压不可过高，打完气后，应将打气手柄卡牢在泵盖上。

应注意控制火焰的大小，使用环境中应无易燃易爆物品（含固体、气体和粉尘），防止燃料外漏引起火灾，按要求控制加热部位和温度。

使用过程中，还应注意检查筒中的燃油存量，应不少于筒容积的 1/4。燃油存量过少将有可能使喷灯过热而出现意外事故。

如需熄灭喷灯，则应先关闭放油调节阀，待火焰完全熄灭后，再慢慢地松开加油口螺栓，放出筒体中的压缩空气。旋松调节开关，完全冷却后再旋松孔盖。

（二）电机轴承拆卸方法

拆卸轴承（大部分是已经损坏、不可再用的，少部分是还可以使用的）是电机维护保养中较常做的一项工作。根据所具有的设备条件，具体操作工艺如下。

1. 用拉拔器拆卸

用拉拔器拆卸轴承的操作如图 4-54 所示。对还可继续使用的轴承，应注意将拉拔器的钩爪钩在轴承内圈端面上，如图 4-54a 所示。当工作间隙较小，钩爪不能深入时，则可选择合适尺寸的如图 4-54c 所示的专用卡盘进行拆卸。

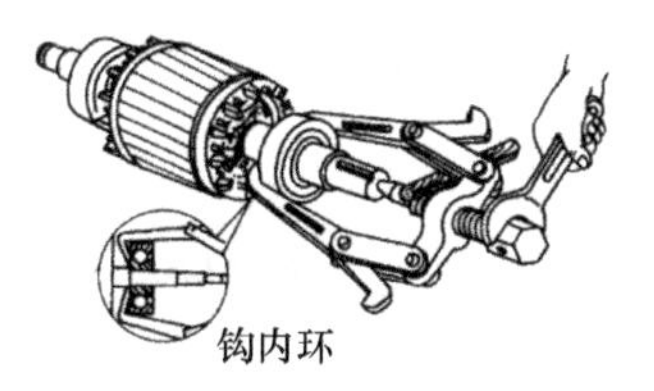

a) 用手动拉拔器拆卸

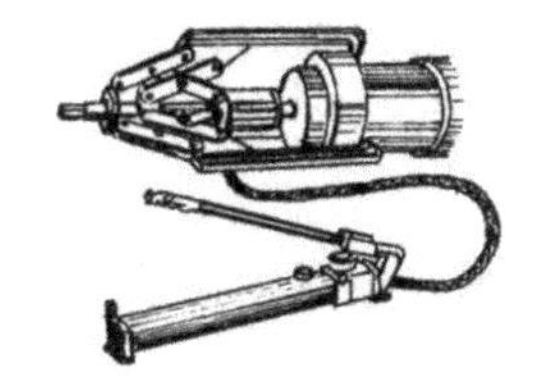
b) 用液压拉拔器拆卸

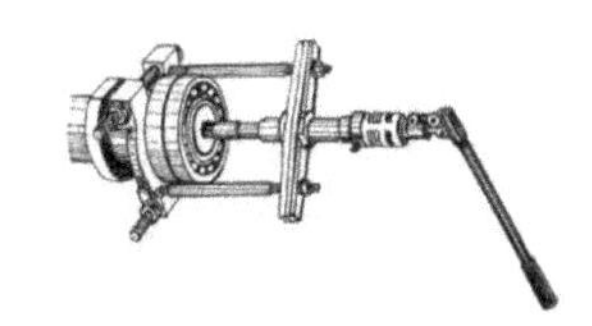
c) 用液压拉拔器加轴承专用卡盘拆卸

图 4-54 用拉拔器拆卸滚动轴承

2. 用铜棒敲击拆卸

用铜棒抵在轴承内环处，用锤子击打铜棒。抵在轴承内环上的点应在其圆周上布置4个以上。如图 4-55 所示。

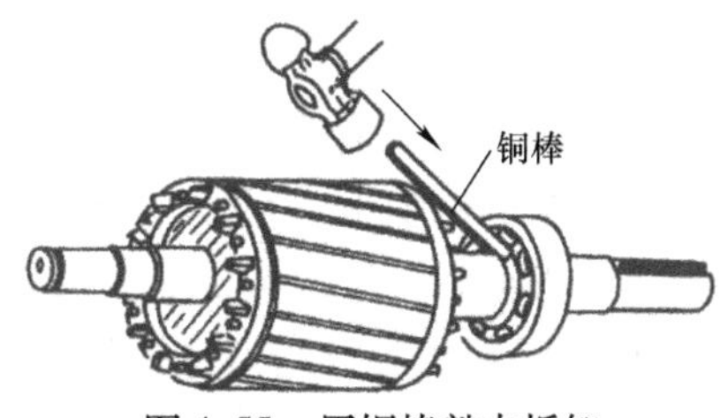

图 4-55 用铜棒敲击拆卸

3. 夹板架起敲击拆卸

将转子放入一个深度合适的桶中或支架上，将要拆下的轴承用两块结实的木板夹住并托起。为避免转子突然掉下时墩伤下端轴头，应在下面放一块木板或厚纸板、胶皮等。用木板垫在上端轴端，用锤子击打至轴承拆下。在轴承已松动后，应用手扶住转子，防止偏倒造成磕伤。如图 4-56 所示。

4. 加热膨胀后拆卸

当轴承已损坏，用上述方法又难以拆下时，可先打掉轴承滚子支架，去掉外圈，再用气焊或喷灯加热轴承内圈外圆，加热到一定程度后，借助轴承内盖则可轻松地将其拆下。如图 4-57 所示。

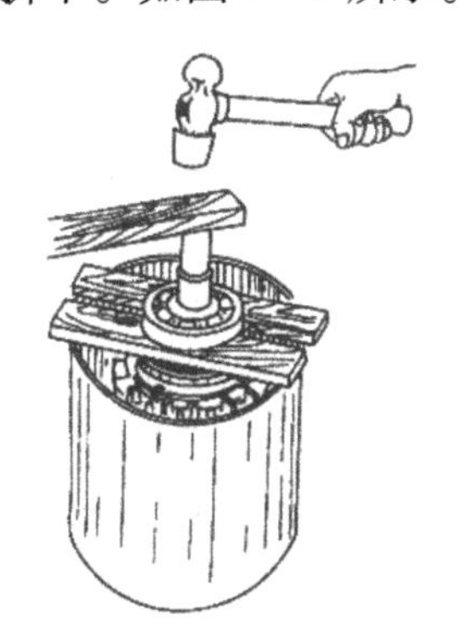
图 4-56 用夹板架起敲击拆卸

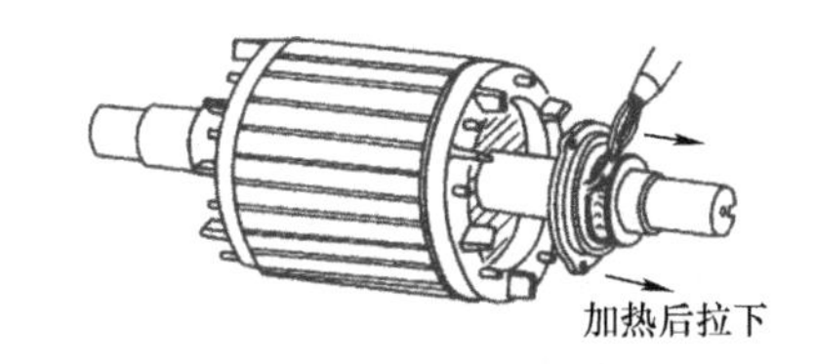

图 4-57 加热膨胀后拆卸

5. 外圈的拆卸

拆卸过盈配合的外圈，事先在外壳的圆周上设置几处外圈挤压螺杆用螺丝，一边均匀用力地拧紧螺杆，一边拆卸。这些螺杆孔平常盖上盲塞，圆锥滚子轴承等的分离型轴承，在外壳挡肩上设置几处切口，使用垫块，用压力机拆卸，或轻轻敲打着拆卸。

6. 锥孔轴承的拆卸

拆卸小型的带紧定套的轴承，用紧固在轴上的挡块支撑内圈，将螺母转回几次后，使用垫块用榔头敲打拆卸。

大型轴承，利用油压拆卸法更加容易，在锥孔轴上的油孔中加压送油，使内圈膨胀，拆卸轴承。操作中，有轴承突然脱出的可能，最好将螺母作为挡块使用。

第七节　电机轴承的润滑检查

据统计，电机轴承故障中有百分之三十六与润滑相关。由此可见，电机轴承润滑问题是对电机轴承进行故障诊断与分析的一个重要环节。

对电机轴承进行故障诊断与分析的时候检查轴承润滑主要包括如下几个方面：

- 电机轴承润滑选择是否恰当；
- 电机轴承润滑油路设计是否得当；
- 电机轴承润滑施加是否合适；
- 电机轴承维护的时候补充润滑工作是否正确、有效。

在对电机轴承润滑引发的故障进行诊断与分析之前，工程技术人员需要对润滑的基本原理有一个初步的了解。本节先简单介绍润滑的基本原理，然后就电机轴承润滑的各个环节进行介绍，作为润滑故障诊断与分析的一个参考。

一、润滑的基本知识

润滑是电机轴承正常运行的保障因素之一。如果说轴承是从物理上减少摩擦、传递运动，那么润滑就是从化学上减少摩擦。电机常用的润滑有油润滑和脂润滑两种，其中脂润滑使用更加广泛，尤其对于中小型电机而言，而对于发热量较高的中大型电机更多的是使用油润滑。

从电机轴承故障诊断与分析的角度去看，润滑不良带来的电机轴承故障现象往往与发热或者温度过高相关。从润滑的功能上不难理解，如果润滑不良，那么润滑不能很好地减少摩擦，摩擦大了必然导致发热严重，从而就出现温度过高的现象。请读者注意的是，润滑不良会导致电机轴承温度过高，反过来则不一定。也就是说电机轴承温度高，不一定仅仅是润滑的原因。因此电机轴承出现发热的时候，需要利用对润滑知识的了解来排查问题是否由润滑而起。

（一）润滑剂基本知识

电机中常用的润滑剂包括润滑脂以及润滑油。

润滑油是复杂碳氢化合物的混合物，通常的润滑油由基础油和添加剂两个部分组成。其中起润滑作用的主要是基础油。

润滑脂（也被称作油脂）是半固体状润滑介质，通常由基础油、增稠剂和添加剂组成。基础油主要承担润滑作用，增稠剂除了保持基础油以外也起到一定的润滑作用。

润滑油和润滑脂中的添加剂（抗氧化润滑剂和极压添加剂等）会使两种润滑介质具有更好的性能。

关于润滑脂和润滑油特性的对比如下：

1）润滑脂具有良好的附着性能，油路设计简单，便于安装维护，它附着在轴承上，防止轴承受到污染，立式安装电机使用方便，由于自身黏度，在运行的时候有一定的发热，因此在某些高速领域无法胜任。

2）润滑油具有很好的流动性，需要专门的油路设计，以及相应的附属设备，由于黏度较低，在高速场合可以适用，可以适用于油气润滑，以达到超高转速的润滑，使用循环润滑可以起到冷却作用，发热少。

一般电机中最经常使用的是润滑脂。润滑油只有在中大型电机中的一些场合下才会使用。如果使用润滑油，那么相应的润滑油路、密封、过滤、油站等设计就不可或缺。

不论润滑脂还是润滑油，对润滑选择的基本原理都十分接近，并且润滑机理也一样，因此工程师可以从润滑脂选择的知识类比得到润滑油的选择。

（二）基本润滑原理

轴承的润滑剂分布在滚动体和滚道之间，将两者分隔开来，避免金属之间的直接接触，同时减少摩擦。通常而言，润滑大致有边界润滑、混合油膜润滑和流体动力润滑 3 种基本状态，如图 4-58 所示。

1）在边界润滑状态，油膜厚度约为分子级大小，因此，此时的润滑几乎是金属之间的直接接触。

2）在混合油膜润滑状态，运动表面分离，油膜达到厚膜状态，但存在部分金属直接接触。

3）在流体动力润滑状态，较厚的油膜受载呈现弹性流体特性，金属被油膜分隔开。

使用润滑剂的目的就是避免金属和金属之间的直接接触而减小摩擦，因此在实际润滑过程中是期望达到不出现边界润滑的状态。

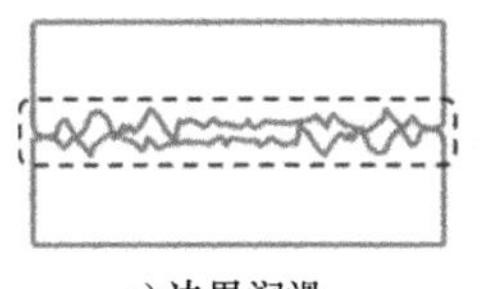
a) 边界润滑

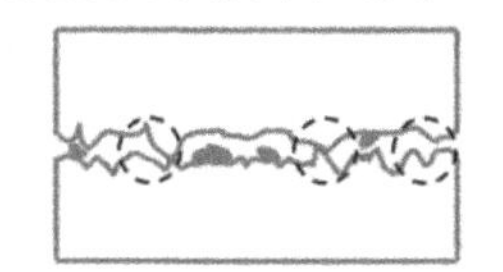
b) 混合油膜润滑

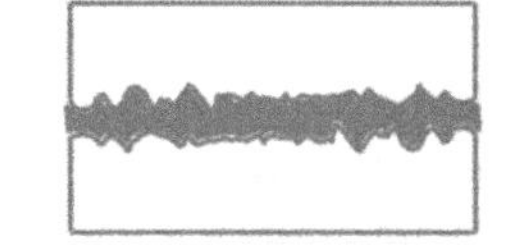
c) 流体动力润滑

图 4-58　润滑基本状态

1902 年，德国人斯特里贝克（Stribeck）通过研究，揭示了润滑剂黏度、速度、负荷与摩擦系数之间的关系，成为奠定润滑研究的最重要理论。这就是如

图4-59所示的著名的斯特里贝克曲线（Stribeck Curve）。

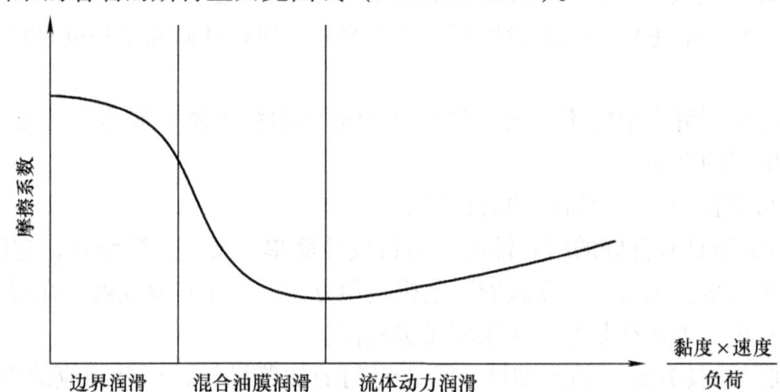

图4-59　斯特里贝克曲线（Stribeck Curve）

这个曲线清楚地揭示了黏度、速度、负荷和摩擦参数之间的关系。这里所说的摩擦副（面）是指广泛意义的摩擦表面。

从图4-59中我们看到，摩擦系数与润滑剂的黏度、摩擦副的相对速度以及承受的负荷相关。

我们知道，一般而言电机厂用润滑剂的黏度与温度呈负相关。也就是温度越低，黏度越高，反之温度越高，黏度越低。因此上面关于摩擦系数的关系对于电机轴承而言可以理解为与电机轴承的运行温度、转速和负荷相关。而这三个因素也是电机轴承润滑选择最关键的因素。它们直接影响了轴承滚动体和滚道之间形成油膜、分隔滚动体的能力。

对于同一种润滑，温度、转速、负荷之间定性的关系描述可以见表4-14。

表4-14　温度、转速、负荷对润滑的影响

	趋势变化对润滑的影响	过高对轴承的影响	过低对轴承的影响
温度	温度升高：黏度降低、形成油膜更难、润滑内部的摩擦搅拌损失降低 温度降低：黏度升高、形成油膜更容易、润滑内部的摩擦搅拌损失升高	润滑剂过于稀薄，无法有效地分隔滚动体与滚道，油膜无法形成，金属直接摩擦、金属表面疲劳、轴承发热	润滑剂过于黏稠，润滑膜无法有效的形成，金属表面疲劳，轴承发热，噪声异常
转速	转速升高：有利于油膜形成、轴承贫油回填困难、润滑搅拌的摩擦增大 转速降低：油膜形成困难、更多的金属直接接触	轴承滚动体和滚道之间贫油回填困难，导致局部润滑不良，金属之间直接接触，摩擦，轴承发热	油膜无法形成，滚动体与滚道之间直接的金属接触变多，轴承发热，金属表面疲劳，轴承失效
负荷	负荷增加：油膜形成不易，增加金属直接接触 负荷减少：容易形成油膜	油膜无法形成，金属之间直接接触，表面疲劳，轴承温度升高	润滑剂阻滞轴承滚动（最小负荷问题），形成滑动，温度升高，表面疲劳

润滑的基本原理是指导电机轴承与润滑相关的故障诊断与分析的基础知识。此处仅对一些结论进行描述，其中具体的理论可以参考《电机轴承应用技术》中润滑相关的章节或者专门的润滑技术书籍，本书不再赘述。

二、电机轴承润滑选择的检查

在对电机轴承润滑进行检查的时候，除了具备基本的润滑原理知识以外，也需要对润滑剂以及其本身的相关参数有一定的掌握。然后根据相关参数，通过一定的校核计算检查电机轴承润滑选择恰当与否。

电机轴承最常用的润滑剂是润滑脂，因此下面着重介绍润滑脂相关的参数。

（一）润滑脂的基本参数

润滑脂的性能指标有色别（外观）、黏度（或称为稠度、锥入度，锥入度的曾用名为“针入度”）、耐热性能（滴点、蒸发量、高温锥入度、钢网分油、漏失量）、耐水性能、机械安定性、耐压性能、氧化安定性、机械杂质、防蚀防锈性、分油、寿命、硬化、水分等多项，其中主要质量指标有滴点、锥入度、机械杂质、机械安定性、氧化安定性、防蚀防锈性等。下面着重介绍其中的黏度和滴点。

1. 黏度

黏度是一种测量流体不同层之间摩擦力大小的度量。

润滑脂中所含有的基础油的黏度就是指基础油不同层之间的摩擦力大小。这是润滑选择时一个重要的指标。通常用厘淹（cSt）表示，单位用 m^2/s。基础油的黏度是一个随温度变化而变化的值。一般地，随着温度的升高，基础油的黏度将变小。在计量时，一般都用40℃作为一个温度基准。因此一般润滑油和润滑脂都会提供40℃时的基础油黏度值。

2. 黏度指数

润滑剂的黏度随着温度变化而变化的大小程度，用黏度指数表示。有的润滑剂厂商给出黏度指数的指标，有的则给出两个温度值（40℃和100℃）时的基础油黏度，用以标识基础油黏度随温度的变化。

3. 锥入度

对于润滑脂而言，其黏度通常用锥入度试验进行计量。润滑脂的黏度在很大程度上取决于使用的增稠剂的种类和浓度。锥入度的单位是mm/10。

4. NLGI 黏度代码

根据润滑脂不同的针入度，将润滑脂的黏度进行编码，称为 NLGI 黏度代码，具体内容见表4-15。

我们经常提及的电机中最常用的2号脂和3号脂，指的就是所用润滑脂的NLGI数值为2或3。从表4-15中可以看到，2号脂的锥入度大于3号脂，也就是说2号润滑脂比3号润滑脂“软”，或者“稀”。

表 4-15 润滑脂的 NLGI 黏度代码

NLGI 值	锥入度/(mm/10)	外观
000	445～475	流动性极强
00	400～430	流体
0	355～385	半流体
1	310～340	极软
2	265～295	软
3	220～250	中等硬度
4	175～205	硬
5	130～160	很硬
6	85～115	极硬

5. 滴点

滴点是在规定条件下达到一定流动性的最低温度，通常用摄氏度（℃）表示。对润滑脂而言，就是对润滑脂进行加热，润滑脂将随着温度上升而变得越来越软，待润滑脂在容器中滴第一滴或者柱状触及试管底部时的温度，或者就是润滑脂由半固态变为液态的温度称为该润滑脂的滴点。它标志着润滑脂保持半固态的能力。滴点温度并不是润滑脂可以工作的最高温度。润滑脂工作的最高温度最终还要看基础油黏度等其他指标。把滴点作为润滑脂最高温度的衡量方法实不可取。

也有经验之谈，认为润滑脂滴点温度降低 30～50℃ 即可认为是润滑脂的最高工作温度。这个经验之谈的结论有一定依据，但是依然要通过校核此温度下的基础油黏度方可下定论。

（二）电机轴承润滑脂检查

1. 润滑脂常用性能参数的检验

润滑脂的滴点、锥入度、机械杂质含量 3 个主要指标的简单定义、说明和规范的检测方法见表 4-16。

表 4-16 润滑脂主要指标滴点、锥入度、机械杂质含量

指标名称	定 义	说 明	检测方法
滴点	润滑脂从不流动向流动转变时的温度值	本指标是衡量润滑脂耐温程度的参考指标。一般润滑脂的最高使用温度应比其滴点低 20～30℃，以保证其不流失	将润滑脂放入滴点仪中，在规定的条件下加热，润滑脂滴下第一点时的温度即为滴点温度
锥入度	表明润滑脂稀稠程度的鉴定指标	当锥入度小时，润滑脂的塑性大，滚动性差；当锥入度大时，结果相反。此外，润滑脂剪切后稠度会改变，测定润滑脂剪切前后的锥入度差值，可知其机械稳定性	用重 150g 的标准锥形针放入 25℃ 的润滑脂试样中，测量 5s 后进入的深度。按 1/10mm 计算其数值
机械杂质含量	润滑脂中不溶于乙醇－苯混合液及热蒸馏水中物质的含量	润滑脂中混有机械杂质会使滚动体及滚道产生不正常的磨损，产生噪声，使轴承过早地损坏	可用酸分解法进行试验。将试样用酸分解后过滤，计算剩余物质的重量。现场可使用简易的方法

除了上述的检测方法，还有一些建议的现场简易检查手段：

（1）皂基的鉴别　把润滑脂涂抹在铜片上，然后放入热水中，如果润滑脂和水不起作用，水不变色，说明是钙基脂、锂基脂或钡基脂；若润滑脂很快溶于水，变成牛奶状半透明的乳白色溶液，则是钠基脂；若润滑脂虽然能溶于水，但溶解速度很缓慢，说明是钙钠基脂。

（2）纤维网络结构破坏性的鉴别　把涂有润滑脂的铜片放入装有水的试管中并不断转动，若没有油质分离出来，表明润滑脂的组织结构正常，如果有油珠浮上水面，说明该润滑脂的纤维网络结构已破坏，失去了附着性，不能继续使用。究其原因主要是保管不当、经受振动、存放过久等。

（3）机械杂质的检查　用手指取少量润滑脂进行捻压，通过感觉判断有无杂质；把润滑脂涂在透明的玻璃板上，涂层厚度约为 0.5mm，在光亮处观察有无机械杂质。

2. 电机轴承润滑选择的检查

电机轴承润滑选择的检查目的是检查电机轴承内润滑脂选择是否得当。对润滑选择的检查主要是基于润滑的基本原理，通过对润滑的黏度比进行简单计算进行的。这个检查适用于润滑脂，也同样适合于润滑油。

（1）检查润滑剂基础油黏度的选择　对于一台电机而言，其工作的温度、转速和负荷都是一个给定的条件，因此电机轴承润滑选择的关键是油脂基础油黏度的选择。通过油脂黏度的选择而使轴承在运行状态下避免工作于边界润滑状态。通常，电机在确定转速、温度、负荷下运行达成润滑状态有一个所需要的最小基础油黏度 ν_1；同时我们选择的油脂基础油在这个温度、转速、负荷下有一个实际黏度 ν。则定义黏度比为

$$k = \frac{\nu}{\nu_1} \tag{4-25}$$

式中　k——卡帕系数；

ν_1——所需的最小黏度（cst）；

ν——实际黏度（cst）。

其中，给定工况下的基础油实际黏度可以从图 4-60 和图 4-61 中根据温度、所选油脂基础油黏度（通常供应商提供基于 40℃ 的油脂基础油黏度）查出 ν。

给定工况下，所需的最小基础油黏度可以根据以上 ndm 值、转速在图表中查出 ν_1。由实际黏度和最小所需黏度之比得到黏度比 k。黏度比 k 与润滑状态的关系如图 4-62 所示。下面对图 4-62 中给出的各阶段进行分析。

1）边界润滑阶段。当 $k<1$ 时，轴承滚动体和滚道之间无法有效分割，不能形成良好的油膜。滚动体和滚道之间的负载主要靠金属之间的直接接触来承担。此时需要使用极压添加剂以避免轴承润滑不良。同时。当 $k<0.1$ 时，在计算轴承寿命时该考虑额定静载荷（在本书轴承寿命校核部分有具体讨论）。

2）混合油膜润滑阶段。当 $k\geqslant1$ 时，轴承滚动体和滚道之间形成油膜，此时处于混合油膜润滑状态。滚动体和滚道被分隔开，但是偶尔会出现金属之间的接触。

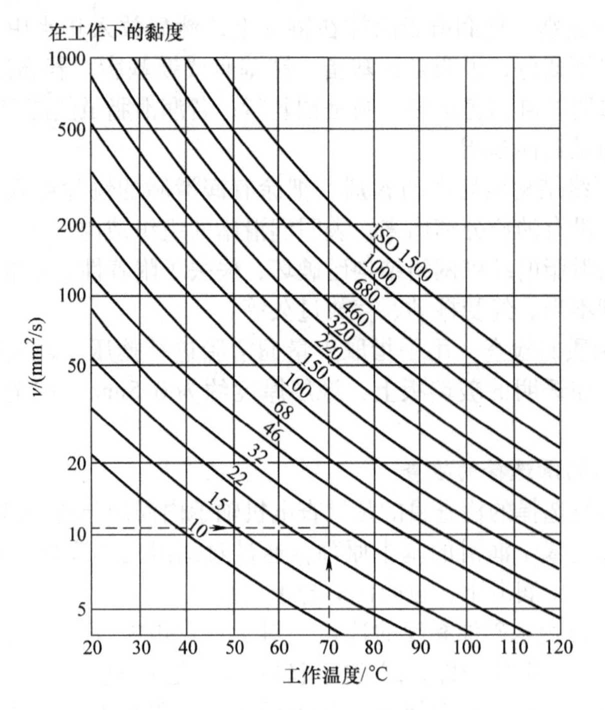

图 4-60　润滑脂实际工作黏度 ν

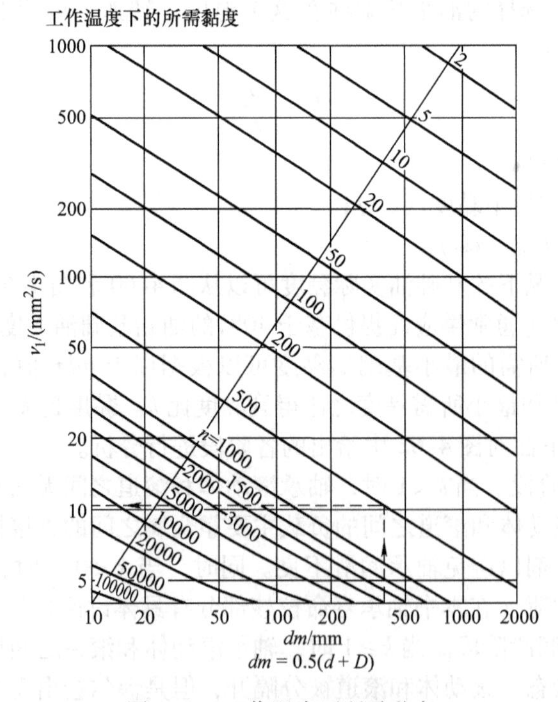

图 4-61　工作温度下所需黏度

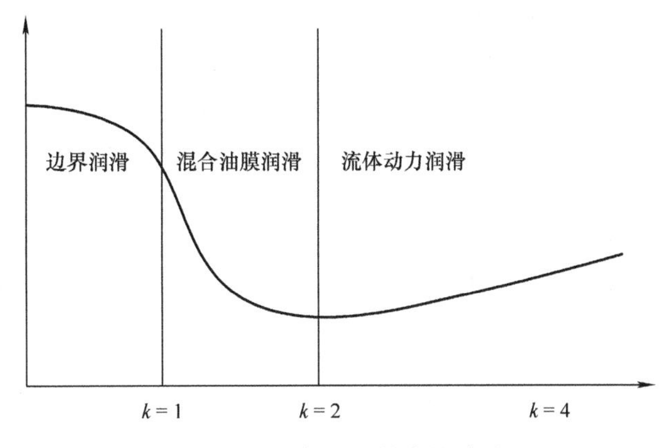

图 4-62 k 与润滑状态的关系

3）流体动力润滑阶段。当 $k\geqslant 2$ 时，轴承滚动体和滚道之间形成良好的油膜，此时处于流体动力润滑状态，滚动体和滚道完全分隔。当 $k\geqslant 4$ 时，轴承滚动体和滚道之间形成流体动力油膜，滚动体和滚道被完全分隔开，轴承承载主要由油膜承担。但是过大的基础油黏度会造成轴承温度过高。尤其当转速较高时更为明显。

在斯特里贝克曲线里，我们如果固定转速和负荷，那么黏度就变成影响润滑的变量。因此上述状况可以用曲线描述。

由此可见，对润滑剂基础油黏度的选择检查实际上就是计算卡帕系数 k 是否位于合理区间。通常对于电机而言，这个区间是 1 ~4。

在对电机进行故障诊断与分析的时候，如果碰到与润滑相关的问题，也需要校核故障电机轴承使用的润滑脂在工作状态的时候是否落在这个合理区间。

（2）检查润滑脂稠度的选择　前已述及，油脂黏度用锥入度表征的 NLGI 值来表示。油脂的黏度其实是增稠剂保持基础油能力的一个指标。油脂的基础油黏度为轴承润滑提供保障，那么，油脂黏度为油脂在轴承上的附着提供基础。通常油脂黏度的选择没有过多定量计算。总体的原则是温度高、负荷重、转速低的工况选择黏度高的油脂，电机中常用 3 号脂；相应的温度低、负荷轻、转速高的工况选择黏度低的油脂，电机中常用 2 号脂。

对于立式电机，由于重力的影响，润滑脂会向轴承的一侧聚集，选择具有良好附着性能的润滑脂将有利于轴承润滑。

对于振动场合，应该选择皂基纤维的具有更好抗剪切性能的润滑脂。

典型案例 14. 铲雪车电机轴承噪声问题

国内某电机厂为出口俄罗斯的客户生产铲雪车专用电机。轴承出厂的时候测试指标合格，但是运抵工作现场，轴承出现异常噪声。铲雪车实际工作于冬天，工作环境温度为 -40℃，而电机厂在中国中部，电机生产测试的时候温度在 20℃ 左右。

因此对油脂稠度和基础油黏度的选择没有照顾到实际工况温度。导致油脂在工况黏度太大，无法有效润滑，出现噪声（如果继续运行，会出现温度升高的情况，此时有可能伤害轴承滚道）。后进行调整，选择低温润滑脂，经计算在 -40℃情况下可以满足润滑条件。但是测试的时候又出现油脂过稀的情况，油脂流动性太好，尤其是夏天，有一定程度的漏油。此时电机工程师了解问题所在，不需要针对漏油问题做过多的处理。这个电机轴承初期的噪声以问题就是由于润滑选择没有考虑到实际工况温度，后期改进之后，即便出现所谓的“故障”，但是经过分析，这个“故障”在自然工况下会自行排除。

三、电机轴承油路设计的检查

当电机轴承出现与润滑相关的故障的情况，有时候是因为润滑脂选择不恰当，还有的时候是因为油路设计问题。因此在进行故障诊断与分析的时候也需要检查油路设计是否得当。

（一）油路方向的检查

首先，我们希望润滑油路的作用是可以让润滑脂得到很好的补充，同时润滑脂经过轴承后多余的润滑脂可以被很好地排出。图 4-63 和图 4-64 是两种错误的油路设计方案。

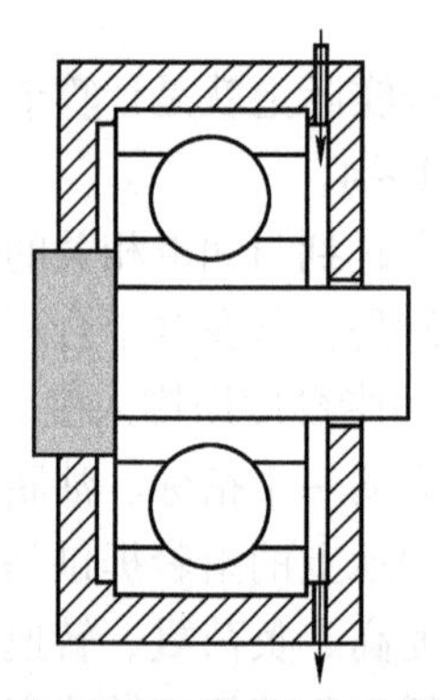

图 4-63　油路不经过轴承的设计

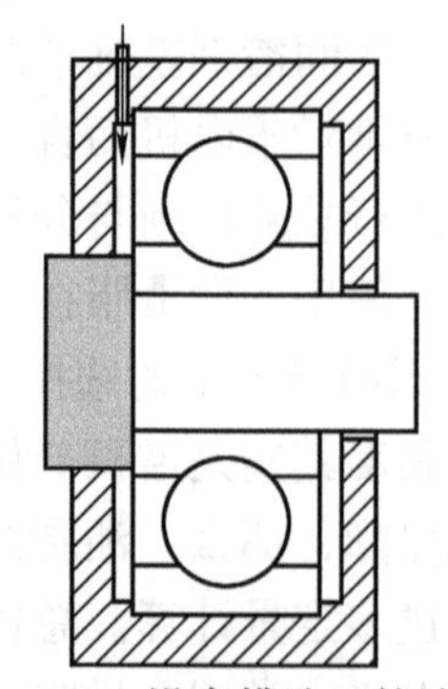

图 4-64　没有排油口的油路

图 4-63 中，油路的进口和出口位于轴承的同一侧，这样润滑脂在填装的时候不通过轴承，并且在对轴承进行补充润滑的时候，无法将新油脂有效地注入轴承内部。因此轴承内部油脂会因为填装量不足或者无法得到有效补充而出现问题。

图 4-64 中，轴承室仅仅布置了进油油路，没有排油油路。因此只能对轴承注入油脂，无法排出，这样会造成轴承室内部润滑脂过量从而导致轴承温度升高现象。前面的典型案例 4，就是其中一个实例。

典型案例 15. 风力发电机轴承润滑油路设计问题

某厂设计的风力发电机在风机上运行温度过高，检查运行维护的润滑补充，以及再润滑时间间隔和再润滑量都是正确的。拆解电机的时候发现，电机轴承室内部存有大量油脂，同时电机轴承室附近有大量的油脂泄漏，电机绕组内也有油脂泄漏。经检查没有发现电机轴承室的排油油路。在对电机轴承内部油脂进行清理之后，电机轴承温度恢复正常。

从这个案例可以看到，电机轴承排油油路缺失会导致轴承运行温度过高问题，必须对排油油路进行良好的设计。

图 4-65 是正确的电机轴承油路走向设计。

图 4-65 可以看到，电机轴承油路的进油口在轴承的一侧，出油口在轴承的另一侧，这样新填入的油脂从进油口进入之后在到达排油口之前就需要流经油路。轴承可以得到有效的润滑补充。

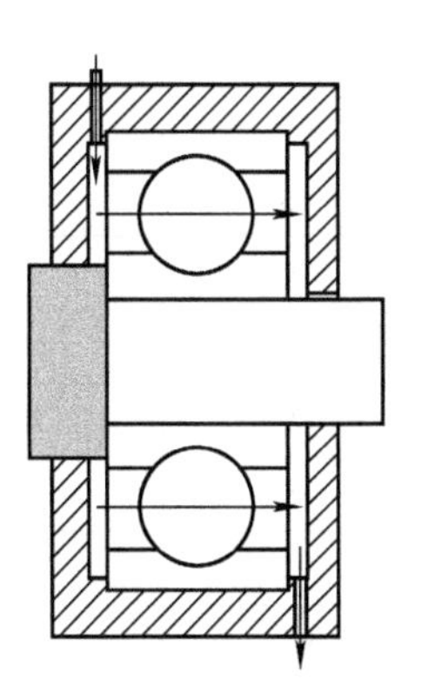

图 4-65　正确的电机轴承油路走向

（二）进油口和排油口设计的检查

检查电机轴承的油路除了检查油路走向之外也要对电机排油阀进行检查。电机排油阀结构如图 4-66 所示，具体参数可以参照表 4-17。

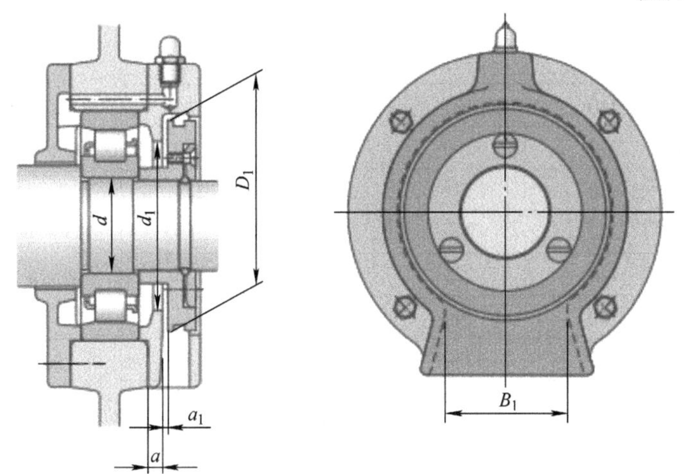

图 4-66　排油阀结构尺寸

表 4-17　排油阀的结构尺寸推荐值

孔径 d		尺寸				
2 系列	3 系列	d_1	D_1	B_1(min)	a	a_1
30	25	46	58	30	6 ~ 12	1.5
35	30	53	65	34		
40	35	60	75	38		
45	40	65	80	40		

（续）

孔径 d		尺寸				
2 系列	3 系列	d_1	D_1	B_1(min)	a	a_1
50	45	72	88	45	8~15	2
55	50	80	98	50		
60	55	87	105	55		
65	60	95	115	60		
70	—	98	120	60	10~20	2
75	65	103	125	65		
80	70	110	135	70		
85	75	120	145	75		
90	80	125	150	75		
95	85	135	165	85		
100	90	140	170	85	12~25	2.5
105	95	150	180	90		
110	100	155	190	95		
120	105	165	200	100		
—	110	175	210	105		
130	—	180	220	110	15~30	2.5
140	120	195	240	120		
150	130	210	260	130		
160	140	225	270	135		
170	150	240	290	145		
180	160	250	300	150	20~35	3
190	170	265	320	160		
200	180	280	340	170		
—	190	295	360	180	20~40	3
220	200	310	380	190		
240	220	340	410	205		
260	240	370	450	225	25~50	3
280	260	395	480	240		
300	280	425	510	255		

典型案例 16. 隧道通风电机轴承温度过高问题

某知名国外品牌的中国电机厂生产的隧道通风电机出现轴承温度升高的问题。

检查电机轴承选型、配置设计未发现明显异常，检查图纸，轴承油路走向正确，进油口为一个可以自动封闭的油嘴，目的是防止外界污染物进入。故障时，电机轴承室内部有大量润滑脂。检查电机排油口，发现电机排油口也安装了一个油嘴。这种油嘴只能进不能出，因此根本无法实现排油的功能。后来将这个油嘴拆除，部分润滑脂被排出，轴承温度有所下降，但仍然较高。经过分析，发现电机排油油路设计并没有按照应有的尺寸进行，狭窄的排油油路与注油油路一致，无法起到良好的排油作用。检查同款电机国外设计，发现排油油路是一个扁宽的槽口，可以让多余的润滑脂顺利排出。后经询问了解到，当初设计引入国内的时候，应客户要求（以美观、不想清理废油为理由）将排油口缩小。

这个案例可以看出，有时候由于技术设计不能随意妥协，为了满足所谓的美观而改变的设计就是一个不合理的设计，会带来很多运行隐患。

四、电机轴承润滑工艺的检查

前面检查的电机轴承润滑问题都是关于电机润滑设计的问题。如果电机轴承润滑的施加方法控制不得当同样会引起电机轴承的故障。因此在电机轴承故障诊断与分析的过程中，也需要对润滑脂的施加工艺进行检查。

（一）润滑脂注入量的检查

电机完成安装之后对轴承进行注脂工作，不同的注脂量影响着电机轴承运行的温度表现。如图 4-67 所示。

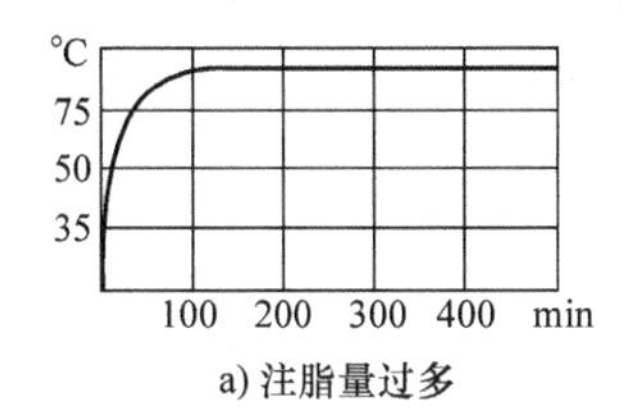

a) 注脂量过多

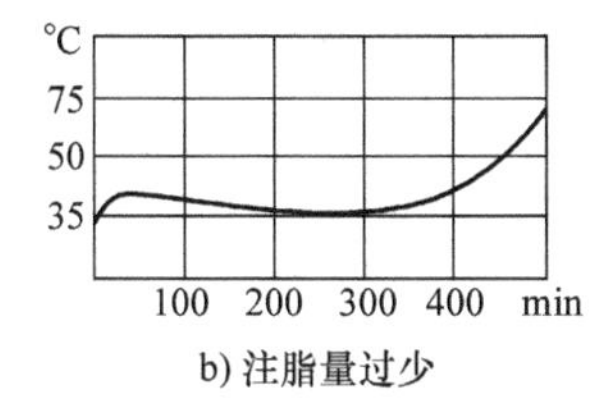

b) 注脂量过少

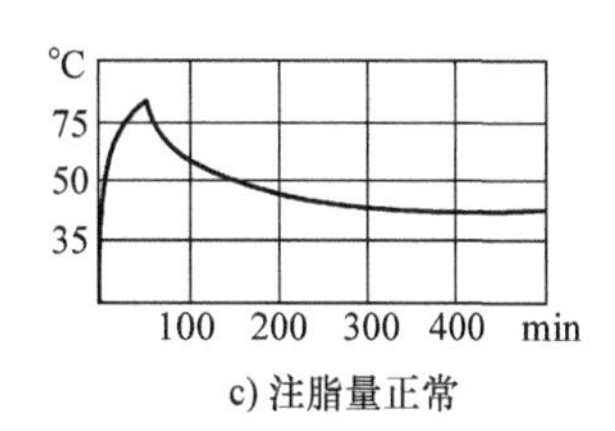

c) 注脂量正常

图 4-67 注脂量与轴承的温度变化

图 4-67 中可以看到，对轴承进行注脂的时候，注脂量过多会使轴承运行温度一直升高并保持高位。注脂量过少，虽然轴承初始温度不高，但是随着轴承的运行，由于脂不足，滚动体与滚道之间不能被油膜良好的分隔，因此会出现轴承温度升高，如果不及时检查，就会发生轴承烧毁等事故。

注脂量正常的轴承起初温度会上升到一定值，然后随着时间的推移，轴承内部润滑脂慢慢被合理分布（又叫作匀脂），轴承温度逐步降低并稳定在一个合理的数值，轴承能够长期运行。

在对电机轴承进行故障诊断与分析的时候，往往轴承在故障时以及故障前一段时间的温度记录能给工程师提供一些线索。当出现上述情形的时候，工程师可以判断是不是电机轴承内部油脂的注脂量不够合理。

那么电机轴承正确的注脂量应该是多少呢?

对开启式轴承，比较合适的注脂量应视轴承室空腔容积（将两个轴承盖与轴承安装完毕后，其所包容的内部空间中空气占有的部分）大小和所用轴承转速（对于交流电动机，也可用极数代替转速）来粗略地计算注脂量，见表4-18。

表4-18 根据轴承的工作转速确定轴承润滑脂注入量

转速/(r/min)	<1500	1500～3000	>3000
润滑脂注入体积与轴承室容积比例 a	2/3	1/2	1/3

上面表4-18中轴承室内空腔的体积为

$$V_{轴承室空腔} = V_{轴承内空腔} + aV_{轴承外} \tag{4-26}$$

其中:

$$V_{轴承外} = V_{轴承室} - V_{轴承等效钢环} \tag{4-27}$$

$$V_{轴承内空腔} = \frac{G_{轴承等效钢环} - G_{轴承}}{\rho_{轴承钢}} \tag{4-28}$$

式(4-28)中:

$$G_{轴承等效钢环} = \rho_{轴承钢}\pi\frac{D^2 - d^2}{4}B \tag{4-29}$$

式中 $V_{轴承室空腔}$——轴承室安装完轴承后内部的空腔体积（mm^3）;

$V_{轴承内空腔}$——轴承内空腔体积（mm^3）;

$V_{轴承外}$——轴承室内，扣除轴承等效钢环体积后的剩余空间体积（mm^3）;

$V_{轴承等效钢环}$——将轴承等效成一个实心钢环的体积（mm^3）;

$G_{轴承等效钢环}$——轴承等效成一个实心轴承钢环的重量（g）;

D——轴承外径（mm）;

d——轴承内径（mm）;

B——轴承宽度（mm）;

$\rho_{轴承钢}$——轴承钢密度（g/mm^3）;

$G_{轴承}$——轴承重量（g）。

通过以上计算可以得到轴承内部在初次注入油脂时的注脂量，如果现场计算体积不方便，还可以通过油脂密度折算成油脂的重量，便于现场的管理和检查。

(二) 润滑脂注脂方法的检查

电机轴承润滑脂的注脂方法不当会在轴承内部带来污染，也有可能产生一系列次生伤害，因此当电机轴承故障诊断发现与润滑不当有关的线索的时候，也要检查注脂的工艺。例如，当发现油脂内部有污染，寻找污染的来源就需要检查注脂工艺。

正确的电机轴承润滑脂的注脂主要有以下一些注意事项:

1. 环境要求

轴承运行的时候，润滑膜的厚度只有几个微米厚度。如果灰尘、杂质等污染物进入轴承，就会造成油膜刺穿，造成润滑不良，同时也会损伤轴承滚道和滚动体。即便在轴承生产制造过程中，对环境清洁度要求也是十分严格的。因此在电机厂组装电机的时候也要对环境有一定的要求，不能有扬尘、水雾等环境污染。

除了环境以外，电机轴、轴承室在安装轴承添加润滑之前也要做基本的清洁。残留的铁屑、灰尘、加工液、油渍等必须被清除，且清洁场所应该远离裸露的轴承和油脂。

同时油脂的储存也要注意清洁。平时不用的油脂应该将油脂桶盖紧，置于阴凉通风处，不可以混入水或其他任何杂质。

储存油脂和添加油脂的容器和工具最好不要混用。如果由于条件所限需要混用，必须清洗干净，擦干方可使用。

2. 工具要求

用于对电机轴承添加润滑脂的工具要避免在添装油脂的时候将污染物带入油脂。因此在工具存放的时候应该注意避免污染。同时工具本身也需要保证不会产生新的污染。比如不可以使用竹木类容易掉屑的工具进行油脂注入。

另一方面，由于注脂工具在操作人员使用的时候十分容易触碰轴承，因此应该避免工具本身在轴承表面造成损伤。如果使用金属注脂工具，应该避免工具本身有尖锐棱角。材质上，如果能使用尼龙等较软的工具，将更有利于避免损伤轴承。

工厂里也经常使用一些专用的注脂工具，如图 4-68 所示。

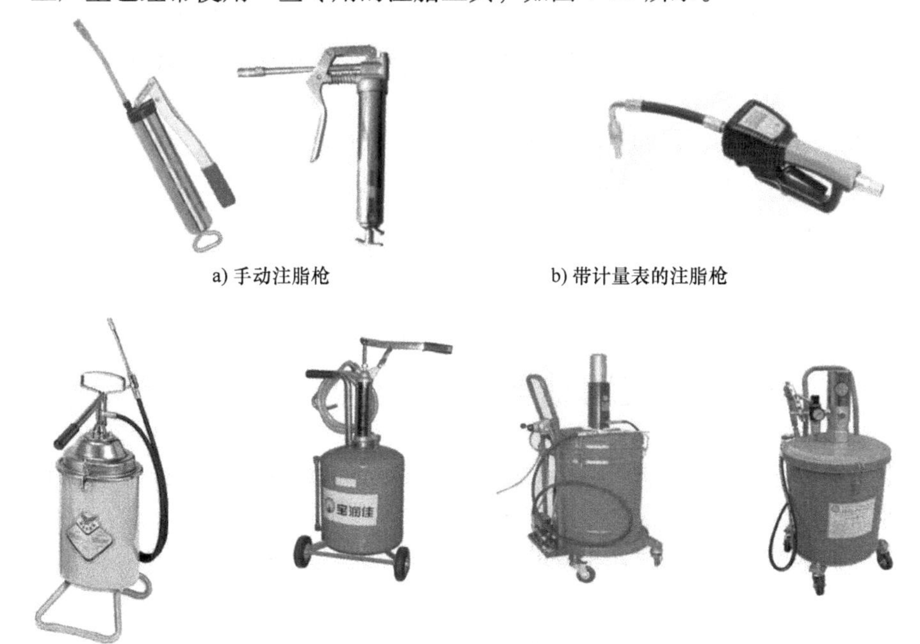

a) 手动注脂枪　b) 带计量表的注脂枪

c) 手动和电动注脂机

图 4-68　滚动轴承注脂工具

3. 注脂量的要求

注脂量的要求需要严格遵守前面介绍的计算方法。现场使用带计量工具的注脂机更有助于控制注脂量。如果没有相应的油脂计量工具，可以根据实际情况制作相应的工装，确保每一台电机油脂注入量达到要求。

4. 注脂后的匀脂

电机轴承在正常运行时候的油脂分布应该是在轴承滚动体和滚道表面有一层油脂，而滚动体之间有一个空腔，其余油脂均匀地分布于轴承室内壁。

电机轴承油脂添加之后不可以马上运转，因为此时电机内部油脂的分布并不是最好的状态。此时，轴承内部填满油脂，轴承室内有一部分油脂，轴承旋转，在滚动体之间的多余油脂需要被挤出来，同时电机滚动体和滚道之间也会存在一些地方没有油脂。如果这时候让电机通电并高速运转，有润滑不良的风险。因此，电机在安装完毕，油脂添加完成之后，最好由操作人员将电机轴进行低速盘动，让电机轴承低速旋转几圈。这样的低速旋转就起到了对电机轴承内部油脂的匀脂作用。通过匀脂，电机轴承内部油脂的分布大致接近正常状态，滚动体和滚道表面都已经分布了一定的油脂，轴承内部的部分多余油脂被挤出到轴承室的剩余空间。完成匀脂的电机才可以投入使用。

对于封闭轴承（带密封件和防尘盖的轴承），轴承出厂前已经进行了匀脂操作，因此安装此类轴承的电机不需要进行匀脂操作。

除了刚刚安装完的电机，经过长期储存的电机，在储存过程中，由于重力的原因，电机轴承内部的油脂会沉降到轴承底部，因此这些电机在投入使用之前也需要进行匀脂。

同理，经过长期储存的封闭式轴承，在投入使用之前也需要匀脂。

至此，可以完成在电机轴承故障诊断过程中对于润滑检查的大部分内容，这部分主要是对电机投入运行之前的润滑设计、实施方面的检查工作。实施方面对于电机轴承的润滑除了在投入运行之前的润滑设计实施外还有投入运行之后的润滑维护问题。

第八节　电机轴承的维护、使用过程检查

电机轴承的使用和维护不当会对电机轴承运行的表现影响较大，在电机轴承出现故障的时候也是检查的一个重要方面。

电机轴承投入运行之后，主要的运行与维护工作包括：

- 电机轴承润滑维护的检查
- 电机轴承密封件的检查与维护
- 电机在维护中的重新对中
- 其他维护工作

一、电机轴承润滑维护的检查

电机投入使用之后的日常维护是电机正常运行的关键保障因素。不当的维护是电机轴承故障中一个重要的诱因。电机轴承的维护工作中最大的一部分就是补充润滑工作，当运行正常的电机轴承在维护保养后出现故障的时候，需要对润滑维护的过程进行检查。

（一）润滑脂兼容性检查

对电机轴承润滑维护的检查第一步就是检查补充润滑所使用的润滑脂是否得当。具体说就是补充润滑的润滑脂和原来轴承内部的润滑脂是否兼容。当然同一种润滑脂不存在兼容性问题，但是原则上，不同油脂的混合是不行的。然而，有些时候无法得到初始润滑的油脂，因此需要添加其他型号的油脂作为替换。这种情况下，除了根据油脂润滑能力进行选择（参见初次润滑油脂选择）以外，还要考虑油脂的兼容性。不兼容的油脂进行混合会使油脂变性，有时候甚至出现一些化学反应，以及油脂板结、变色，基础油析出等情况。这样的油脂根本无法达到润滑效果，因此会对轴承运行产生非常严重的后果，轴承与润滑相关的故障诊断与分析中，遇到润滑脂变性一类的情况，除了检查环境因素变化之外，就是检查是否存在润滑脂混用的情况。

要确定油脂兼容性，最可靠的方法是到专业机构进行油脂兼容性测试。有些时候条件有限，工程师可以根据油脂成分进行一些判断。可以参考表4-19、表4-20。

表4-19 常用润滑脂基础油兼容情况

基础油 \ 基础油	矿物油/PAO	酯	聚乙二醇	聚硅酮（甲烷基）	聚硅酮（苯基）	聚苯醚	PFPE
矿物油/PAO	+	+	×	×	+	?	×
酯	+	+	+	×	+	?	×
聚乙二醇	×	+	+	×	×	×	×
聚硅酮（甲烷基）	×	×	×	+	+	×	×
聚硅酮（苯基）	+	+	×	+	+	+	×
聚苯醚	?	?	×	×	+	+	×
PFPE	×	×	×	×	×	×	+

注：表中“+”代表合适；“×”代表不合适；“?”代表未知。

表4-20 常用润滑脂增稠剂兼容情况

增稠剂 \ 增稠剂	锂基	钙基	钠基	锂复合基	钙复合基	钠复合基	钡复合基	铝复合基	黏土基	聚脲基	磺酸钙复合基
锂基	+	?	×	+	×	?	?	×	?	?	+
钙基	?	+	?	+	×	?	?	×	?	?	+

（续）

增稠剂 \ 增稠剂	锂基	钙基	钠基	锂复合基	钙复合基	钠复合基	钡复合基	铝复合基	黏土基	聚脲基	磺酸钙复合基
钠基	×	?	+	?	?	+	+	×	?	?	×
锂复合基	+	+	?	+	+	?	?	+	×	×	+
钙复合基	×	×	?	+	+	?	×	?	?	+	+
钠复合基	?	?	+	?	?	+	+	×	×	?	?
钡复合基	?	?	+	?	×	+	+	+	?	?	?
铝复合基	×	×	×	+	?	×	+	+	×	?	×
黏土基	?	?	?	×	?	×	?	×	+	?	×
聚脲基	?	?	?	×	+	?	?	?	?	+	+
磺酸钙复合基	+	+	×	+	+	?	?	×	×	+	+

注：表中“+”代表合适；“×”代表不合适；“?”代表未知。

（二）检查补充润滑时间间隔

在电机润滑的维护中，补充润滑时间间隔是一个需要格外注意地方。电机运行一段时间后，轴承中初次添加的油脂会随着运行时间的延长而逐渐减弱其润滑作用，并且润滑脂经过消耗，油脂量也会减少。此时需要添加润滑脂（对有注油装置的电机）或更换新的润滑脂（对没有注油装置的电机）。补充润滑时间间隔（又称作再润滑时间间隔）就是电机轴承两次补充润滑之间的时间间隔。这个时间间隔对于电机轴承而言就是L_{01}寿命，是可靠性为99%的润滑脂寿命。

对于一般的锂基润滑脂，补充润滑时间间隔可以从图4-69中查取。普通工作条

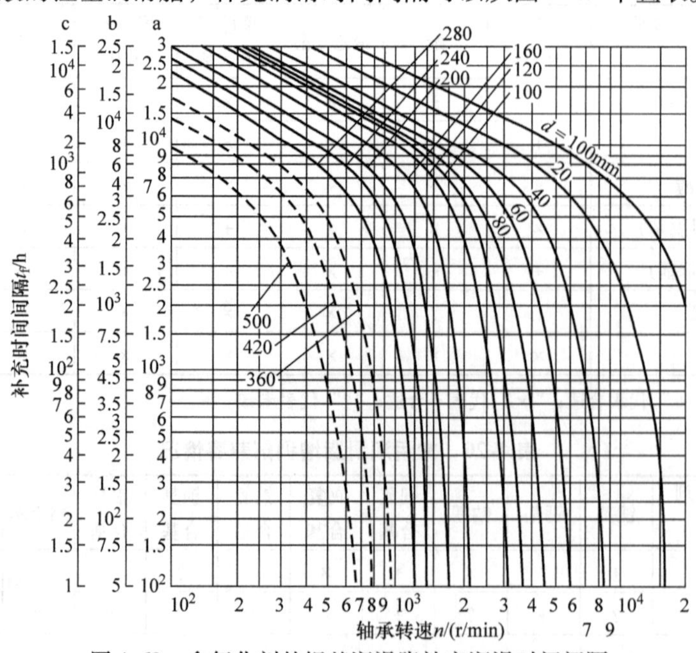

图4-69　含氧化剂的锂基润滑脂补充润滑时间间隔

件下的固定机械中水平轴的轴承内，润滑脂的补充时间间隔（其中纵坐标轴为补充时间间隔 t_f，单位为工作小时，横坐标 X 轴为运行转速 n，单位为 r/min，曲线中 d 为轴承内径，单位为 mm）。其中 a 坐标为径向轴承；b 坐标为圆柱滚子和滚针轴承；c 坐标为球面滚子、圆锥滚子和止推滚珠轴承。若为满滚子圆柱滚子轴承，则时间间隔为 b 坐标对应值的 1/5；若为圆柱滚子止推轴承、滚针止推轴承、球面滚子止推轴承，则时间间隔为 c 坐标对应值的 1/2。

图 4-70 给出了运行温度为 70℃时的电机轴承补充润滑时间间隔。图中横坐标是轴承转速系数 A（即 ndm 值）与轴承系数 b_f的乘积。b_f的数值与轴承的类型有关，可从表 4-21 中查取。

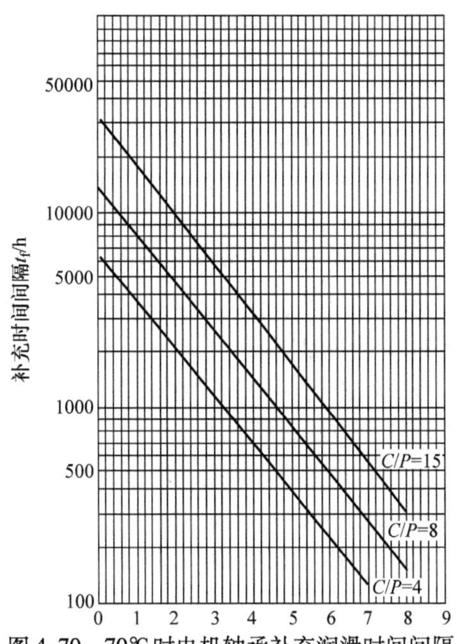

图 4-70　70℃时电机轴承补充润滑时间间隔

表 4-21　轴承系数 b_f 和转速系数 A 的推荐值

轴承类型	相关条件		轴承系数 b_f
深沟球轴承			1
角接触球轴承			1
圆柱滚子轴承	非定位端		1.5
	定位端，无外部轴向负荷或轻轴向变化负荷		2
	定位端，有恒定的轴向负荷		4
	无保持架，满滚子轴承		4
自调心球轴承	$F_a/F_r<e$ 且 $dm\leqslant800$mm 时	213，222，238，239 系列	2
		223，230，231，240，248，249 系列	2
		241 系列	2
	$F_a/F_r<e$ 且 $dm>800$mm 时	238，239 系列	2
		230，231，232，240，249 系列	2
		241 系列	2
	$F_a/F_r>e$ 时	所有系列	6

注：表中的 F_a为径向负荷；F_r为轴向负荷；dm 为轴承平均直径；e 为轴承负荷系数。

查询方法：首先计算 $A(ndm)$ 值，在表 4-21 中查到轴承系数 b_f，两者相乘找到图4-70中的横坐标点；然后计算轴承的 C/P 值，在图中曲线参考的3条线中取出计算的 C/P 值，然后查纵坐标得到补充润滑时间间隔小时数。

上述补充润滑时间间隔计算有一定的限制，在这些限制之内，还要根据实际工况进行调整，方可得到正确的计算结果。

补充润滑时间间隔是一个估算值，上述计算方法是基于优质锂基增稠剂、矿物油的情况进行的。补充润滑时间间隔还会随着油脂的不同有所调整。

上述计算方法（见图4-70）是基于70℃下油脂的情况进行估算的。在实际工况中每升高15℃，油脂的补充润滑时间间隔减半；实际工况温度每降低15℃，再润滑时间间隔加倍。

补充润滑时间间隔是在油脂可工作范围内有效，若超出油脂工作温度范围，不可以用这个方法进行估算。

对于立式电机和在振动较大的工况中使用的电机，用图4-70查询的补充润滑时间间隔应该减半。

对于外圈旋转的轴承，用图4-70查询的补充润滑时间间隔减半（另一个方法是计算 ndm 时用轴承外径 D 代替轴承中径 dm）。

对于污染严重的场合，应该根据实际情况缩短补充润滑时间间隔。

对于圆柱滚子轴承，图4-70给出的值只适用于滚动体引导的尼龙保持架或者黄铜保持架的产品。对于滚动体引导的钢保持架（后缀为J）以及内圈或者外圈引导的铜保持架圆柱滚子轴承，补充润滑时间间隔减半。

上述补充润滑时间间隔计算是针对需要进行补充润滑的开启式轴承而言。对于封闭轴承（带密封盖或者防尘盖的轴承）而言，如果需要了解润滑寿命的话，只需要根据图4-70中的方法查询补充润滑时间间隔，乘以2.7即可。这是因为，补充润滑时间间隔是 L_{01} 的寿命，如果折算成和轴承寿命相同的可靠性，就应该转换成 L_{10}。这是一个概率换算的过程：$L_{10}=2.7L_{01}$。

（三）检查补充润滑的量

进行补充润滑时需要控制油脂的添加量。油脂添加过少，无法起到补充润滑的作用；油脂补充过多，会导致轴承室内油脂过量从而带来轴承发热等问题。对于普通不具有进油口的轴承，正确的润滑量可以由下式（4-30）计算得出：

$$G_p=0.005DB \tag{4-30}$$

有些调心滚子轴承在两列滚子之间有补充润滑进油口的设计，这一类轴承的再润滑注脂量为

$$G_p=0.002DB \tag{4-31}$$

式中 G_p——再润滑填脂量（g）；

D——轴承外径（mm）；

B——轴承厚度（mm）。

（四）检查补充润滑方法

1. 补充润滑基本原则

对于补充润滑时间间隔超过 6 个月的轴承，一般建议在维护时依照前面述及的方法进行油脂的全部更换。

对于补充润滑时间间隔不足 6 个月的轴承，一般建议根据再润滑时间间隔定期对轴承进行补充润滑。

有些系统中（诸如高污染等需要频繁补充润滑的场合），一般会设计自动注脂器，这样就由自动注脂器进行连续的补充润滑。

2. 补充润滑基本方法

进行润滑油路设计时，对于使用开启式轴承的电机（特别是功率较大的电机），电机设计人员都会设计进油口和注油装置（俗称油嘴）。因此在做补充润滑时，通常使用注脂枪等工具通过注油装置进行补充油脂。

平时应尽量保持油嘴清洁。在进行在注油之前，需要对油嘴进行清洁。

在补充润滑时，要打开排油口。观察排油情况，待排油停止，关闭排油口。排油口在不用时也要注意保持清洁。

3. 补充润滑注意事项

通常情况下，进行补充润滑的设备都是处于运行状态，电机处于工作温度。而补充润滑时，新的油脂处于非工作状态，也就是冷态温度。此时，虽然新旧油脂牌号相同，但由于温度不同，油脂黏度和基础油黏度都是不同的。这样的新脂注入会对轴承润滑不利。在我国南方地区，这种情况还不突出；在北方地区，如果在冬天进行补充润滑工作，从仓库里提出的油脂温度很低，这时将其加入到热态的旧油脂中，两者黏度相差很大，如果冷态油脂在变热之前搅入滚动接触面，将对轴承不利。其解决方法就是在补充润滑之前，将新脂置于暖气、火炉等取暖设备附近放置一段时间，或放置在容器中（最简单的是放置在塑料袋中）后浸在温水中，使新脂温度尽量接近运行中的旧脂温度。

补充润滑的时候，维护工程师也需要注意注脂的时机。在条件允许的情况下，最好的补充润滑时机是在设备低速运行时进行。在这种状态下，新注入的油脂和旧脂一起，相对而言，会经历一个很好的匀脂过程，对轴承润滑是最有利的时机。

还有一种状态就是停机维护，此时电机停转，加入适量油脂，待加脂完毕，设备维护完成，电机起动时，多余油脂会从排油口排出。这种时机虽然不如低速运行好，但是比常速运行注脂的情况要理想很多。

典型案例 17. 补充润滑后轴承噪声变大

某北方电机用户对电机轴承噪声过大进行投诉。噪声并不是一直出现，主要在进行补充润滑之后出现。并且经过询问，这种投诉在冬天出现的情况较多，在夏季很少。现场检查工人在进行电机轴承补充润滑的操作时发现，工人从仓库中领出润滑脂后使用注脂枪直接注入到正在运行的轴承中，随即电机轴承出现噪声。用户不敢继续运行电机，将电机停机一段时间再开机，电机轴承噪声消失。

在现场的检查发现，库房刚刚领出的润滑脂温度很低，尤其在中国北方冬季的时候，其温度与电机实际运行温度相差较大（与电机轴承内润滑脂温度相差也较大）。新加入的油脂稠度比正在运行的油脂稠度高。后建议将准备补充润滑的润滑脂先行放置于室内一段时间再加入（或者提前做适度预热），电机补充润滑的噪声问题就得以解决了。

二、电机轴承密封件的检查

密封件是电机轴承的一个重要相关零部件，轴承部分密封件的主要功能就是保护电机轴承运行环境的清洁，同时保证轴承内部的润滑脂可以很好地保持在轴承内部不会出现过分流失的情形。

在电机设计的时候，工程师已经对密封件以及密封结构进行了设计，在运行的时候工程技术人员需要检查电机轴承密封件的运行状态，当密封出现问题的时候及时予以处理。

电机轴承一般有自带密封以及外加密封两种主要形式。

（一）轴承自带密封

电机中常用的深沟球轴承以及一些调心滚子轴承在市面上可以找到自带密封的产品。一般而言，对于自带密封的深沟球轴承应该是终身免维护的，然而在实际使用中，在对电机进行维护的过程中，观察一下轴承的密封件状态也是一个必要的工作。

1. 具防尘盖的轴承

严格意义上说，具防尘盖的轴承的防尘盖不属于密封件，应该是对轴承的一个防护遮蔽零件。具防尘盖的深沟球轴承具备对一定大小[⊖]的固体污染颗粒的防护能力，但是不具备防护液体污染的能力。一般选用这种轴承的电机应该工作于相对清洁的工作场合。主要国际品牌具防尘盖结构深沟球轴承大致结构如图 4-71 所示。

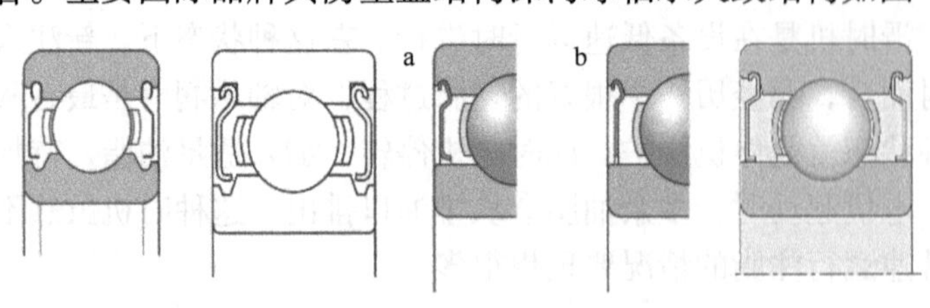

图 4-71　具防尘盖的深沟球轴承

在电机实际运行的过程中，如果出现污染严重，或者有液体污染物的场合，就

⊖ 通常是 0.01mm，各个厂家有所不同，请咨询相应厂商。

不应该使用具防尘盖的深沟球轴承进行单独防护。在工程实际中，有不少具防尘盖的深沟球轴承内出现液体污染导致的轴承失效，这类故障的原因就是密封件选择不当，或者是工作环境超出设计要求。解决的方法就是更换成具有更好的防护能力的轴承。

2. 轻（非）接触式密封轴承

一般密封轴承采用的都是骨架式密封，密封件内部有一个钢制骨架，外部涂覆着橡胶材料，密封件的唇口是橡胶部分构成的。密封件唇口和轴承内圈不接触的设计就是非接触式密封，接触力较小的就是轻接触式密封。国际主要品牌的轻接触式密封深沟球轴承结构如图 4-72 所示。

由于此类轴承密封效果较具防尘盖的轴承好，同时轴承密封件骨架外层有一层橡胶材料，且起主要密封作用的密封唇口也是橡胶材料，因此这种密封根据橡胶材料的不同，有不同的使用温度限值。请参考本章前面的介绍。

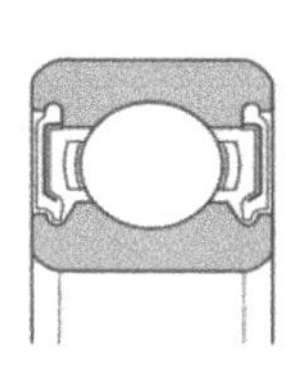
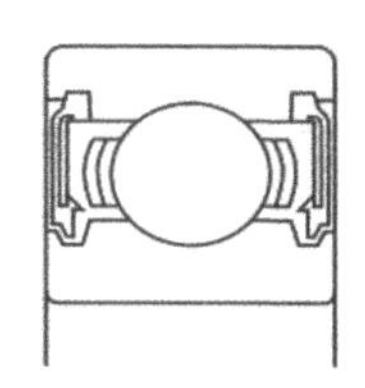
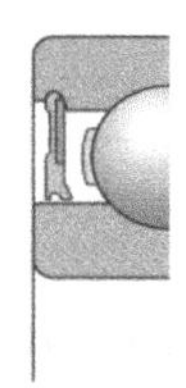
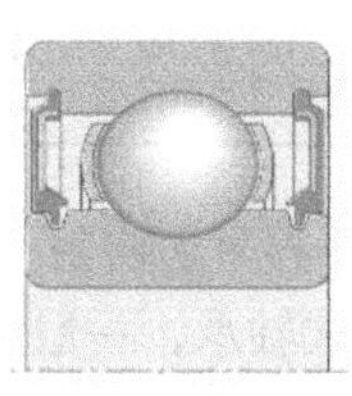

图 4-72　轻接触式密封深沟球轴承

此类轴承仍然不能使用于重污染的场合，同时对液体污染的防护能力也不强。由于其接触力较小，因此在需要一定密封性能，但是转速又较高的场合经常得以使用。

3. 接触式密封轴承

接触式密封的密封件和非接触式的密封件相类似，差别是密封件的唇口和轴承内圈相接触，因此叫作接触式密封。国际主要品牌的轻接触式密封深沟球轴承结构如图 4-73 所示。

接触式密封的深沟球轴承其密封能力相对较好，可以具备防尘和一定程度的液体污染防护能力。和非接触式密封相同，由于密封件材料的原因，其运行条件也有一定的限制，比如温度。具体数值请参考本章相关内容。

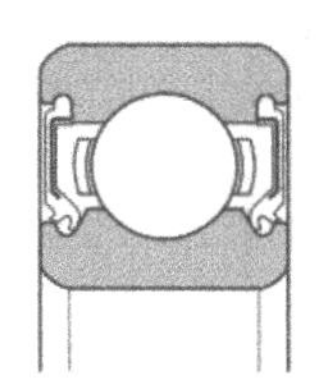
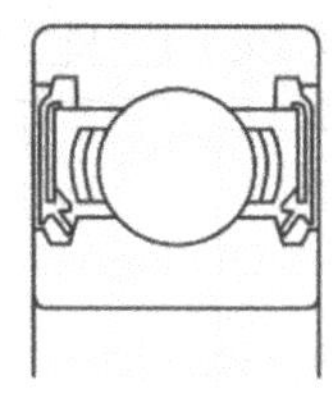
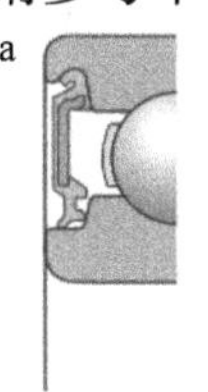

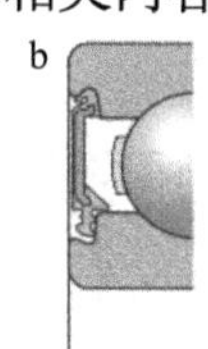

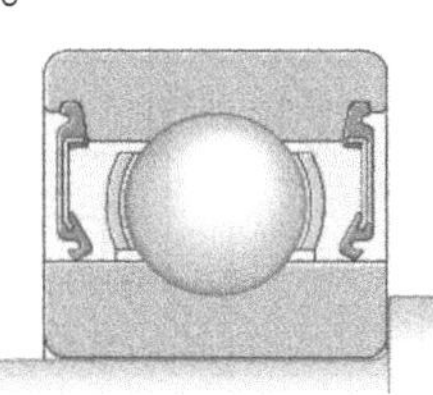

图 4-73　接触式密封深沟球轴承

密封能力和唇口接触力之间是一个矛盾，越大的接触力，密封性能越好，但是唇口和内圈之间的摩擦就越大，轴承转动的阻转矩就越大，从而发热和磨损也越大，轴承转速能力就受到限制。因此接触式密封轴承的密封件的设计要在轴承转速能力、运转灵活性和轴承密封性能之间取得平衡。

对于一些污染场合，使用接触式密封的时候会出现唇口摩擦偏大，轴承发热的情况，此时需要更换接触力相对较小的轻接触式密封的轴承。但是这样牺牲了轴承密封的防护能力。此类故障需要根据具体工况进行平衡选择。

对于不同防护方式的轴承性能对比可以参考表 4-22。

表 4-22　不同密封方式轴承密封性能对比

	具防尘盖的深沟球轴承	非接触式密封深沟球轴承	接触式密封深沟球轴承
转速性能	高	较高	一般
发热	低	低	高
阻转矩	低	中	高
防尘能力	好	较好	很好
防水能力	差	较差	好

（二）外界附加密封

对于开式轴承，一般电机设计的时候就会设计相应的密封结构以保护轴承。外加密封也分接触式密封和非接触式密封。

1. 非接触式密封

非接触式密封就是密封件与其相对运动的零件不接触，且有适当间隙的密封。这种形式的密封，在工作中几乎不产生摩擦热，也没有磨损，特别适用于高速和高温场合。非接触式密封有间隙式、迷宫式和垫圈式等各种不同结构形式，分别应用于不同场合。非接触式密封的间隙以尽可能小为佳。

沟槽式在小型机械中应用最广泛，如图 4-74a 所示。运行时，沟槽将充满润滑脂，从而起到防止灰尘及水分进入到轴承中的作用，同时轴承中的多余的润滑脂可通过它排出。一般情况下，沟槽的宽度为 3 ~ 5mm，深度为 4 ~ 5mm。

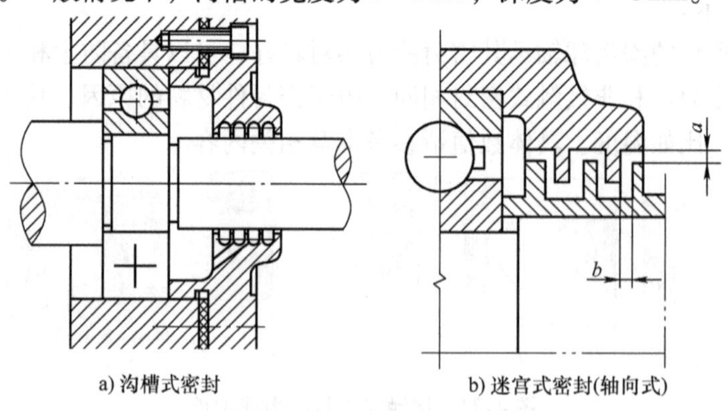

a) 沟槽式密封　　b) 迷宫式密封(轴向式)

图 4-74　非接触式密封

迷宫式的结构相对复杂，分为径向和轴向两种，图 4-74b 给出的是轴向式。这种结构的密封效果强于沟槽式。图 4-74b 中间隙 a 和 b 的大小根据轴径 D 来确定，$D<50$mm 时，$a=0.25\sim0.4$mm，$b=1\sim2$mm；D 为 50 ~ 200mm 时，$a=0.5\sim1.5$mm；$b=2\sim5$mm。

2. 接触式密封

接触式密封就是密封与其相对运动的零件相接触且没有间隙的密封。这种密封由于密封件与配合件直接接触，在工作中摩擦较大，发热量亦大，易造成润滑不良，接触面易磨损，从而导致密封效果与性能下降。因此，它只适用于中、低速的工作条件。接触式密封常用的有毛毡密封、骨架皮碗密封等结构形式。典型结构如图 4-75 所示。图 4-76 给出了一些油封示例。

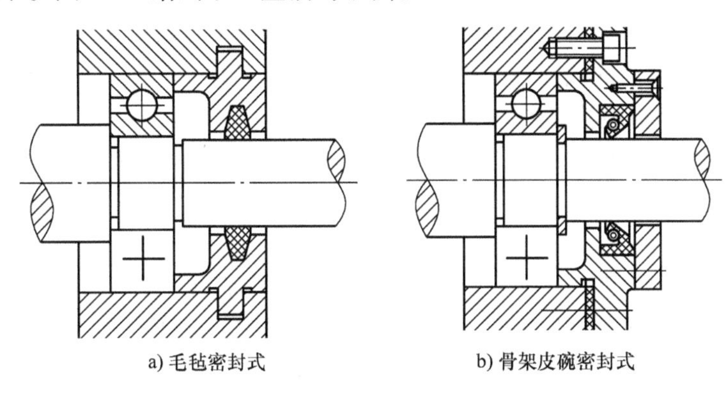

图 4-75　接触式密封

图 4-76　轴密封圈示例

在对电机轴承密封进行维护的时候如果存在异常就需要对轴承进行更换。

对于自带密封的轴承，维护的时候需要检查如下几个方面：

- 轴承密封件是否有变色、变形
- 轴承密封件唇口是否有破损
- 轴承密封件唇口是否存在过量的油脂泄漏
- 其他的非正常状态

对于外加密封的电机而言，维护的时候需要检查如下几个方面：

- 密封件结构是否存在干涉

- 密封件接触部位磨损是否严重
- 与密封件接触的轴部分是否有严重磨损
- 密封件是否存在变色、变形
- 密封件是否有异常的润滑剂泄漏

三、电机在维护中的对中检查

电机在运行时候的对中不良会造成轴承承受不当负荷，从而引起电机或者轴承的振动、发热等故障。随着设备运行时间的加长，设备连接、地脚安装等部位会出现一定的位移，从而导致电机的对中发生变化，因此在对电机进行维护的时候经常需要对电机的对中进行检查。

虽然对中不良对设备的影响不仅限于轴承，对中不良对电机轴承的影响却是巨大的，并且电机轴承的故障诊断中，也经常遇到由于对中不良带来的轴承问题。

（一）电机轴对中检查的方法

电机轴对中不良的常用检查方法包括机械法、百分表法，以及通过专用的对中仪器进行测量。

1. 机械法

机械法测量对中如图 4-77 所示，用直尺检查联轴器外圈各方向尺寸，用间隙规来测量联轴器两轮毂端面距离，从而调整轴的对中。这样的方法简单，但是误差较大，对于转速较低、对中要求不高的场合比较适用。

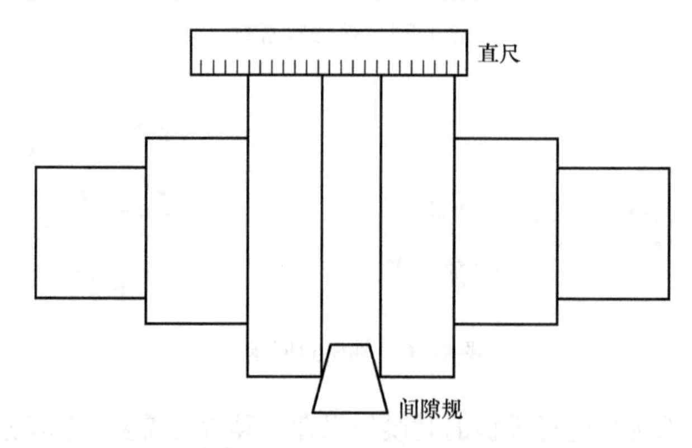

图 4-77　机械法测量对中

2. 百分表法

百分表法就是使用百分表对电机轴对中情况进行测量的方法。百分表法又分外援 - 端面双表法、外圆 - 端面三表法、外圆双表法和单表双打法等方法。其中单表双打法操作简便，计算调整容易，是一种常用的方法，如图 4-78 所示。

3. 激光对中仪

目前有很多厂商可以提供专门的激光对中设备，这样的设备大大地节约了对中

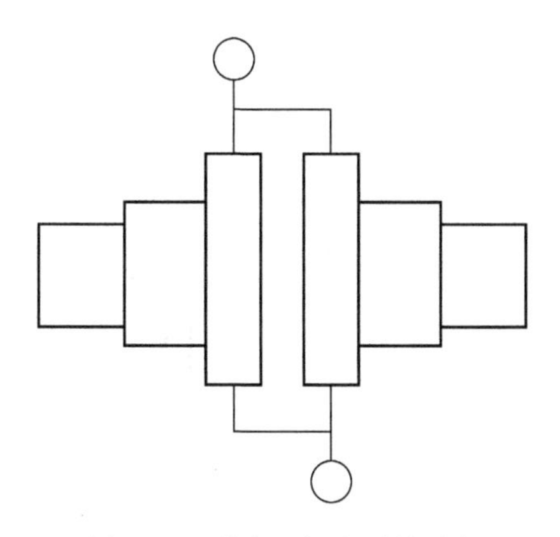

图 4-78　单表双打法测量对中

调整的时间。

图 4-79 是一些常见的激光对中仪，其原理与百分表法类似，但是可以快速地给出计算结果，便于现场的操作和使用。

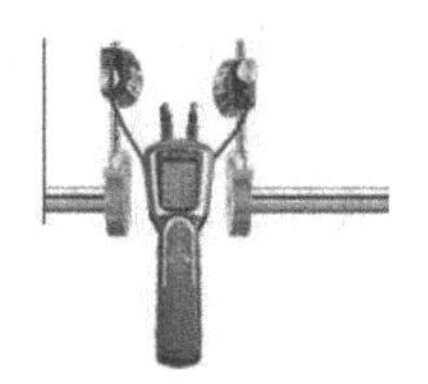

图 4-79　激光对中仪

(二) 电机轴对中的限值

电机轴的不对中包含平行不对中和角度不对中两种情况。对于一般的旋转设备，可以参考表 4-23 对中偏差限值。

表 4-23　不对中允许限值

转速/r/min	平行不对中/mm	角度不对中（mm/100mm）
0～1000	0.13	0.10
1000～2000	0.10	0.08
2000～3000	0.07	0.07
3000～4000	0.05	0.06
4000～6000	0.03	0.05

第五章　电机轴承振动监测与分析技术

振动信号是电机轴承运行过程中反映运行状态的一个重要运行参数信号，因此对电机轴承振动信号的监测与分析在电机轴承故障诊断分析中是一个重要的手段。

随着状态监测设备的应用越来越普及和完善，工程师们可以方便的获得可靠的分析工具，通过一定的分析方法可以对运行中的电机轴承运行状态进行评估。此时评估的目的包括对电机轴承故障的预警和故障的诊断与分析。

运用振动监测技术对电机轴承进行故障诊断与分析需要对振动监测技术有一定的了解，同时在应用的时候也需要结合电机轴承其他相关的技术知识。

本章首先对振动监测的基本概念进行介绍，然后阐述电机轴承振动监测与分析技术在电机轴承故障诊断中的应用。

第一节　振动监测与分析概述

一、振动的基本概念

（一）振动的定义

一个物体（或者物体的一部分）在平衡位置附近所做的往复运动就是我们说的机械振动。机械振动按照产生的原因分可以分为自由振动、受迫振动和自激振动；按照振动规律可以分为简谐振动、非周期振动和随机振动；按照振动位移特征可分为直线振动、扭转振动等。

电机轴承作为旋转设备零部件在运行的时候存在一定的振动，这些振动中有些是设备固有的振动，有些则反映了设备以及设备零部件存在的某些潜在故障。

对于设备本身运转时候固有的振动，设计人员在进行设计的时候努力将其控制在合理的范围内。一旦投入使用，这个振动就变成一个不可改变的固有存在。对于使用者而言，很难减小这个振动，同时这个振动也不意味着设备有什么故障。对于电机轴承而言，在设计选型的时候，轴承形式、轴承布置方式等一经确定，其正常的振动就会存在。

但是对于反映潜在故障的振动，是设备使用者十分关注的振动现象，也是振动监测与分析的重点。对于电机轴承而言，不论是滚道、滚动体，还是保持架受到伤害，亦或者是电机轴承运行状态不恰当都会在振动上有所反映。

（二）振动的描述

对于一个机械振动可以从不同角度进行描述。

时域描述：从时间序列描述振动的变化状态，显示振动随时间变化而变化的情况。

频域描述：将振动中不同频率振动的幅值、相位、能量等情况进行排序排列。描述同一时间段不同频率振动的分布。

幅域描述：对振动幅值的大小进行分类描述。主要采用峰值、峰峰值、有效值等概念描述振动的烈度。

其他描述方式：振型、瀑布图、极坐标图、全息图谱等。

对于旋转机械，尤其是电机轴承而言，最常用的振动描述方式是频域、时域、幅域方法。

（三）振动的烈度

振动的烈度是表征振动强烈程度的指标。前已述及，振动的幅域描述是对振动水平的反应。振动水平的强烈程度，就可以用来描述振动烈度。因此，振动烈度的表征参数就是振动水平相关参数（位移、速度、加速度）的最大值、平均值或者均方根值等。具体如下：

位移：反应质点的位能信息，通常用于监测振动的位能对设备零部件的破坏。其单位是长度单位，一般使用峰峰值作为表征参数。

速度：反应质点的动能信息，表明系统变化率，通常用于监测振动动能对设备零部件的破坏程度，其单位是m/s，一般使用有效值作为表征参数。

加速度：用于反映质点受力情况，通常用于监测振源冲击力对设备零部件的破坏程度。其单位是m/s^2，一般使用峰值作为表征参数。

（四）振动监测烈度水平参数的选取

如果振动的速度（v）在全频段内保持一致，则我们可以看到振动的位移（s）、加速度（a）信号将如图5-1所示。

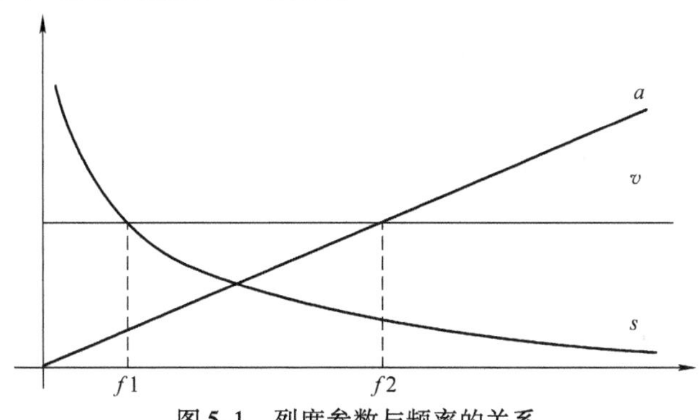

图5-1　烈度参数与频率的关系

图5-1中可以看到，随着频率的增加，加速度测量的数值增大，而位移的数值减小。一般地，我们把轴承运行的频段分为低频带、中频带和高频带（图5-1中用$f1$，$f2$标记分界点）。依据GB/T 24610.2－2009《滚动轴承　振动测量方法　第2部分：具有圆柱孔和圆柱外表面的向心球轴承》及ISO 15242－2－2018《滚动轴承　振动测量方法　第2部分：具有圆柱孔和圆柱外表面的径向滚珠轴承》，对于轴承的测试50～300Hz为低频带；300～1800Hz为中频带；1800～10000Hz为高频带。

在设备振动监测与分析中，一般认为在低频时振动的强度与位移成正相关；中频时振动的强度与速度成正相关；高频时振动的强度与加速度成正相关。位移表征振动的位能；速度表征振动的动能；而加速度表征振动的力。因此在低速（<10Hz）的设备中，使用位移信号进行故障诊断；在中速（10Hz－1kHz）的设备中，使用速度信号进行故障诊断；在高速（1kHz）的设备中，使用加速度信号进行故障诊断。

二、振动信号分析中的傅里叶变换

前已述及，描述振动主要通过时域、频域与幅域的角度。幅域分析往往较少单独使用，一般都是在时域角度下的幅域分析或频域角度下的幅域分析。从时域的角度，有时候我们根据振动、速度、加速度等信息得知设备在时间序列范围内的状态判断异常，此时这些分析仅仅能够显示异常，却无法进一步深入揭示出更细节的原因。因此，我们需要对“异常”的某一时段的振动信号进行分解，从而了解某些特征频率下的振动幅值情况。

频谱分析的前提是要对振动信号按照不同频率进行分解，而傅里叶变换让这样的分解成为可能。

从傅里叶变换可知，任意周期性函数都可以表示为无限个幅值不同的正弦和余弦函数的叠加。

$$f(t) = \sum_{k=0}^{\infty} a_k \cos(\omega_k t) + \sum_{k=1}^{\infty} b_k \sin(\omega_k t)$$

其中“周期性”是十分重要的。理论上说这就意味着$f(t)$必须在无限长时间存在，这是瞬态响应的要求。在现实中，并不一定要求这个信号无限长，只要相对于观测长度而言是一个足够长的时间就可以了。

可以用一个简单的例子来说明傅里叶变换的应用。如图5-2所示，我们用i_1～i_9的正弦信号叠加得到了i_m，这个信号接近于方波信号。当我们增加正弦信号的数量，i_m将趋于逼近方波信号。将若干正弦信号进行叠加可以做傅里叶合成，同时将任意信号按照相同规则分解为不同频率和幅值的正弦信号就是傅里叶分解。合称傅里叶变换。当然傅里叶变换有一定的数学要求以及分解的方法，并且现代使用计算机对信号进行的快速傅里叶分析使得分析变得简单迅速，工程师往往可以很快得到分解的结果。关于数学过程的讨论，此处我们不做展开，有兴趣的工程师可以参阅相关资料。

三、频谱分析方法

前面已经讲过，当我们通过傅里叶变换对一个时域信号按照不同频率展开成不同频率段的正弦信号的叠加，如此就出现了不同频率段上不同幅值的正弦信号图像。见图 5-3。

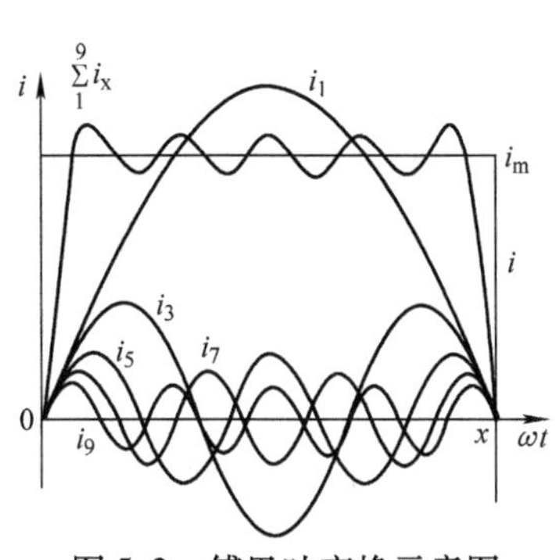

图 5-2　傅里叶变换示意图

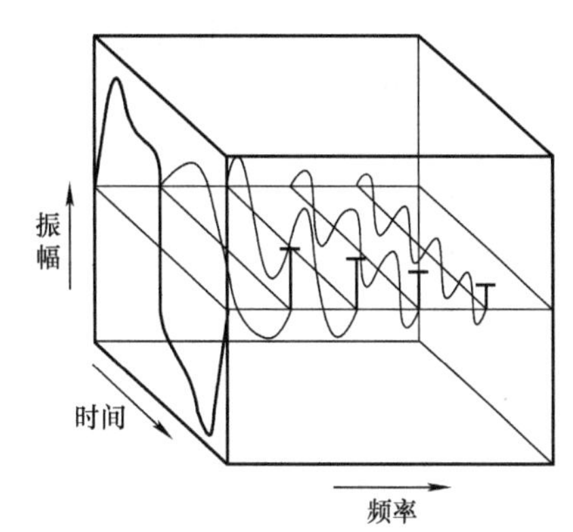

图 5-3　信号傅里叶展开示意图

从图 5-3 中可以看到，纵轴为振幅就是我们说的幅值；水平上按照时间的展开就是信号总值随时间的变化，此时的图像是一个时域的图像；水平上按照不同频率分解为不同频率的正弦信号，就呈现为一个频域的图像。

在振动分析过程中，通常我们从振动传感器传递来的是一个振动幅值随着时间而变化的信号，我们叫时域信号。同时我们对振动幅值进行傅里叶分解，得到不同频率的振动幅值信号，我们称之为频域信号。

时域信号和频域信号按照时间和频率呈现一个分布的图景，我们称之为振动谱。针对时域谱和频域谱趋势、特征的分析就是我们常说的频谱分析。对于电机轴承故障诊断与分析而言，最常用的频谱分析就是振动的时域分析与频域分析。有时候会加入一些瀑布图作为辅助。

（一）振动的时域记录与分析

振动随时间变化呈现一定的规律，前面章节已经介绍过设备运行的浴盆曲线，对于振动而言这也是设备振动信号总体上遵循的规律。振动的时域记录与分析就是对此做出的研究。

当电机轴承安装了振动监测装置之后，一般的振动信号就可以对实时的振动总值进行记录，由此展开的时序图景就是电机轴承的运行状态的振动时序记录。

从数据角度，振动是瞬息变化的，因此如果做振动实时信号的记录和储存，其数据量是相对较大的。当使用大数据的方法对振动信号进行分析的时候，数据的采集密度相对较大，记录时间相对较长，因此数据量也十分巨大。因此消耗的数据收集、管理、储存的资源相对也较大。

（二）振动的频域分解与分析

现在很多的振动监测装置都具有快速傅里叶分解的功能，它们可以将一段时间内的时序振动总值迅速地分解为一系列的频谱图。对电机轴承故障诊断而言，工程师可以快速的得到电机轴承的频谱图，这大大提高了故障诊断和分析的便利性和准确度。

另一方面，前面谈到了振动时序信号的储存十分耗用资源。试想，如果对设备时域信号做傅里叶分解然后再保存，以备后续分析之用的情况。不难想象，从使用者的角度当然有更多的数据可以获得，但是从数据的管理角度，这样又是大大地增加了数据处理的资源。计算机技术的发展使得这样大量数据的收集、储存、管理成为可能。

目前一个折中的方法就是在时域信号出现某种异常迹象的时候，启动频域分析。这样就会大大的节省资源，同时也为故障分析提供更有针对性的丰富数据，减少了资源浪费。

（三）瀑布图

电机有可能处在变动转速的情况下运行，电机以及轴承的振动中有些信号随着转速变化而变化。当我们把不同转速下电机轴承的频谱图进行连续记录的时候就得到一个新的图像，我们称之为“瀑布图”，见图5-4。

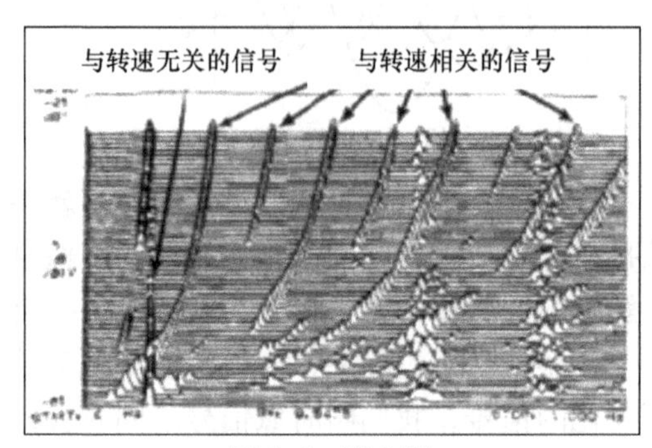

图5-4　瀑布图

图5-4中，横轴为频率，纵轴为转速，突起的波峰为幅值。我们可以看到一些信号随着转速的升高，其频率升高，这些信号的振动频率是与转速相关的。相比之下左侧有一个信号不论转速升高与否，其振动频率不变，这是一个振动频率与转速无关的信号。

图5-5为某电机振动瀑布图。

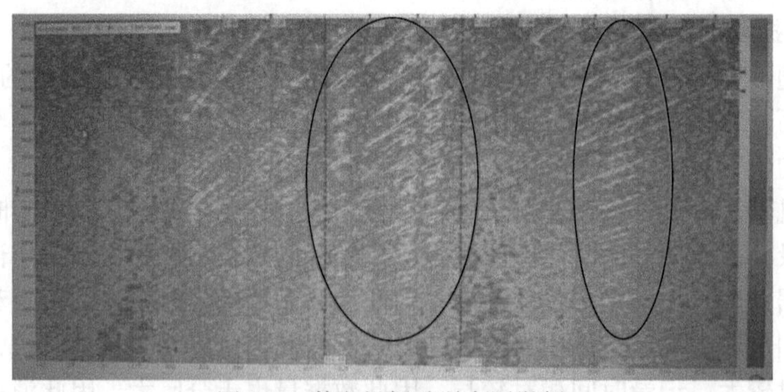

图5-5　某电机振动瀑布图举例

图 5-5 中成射线状向右上方随转速升高而频率升高的振动是与转速相关的振动，而圆圈标记画出的振动的频率不随着转速变化而变化，这些振动是与转速无关的振动，需要引起工程师的注意。

瀑布图可以用于区分与转速相关的振动和与转速无关的振动。它能提供这个振动的固定频率是多少，便于分析人员进行寻找和故障排除。

第二节 电机轴承振动现场分析步骤

对通过振动分析进行的电机轴承故障诊断而言，并不是简单地对一个频谱进行解读。当然频谱解读是一个重要的过程，但是如果缺乏前序步骤将会丢失大量信息，造成分析解读的困难，同时如果仅仅停留在振动频谱的解读上，往往也无法找到电机轴承故障的真正原因。因此，通常有一些基本步骤需要工程师的注意：

- 收集有用的信息：工程师通过感官判断的看、听等现场的观察途径检查机器的反馈。确定这个分析需要测量哪些点，以及相应的位置的哪些信息。对于已经安装监测设备的电机，工程师需要检查这些安装点的位置、安装的可靠性以及采集的信号是否可以满足通过观察而得出的数据需求。如果不能，则需要做出调整。必要的时候做相应的试验，进行确定。
- 对数据进行采集和分析：评估、记录机器异常的振动总值以及相应的频率。将本次测量的总值通过不同角度与历史记录进行对比并记录。
- 多仪表监测：使用额外的技术监测手段对失效类型进行判断，从而得出结论。其中可以使用相位记录、电流分析、加速度包络、油液分析、温度分析等手段。
- 进行根本原因分析：综合运用失效分析、电机轴承应用技术等手段，对导致故障的根本原因进行确定。
- 对本次分析进行记录，同时制定相应的维修方法以及维护指导。

对电机轴承进行振动分析的第一步十分重要。为了进行后续分析，工程师需要确定相关零部件的很多周围信息。进入系统分析之前，先要确定重点关注的零部件，设备的转速，运行环境等。

上述步骤中，最开始就是对周围信息的收集。信息收集的过程也是一个故障诊断的大致定位过程。这个过程中工程师通过观察，确定需要重点观察的对象，同时对重点观察对象周围相关信息进行收集和记录，这些数据与后续监测数据紧密相关。这种记录也为后续诊断提供重要参考。例如：

- 如果电机连接风扇或者泵，在进行频谱分析之前就需要知道风机以及泵的叶片数量。
- 需要明确轴承的型号，因为根据型号可以知道轴承内部的基本信息，比如滚动体数量，以及其特征频率等。

- 如果设备和齿轮箱进行连接，那么需要了解轴的转速以及齿轮的齿数。
- 如果设备连接带轮，那么需要了解带轮的长度。
- 被测设备周围设备的情况如何，有时候振动会通过连接发生传递。此时了解周围设备情况变得有必要。同时需要知道周围设备的速度。
- 确认设备是立式安装还是卧式安装，安装方式影响振动表现。
- 设备安装是否有悬臂结构。设备的安装和支撑影响振动传感器的反馈。

以上参数帮助工程师获得零部件的特征频谱，有助于寻找振动源头。这些工作中确定转速是第一步。得到这些数据的方法有很多。

振动分析中，对设备的转速可以通过以下几个方法获得：

- 通过设备的转速计直接获得。
- 可以从频谱中寻找幅值最高的那个频率折算出电机转速。
- 对于工频下运行的电机可以通过极数判断电机转速。
- 对于变速运行电机而言，频谱图中的峰值应该是采集信号时候的电机转速（对于没有其他故障频率峰值高于转速基频的时候）。

第三节　电机轴承的固有振动

通过轴承振动信号的监测与分析是对轴承故障诊断的一个重要手段，这个手段主要是以对工况以及振动频谱的解读为基础的。轴承作为一个多零部件组合而成的旋转零部件，在自身旋转过程中也存在一些固有的振动。与故障引发的振动不同，这些振动是轴承固有的、正常的振动。这些振动的出现不代表轴承内部有某些故障或者瑕疵，应该与故障引发的振动区别开来。

另一方面，电机中滚动轴承固有振动中的一部分在应用过程中可以通过一定手段减少或者消除。因此，对轴承正常振动的理解，对界定电机轴承故障以及改善电机轴承运行表现十分重要。

一、负荷区滚动体交替带来的振动

受到径向负荷的滚动轴承在运转的时候，观察轴承内部滚动体的位置会有如图5-6两种情况的滚动体位置排列。

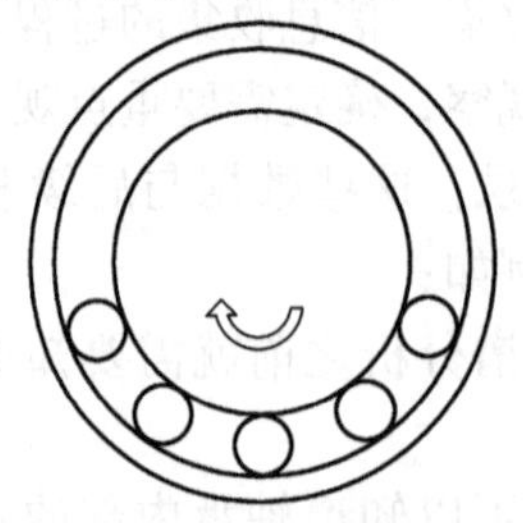

a) 时刻a的轴承滚动体位置排列

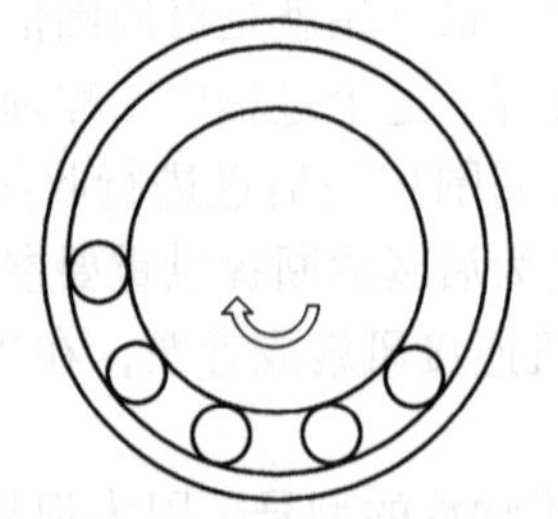

b) 时刻b的轴承滚动体位置排列

图5-6　滚动轴承滚动体不同位置排列

可以注意到，轴承最下端在时刻 a 有一个滚动体，而在时刻 b 有两个滚动体。这两个时刻内圈和外圈的间距关系如图 5-7 所示。

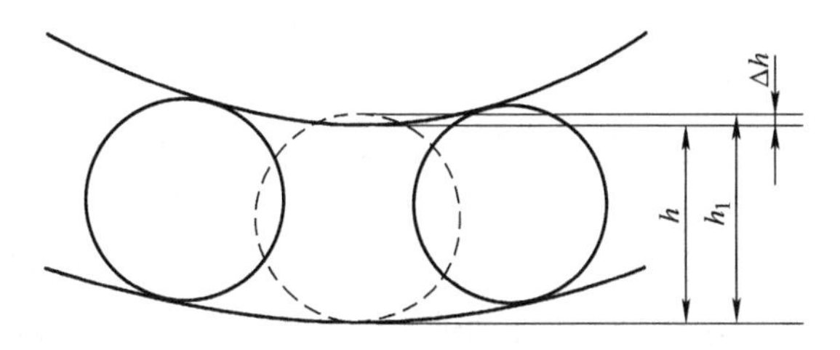

图 5-7　不同滚动体位置排列时内外圈间距

图 5-7 中可以看到，在时刻 a，滚动体 1 在轴承的最下端，轴承内圈和外圈之间的间距 h 等于轴承滚动体直径（忽略弹性）；在时刻 b，轴承内圈最下边没有滚动体，此时轴承内圈最低点处于滚动体 1 和滚动体 2 之间，轴承内外圈最下沿间距为 h_1。显然 h 和 h_1 之间存在一个差异 Δh。随着电机轴承的滚动，电机轴承内圈与外圈中心线之间的间距将一直出现一个幅值为 Δh 的变动。同样的，电机转子的中心线与电机定子的中心线也将存在一个幅值为 Δh 的振动。

这个振动是电机轴承内部在运转的时候，由于滚动体排列变化引起的一个固有的振动。这个振动不可消除，同时也不意味着电机轴承存在故障。

当然这种固有的振动随着轴承尺寸的不同，也会显现出不同的程度。比如，轴承直径越大，滚动体数量越多，这种振动的幅度就越小；相反的轴承越小，滚动体数量越少，这个振动的幅值就越大。同时轴承的转速越高，这个振动的频率将会越大。

二、滚动体与保持架碰撞引发的振动

电机轴承在运行的时候，滚动体和保持架之间会持续发生一些碰撞。

1. 负荷区滚动体与保持架的碰撞

对于内转式电机，承受纯径向负荷的滚动轴承在运行的时候，处于负荷方向的大约 120°的范围内是一个合理的负荷区，在这个区域内的滚动体承受着轴承的径向力。在这个区域内，滚动体受到内圈滚道和外圈滚道的“捻动”出现自转和公转，其公转速度与轴承内圈转速相同。此时，保持架处于一个被动自转的状态，因此在负荷区内部，轴承的滚动体推动保持架以维持与轴承转速一样的保持架自转速度。此时是滚动体在转速相同方向推动保持架自转。这个推动是通过滚动体与保持架的碰撞实现的。对于保持兜孔而言，这个碰撞发生在兜孔偏向运转方向一侧，这样的碰撞就会产生振动。而这个振动是由轴承内部滚动体、保持架和滚道之间运动状态决定的，不可避免。

以上是以内转式电机轴承为例，读者如有兴趣可以用相同的思路推导外转式电机轴承相似工况下滚动体和滚道在负荷区的运动和碰撞状态。

2. 非负荷区滚动体与保持架的碰撞

对于内转式电机，承受纯径向负荷的滚动轴承在运行的时候，部分滚动体处于非负荷区，此时滚动体与滚道之间存在着径向剩余游隙，此时滚动体如果不与周围零部件发生碰撞，其公转速度应该下降。保持架受到负荷区滚动体的推动，维持与轴承内圈转速一致的自转速度，因此保持架会推动滚动体，维持其公转速度。这时候保持架与滚动体之间的碰撞发生在保持架兜孔内部与自转方向相对的一侧；对于滚动体而言，保持架的碰撞发生在推动轴承转向的方向上。这样的碰撞是振动的激励源，并且这个振动也是由轴承内部滚动体、保持架和滚道运动状态决定的，同样不可避免。

相类似地，工程师可以推导外转式电机以及其他工况非负荷区滚动体与保持架之间发生的相对运动状态和碰撞。

3. 滚动体与保持架的其他碰撞

在轴承旋转的时候，滚动体由于离心力的作用有一个向外离心运动的趋势。保持架兜孔会对这个运动趋势有一定的限制，因此在高速运转的时候，可能会有一个保持架在径向上修正滚动体运行的相对碰撞，从而会引发一类振动。

另外由于其他原因，滚动体出现的轴向运动趋势也会被保持架修正，因此也会出现轴向相对碰撞的振动。

三、滚动体与滚道碰撞引发的振动

滚动体由于离心力的作用存在径向上的运动趋势，除了与保持架发生碰撞以外，更主要的是和滚道发生碰撞，以修正其运动轨迹，保持在圆周方向的运动。这种碰撞主要发生在非负荷区，如图 5-8 所示。

四、轴承内部加工偏差带来的振动

轴承在加工过程中，滚动体、滚道表面都会有一定的加工误差。这些误差会在轴承旋转的时候带来轴承的振动，其中对轴承滚道、滚动体的径向波纹度影响尤其明显。如图 5-9 所示。

图 5-8　滚动轴承滚动体与滚道的碰撞

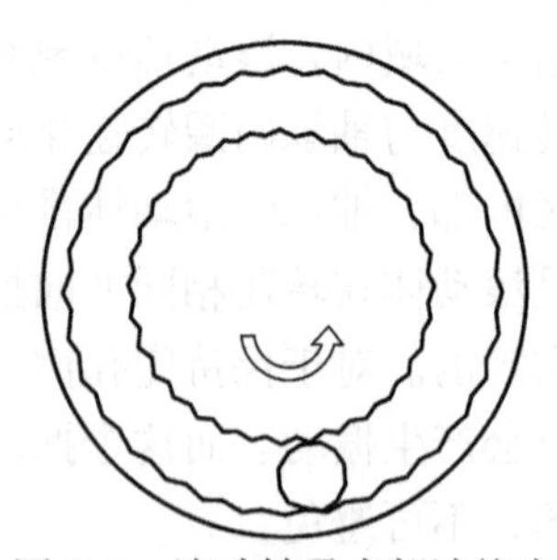

图 5-9　滚动轴承内部波纹度

加工过程中产生的误差是生产过程中不可避免的，对于已经加工完成的轴承，其加工误差在一定的范围内，因此轴承由此而产生的固有振动也应该处于一定的合理范围以内。

轴承生产厂家在轴承出厂时候进行的轴承振动测试，实际上就是检查这个指标是否合格。这个检查与电机轴承装机后的振动噪声表现并没有强烈的一致性，因此电机厂家不应以轴承振动测试仪监测的结果对轴承装机后的噪声进行推断。

五、润滑引起的振动

轴承在滚动的时候，在滚动体与滚道之间形成润滑膜。润滑膜在进入滚动体与滚道的接触区域之前和进入之后，其内部由于液体动力学原因也会产生相应的振动。

六、轴承内部部分固有振动的削弱方法

前面阐述的电机轴承的固有振动在轴承完成生产制造之后就会基本定型，虽然随着工作负荷、转速等的变动，这些振动会有所变化，但是作为轴承的固有振动，对于使用者来说无法完全消除。在介绍电机轴承振动的时域分析方法的时候，这些振动将起到一定的作用。

另一方面，虽然这些振动无法完全消除，但是对于某些轴承，如果通过一定的应用技术的改变，是可以进行有效的削弱，甚至消除其中的某些部分。

对于轴承而言，如果我们可以将滚动体和滚道在整个圆周上全部压紧，那么所有的滚动体都会处在负荷区。这样滚动体在滚道内整圈范围都可以被“捻动”而出现自转，这样就消除了与保持架之间在负荷区内部与负荷区外部之间的相反碰撞，从而消除了由此带来的振动与噪声。相应地，滚动体在非负荷区内部没有了振动的空间，也不会出现径向的碰撞。

要达到上述效果的方法之一是减少工作游隙。在前面电机轴承游隙介绍的部分阐述过，如果减少径向游隙，那么轴承会面临抱死的危险，危及轴承寿命。

对于深沟球轴承而言，其径向游隙和轴向游隙存在一个换算关系，如果我们通过一些方法，使轴承滚动体在轴向上的振动空间（轴向游隙）被消除，那么就可以起到消除这部分振动，同时不过分影响寿命的效果。这就是在电机设计中对于深沟球轴承施加一定轴向预负荷的原因。通过弹簧等装置，让轴承内、外圈将轴承滚动体轴向压住，从而也消除了径向游隙，滚动体在滚道内就失去了振动的空间，从而有效地控制了振动和噪声。

施加预负荷的深沟球轴承的工作状态类似于角接触球轴承，由此可知，角接触球轴承正常工作的时候，不存在前面所说的这部分振动。

相应地，对于圆柱滚子轴承而言，由于无法通过轴向预紧的方法消除轴承内部

的剩余游隙，所以由此而来的噪声也无法消除。通常而言，圆柱滚子轴承的振动噪声相对较大，也与这个因素有关。

需要再次强调的是，轴承由于加工误差而带来的额外振动无法通过应用的方法进行消除。更多的是通过轴承厂家的质量控制，提高生产精度等方式来减少振动。对于某些对振动要求很高的电机，可以通过提高轴系统刚度（使用角接触球轴承）的方式减少不必要的振动，也可以通过采用高精度轴承的方法减少由于加工精度等级不同带来的振动。

第四节　电机轴承振动的时域分析

前面已经介绍了电机轴承振动时域分析的基本概念。从前面介绍可以知道，电机轴承振动的时域分析方法中，很重要的手段就是通过对比、参照的方法，在发生在时间序列里对轴承状态振动参数进行解读和管理。既然是对比和参照，就需要有一个对比、参照的对象，也就是电机轴承振动时域分析的依据。

一、电机轴承振动时域分析的依据

第三节已经介绍过，电机轴承在运行的时候，由于运动状态、位置排列以及加工误差等原因，存在一个固有的振动。这个振动不代表着轴承的故障状态。换言之，也就是说这个状态是轴承“正常运行”的一个表现。当电机轴承运行振动状态与“正常状态”出现偏差的时候，就可以认为轴承内部存在这样或者那样的异常或者故障。因此，电机轴承装机后的固有振动水平，就是电机轴承振动时域分析的参照依据。

需要指出的是，电机轴承内部固有振动受到运动状态、位置排列以及加工误差的影响，同时也会受到承受负荷、转速、运行工况等其他因素的影响。实际工况中对于一个给定轴承型号的运动状态、位置排列、加工误差即使可以给出大致水平，但是其应用条件又存在一定的差别，因此每个电机在工况里的“正常状态”很难在出厂前被准确计算出来。更实用的一个方法是，电机轴承投入使用之后，在稳定运行期内，对其轴承的振动水平进行一段时间的记录。这个记录既然是稳态下的记录，而此时设备又处于一个正常的工作水平，那么这个记录就可以作为这个轴承的“正常状态”被记录并用作故障诊断与分析的参考。

有一点值得工程技术人员注意，电机轴承的振动的“正常状态”会随着工况的变化以及时间的变化发生一定程度的漂移。因此在对轴承进行振动分析的时候，除了需要参照以往采集的“正常状态”的振动信号，同时也要参照故障发生之前一段时间的振动信号作为参考对比。有的时候，一些轴承振动信号的漂移与轴承所承受的外界负荷等工况条件的变化紧密相关。往往通过在振动信号变化的同时找到对应的工况变动，能够在很大程度上有助于故障诊断与分析。

二、电机轴承进入失效期的振动时域表现

在前面章节中曾经介绍了设备运行的浴盆曲线。事实上电机轴承投入运行后其振动状况也同样会经历磨合期、稳定期和耗损期。电机轴承振动的浴盆曲线就是振动信号在时域上的表现。

对于电机轴承的故障诊断与分析，通常针对的是已经投入运行的电机轴承。此时电机轴承经过了磨合期进入稳定运行期，并且当故障出现的时候实际上轴承已经处在耗损期。对于设备运维人员来说，轴承从稳定期到耗损期再到轴承出现故障的阶段是最受到关注的。在这个过程中，轴承的失效从出现到发展大致如图 5-10 所示。

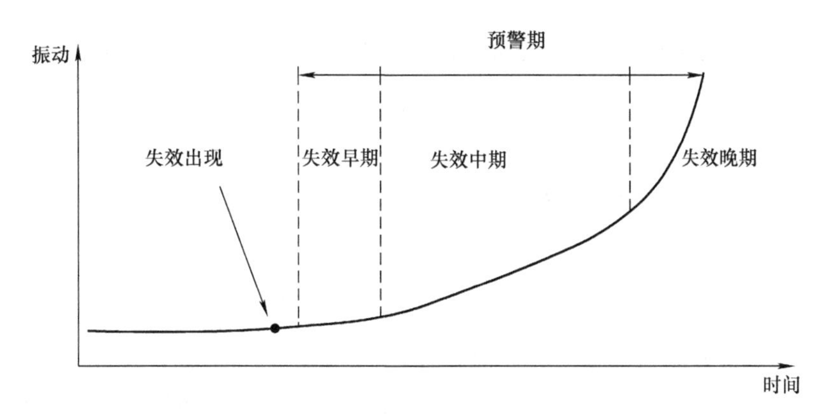

图 5-10 轴承失效的振动的时域表现

图 5-10 中将轴承失效的振动表现沿着时间轴分为四个阶段：

轴承失效的出现：轴承在稳定期运行的末期，第一次出现失效的时候，此时轴承失效非常轻微，由此而引发的异常振动也非常小，一般的测试手段很难察觉。只有到达一定程度的时候，才能通过诸如振波辐射等方式被发现。这个时候轴承虽然已经出现第一个失效点，但是此时设备运行并没有受到影响。这个阶段是轴承失效出现的第一个阶段。

轴承失效的早期阶段：随着轴承的持续运行，轴承失效从第一个失效点开始发展。随着失效的发展和扩大，轴承的振动开始出现幅值变大。此时轴承的振动值变化可以通过振动监测仪器被发现，但是此时的设备振动差异很难被现场操作人员察觉。轴承的早期失效阶段轴承运行看起来依然没有什么问题，但是失效已经发生，潜在风险在扩大。此时轴承运行进入预警期。

轴承失效的中期阶段：轴承在出现早期失效的基础上继续运行，失效继续发展，失效点继续扩大，同时开始出现次生失效。这个时候轴承的振动幅值继续增大，有可能伴随着轴承温度的异常。在这种情况下，轴承的振动信号在振动监测仪上十分显著，现场操作人员可以通过宏观的观察发现轴承出现异常。此时电机依然

可以运行，但是运行起来轴承的表现已经不正常，轴承处于故障运行阶段。此时应该对电机轴承进行相应的检修工作。

轴承失效的晚期阶段：轴承在中期失效阶段仍然未得到及时的更换和检修，轴承继续带病运行。轴承内部失效点进一步扩大，次生失效扩大，并且失效越来越严重，有可能出现多重失效重叠的恶性发展。此时电机轴承的振动幅值越来越大，温度出现异常，操作人员在现场可以很容易地发现这些异常表现。在这个阶段有可能出现轴承无法继续运行的情况（卡死等现象）。此时各种原生、次生失效在轴承上掺杂在一起，为后续轴承失效分析带来困难。并且一旦出现轴承无法继续运行的情况，将会带来非计划停机的损失。在电机的运维过程中应该尽量避免轴承进入失效晚期阶段。

三、单台电机轴承时域分析与报警值的设定

对于同一台电机而言，从图5-9中不难发现，从轴承进入失效的早期阶段到轴承最终的失效晚期，这段时间就是对这台电机轴承进行维护修理的时间窗口，工程师可以在这个时间窗口对电机轴承进行维护更换的工作，这也是电机轴承运行的预警时间窗口。前已述及，应尽量避免轴承出现不能运行而导致的非计划停机，因此必须在预警时间窗口消失之前完成轴承的更换。

工程实际中也经常有工程师会询问“这台电机的轴承还能运行多久?”“这台电机轴承的残余寿命是多少?”之类的问题。事实上，如果基于前面对轴承失效过程的振动时域表现的了解，电机的使用者可以将一个工况位置的电机的振动历史数据记录下来。从而得到很多这个工位电机轴承从开始失效到失效晚期的振动幅值曲线。通过这个曲线就可以得到这个工位电机轴承从监测到失效到彻底失效的时间。这个时间就是这个工位电机轴承的失效报警时间窗口。

另一方面，将这个工位此时此刻电机轴承振动的幅值放在历史曲线里，就可以得到当前轴承所处的失效阶段，同时也可以根据现有轴承振动水平从曲线中得到轴承最终失效的时间差从而大致得到轴承的“残余寿命”估计值。

由此我们知道，基于同一台电机轴承振动的时域记录，可以为将来此工位电机轴承的维护提供十分有用的分析结论：

状态评估：对当前电机轴承运行的状态进行评估，得到当前轴承处在轴承失效周期中的第几阶段的判断，从而评估当前轴承运行表现的劣化程度。

维护窗口确定：得出当前轴承需要进行维护的时间窗口建议，以便于在最小损失的时间内对轴承进行更换。

残余寿命估计：通过经验振动幅值曲线与当前所处状态点之间的时间进行电机轴承残余寿命评估。

四、电机轴承振动时域分析基本方法

电机轴承振动时域信号被采集后可以根据采集的情况进行很多分析。这里面的振动信号采集包括：

- 对于单台电机相同工况振动信号随时间变化的信号。
- 多台相同型号电机在同一工位上（也就是在同一工况下）的振动信号。
- 多台相同型号电机在不同工位上的振动信号。
- 单台电机在不同工况下的振动信号。

其中单台电机单一工况对电机轴承振动的时域分析记录，可以用来进行诸如维护时间窗口预测、运行状态评估、残余寿命估计等分析。这也是最简单的电机轴承振动时域分析手段。在更复杂的条件下，电机轴承振动信号的分析还有很多种方法，下面仅仅列举其中几种：

（一）趋势分析

顾名思义，趋势分析就是对被检测信号的变化趋势进行的分析。在电机轴承振动分析中，通过趋势分析可以进行轴承状态评估、轴承性能趋势预判、轴承故障报警、维护时间窗口确定等诸多工作。

首先，单台电机单一工况下的维护时间窗口预测、运行状态评估和残余寿命估计都属于单台电机轴承运行状态的趋势分析。通过单台电机轴承振动的历史记录，对轴承失效的进展趋势进行估计，便可以给出维护时间窗口值，以及不得不维修的报警时刻。

另一方面，如果对多台具有某种共性的电机轴承运行趋势进行类比，则可以对缺乏历史记录的电机轴承运行状态进行以上几个方面的估计。而对这台缺乏历史记录的轴承的记录，又进一步丰富了时域信号记录的数据库，可以用于后续故障诊断与分析。

（二）对比分析

对比分析就是把不同的振动信号进行对比从而得到趋同或者差别的判断而进行的分析。在趋势分析中，其实也有对比的思维方法存在，比如拿当前值对比过去值的方法。

在电机轴承故障诊断与分析的过程中，对电机轴承振动时域信号通常会做如下对比：

- 电机轴承的振动幅值与过去在相同工况下这台电机轴承的振动幅值是否存在明显的增加。如果工况未变，而振动幅值明显增加，则提示可能存在故障。
- 在类似工况下，其他电机相同轴承的振动幅值与被测试电机轴承的振动幅值相比是否存在明显差异。如果被测试电机振动明显偏大，提示故障可能存在。
- 根据过去记录的轴承振动时域失效过程曲线评估目前轴承的健康状况。
- 确认电机轴承是否是刚完成安装，以确保对比的对象标准统一。

在电机使用过程中，除了上述的观察点以外，工程师在拿到电机轴承振动监测结果之后，根据 ISO 2372 机械振动分级表（见表 2 – 7）判断轴承的振动分级，从而确定电机健康状况。这也是使用当前振动值与评估标准进行的对比。

在电机批量生产的质量管控中，对比分析方法也经常被使用。例如：相同工况下，批量生产的相同电机的运行表现应该大致相似，如果一台电机和其他电机的轴承振动参数出现明显差异，就会提醒工程师给予更多关注，以查找问题所在。

对于电机厂而言，某种产品某个工况使用的历史记录为新产品的投入使用工况评估给出了参考，也是对比分析的数据基础。

对比分析方法的使用在电机轴承故障诊断与分析中经常遇到。但是也会存在对此理解的误区。对比的方法往往可以找到电机轴承故障发生或者表现的定位，很多时候并不能得到故障诊断的根本原因。典型案例 18 是很多电机厂遇到过的问题。

典型案例 18. 某电机厂批量轴承振动超标

某电机厂的一款电机产品在批量生产的时候出现轴承振动超标。此款电机是一个成熟的产品，其中轴承的选型和设计一直都没有变化。电机振动测试时候发现轴承部分振动比较明显，基于历史使用记录的对比，电机工程师判断电机轴承质量出现问题需要进行更换。轴承更换以后，有一部分电机振动达到了测试要求，另一部分依然振动超标。电机工程师的判断依据就是与历史生产测试记录相比，相同的电机，相同的轴承，这一批轴承振动超标，就是轴承的问题。并且更换轴承后有一部分振动达标，工程师认为故障有所缓解。因此确定自己的判断。电机厂随即将轴承送往轴承厂家进行检测，检测结果显示轴承一切正常。

随后笔者到达现场进行故障诊断与分析，经过检测，电机轴承的轴承室形状位置公差有问题。对于形状位置公差超差小的轴承，通过一次轴承的安装拆卸，相当于对轴承室的几何公差进行了一次矫正。因此更换轴承之后，振动不良的现象消失。

从这个案例可以看到，通过对比分析可以确定故障的存在，以及故障的发生部位，但是在这里不一定可以确定故障的根本原因。正确的方法是电机轴承振动超标之后，通过对比分析确定故障发生点，然后围绕故障发生点全面地展开观察，经过诊断与分析工作，之后才能找到问题的根本原因。

（三）归类分析

如果将电机轴承的振动幅值时域曲线进行记录，有时候会出现某些工况的振动趋势相似，失效模式相似，失效时间相似等特征。将电机轴承的振动时域信号与失效模式进行归类，从而找到共性的原因和解决方法，就是我们说的归类分析。

事实上这些信息分析方法在工程师当中广泛流传，只不过没有被大家注意到。例如，一个有经验的工程师面对轴承故障诊断，可以通过几个简单的现场信息迅速而准确地进行分析，找到故障原因并排除。我们常说的工程师的“经验”其实就是指这个工程师见到的故障多，经历的处理现场多。

有经验的工程师对新问题的判断是基于对过往经历进行的。以前是否见过这类的问题，然后进行归类分析。以前见过其他故障是怎么处理的，那么当前的故障有什么不同。这个思考就是对比分析。历史上工况如何，现在应该大致会怎样，这就是趋势分析。事实上时域方法的记录，对于一个工程师而言就是将隐形的经验累积书面化的一个过程。

第五节　电机轴承振动的频域分析

电机轴承振动的频域分析本身是对采集到的电机轴承振动信号在频域进行解耦，从而分离出不同频率段的振动幅值和相位，由此得到被试电机轴承振动的频谱。之后工程师可以根据电机轴承故障的特征频谱与采集到的被试电机的频谱进行对比，从而发现可能的振动故障原因的过程。通常振动的频域分析也被叫作频谱分析。

要做上述的分析，工程技术人员就需要了解电机轴承失效过程中的频域表现、频谱分析的实施方法、电机轴承缺陷的频谱特征，以及相应的一些常见的电机轴承故障频谱。本节就此展开介绍。

一、电机轴承振动的频域表现

前面我们介绍了电机轴承振动的时域表现分为四个阶段。在电机轴承失效的四个阶段中，轴承的频域信号也会发生一些变化，如图5-11所示。

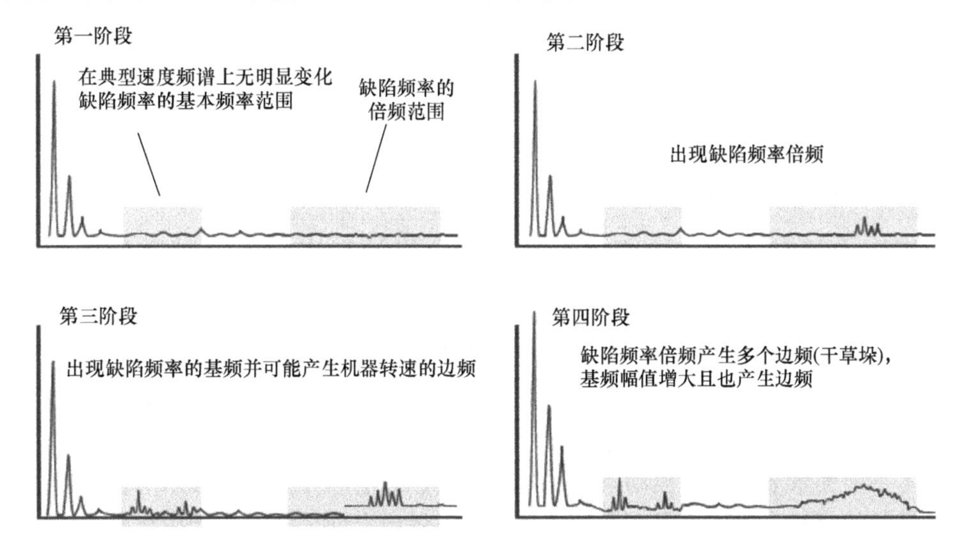

图5-11　轴承失效振动的频域表现

第一阶段——轴承出现失效。此阶段轴承出现的失效非常小。其振动表现在超声频率范围，用速度振动检测仪，不论在缺陷基频还是在缺陷频率的倍频上，都难以发现此时的异常。此时如果将振动信号进行相应处理，或者使用加速度振动测试仪，可以发现轴承在失效的初期阶段的振动信号。

第二阶段——轴承失效的初期阶段。随着轴承失效点的扩展，振动频率下降至500Hz～2kHz 范围内。此时使用速度频谱可以发现轴承失效的初期阶段基于轴承部件基频的谐波峰值。在本阶段末期，伴随着这些基频谐波峰值的出现，一些边频也随之产生。

第三阶段——轴承失效的中期阶段。轴承失效继续恶化。在缺陷基频范围内出现缺陷基频和基频倍频信号显著。通常，出现越多的倍频信号就意味着情况越糟。与此同时，在基频和倍频部分出现大量的边频信号。此时需要更换轴承。

第四阶段——轴承失效的晚期阶段。此时轴承内部失效进一步恶化，轴承振动出现了更多的谐波，轴承振动信号的噪声基础提高。如果用速度频谱，可以看到出现“干草垛”效应。通常在这个阶段，轴承振动已经十分剧烈，轴承的基频及其倍频信号出现幅值提升。由于轴承内部失效已经大幅度扩展，此时轴承的整体振动甚至会出现下降的趋势。但是这并不意味着轴承状态变好。原来离散的轴承缺陷频率和固有频率开始“消失”，轴承出现宽带高频的噪声和振动。

前已述及，时域信号分析的方法通过对电机轴承时域信号历史记录的对比可以确定电机轴承的运行状态。而此处电机轴承频域信号的特征，给出了电机轴承运行状态的另一种评估方法。

在这里，频域方法判断的目的性很准确，其频率直接指向轴承，因此在“定位”方面比时域方法更加精准。但是频域的方法与时域的方法对比，如果没有时域记录，凭借单独某一时刻的频谱图很难准确判断电机轴承所处的失效阶段，同时在确定维护时间窗口以及报警值等方面，显得比较困难；另一方面，对电机轴承运行每一时刻的振动频域信号都进行记录和储存，其占用的资源也相对较大（不排除关键设备需要采取这样的措施）。

二、电机轴承故障诊断中振动频域分析的实施方法（频谱分析方法）

在现场通过振动频域分析方法对电机轴承进行故障诊断与分析的时候，主要是依据轴承失效过程中的频域表现，并对比相应零部件的特征频率，通过这样的方法实施的。其主要步骤就是采集——初期研判——信号分离——特性比对。

（一）故障振动信号的采集

本书前面章节介绍了振动信号采集的工具、方法等。当故障诊断的目标对象是电机轴承的时候，我们需要在振动信号采集上做出合理选择以便于后续分析。

一般而言，在设备健康管理日常操作中都会使用速度信号进行状态监测。速度信号可以涵盖更广泛的频率段，具有较好的宏观视角。对于故障诊断而言，速度信号的监测和分析对于低频相关的问题十分有效。通常会用于判断诸如不平衡、不对中、地脚松动、轴弯曲等故障。

另一方面，不论是由于什么原因，当电机轴承出现故障的时候，都会在振动上出现反应。并且轴承失效的频率往往比电机的基频高出许多。而越是在早期，信号发生的频率会越高（参见轴承失效频域表现部分的内容）。此时使用振动信号进行分析的时候，对于轴承的早期失效十分不易被察觉，因此在对轴承的分析中需要引入加速度包络信号对轴承振动的频谱进行呈现。加速度包络的方法有助于对轴承早期失效进行识别。

在对电机进行振动监测的时候，如果使用的是速度信号，那么可以通过ISO 2372机械振动分级表来判断振动的严重程度。

但是相比于不平衡、不对中等故障而言，轴承的振动率具有更高的频率和更低的幅值。此时如果使用ISO 2372机械振动分级表等标准对此进行判断，轴承的故障则非常容易被忽略。因此 ISO 2372 机械振动分级表的振动烈度评估并不适用于轴承早期故障诊断。

需要说明的是，在后续初期研判阶段，有可能提出数据采集的调整方案。如果初期数据采集的信息不能满足后续数据研判的要求，则需要调整手段，重新采集。

（二）振动频域信号的初期研判

通过振动信号的采集，工程技术人员可以看到频谱图上存在很多尖峰值，这些尖峰值中有的提示某种故障特征，有的则不然。拿到一个振动频谱的时候，工程师需要对频谱的尖峰值分布等情况做一个整体的判读和识别。初期研判的目的首先是根据电机振动的频域表现判断电机以及轴承的健康状况、所处阶段。同时判断振动分布在哪些频段，这些频段的分布可以说明设备大致哪里需要进一步的分析。作为频谱分析的第一步，这样做的目的是明确后面分析的方向，以及使用的信号和手段。

从电机轴承失效的频域表现部分我们可以知道，一般而言电机的振动会分布在基频以及低次基频倍频的位置，当轴承存在失效（或者缺陷）的时候会在高频的位置出现某种变化。

图 5-12 是某台电机的振动速度频谱。图 5-12 中可以看到，电机的振动主要分布在低频部分，其中包括基频以及基频的低次倍频，同时，在电机基频大约 9 倍（高频）的位置出现了一个聚集性的小幅度峰值群（干草垛）。依据前面电机轴承失效过程的频域表现不难判断，此时电机轴承应该已经出现失效，并且处于中晚期阶段的状态。

面对这样的频谱，工程技术人员对电机的整体状态进行了评估，同时明确下一步分析关注的目标就是低次倍频信号以及高频小幅度峰值群的信号。

（三）电机振动频谱中相关振动信号的分离

经过对振动频谱的初步研判，工程师可以针对电机振动频谱的高频以及低频信

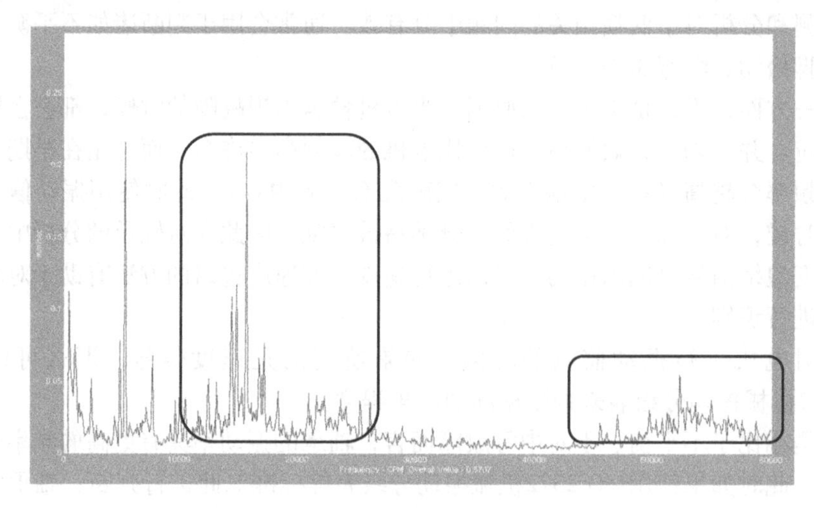

图 5-12　轴承失效振动的频域表现

号展开分析。在展开分析之前，需要收集一些电机连接的附属设备的信息，通过一定的观察和分析，将电机周围设备引起的振动与电机以及电机轴承自身的振动分离开来。从而尽量清理与电机或者电机轴承无关的振动信号，排除其他信号的干扰。例如：

- 判断振动的尖峰值是否出现在风机或者叶轮的通过频率处。
- 判断振动的尖峰值是否与轴上连接齿轮的齿数有关联。甚至可以由此对齿轮的问题进行一些判断。
- 判断振动是否与泵叶轮盘的频率存在某些关联。
- 观察周围连接机械的特征频率，同时判断所得到的频谱的尖峰值是否与周围设备的特征频率有关联。

如果这些振动与电机连接的齿轮箱、风机叶轮、带轮等周围设备有关，就需要根据这些设备相应的特征信号进行对比和确认。此时的振动频谱分析就不在电机轴承故障诊断的范畴中。

电机轴承的故障诊断与分析将对清理出来的与电机和轴承相关的信号进行下一步分析。

（四）电机振动频域信号的特性比对

至此，工程技术人员可以对前面采集的电机振动频域信号进行有针对性的特性比对，用以确定故障原因。

在故障初期信号研判阶段，根据整个振动的频域分布，工程技术人员可以对振动频域信号的高频和低频分别进行分析。

1. 电机轴承故障频域信号特性比对

电机振动频谱图中高频信号，多数与轴承相关。在本节第一部分中介绍了电机轴承失效在频域中的表现。从中可知，电机轴承失效越早期，其在频谱图上相应的高频信号的表现越弱。通过速度信号经过傅里叶变换后这些信号有可能显示不出来，并且这些振动的幅值与低频信号的振动相比也很小（在失效初期），有时伴有很多的干扰，在速度频谱中非常容易被忽略。此时我们使用加速度包络的方法，找寻电机轴承故障的特征。

加速度包络的测量方法就是将轴承频段信号中的重复失效信号与非重复信号分离开来。同时对重复信号进行加强，并显示峰值信息。这将可以使在速度频谱中被覆盖的轴承缺陷频率得以显示。

图 5-13 是对某轴承的失效振动加速度包络信号频谱。

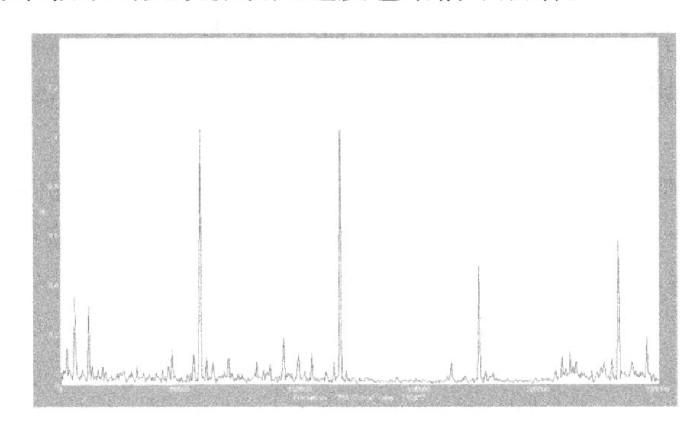

图 5-13 轴承失效振动加速度包络图谱

在图 5-13 中可以看到某些频率出现了峰值。工程技术人员可以根据本书介绍的电机轴承缺陷频率进行计算和对比，从而判断这个振动峰值来自于轴承的哪一个零部件。图 5-13 中，经过计算是该轴承的内圈缺陷频率，因此可以得到结论，此轴承内圈已经出现失效。

以此类推，可以判断是否存在轴承的外圈失效、滚动体失效以及保持架失效。

2. 电机其他相关故障频域信号特性比对

对于电机振动信号中的低频部分，多数与电机本身有关，同时这些振动异常带来的故障对轴承有很大影响，因此也需要进行相应的排查以确保轴承工作正常。

这类故障主要包括：电机对中不良、电机平衡不良、电机地脚松动、轴弯曲等。

这些特征频率主要分布在电机基频的 1、2、3 倍频附近以及相应的边频，在进行频域分析的时候需要首先确定这些频带幅值的关系，同时也要根据相位关系对故障进行准确界定。

当电机振动频谱和某种故障特征频谱经过比对存在一致性的时候，就可以对电机振动异常进行故障判定，从而完成电机振动信号频谱分析的工作。

对于电机轴承相关故障的特征频谱将在后面内容中进行详细介绍。

三、电机轴承的缺陷振动频率（缺陷特征频谱）

电机轴承在投入运行的时候存在一定的振动，而如果轴承的零部件（滚动体、滚道、保持架）存在某种缺陷，当轴承滚动经过这些缺陷点的时候就会激发相应频率的振动，这些振动的频率就是缺陷频率。对于电机轴承缺陷频率的比对是电机轴承频谱分析的重要一环。

轴承在出厂之后结构已定，当在电机上完成安装之后运转于一定转速之下的时候，轴承内部的运动状态也相对稳定，因此各零部件缺陷频率也会呈现一些稳定的特性（与转速相关）。由此我们可以将这些相对稳定的缺陷频率的特征作为对某个电机轴承运转时是否存在内部缺陷的一个判据。这样的方法是运用频域信号进行归类、对比的方法。由于缺陷特征频率具有较好的稳定性，因此这样判断的有效性也较高。

轴承运转的时候如果内圈有缺陷，就会在转动的时候出现内圈缺陷频率 BPFI（Ball Pass Frequency Inner Race，BPFI）。轴承内圈有一个缺陷的时候，冲击频率（内圈缺陷频率）为

$$\mathrm{BPFI} = \frac{Zn}{120}\left(1 + \frac{d}{D}\cos\alpha\right) \tag{5-1}$$

如果轴承外圈有缺陷，在轴承转动的时候会出现外圈缺陷频率（Ball Pass Frequency，Outer Race，BPFO）。轴承外圈有一个缺陷时候，冲击频率（外圈缺陷频率）为

$$\mathrm{BPFO} = \frac{Zn}{120}\left(1 - \frac{d}{D}\cos\alpha\right) \tag{5-2}$$

轴承的滚动体自转频率（Ball Spin Frequency，BSF）为

$$\mathrm{BSF} = \frac{Dn}{120d}\left[1 - \left(\frac{d}{D}\cos\alpha\right)^2\right] \tag{5-3}$$

轴承保持架转动频率（Fundamental Train Frequency，FTF）（也是轴承滚动体公转频率）为

$$\mathrm{FTF} = \frac{n}{120}\left(1 - \frac{d}{D}\cos\alpha\right) \tag{5-4}$$

式中 Z——滚动体数量（个）；

n——轴承转速（r/min）；

d——滚动体直径（mm）；

D——滚动体节径，即滚动体中心所在圆的直径（mm）；

α——轴承接触角（°）。

通过上述计算可以得到轴承每一个零部件的缺陷频率，事实上实际的缺陷频率由于生产制造的原因或者测量等的原因会与计算值有小幅度的偏差，在对电机轴承

进行故障诊断与分析的时候不需要追求严格一致。

电机轴承在稳定运行的时候，如果轴承失效还没有出现，那么轴承的各个零部件应该不会发生上述缺陷频率的振动，直到某零部件出现缺陷。而缺陷频率是表面缺陷的一个表征，通过缺陷频率的比对可以判断运行的电机是否存在轴承零部件表面的缺陷，至此完成了电机轴承振动的频谱分析。但是频谱分析对轴承缺陷频率的确定无法判断得出导致这个缺陷的原因。因此，对照轴承缺陷工作在轴承故障诊断与维护中依然是一个“定位”作用，不能称之为根本原因分析。这也是频谱分析和电机轴承失效分析需要综合运用的原因。

四、电机轴承相关故障的特征频谱

电机轴承相关故障包括电机的对中不良、不平衡、地脚松动、轴弯曲等。这些故障不仅引发了电机振动异常，同时也会对轴承造成严重的影响，大大缩短轴承的寿命。它们也是引发电机轴承故障的一些重要诱因。所以我们称之为电机轴承相关故障。

这些故障在振动频谱上呈现为基频或者基频的低倍频信号，并且具有非常独特的特征。工程技术人员在频谱分析最后的特征频谱比对环节使用这些特征频谱与采集的信号进行匹配，从而确定故障。

（一）对中不良

1. 对中不良的原因以及影响

电机对中不良会对振动产生十分严重的影响，电机轴上的轴承也会因此承受不当的负荷分布从而大大减少其运行寿命。

一般而言轴的对中不良包括角度不对中、平行不对中，以及复合不对中。如图5-14所示。

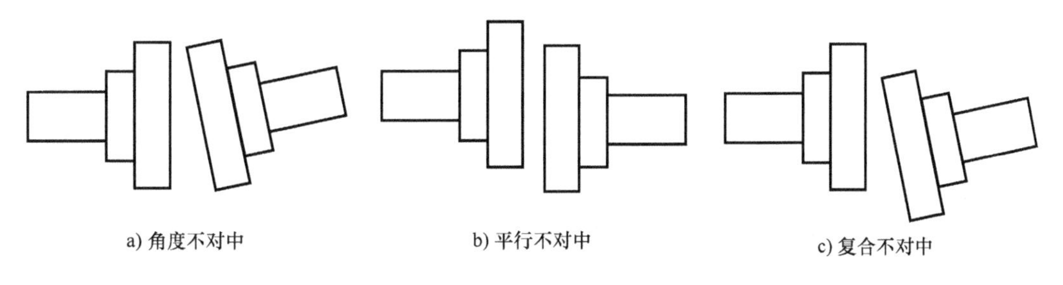

图5-14 轴对中不良

通常造成轴对中不良的原因包括：

- 热膨胀：设备运行的时候由于受到环境温度变化带来的热膨胀会对轴以及相关零部件的尺寸产生影响，从而引发对中不良。

● 冷对中：设备处于冷态时进行的安装和对中。当设备运行自身发热之后，轴的对中情况将会发生改变，从而引发的对中不良。

● 设备安装时候的对中不良。

● 地脚不平整带来的对中不良。

2. 对中不良的特征频谱与诊断

使用振动频域信号对电机对中不良的诊断一般是通过对幅值和相位的分析进行的。通过这些分析，可以确定对中不良是否存在，并对存在的对中不良类型进行识别。

（1）幅值分析　一般通过振动信号的幅值分析判断不对中情况主要是观察 1 倍频和 2 倍频之间的比例来进行的。对于存在对中不良的频谱图中，通常电机的 1 倍频幅值会出现高值，这个幅值高于电机正常运行时候的基频峰值；同时电机的 2 倍频会出现不同程度的幅值增加。2 倍频处幅值的增加可能从 1 倍频的30% ~200%。

考虑到连接的情况，一般情况下，可以使用以下原则对不对中情况的严重程度进行判断：

● 如果 2 倍频幅值在 50% 的 1 倍频幅值以内，说明此对中不良仍可接受，电机可以继续运行。

● 如果 2 倍频幅值在 50% ~150% 的 1 倍频幅值以内，说明此时对中不良已经比较严重，会对联轴器以及电机轴承造成伤害。

● 如果 2 倍频幅值大于 150% 的 1 倍频幅值，此时对中不良已经非常严重，应该立即调整对中。

（2）相位分析　相位分析是不对中诊断中的一个重要手段。条件允许的情况下，需要对联轴器轴向两端进行相位测量。需要注意的是，由于机械工况以及状态的离散型，相位测量可能存在 ± 30° 的偏差。

对于对中不良的故障而言，通过相位分析可以区分对中不良的种类：

● 角度不对中：在联轴器或者机械轴向两端的振动信号存在 180°的相位差。

● 平行不对中：在联轴器两端径向上存在一个 180°的相位差。如果在轴上将传感器从同一个轴承的水平方向向竖直方向移动，会有一个 0°或者 180°的相位移动。

● 负荷不对中：在轴向和径向上都存在一个 180°的相位差。

典型案例 19. 电机轴的对中不良

某工厂电机运行振动值大，对现场进行轴承振动信号采集，得到如图 5-15 所示的频域图形。

从图 5-15 中可以看到，电机的转速基频（71Hz，4237.5r/min）上有一个振动峰值，此峰值超过平常记录的振动值。同时在转速基频的 2 倍频（141Hz，8500r/min）处出现一个幅值超过基频幅值 50% 的振动幅值。从频谱上看，具备电机对中不良的特征，同时从幅值上可以看出已经处于一个严重的对中不良状态。经现场检查，存在复合不对中的情况。经过纠正，故障得以排除。

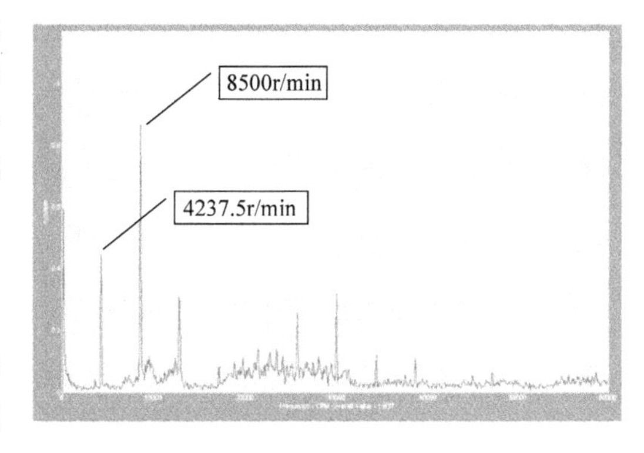

图 5-15 某电机轴对中不良的特征频谱

（二）地脚松动

1. 地脚松动的原因以及影响

电机在安装完成之后希望地脚和设备之间紧固连接，当地脚与相连设备连接不够紧密的时候，就是我们常说的地脚松动。电机在投入使用过程中可能会出现地脚连接松动的问题，其原因包括：

- 电机在进行安装的过程中，地脚安装锁紧不可靠。这样电机在运行过程中就会造成电机地脚安装部分的松脱。
- 电机在安装的时候如果存在地脚开裂等现象未被发现，经过一段时间的运行会出现地脚松动的现象。
- 电机安装时候具有可靠稳固的地脚连接，但是随着设备运行时间拉长，机械的振动导致电机地脚松脱。
- 设备零部件老化原因导致的电机地脚松脱。
- 轴承由于磨损带来剩余游隙过大，呈现的轴系统刚性不足。宏观上类似于轴系统地脚松脱现象。
- 电机地脚松脱现象发生之后会使电机振动增加，电机轴系统支撑不稳定，带来轴承内部额外的振动负荷，影响轴承寿命。

2. 地脚松动特征频谱与诊断

电机地脚松动会带来振动总值的增大以及相应特征频率幅值的增大。对电机地脚松动进行诊断需要使用频谱分析以及相位分析。

图 5-16 是某电机地脚松动的特征频谱。

图 5-16 中可以看到在电机转速基频倍频以及二分之一倍频处出现幅值较高的振动信号。随着频率的增加，峰值逐渐减少。这是典型的地脚松动的特征频谱，其特征可以概括如下：

- 在基频的 2 倍至 10 倍频率段内出现一系列基频二分之一倍频的振动幅值增加。且这些幅值超过基频幅值的 20% 。
- 对于刚性连接（没有联轴器或者带轮），径向 2 倍频的振动幅值增加提示可能存在地脚松动。

含有以上特征之一，就可以能存在地脚松动的问题。

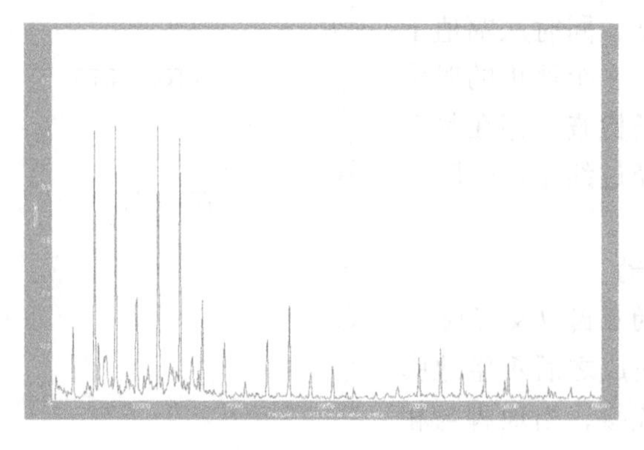

图 5-16　某电机地脚松动的特征频谱

（三）不平衡

电机轴系统的不平衡是电机健康管理中一个常见的不良状态。不平衡带来电机的额外振动也会对轴承造成伤害。

当电机轴系统的质量中心与几何中心不重合的时候，就会出现不平衡。一般电机的不平衡包括静态不平衡、动态不平衡、力偶不平衡几种。

1. 导致不平衡原因

导致电机轴系不平衡的原因包括：

- 电机生产加工时零部件的加工问题。
- 转子、风扇、叶片上的油残留物。
- 轴上负荷没有良好的对中。
- 风扇、叶片由于磨损等原因的材料消耗。

2. 不平衡的特征频谱与诊断

对电机轴系不平衡通常需要对振动总值、频域的频谱分析，以及相位分析等手段进行诊断。图 5-17 是一台电机不平衡时候的振动特征频谱。

图 5-17　电机不平衡的振动特征频谱

在频域信号的频谱图上，不平衡的轴系统会呈现一个一倍基频非常高的幅值振动信号。一般而言，其他原因导致的一倍基频幅值增加会伴有一定的谐波幅值的增加，而普通的不平衡引发的一倍基频振动增加，往往没有伴随谐波。当然如果存在严重的水平、垂直方向支撑刚性差异的时候，也会伴有一些谐波。

在相位信号上，不平衡的轴系统在水平和垂直方向上存在 90°的相位差。

电机轴系统不平衡的频谱特征涵盖如下特征：

• 径向一倍基频幅值明显增大，且谐波幅值小于基频振动的 15%，谐波含量少。

• 主要振动分布在径向，一倍基频振动幅值中等偏高，水平与竖直方向存在 90°相位差。

实际检测中，含有上述特征之一即可怀疑存在不平衡的情况。

（四）轴弯曲

电机轴如果存在弯曲就会带来轴的不平衡，振动增加，同时对电机轴承带来额外的负荷会大幅度降低轴承寿命。

1. 轴弯曲的原因

造成电机轴弯曲的原因有很多：对于细长轴的电机，由于轴的挠性问题，当电机没有运转的时候会出现一定的轴弯曲；在安装过程中对零部件的不当安装，有可能造成轴的弯曲；电机单边磁拉力的影响，也会增加轴弯曲的程度。

2. 轴弯曲的诊断与频谱特征

轴弯曲的诊断通常需要用到振动总值的测量、振动频谱和相位分析等手段。

典型的轴弯曲会产生一个类似于对中不良的振动频谱特征，在转速基频和二倍基频的频段发生幅值较高的振动信号。其振动幅值从 30% 基频幅值到 200% 基频幅值不等。

径向水平和垂直方向的振动相位与轴相位同相；轴向振动相位与轴相位相差 180°。当这两个条件同时满足的时候，可以判断为轴弯曲。

概括起来，轴弯曲的频谱特征是：振动在轴向基频一倍频处出现高值，轴向轴系两端振动存在 180°振动相位差。

第六节　电机轴承振动分析与其他分析方法的结合应用

前面分析了电机轴承振动分析在电机轴承故障诊断中的基本概念、实施步骤，以及基本分析的相关技术内容。事实上，对于电机轴承故障诊断而言，电机轴承的振动分析是工具之一，并非全部。在实际应用中，首先要了解电机轴承振动分析的边界条件，从而可以将振动分析的基本知识和其他相关电机轴承故障诊断知识进行结合使用，最终完成电机轴承故障的“定位”“定责”工作。找到导致故障的根本原因，并予以排除。

一、电机轴承振动分析的边界与限制

电机轴承振动分析是整个振动分析领域中的一个分支。振动分析可以针对包括电机在内的很多设备的振动情况进行分析处理，以其手段众多、工具丰富、应用便捷为很多工程师经常使用。也有不少专业从事振动分析的工程技术人员致力于应用

振动分析技术解决设备故障问题。

然而，振动分析本身也有一定的边界条件。从前面的介绍可以看出，我们对电机轴承的运行状态描述中，振动只是方式之一，有些电机轴承的其他运行状态可以间接地被振动信号体现，有些则不能。比如，电机轴承由于其他因素导致的早期问题，由于振动信号此时还非常小，经常难以测量；还有一些电机轴承设计的综合问题，振动分析也只能在振动得以体现的时候才能发觉。在初期故障出现的时候，往往难于判断。这种情况在电机厂出厂试验等初次运行的场合更加常见。此时没有振动历史记录，时域信号作用有限，而频域分析在早期又难以察觉。这是振动本身带来的限制。

进而，当电机轴承运行一段时间，通过振动信号察觉异常的时候，从前面介绍中我们可以看到，振动分析可以把整个设备作为对象，深入寻找设备存在的某些故障。这样是从系统层面，到达设备层面。比如，对中问题、地脚松动问题等，都是系统中的设备出现了某些异常。这样已经帮助工程技术人员进行了很好的"定位"，并且当故障发生于设备之间的时候，也已经完成了"定责"工作。对于电机而言，振动分析甚至可以再深入一步，探查到轴承本身哪一个零部件发生了故障(或者缺陷)，从而为设备维护人员提供更详尽的信息。但是，振动分析探明轴承某个零部件出现故障，却无法回答为什么这个零部件会产生故障。往往当电机轴承被判断为存在内部零部件缺陷的时候，对于工程技术人员能做的工作就是对轴承进行更换。但是如果找不到根本原因，相同的故障很有可能短时间内再次发生。

综上所述，我们可以对电机轴承振动分析的能力边界做如下概括：

第一，振动分析基于振动信号，只有故障振动显现的时候才能得以应用并进行分析。

第二，振动分析必须是在故障发生之后才能进行的分析，即便是预测性维护也是用以往故障信号作为参考的归类推断，无法做事前检查。

第三，对于电机轴承而言，振动分析不是根本原因分析。它可以帮助工程师聚焦于轴承的失效，但是不能继续分析导致失效的原因。

对电机轴承进行故障诊断与分析包括故障发生之前的预防检查、运行时候的故障预警、故障发生后的故障原因分析等方面。可以看出，虽然振动分析有其自身能力的限制，但依然在整个过程中起到重要的作用。为达成电机轴承故障诊断与分析的所有目的，就需要将振动分析与其他相关技术紧密结合，综合运用。

二、电机轴承振动分析与失效分析的关系

前已述及，电机轴承故障诊断中，振动分析可以帮助工程师界定振动问题发生的对象是轴承的哪一个零部件，还是轴承以外的相关设备。现场分析的时候一旦到了这个阶段，往往就需要对轴承进行拆卸并进行轴承失效分析。轴承失效分析被称之为轴承失效根本原因分析（Root Cause Failure Analysis，RCFA)，后续章节会进

行详细阐述。

在这个过程中振动分析作为轴承失效分析的前序工作起着十分重要的作用。首先电机轴承失效分析需要对轴承进行拆解。当故障不严重的时候，如果没有振动分析，现场的工程技术人员很难判断是否需要对轴承进行拆解。轴承的拆解往往是不可逆的，拆解的轴承多数都无法被重复使用。如果轴承本身失效并不严重，或者故障本身并非由轴承引起的，而此时轴承并没有被严重损坏，依然可以继续使用，那么这样的拆解就会造成浪费。

另一方面，轴承失效分析面对的失效轴承失效越严重，各种失效因素错综复杂，就会更难以判断。通常而言，轴承的失效分析越在早期进行，就越有利于准确地找到原因。如果不做振动监测与分析，等到电机轴承彻底无法运转的时候再进行失效分析，就会造成极大的分析难度，并降低分析结论的准确性。

所以，过早、过迟的进行失效分析都不是最好的方案。此时振动分析就可以起到十分重要的作用。

总之，振动分析可以根据振动的时域状态，对轴承的健康状况进行评估，从而选择最好的失效分析，以确定故障根本原因，同时减少非计划停机的风险。

振动分析的时候可以在拆解电机和轴承之前，将一些并非轴承引起的故障进行“定责”，从而避免这些故障对轴承造成更严重的损伤，比如对中问题、平衡问题、地脚松动问题等。

电机轴承振动分析与轴承失效分析是电机轴承故障诊断的重要技术与手段。两者的紧密配合可以极大地提升故障诊断的准确度，并为彻底排除故障诱因提供依据，为下一步维护保养工作提供有力参考。

三、电机轴承振动分析与其他分析的结合

电机轴承出现故障的过程中与出故障后的分析过程中失效分析与振动分析的手段是主角，但是对电机轴承故障出现前的预防过程中还需要其他的相关技术；另一方面，即便在故障过程中的诊断工作中，其他技术也可以提供有力支持。

例如，在电机运行之前对内部设计的检查，在故障出现而轴承未拆解之前，工程技术人员需要综合运用电机轴承应用技术，检查轴承状态，失效时候的周围工况等各个因素。在拆解轴承的时候，为保证最低程度的对轴承造成次生伤害，也需要对轴承安装拆卸知识的了解。

总而言之，整个电机轴承故障诊断与分析是一个多种技术综合运用的过程，过分强调某种技术的全能性是片面的。

第六章　电机轴承噪声分析方法

电机轴承的噪声问题是电机轴承故障诊断与分析中经常遇到的一大类问题。事实上，电机轴承的噪声是电机轴承运行状态的一个表现，而电机轴承的噪声信号属于电机轴承的运行参数范畴。所谓的电机轴承噪声问题就是电机轴承运行的时候表现出的噪声与正常状态存在差异的情况。工程技术人员对电机轴承的噪声要求来自于两个方面：第一，电机工况对噪声绝对值要求比较严格；第二，这些异常的噪声可能反映某种潜在的故障。

电机轴承噪声问题也是电机故障诊断与分析中非常难的问题。这其中有电机轴承噪声问题本身难度的原因，也有对工程师实践与知识要求较高的原因，还有这些知识难于被描述、传授和总结等原因。

首先，电机轴承的噪声问题是电机轴承故障诊断中非常显著又难以解决的问题。究其主要原因为：一方面，电机轴承的噪声是最直观的电机轴承运行状态的体现，工程技术人员对噪声的感受最直接，也最容易定性的进行粗略的判断。因此电机轴承噪声问题十分容易引起关注；另一方面，电机轴承的噪声相比于其他运行参数指标，具有测量难度高、测量准确性差、容易被干扰等诸多特点，对噪声的定量分析不易实现，由此增加了噪声问题诊断的难度。所以，电机轴承噪声问题在现场经常是易于发觉，却又难以确诊，这是电机工程技术人员最头疼的电机轴承相关的故障类型。

其次，轴承噪声问题的理论学习也对电机工程技术人员提出了一定的要求。轴承噪声问题的理论知识有相当的难度，虽然对电机轴承噪声问题的研究本身在理论上虽然比较完善，但是理解起来并不容易。同时，理论研究多是在完善的试验条件下，通过准确完整的噪声测量和采集手段进行的相应分析。而事实上，电机等机械设备在实际使用工况中几乎不可能有如此完善的试验设备以及数据。因此即便是对于很多理论上可以被学习和解决的问题，在现场中进行实际实施中也会遇到各种各样的麻烦。

另外，对于电机轴承噪声的实际工程应用问题的研究和知识传授也存在一定的困难。比如，电机中轴承实际的噪声如果不通过严格的仪器、仪表测量，很难用形容词来形容一个噪声的状态。有些资料里使用各种拟声词试图描述噪声状态，然而不同工程师对于拟声词的理解又不完全一样，无法完全统一。这也为电机轴承噪声问题的实际应用和相应技术学习带来了难度。

正是由于存在这些难度，电机轴承噪声问题的故障诊断与分析在过去更多地依赖于现场的经验。也就是说一个工程师听多了各类噪声，形成良好的记忆之后可以与实际情况中的噪声进行比对。这样的对比在不同工程师之间存在差异，也导致了电机轴承噪声问题诊断结论一致性的问题。

随着技术手段的发展，现在也有一些资料不仅仅是文字、图片的信息，一些轴承噪声可以以音频的方式被记录，这样为工程师的学习提供了更有力的依据。

虽然电机轴承噪声问题的故障诊断与分析存在上述各种难处，但是作为一个知识体系，其依然具有一定的规律和逻辑关系。并且在学习了电机轴承噪声与振动的关系之后，也可以帮助工程师用更加可靠的方法收集“声音”的信息。

本章将针对电机轴承噪声问题的故障诊断与分析的基本知识，以及一些现场的处理方法展开阐述。正是由于前面提到的这些难度，本章的阐述依然会遇到一些麻烦。在不得已的情况下，也会引用一些“拟声词”尽量用语言描述声音。

第一节　噪声的基本概念

一、噪声的概念

一个物体在振动的时候，其振动通过空气等介质传播。空气以疏密波的形式将这个振动传导到人耳的鼓膜。一般而言频率在 20Hz ~ 2kHz 的声音可以被人耳识别，我们称之为声音。

从这个描述不难发现，声音来源于振动。人耳能识别的声音也仅仅是在一个频率段通过空气传播而来的振动信息。换言之，声音的本质是振动，是被人的听觉感知到的振动。

就振动而言，还有未通过空气传播的部分；也有通过空气传播但是频率在可听声音频率范围之外的部分（就是我们常说的超声波）。这些振动都在我们声音的定义之外。所以可以大致的认为，声音是振动中的一类。因此振动的分析方法可以在声音的研究中使用。事实上很多声音的研究就是如此展开的。在工程实际现场中，振动的信号采集使用振动传感器，声音的信号采集使用的是传声器等，而对于采集来的信息的分析方法几乎可以通用。

在一些资料中将声音依据其传播途径不同划分为空气声（airborne noise）和结构声（structure - borne noise）。本书中提到的电机轴承噪声都是指空气声，即通过空气传入人耳被听觉感知的部分。本书中所说的振动应该属于结构声，即被振动传感器感知，而不一定可被人耳听到的部分。

噪声是被人耳感知的振动，因此对噪声的评价中除了对声音的产生、传播等客观因素进行描述以外，还有一类对人类的主观感受的研究，叫作心理声学（Psychoacoustics）。比如，对一个声音的大小、传播速度的研究是客观研究；但是对一个声音是否“难听”的研究，就是一种对主观感受的研究，这部分的研究就属于心理声学的范畴。

随着工业的发展，人们对产品的要求越来越高，而电机有时候又会以日用品的形式进入人们的生活，因此有时候对电机的噪声研究除了绝对声音大小的研究，还包括对“听感”的研究。例如空调电机中的噪声问题。在用传统的声音绝对测量方法进行测试的时候，有时候各项指标完全达标的产品就是会被客户投诉噪声问题。客户投诉的噪声问题是电机“听起来有噪声”，并不是电机测量起来有噪声，就是我们说的心理声学问题。

目前对电机轴承的心理声学研究并不深入，但是一些心理声学的基本概念是可以被电机工程技术人员引用和借鉴的。

二、噪声的特性

噪声的特性有很多，本书仅仅就相关常用的几个特性进行介绍。更多相关内容读者可以自行查找相关资料。

由于人体对声信号强弱刺激的反应是呈对数比例关系的，因此我们用分贝来表达声学的量值，记为 dB。所谓分贝就是对两个相同物理量之比取以 10 为底的对数并乘以 10（或者 20）。

$$N = 10\lg\left(\frac{A1}{A0}\right) \tag{6-1}$$

式中　N——分贝（dB），是个无量纲值；

　　$A0$——基准量（参考量）；

　　$A1$——被量度量。

被量度量和基准量之比的对数被称为被量度量的“级”。

（一）噪声的基本特性参数

1. 声压/声压级

声压是由于声波的存在而引起的压力增加值，其单位为 Pa。声波在空气中是以疏密波的形式传播的，因此声压的变化也是交替的。通常讲的声压是指声压的有效值，被称之为有效声压。

声压级是被测点的声压与基准参考声压之间的比对。

$$L_p = 20\lg\left(\frac{P}{P_0}\right) \tag{6-2}$$

式中　L_p——声压级（dB）；

　　P——被测声压（Pa）；

　　P_0——基准参考声压（Pa），一般取人的听阈声压 2×10^{-5} Pa 为规定的基准参考声压。

2. *声功率/声功率级*

声功率是指单位时间内，声波通过垂直于传播方向上某指定平面的声能量。单位是 W。在噪声监测中声功率指的是声源释放的总功率。以电机为例就是围绕电机的一个球面内声能量的总和。

声功率与参考基准声功率的比值常用以 10 为底的对数的 10 倍，就是我们说的声功率级，单位为分贝。

$$L_w = 10\lg\left(\frac{W}{W_0}\right) \tag{6-3}$$

式中　L_w——声功率级（dB）；

W——被测声功率（W）；

W_0——基准参考声功率（W），一般取10^{-12}W 为基准参考声功率。

3. *声强/声强级*

声强是指单位时间内，声波通过垂直于传播方向上某指定单位面积上的声能量，单位是 W/m^2。声强就是在面积上的声功率密度。

与前面的概念类似，声强级就是与参考声强的比值再取常用对数的 10 倍。

$$L_i = 10\lg\left(\frac{I}{I_0}\right) \tag{6-4}$$

式中　L_i——声强级（dB）；

I——被测声强（W/m^2）；

I_0——基准参考声强（W/m^2），一般取$10^{-12}W/m^2$为基准参考声强。

可以用一个比喻更有助于读者理解上述几个概念之间的关系：

一根蜡烛点燃，蜡烛燃烧发出的热量总值可以类比为声功率。离蜡烛一定距离感受到的热量可以比作声压。很显然，距离蜡烛越远，热量越小，声压也相对减少。而不论测量距离多远，包围蜡烛球面上的热量总值都是蜡烛燃烧的总热量。可以类比为声功率与测量距离无关；而声压于测量距离有关。

相应地，如果测量面是一个球面，那么测量距离越大，球面积就越大，相同的热量在单位面积上的密度就变小，且与测量距离的二次方成反比（球面积公式可以推知）。相类似的，测量距离越远，声强就越低，且声强的大小与测量距离的二次方成反比。

（二）噪声的心理声学特性

心理声学是研究声音和它所引起的听觉之间关系的一门学科，它指的是人脑解释声音的方式。相同声强的声音，带给人们的听感大有不同。

从心理声学的角度上看，它研究的主要主观属性包括：响度、音调、音色、音长，其声学属性包括余音、声隐蔽、非线性等。

其中“响度”的概念在电机轴承应用中值得电机工程技术人员进行适当的

了解。

1. 响度

响度是一个标志声音听起来有多响的特性。响度不仅与声音的强度有关，也与频率有关。

响度与声音强度的关系不难理解，声音的强度越大，也就是我们常说的音量越大，听起来自然就更加的响。心理学研究的结果是响度与强度的对数成正比。

响度与频率的关系就没有强度那么直接。但是日常生活中是可以被感受到的。比如用指甲划玻璃，即使声音的强度不大，也会让很多人听起来很刺耳，感觉很响。近代心理物理学家为响度定量制定了判断试验，并建立了响度的量表，定义响度单位为宋（son），响度级单位为方。

图6-1是等响度曲线，这个曲线是用不同声压级的800Hz纯音作为参照，通过平衡试验得到的曲线。从图6-1中可以看出在同一条响度曲线上，虽然各个不同频率点的声压不同，但是其响度值均相同。换言之，听起来一样响的不同频率的声音，其声压级是不同的。

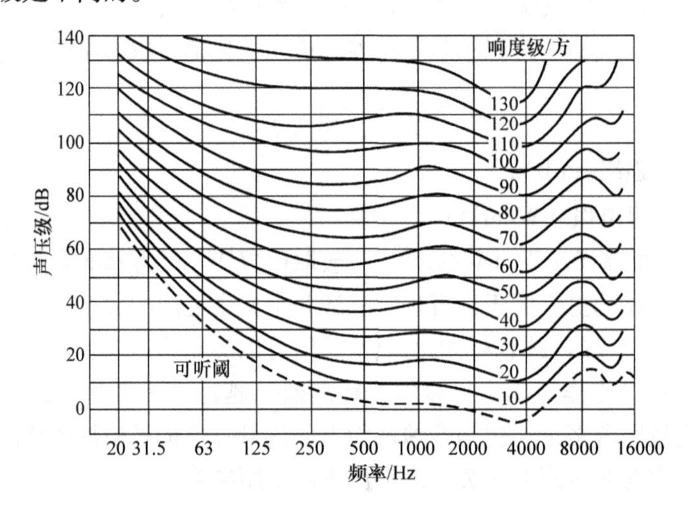

图6-1　等响度曲线

这条等响度曲线，是一条非线性的曲线，从图6-1中可以看到等频率的声音，声压级与响度成正比；但是相同声压级上频率与响度的关系却是非单调的。

2. 其他（音调、音色、音长）

心理声学对声音的特性度量还有诸如音调、音色、音长等诸多方面。但是对于电机的生产制造和使用而言，不论是用户还是生产者对这些都不会十分关注，因此本书不做展开。

一般对于电机而言，电机噪声测试多采用噪声测试仪，测试声压、声功率或者声强。但是这样的测量是没有从响度角度衡量的。这也解释了为什么一些电机噪声测试结果合格，但是听起来不合格。当电机工程师对响度概念有足够了解的时候，就可以有针对性的通过一定的调整，生产出“听起来不响”的电机。

第二节 电机轴承噪声中的固有噪声

从噪声的基本概念我们知道，振动往往是噪声的激励源。同理，对于电机轴承而言，其发出的噪声也是由轴承内部的振动作为激励源而引发的。当这些作为激励源的振动通过空气传播到人耳，并可以被听到，这就是电机轴承的噪声。与电机轴承的固有振动一样，这些固有噪声通常是难以彻底消除的，相应的这样的噪声也不意味着轴承内部存在故障。

在第五章第三节我们详细描述了电机轴承的固有振动。它们主要包括：

- 负荷区滚动体交替引发的振动
- 滚动体与保持架碰撞引发的振动
- 滚动体与滚道碰撞引发的振动
- 轴承内部加工偏差带来的振动
- 润滑引起的振动

上面这些轴承本身的振动是一个完好轴承也无法避免的振动，是轴承的固有振动，换言之也就是一个正常的振动。

而作为激励源，由于这些振动也会引发相应的噪声。所以在电机轴承的噪声方面也同样包含了以下几个方面：

- 负荷区滚动体交替的噪声
- 滚动体与保持架碰撞的噪声
- 滚动体与滚道碰撞的噪声
- 轴承内部加工偏差引发的相关噪声
- 润滑引起的噪声

一、电机轴承负荷区内滚动体交替引发的噪声

电机轴承在负荷区最下端，其滚动体数量随着轴承的运转发生奇偶交替，这种运行状态称为轴承噪声的一个激励源（关于这个振动产生的原因参见第五章第三节）。从这个噪声的激励源可以看出，其振动的强度相对较大，其振动的冲击力相当于这个轴承承受的径向负荷。因此这个振动在电机轴承中听感比较显著。另一方面，这个振动发生的频率与轴承转速和滚动体数量有关，所以这个声音听起来的频率也会与轴承的转速以及滚动体数量相关。在电机匀速转动的时候，这个噪声应该是均匀发生的。工程实际的现场中，通过各种听诊措施听到的均匀稳定（转速稳定的时候）“呼噜”声，就是这种滚动体交替带来的噪声。读者不必在意拟声词，重要的是这个噪声的特性应该和转速相关，在稳定转速下具有均匀稳定的特性。且

这个振动是一个刚性负荷下的碰撞，因此噪声的频率不会很高，在一般电机转速下，不应该呈现尖锐的噪声状态。这种噪声是电机轴承运转时应有的不可避免的正常噪声。

二、电机轴承滚动体与保持架碰撞的噪声

第五章第三节讲述过，电机轴承在运转的时候，滚动体在负荷区内部和外部的运动中会与保持架发生碰撞，从而也就成为这类噪声的激励源。这个噪声在滚动体和滚道碰撞的时候就会发生。

在负荷区内部，负荷区最下端处于滚动体交替的状态，当此处为两个滚动体的时候，内圈会把滚动体向两侧挤压，从而发生滚动体与保持架之间的碰撞，引发噪声。

同样在负荷区内部滚动体碰撞保持架以修正保持架的公转速度，也会因为碰撞而引发噪声。

在非负荷区，保持架碰撞滚动体以引导滚动体并修正其公转速度，此时同样会因振动引发噪声。

这些噪声中后两个两种情况发生的概率比第一种更多。而振动的主体是保持架与滚动体。引发振动的力与滚动体交替的情形相比，显得更弱。

不难看出这个噪声也与轴承的转速相关。电机轴承如果稳定运行于一个转速的时候，这种噪声会相对稳定。并且由于引发振动的力不是最大，因此在定速运行的轴承中，这个噪声应该是均匀稳定的，且不是最大的。

但是如果电机轴承出现变速，那么保持架与滚动体因为修正公转速度而发生的碰撞将加剧，此时这类碰撞带来的噪声也更加显著，有时候甚至会成为电机轴承噪声的主体。比如，电机的边频调速、起动、停车等工况下。

典型案例 20. 电机轴承起动时的噪声问题

某电机厂生产的中小型电机在电机起动加速和停机减速的时候出现明显的电机轴承噪声，而这个噪声在电机稳定运行的时候并不显著。

经过实地检查，这些电机采用的是两个深沟球轴承结构，其中一端轴承定位，一端轴承浮动。轴承定位正确，电机其他设计、配置完好。

但是电机没有对轴承施加预负荷。经过检查，建议对电机添加一个稳定的预负荷，电机起动变速过程中的噪声随即明显改善。

事实上很多电机厂都知道对深沟球轴承施加预负荷可以减少电机轴承噪声，但是却不明白其中的原因。其实这样做的目的就是通过轴向预负荷使深沟球轴承滚动体的受力状态发生改变。见图 6-2。

图 6-2 中左侧为没有施加轴向预负荷的深沟球轴承非负荷区滚动体与滚道的位置关系。此时轴承内部有剩余游隙，滚动体的运动状态修正完全依赖于保持架。当

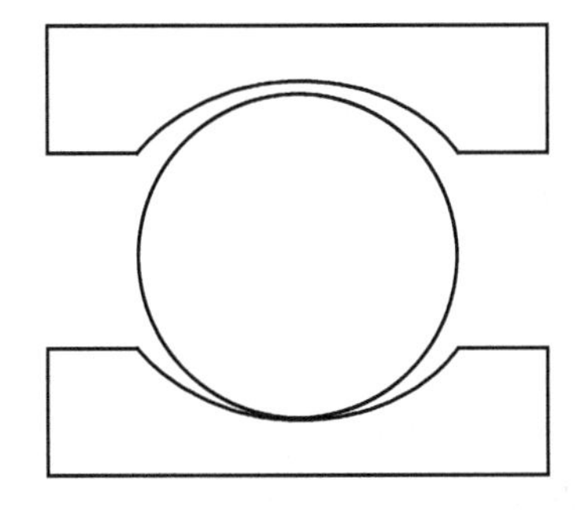
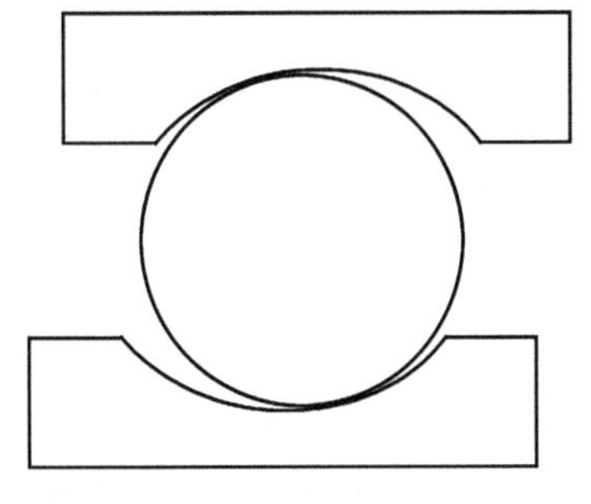

图 6-2　深沟球轴承施加预负荷前后非负荷区滚动体与滚道位置关系

电机起动、停止或者变速的时候，保持架就会与滚动体发生比较大的碰撞，从而引发噪声。

图 6-2 中右侧为施加轴向预负荷后深沟球轴承非负荷区滚动体与滚道的位置关系。此时，由于轴向预负荷的作用，滚动体被内、外圈滚道轴向夹住，此时电机起动、停止或者变速的时候，滚动体的运动状态修正主要依赖于其与内外圈的摩擦，而不是与保持架的碰撞。

在负荷区内滚动体和保持架之间的关系也与上述类似，读者可以自己推知，此处不赘述。

由此可见，施加轴向预负荷之后，大大减少了滚动体与保持架由于相互修正运动而引起的碰撞以及由此带来的噪声。在电机稳定运行之后这个差异显现得不如电机变速状态下更明显。因此对于变速电机、频繁起动的电机等工况，使用轴向预负荷的方式可以减少深沟球轴承的运行噪声。

典型案例 21. 1. 5MW 双馈风力发电机非轴伸端轴承噪声

某电机厂生产的 1. 5MW 双馈风力发电机在出厂试验的时候发现轴承噪声偏大无法出厂。

现场检查发现，该双馈风力发电机采用的是双深沟球轴承结构，一端定位、一端浮动。轴承选型、结构设计等均正常。在出厂试验的时候，电机厂将电机平放进行测试。和案例 20 相同的是，这个电机依然没有设置轴承预负荷。笔者现场要求工程师把电机一端地脚提升 10cm，一端不动。然后开机试验，发现噪声问题消失。最后并未建议厂方对轴承系统施加预负荷。

这是因为双馈风力发电机在安装的时候由于风力发电机结构的原因，一般会有一个 5°的倾斜角，轴系统的 5°倾斜安装使电机转子重力产生轴向分量。而这个轴向分量刚好可以给电机轴承系统施加预负荷。而实际厂家测试现场，工程师将电机水平放置，因此导致这个轴系统没有轴向预负荷，深沟球轴承噪声偏大。将电机一端地脚提升，就是使整个轴系统出现倾斜，给轴系统一个轴向的重力分量作为预负荷，深沟球轴承噪声随即消失。

这个案例中，厂家的设计人员考虑了轴向预负荷的作用，而在测试的时候并没有按照真实工况的状态还原，使电机轴承系统内部负荷分布与正常情况偏离。

典型案例 22. 低速大扭矩曳引电机轴承的落珠声

永磁无齿曳引机是广泛应用的电梯曳引机类型，这类曳引机的主体是一个低速大扭矩的永磁同步电机。整个曳引机结构中省去了齿轮箱，由曳引机直接带动曳引轮拖动电梯轿厢。尤其在电梯到达每一层停机平层的时候，通过控制使电机运行转速逐渐降低，为了提升乘客的乘坐感受，这个降速的过程需要十分平顺。因此这种曳引机有可能运行在极低转速下，其转速可以低至 0.5r/min。

这种电机有时候采用调心滚子轴承结构，承受较大的径向负荷。

生产这类电机的时候，会进行低速试验。当电机运行在较低转速的时候，可以明显听到电机轴承里发出的“嗒、嗒”的声音。当电机转速升高，这个声音就消失了。这个声音只出现在低速情况。

在低速下，当电机轴承的滚子处在非负荷区的时候（这种工况下，通常是卧式电机水平安装，因此非负荷区位于轴承径向竖直方向的上半部分），滚动体在滚道表面缓慢公转。当滚动体经过内圈的最高点的时候，由于重力的原因，滚子会在转速方向的上部运转到一定角度的时候，在保持架兜孔内出现跌落。滚子在从保持架的一侧跌落到另一侧时候与保持架发生碰撞，从而产生了“嗒、嗒”的声音。

在理解了这个声音的原理之后，我们认为这是一个正常的噪声，并不意味着轴承内部存在某种故障。后来这类电机经过长时间使用，未见由此而引发的轴承故障以及失效，这也证明了这种“落珠声”并非故障现象的结论。

后来，随着轴承设计水平的提高，基于对落珠声的理解，一些轴承厂家改善了轴承兜孔的形状，使这个噪声得以改善，但是依然难以彻底消除。

三、电机轴承滚动体与滚道碰撞的噪声

电机轴承运转的时候，如果轴承内部存在剩余游隙，滚动体在滚道内运行的时候在非负荷区以及进出负荷区的时候会与滚道发生碰撞而产生振动。有这个振动作为激励源就会引发相应的噪声。

不难看出，这个噪声的出现与轴承内部剩余游隙相关，剩余游隙相对越大，滚动体的振动空间就会相应更大。通常我们说的游隙大的轴承噪声表现相对于游隙小的轴承会更差就是这个原因。

同时，这个噪声应该也是相对均匀稳定的，并且不应该是一个非常高频（尖锐刺耳）的噪声。

对于深沟球轴承，使用轴向预负荷的方式一方面消除了前面所说的滚动体与保持架之间的碰撞噪声，同时由于施加轴向预负荷同时消除了轴承内部的剩余游隙，因此轴承在非负荷区滚动体在滚道内没有了振动的空间，因此这样的做法也消除了

滚动体与滚道的碰撞噪声。

但是对于电机中常用的圆柱滚子轴承而言，就无法通过施加预负荷的方式来解决滚动体与滚道之间碰撞的噪声问题。但是对于圆柱滚子轴承，一个比较合理的工作状态就是需要有一个剩余的工作游隙，这是一个矛盾。一方面，使用圆柱滚子轴承的场合一般是比较重负荷的情况，这种情况下对电机总体噪声的要求就不会特别高，允许一定的电机轴承噪声；另一方面，工程技术人员理解这个碰撞的声音是一个正常存在的运动现象，并不一定代表轴承的某种故障，也就可以接受了。

典型案例 23. 某电机厂圆柱滚子轴承噪声大

某电机厂生产的中型电机，采用一端深沟球轴承，一端圆柱滚子轴承的结构配置形式。电机轴伸端承受相对比较大的带轮负荷，圆柱滚子轴承置于轴伸端，承受这个径向负荷，同时作为浮动端轴承。该电机厂的用户经常抱怨这个型号的电机轴伸端轴承（也就是圆柱滚子轴承）噪声偏大，尤其是在出厂试验或者进场验收试验的时候。

经过检查，该电机结构设计等均未见异常。两端轴承均选择 C3 游隙的轴承。随后笔者建议将圆柱滚子轴承改做 C3L 游隙，此轴承噪声问题大为改观。同时向用户解释了轴承发生噪声的原因，也被用户接受。

这样改进的原因是：首先，这台电机轴伸端轴承——圆柱滚子轴承的这个噪声，经过检查后判断其并非故障噪声。对这个噪声是可以有效进行控制的。对于这种重型电机在较重负荷的工况下选择 C3 游隙的轴承是相对合理的。但是同样是 C3 游隙的轴承为什么深沟球轴承未见如此明显的噪声呢？读者可以对比轴承游隙的标准值（见本书附录 3 和附录 4）中深沟球轴承和圆柱滚子轴承相同组别游隙的数值不难发现，圆柱滚子轴承的相同组别游隙比深沟球轴承大，考虑安装和电机发热带来的游隙减小量（这个客户是开机试验，在这个案例里发热带来的游隙减小量几乎可以忽略不计），最后圆柱滚子轴承的工作游隙（剩余游隙）比深沟球轴承大，所以轴承运转的时候其滚动体与滚道碰撞的空间也相对较大。如果可以适当地减少游隙，将有利于减少由此带来的轴承噪声。一般而言，从安全性角度来看，电机厂对于这样的电机不大会选择普通游隙的圆柱滚子轴承，那么笔者就建议选择 C3L 游隙的轴承。C3L 游隙是在 C3 游隙的范围内中断偏下的一段游隙值。一些品牌都可以提供这个游隙段的圆柱滚子轴承。即便轴承厂家没有 C3L 的标准游隙，依然可以很方便地从 C3 游隙中选出符合标准的轴承，同时不会增加成本。这样就兼顾了工况需要选择 C3 游隙的需求和适量减少剩余游隙的意图。最终大幅度降低了这类批量生产的电机轴承噪声问题。

四、轴承内部加工偏差引发的相关噪声

轴承在生产制造的过程中，其各个零部件会有一定的加工偏差，尤其是滚道相

关零部件的某些相关表面的尺寸，对电机轴承噪声影响十分大。其中最重要的是波纹度。滚动体在滚道上运转，这样的加工偏差就相当于车轮经过的路面不平整，或者车轮不圆，这就必然会引发轴承的振动，并引发噪声。

关于电机轴承加工质量的部分，会在轴承厂家出厂试验过程中进行检查。但是无论如何，轴承厂都不可能生产出理论上的“完美轴承”。这个原因导致轴承运转的时候必然会有一部分相应的噪声。

当然，电机厂可以根据不同的需求选择不同精度等级的轴承。对于一些对精度要求很高的场合，可以选择高精度轴承。随着轴承精度的提高，由加工偏差带来的轴承噪声就会相对减弱。但是不建议一般的工业电机厂仅仅因为噪声偏大而选用高精度轴承，这不仅仅在成本上会造成浪费，而且轴承周围零部件精度如果不能匹配，高精度轴承带来的噪声改善也十分有限。

典型案例 24. 某电机厂采用高精度轴承试图降低噪声

某电机厂主要生产小型电机，由于经常出现电机轴承噪声问题，改用高精度轴承，以期望可以改善轴承噪声问题。该厂的技术人员认为，既然轴承出现噪声，那么改用高精度轴承，提升轴承质量等级，应该可以使噪声减小。经过一段时间的使用，虽然噪声状况有些许改观，但是问题依然频发。

笔者到现场检查，发现轴系统轴承布置没有明显问题。但是当检查轴和轴承室的零件尺寸和几何公差的时候发现与轴承相关的这些零部件都有很高的超差率。询问该厂质量和技术相关工程师，他们认为轴承是关键零部件，只要轴承精度足够高，周围零部件应该不会影响很大，并且希望通过轴承的高精度来弥补零部件的加工尺寸问题。

事实上这样的认识是完全错误的。轴承需要安装在轴上，如果轴的尺寸不合格，轴承形状不是合格的圆柱形，那么安装上去的轴承就会出现变形。不论轴承本身精度如何，轴承内部变形带来的噪声都无法消除。轴承的高精度，在这个工况下不可能弥补零部件尺寸的大偏差。尺寸链上的连接，几乎可以遵循短板理论，往往尺寸最差的那个对总体的影响最大，此时无论如何改善相对较好的那个零件，电机总体依然无法合格。

后经笔者建议，选出若干合格的零部件，使用普通精度轴承组装，并未发现轴承噪声超差的情况。

五、润滑引起的噪声

电机轴承在运转的时候，通常轴承内部是有填装润滑的。轴承滚动体在滚动的时候势必会对润滑脂进行搅拌，由此可能产生相应的噪声。

电机轴承润滑在正常情况下搅拌润滑脂的噪声与润滑剂的稠度、滚动体的形状等有关，但是总体而言在电机轴承噪声中所占比例不大。

第三节　电机轴承噪声的现场检查与诊断

第一节中介绍了噪声的一些特性以及指标。这些指标在实验室里是可以被准确测量的，但是在很多电机厂以及电机用户的现场，这些指标的现场测量由于条件所限，往往难以实现。本节介绍电机生产、使用现场对轴承噪声的检查方法。

一、电机轴承噪声的现场检查

电机轴承的噪声检查一般是在电机完成组装或者电机已经投入使用之后的过程中进行的，一般在生产现场，如果采集电机轴承的噪声会遇到比较大的干扰。首先是电机本身的干扰。轴承装在电机里运行，电机里各个机械零部件发出的声音、电机电磁噪声等和轴承噪声混杂在一起，往往给测量带来很大难度。这种情况下采集的噪声是电机本体的噪声，不是电机轴承的噪声。另一方面，电机运行的场地周围有很多设备或者干扰噪声，这也对电机轴承噪声的采集提出了环境要求，往往这些要求都难以达到。

事实上，要想对电机轴承的噪声进行分离，可以使用专门的频谱分析手段。这种方法和振动分析的原理类似，但是在电机的应用工况中，较少有人使用类似的方法。

在实践中，可以通过电机断电的方法分离电机内部电磁噪声与机械噪声。具体做法就是电机运行一会儿，将电机断电，此时电机内部没有电磁过程发生，也没有产生电磁噪声的激励，因此此时听到的噪声应该是电机的机械噪声。这种方法经常被使用，只是一方面这种方法只能观察电机断电时候的机械噪声而非实际工作状态下的机械噪声；另一方面这样的方法依然无法将电机轴承噪声与电机其他零部件的噪声分离开来。

现场中对轴承噪声现场检查方法中最常用的工具是听音棒。这个工具在前面章节中有过介绍。它是一根细长的金属棒。使用听音棒的时候务必将听音棒一头紧紧抵在最靠近被测轴承的地方；另一端要紧紧抵在耳朵的耳屏上，耳屏盖住外耳道压紧。耳屏位置如图 6-3 所示。

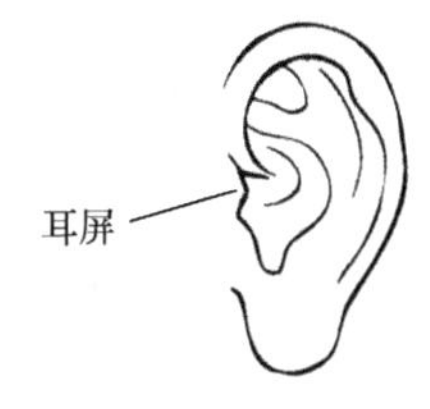

图 6-3　耳屏位置

理解了第一节中关于空气声和结构声的概念就可以明白使用听音棒的原因。首先，听音棒两端抵紧，这样声音是通过听音棒本身从轴承室附近传到耳屏。并且听音棒抵住最靠近被测轴承一侧的位置，因此传递来的声音（实际上是振动）中，轴承的部分占绝对多数。这样有效地衰减了其他电机噪声的干扰；另一方面，从耳屏到鼓膜之间的外耳道在抵紧的时候被封闭住，因此屏蔽了其他环境干扰噪声进入耳道。经过这两道屏蔽，耳朵听到的由听音棒传导来的结构声经过耳道内很小的衰减，在最小的干扰状态下被传递到鼓膜。

此时鼓膜听到的除了外耳道传来的空气声，还有耳屏抵紧后通过人体传来的结构声，这样进一步使鼓膜感知到的声音得到了强化。

现场见到工程师在使用听音棒的时候经常会出现的错误方法主要有两种：第一，就是抵住电机的某一个部位，但是并不是最靠近轴承的部位。这时候听音棒传递来的声音中轴承噪声并非最强信号，导致最终听到的声音会掺杂干扰。第二、使用听音棒的时候没有抵紧耳屏。这样听音棒传来的结构声传入外耳道，同时其他环境噪声也会传入，对最后听诊带来干扰。

使用听音棒的方法是现场方法中最简便的方法。随着技术的发展，现在有了各种各样的噪声听诊器。最传统的听诊器其实和医院里使用的听诊器原理相似。通过听诊器探头扩大噪声，然后通过管道内的空气传导入耳。其中的原理与听音棒大同小异。最新的听诊器可以将传统听诊器的声音信号进行录音，这大大有助于后续的分析和比对。

二、电机轴承噪声的诊断

从前面介绍可知，电机轴承噪声的诊断主要是对电机轴承噪声中的正常的固有噪声和非正常噪声进行区分和确定。电机轴承内的非正常噪声是一些故障的表现，也可能是后续更严重失效的征兆，因此对电机轴承非正常噪声的发现对于电机轴承故障诊断是十分有意义的。

不论是通过听音棒还是通过专门的电机噪声听诊设备，这样采集到的轴承噪声其实都是轴承噪声的一个总值。引用振动与分析的概念，事实上此时听到的电机噪声是一个在随时间推移而变化的噪声总体，是一个类似时域分析的过程。当然，专业的机构可以使用专门的频谱分析设备，对这个总值进行频谱分析，从而分解出符合某些特征的频率峰值，做与振动分析相似的噪声频域分析。而这样的操作在一般的电机轴承噪声故障诊断与分析中较少使用。

总体上，现场对电机轴承噪声的诊断目标有两个：其一是这个电机轴承的噪声是否偏大；其二是这个电机轴承的噪声是否提示某些异常。

（一）对电机轴承噪声幅值的诊断

首先，现场判断电机轴承噪声是否偏大通常是通过“听”的方式。一般的传声器只能测量电机的总体噪声，因此这里的“听”就是前面说到的听诊方法。

而很多的电机用户最终关心的是电机的听感，在判断噪声是否偏大的时候，其实是判断听感的大小。这个听感是所有频率范围噪声总和在人耳朵里引起的感受。而对采用声压级、声功率级、声强级噪声的测量都不能直接反应听感，这需要应用响度的概念。

从图 6-1 等响度曲线中可以看到，响度级为 70 方的一条响度曲线上的噪声在 20Hz 频率下的声压级是 105dB，而在 1000Hz 频率下的声压级是 70dB。换言之，在 20Hz 频率下声压级为 105dB 的噪声和在 1000Hz 频率下声压级为 70dB 的噪声，听起来是一样的响，其响度级都是 70 方。

这个现象也解释了为什么现场电机轴承噪声故障诊断中听起来噪声偏大的轴承，经过检测是没有问题的。而有时候通过轴承噪声检测状态很好的轴承，运行起来噪声听起来很大。

从前面关于振动的介绍我们知道，轴承振动检测将频率段划分为低频 50 ~ 300Hz；中频 300 ~ 1800Hz；高频 1800 ~ 10000Hz。读者可以参考图 6-1 等响度曲线，不难发现等响度曲线也大致存在类似的三个区域：

- 300Hz 以下：在这个频率段内，相同声压级噪声的响度级随着频率的增加而下降。也就是说，在这个范围内，相同声压级的噪声频率越高听起来反倒噪声越小。
- 300 ~ 1800Hz：这个频率段内，相同声压级的噪声响度区域平稳，并不随着频率的增加出现太大的变化（但也存在一些小的变化）。也就是说，在这个频段，声压级相同的噪声，响度不随频率变化而出现太大波动。因此这里使用声压级的方式就可以大致对应响度的趋势。
- 1800Hz 以上：这个频率段内，相同声压级的噪声随频率的增加其响度级变化出现波动。尤其在接近 4000Hz 附近出现先抑后扬的趋势。

在这些频率段中，人耳对 1000 ~ 4000Hz 的噪声十分敏感。对于电机设计人员而言，着重控制这个频段的电机轴承噪声，会更有助于提升听觉感受。

上面的方法可以帮助工程技术人员理解测量的声压级数据与听感之间存在的差异。在实际工况中，轴承有单独的振动噪声测试标准，电机也有成体系的噪声测试标准和限值。在对电机轴承的噪声进行幅值诊断的时候，很多时候都是需要依据相应的国标和限值进行定量的判断。然而，面对测试结果，需要正确理解测试标准和听感之间的关系。对于工业设备领域，有时候听感可能会向标准妥协，而对于民用场合（诸如空调等领域），有时候即便依据国家标准测试合格，也需要向听感妥协。

典型案例 25. 使用轴承振动噪声测试仪测试过的轴承装机后噪声不良

某电机厂为了控制电机轴承的噪声，引进了电机轴承振动噪声测试仪，对即将装机的轴承进行测试。但是通过大量的使用，工程师技术人员发现，电机轴承振动噪声测试仪测量合格的轴承装机后依然有可能出现噪声问题，而某些测试噪声偏大的轴承装机后却没有出现问题。因此电机厂对这个测试仪器的精度提出怀疑，经过返厂检查，确认设备没有任何问题。

首先，电机厂使用轴承振动噪声测试仪对轴承进行检测，其检测都是依据相应的国家标准 GB/T 24610. 1—2009《滚动轴承 振动测量方法》进行的。这个测试中规定了轴承振动测试时候的润滑条件、加载条件以及转速条件。在这些条件下，对轴承的振动噪声进行检查和评定。

而轴承装机在电机上投入运行的时候，其加载、润滑、转速条件均与测试条件存在差异。因此必然出现测量的结果无法与之对应的情况。

以转速为例，在加载和润滑完全与标准相同的情况下，标准要求测试转速1800r/min，而四极电机运行的转速略低于1500r/min。轴承的转动频率有所降低，会出现相同声压级下噪声响度级的下降；而对于二级电机其转速略低于3000r/min，此时转速升高，频率增加，相同声压级的噪声响度提高。

综上可以看出，电机厂通过轴承振动噪声测试仪衡量电机轴承装机后的噪声是难以完全与实际情况对应的。如果要做到良好的对应关系，需要把测试条件与实际工况统一，而此时又不能用国标来判定轴承是否合格。

（二）电机轴承噪声的故障诊断

电机轴承噪声的故障诊断主要是针对采集来的噪声，通过分析来判断这种噪声是否与某种故障有对应关系的过程。

前已述及，噪声频谱分析的方法在工程实际中使用较少，很多情况下直接听感感受判断是生产实践中广泛使用的方法。这个方法虽然存在一些定量不准、难以描述等缺陷，但是由于其直观性的特点，依然是工程技术人员做第一判断的首选。

根据电机轴承噪声进行故障诊断实际上是对听感的一个比对过程。这个过程中首先是比对听到的噪声与应该有的正常噪声是否存在区别，这种区别对应于哪一种过去出现过的某种故障的噪声，从而给出定性结论。下面根据一些典型的电机轴承噪声进行文字描述。由于文字描述的限制，建议读者查找相应的录音，根据描述和录音进行对照，更容易形成脑中的记忆，有利于现场的故障诊断。

1. 电机轴承的正常噪声

首先，我们需要了解电机轴承运转时候正常的噪声应该是怎样的。通过前面对轴承固有噪声的描述，我们知道电机轴承运转存在这些固有的噪声，这些固有的噪声就是正常电机轴承运转时候应该有的声音。通常这个声音与轴承的大小、转速、负载等诸多因素有关。但是总体上不难发现一个规律，不论是怎样的情况，这些噪声在轴承平稳运行之下，都应该是一个均匀、稳定的声音，并且这个声音的频率应该并不特殊，既不应该是特别低沉的低频，也不应该是尖锐的高频。这也是电机轴承噪声故障诊断判定的第一个重要原则：电机轴承噪声应该是均匀、稳定、无异常频率的噪声。

我们在通过听音棒听到一个正常轴承的运转声音的时候，这个声音应该是一个平稳的声音，这个声音与轴承的大小有关，轴承小这个声音听起来频率偏高，反之偏低。对于小的深沟球轴承而言，可能是一种连续的、带有不明显波动的“唰”的声音；对于一些大的圆柱滚子轴承，这个声音听起来会有点低，不是波动十分剧烈的“呼噜”声，或者低频率一点的“唰”的声音。

一般稳定运行的工业电机工况里，这种稳定的轴承噪声占据轴承噪声的绝大部分，此时其他特殊的、异常的声音都没有显现，或者其他一些噪声被这个主流的、正常的声音覆盖，这表明此时电机轴承运转相对正常。

2. 电机轴承滚动体跌落的噪声

在电机轴承固有噪声相关内容中曾经阐述过，电机轴承滚子跌落的声音常见于两种情况：第一，当电机运行于稳定低转速的时候，出现滚子跌落噪声。这种噪声多发生在中型、大型的滚子轴承中，有时候球轴承低速运行也会出现；第二，电机起动、停机或者变速的时候，滚动体的跌落噪声会发生。这种声音发生于没有预负荷的深沟球轴承以及圆柱滚子轴承上。

电机轴承滚动体跌落声音是一个连续的“哒哒”声，这个声音与电机轴承的转速相关。

对于稳定的低转速工况，这个“哒哒”声就会呈现一种稳定的、一直出现的状态。总体上“哒哒”声的幅值不会出现大的波动，其频率也相对均匀。

对于变速或者电机起停过程中，这种“哒哒”声与转速相关。在电机起动过程中，随着转速的提高，其频率增加，待转速稳定，这种碰撞会减弱，因此这个“哒哒”声最终融入并消失在总体的均匀稳定的固有噪声中。在电机停机过程中，电机轴承转速的降低，轴承总体的均匀稳定的运转噪声中会开始出现这个明显的“哒哒”声，并且伴随着转速的下降，“哒哒”声的频率降低，也就说是“哒哒”之间的间隔会拉大。直至电机停机，这个声音消失。当电机变速的时候，这个“哒哒”声也和起停时候一样，随着转速变化而出现，当电机以稳定速度运行的时候又会消失在正常噪声之中。

前面电机轴承固有噪声相关内容中讨论了这种噪声的应对，此处不再重复。

3. 滚动体啸叫声

滚动轴承的滚动体在从负荷区进入非负荷区的时候，有时候会出现一个高频的啸叫声。这种声音对于一些中型电机的圆柱滚子轴承尤为明显。其特征是声音尖锐，呈现“啸叫”的特性。

最典型的现象是在对轴承注满油脂时，啸叫声随即消失，待油脂排除，啸叫声就会回来。

这与滚动体进入复合驱动的楔形空间而引发的高频振动有关，并非轴承的故障。本书第十章第六节将对其机理、特征，以及一些处理方法展开详细的介绍。

4. 保持架的噪声

在电机轴承运行的时候，正常噪声中浮现出一个频率和颗粒度明显的“唰唰”声，这个声音的间隔比均匀、稳定的那种“唰唰”声大，但是总体上比较密集。当这个声音在正常噪声中出现的时候，就标志着可能是电机轴承保持架发出的声音。

一般保持架在正常状态下和滚动体也会发生碰撞，当碰撞并不严重的时候，这种碰撞声会被包裹在总体的噪声里，并不十分凸显。当这个声音凸显出来的时候，说明此时滚动体与保持架的碰撞已经十分显著了。

此时可以检查轴与轴承室的几何公差，判断是否存在轴与轴承室的角度偏心。因为轴承倾斜运行会带来较多的保持架碰撞。

5. 滚道受伤的噪声

电机轴承滚道受伤的时候，每次滚动体滚过就会造成一个额外的振动。不论这种滚道受伤来自于何种原因，这种滚过伤处引发的噪声都会显现。这种声音与正常运行的“唰唰”声有明显的差异，同时存在一定周期性，随着转速的下降，这个声音可能会拉长。并且如果给轴承施加一定的预负荷，这个声音在初期有可能被抑制。

存在这种噪声的时候，应该可以在振动监测频域信号中发现轴承圈特征频率的增加，说明轴承的滚道已经受伤。此时，若工况允许，需要对轴承进行更换。同时通过失效分析查找根本原因。

6. 滚动体受伤的噪声

当电机轴承滚动体受伤的时候，滚动体每次转过受伤点就会引发额外振动，由此也会出现异常的噪声。滚动体在滚道内的运转是复杂的，有公转，又有自转。对于球轴承而言更复杂的是，球受伤的地方在下一次旋转的时候不一定刚好是接触点的位置。因此滚动体受伤的时候，可以听到异常的声音凸显出来，这个异常声音一直存在，又时隐时现，其出现和中断没有什么规律。

当电机轴承出现这样的噪声时，通过振动监测可以看到滚动体特征频率的凸显，说明滚动体已经受伤。此时，如果工况允许，需要更换轴承。同时通过失效分析查找根本原因。

7. 污染物进入的噪声

如果有少量污染物进入轴承，污染物会掺杂在润滑剂里，当滚动体滚过，轴承就会发出异常的噪声。异物数量相对较少的时候，这些异物会随着滚动体的运动被带到轴承内部的很多位置，并随润滑脂黏附在滚动体和滚道表面。一旦异物被黏附的位置就是当时滚过的接触点位置，那么就会发出异常噪声。因此异物进入的噪声是无规律的，偶尔出现的“呲呲”声音或者“噼啪”声音就是这类噪声。与滚动体受伤的不规律噪声不同的是，这个声音不是一直出现，而是偶尔出现。

如果现场电机轴承出现这样的声音，那么这个轴承在轴承振动监测的时候会出现速度上“峰峰值”超标的现象，即可判断为污染物进入。此时可以拆卸轴承，进行清洗，然后重新检查，查看滚动体、滚道是否受伤，若无受伤则可以重新安装使用。

8. 共振的声音

电机运行的时候，如果机座刚性偏低，在某个特定转速下，电机发出类似于“鸣笛”的声音，此时有可能发生了共振。当电机转速不出现在共振频率段，这个“鸣笛”的声音就会消失，当转速再次经过共振频率段，电机又会发出“鸣笛”的声音。此时工程技术人员需要适当地改变电机结构以及质量分布，使整个系统躲开振动频率。

第四节　电机轴承噪声分析与其他方法的综合运用

一、电机轴承噪声“听诊”方法的局限

本章介绍了电机轴承噪声故障诊断的常用方法，由于实验条件、测试手段等的限制，其他更精细准确的噪声分析方法在工程实践中很难施展，因此在现场最常用的方法就是“听诊”。

听诊最大的好处是直观，但是这种听诊一般不能给出定量的准确结果。同时，其可对比性和参照性也较弱。因为不同的人听到的“呲呲”声可能是不同的，这就带来现场检查的一些偏差。因此听诊很大程度上依赖于工程技术人员的现场经验。

电机轴承的听诊，因为其直观性和便利性，可以在电机轴承运行过程中成为工程技术人员点检的手段，以便于最快地察觉电机轴承的某些初期异常，并进行大致的经验判断。对于判断结果的确定，需要通过使用其他手段综合进行确认。

现实工作中，经常会有现场人员通过发来一段录音，让工程师进行故障诊断与判定的情况。事实上，如果工程师不继续询问现场周围的情况，不了解振动数据，在大量信息缺失的前提下如果仅仅通过一段录音线索，是很难对电机轴承故障做出准确分析和判断的。

因此电机轴承的听诊不能脱离其他量化的测量手段和分析方法。在实践中听诊是一个线索的提供者，不能成为“终审”的决定者。依靠听诊不能做出最完整有效的故障诊断。

二、噪声分析方法与其他方法的综合运用

电机轴承的噪声是电机运行最直观的表象之一，是电机用户对电机运行表现的第一个感知信息，同时也是电机轴承故障的一个重要表现。通过对轴承噪声的判断与分析，可以大致判断出电机轴承运行的状态是否存在明显异常，甚至推断出某些异常来自的故障点。

一般而言电机轴承噪声的故障诊断都是这样进行的：电机投入使用之后，在日常检查中当电机轴承噪声故障被察觉的时候，此时工程技术人员在感官上对电机轴承噪声的异常有了一些察觉。此时应该对电机轴承进行更严格的噪声信息采集。当对电机轴承进行噪声信息采集并进行分析之后，可能会得出一些基本判断。比如噪声幅值是否异常、噪声特性是否异常等。通过对噪声特性的理解和比对，可以确定一些基本的故障可能性。至此，噪声的听诊工作已经基本完成。后续就需要使用其他手段对听诊结果进行确认。此时噪声的听诊仅仅做了最初步的估计，距离最终根

本原因的确定和改进还存在较大差距。

如果电机此时不能拆机，可以通过振动频域分析的手段找到电机轴承故障的更进一步信息，从而进行更深一步的判断。同时决定下一步的排查工作。比如是否必须对电机进行拆解。

如果现场可以拆解电机或者振动分析提示必须拆解电机进行进一步的故障诊断与确认，那么就需要对电机进行拆解。同时对失效轴承进行根本原因分析，也就是常用的电机轴承失效分析方法，以此来进行进一步判断。

至此，电机轴承失效分析可以给出失效位置的最终判断。从而给前面的噪声分析以及振动分析的推断一个印证。电机轴承的噪声分析才算完成了从诊断到印证的全过程。

当然后续失效分析的工作将继续完成电机轴承故障诊断的其他工作。此时已经不是噪声诊断与分析的范畴了。

上述就是电机轴承噪声问题的故障诊断过程简述。从中不难看出，噪声分析在故障诊断过程中相当于一个“吹哨人”的角色，也是很多工程师在解决电机轴承故障时候需要通过的第一道重要关口。

第七章　电机轴承的发热分析

电机轴承在运行的时候，其发热情况是运行状态的一种重要的外在表现形式。而电机轴承的温度作为电机轴承运行参数的一个重要指标，量化的体现着轴承运行的情况。因此电机轴承的温度分析是电机轴承故障诊断中对运行参数的分析和使用。

电机轴承的过热问题是电机轴承故障诊断与分析中比较重要的一个方面。前面章节中阐述过电机轴承温度的测量方法与标准限值。基于这些手段与方法的实际故障诊断中的应用，以及相关知识是本章的主要内容。

第一节　电机轴承温度的正常分布

一、电机轴承的发热

（一）电机轴承的发热与摩擦

在运行的时候，电机轴承内部存在摩擦，而摩擦产生的热量最终在轴承里面会以发热的形式将能量传递出来。所以，轴承内部的摩擦是轴承在运行时候产生热量，进而温度升高的原因。在研究轴承自身发热的时候，实际研究的对象就是轴承运行时候内部的摩擦。

对于电机常用的滚动轴承而言，轴承内部的摩擦主要由四大部分组成：滚动摩擦、滑动摩擦、流动摩擦（流体阻力）[1]、密封摩擦。

其中滚动摩擦主要发生在滚动体与滚道之间，与轴承所承受的负荷、轴承滚道和滚动体的表面精度，以及润滑有关。

滑动摩擦主要发生在滚动轴承内部，比如滚动体与保持架之间的摩擦；带挡边的圆柱滚子轴承中挡边与滚动体端面的摩擦；圆锥滚子轴承中挡边与滚动体端面之间的摩擦等等。这部分摩擦的大小与轴承所承受的负荷、轴承的转速、轴承润滑的情况，以及轴承磨合的情况有关。

---

[1] 有的资料也称之为拖曳损失。

一般轴承内部都会使用润滑剂，不论是润滑脂还是润滑油，当轴承滚动的时候搅动润滑剂都会产生一定的流体阻力，我们称之为流动摩擦。这部分摩擦带来的热量也是导致总体轴承温度升高的组成部分。流动摩擦与润滑剂的类型、工作黏度、润滑流量，以及轴承类型、转速相关。

密封摩擦主要是轴承附带密封件中密封唇口和被密封面之间的摩擦。这个摩擦是一个滑动摩擦，它的大小与密封类型有关，同时与密封唇口与被密封面之间的接触力的大小、密封面粗糙度等因素相关。

（二）电机轴承发热的影响

电机轴温度过高对轴承自身运行会带来一系列的影响。这里先不阐述导致电机轴承发热的其他诱因，仅仅单纯地从轴承温度升高对电机轴承运行的影响来展开讲述。

如果电机轴承温度升高，首先受到影响的是轴承内部的润滑脂。在本书轴承应用技术部分的介绍可见，轴承内部的润滑脂的黏度随着温度的升高而降低，其润滑能力也相应降低。由此带来的轴承滚动体与滚道之间的金属直接接触增加，进而出现更大的摩擦。这个摩擦又会产生更大的热量，使温度进一步上升。如此往复，会形成一个恶性循环。最终轴承内部润滑不良带来滚动体和滚道的表面退化，最终出现表面疲劳，轴承寿命大幅度降低。

从这个分析可以看到，轴承温度过高是产生润滑不良的诱因，同时又是润滑不良的一个结果。这种恶性循环一旦形成，轴承的温度会迅速升高，轴承会出现烧毁的现象。这样也解释了有些电机运行良好，突然温度升高，轴承迅速烧毁的现象。往往这样的现象瞬间发生，工程师几乎来不及做任何处理。一旦出现这样的情况，迅速停机避免造成更大的损坏就是必须采取的行动。

当然也存在另一种情况，电机轴承温度升高，这个温度并没有迅速发展为导致轴承烧毁的温度。这是因为，轴承的这个温度升高虽然降低了润滑脂的润滑能力，但是这个温度依然不至于使润滑膜出现特别大的改变，基本润滑条件依然满足，因此这样的润滑不良没有将轴承的温度导入恶性循环。即便如此，工程技术人员也应该对这个问题进行更进一步的检查。因为润滑脂的寿命在70℃以上，每升高15℃，寿命降低一半。

还有一种情况，电机轴承温度升高，其温度升高并没有导致恶性循环，但是这个温度超过了轴承内部一些零部件的温度极限值，此时轴承内部相应的零部件将会提早的出现失效，轴承寿命也会很快终结。关于轴承各个零部件温度限值，请参考本书第四章第二节的相关介绍。

（三）轴承内部摩擦发热的计算

轴承行业对轴承内部产生摩擦的研究已经比较完善。对轴承温度的估算就是根据轴承内部摩擦产生的热量经过换算得到的。

1. 轴承摩擦力矩的粗略估算

关于轴承内部摩擦的计算，其中最简单的估算方法就是按照轴承负荷与轴承摩擦系数之间的关系进行计算。公式如下：

$$M = 0.5\mu Pd \tag{7-1}$$

式中　M——摩擦力矩（Nmm）；

μ——摩擦系数；

P——当量动负荷（N）；

d——轴承内径（mm）。

对于一般工况可以按照表 7-1 选取轴承摩擦系数范围。

表 7-1　轴承摩擦系数范围

轴承类型	摩擦系数
深沟球轴承	0.001 ~0.0015
角接触球轴承	0.0012 ~0.0018
调心球轴承	0.0008 ~0.0012
圆柱滚子轴承	0.0019 ~0.0025
调心滚子轴承	0.0020 ~0.0025

对于轴承负荷 $P \approx 0.1C$，且润滑良好的一般工作条件，可以从表 7-2 中选取确定值。

表 7-2　确定工况下轴承摩擦系数

轴承类型	摩擦系数
深沟球轴承	0.0015
角接触球轴承	0.002
调心球轴承	0.001
圆柱滚子轴承（带保持架，无轴向力）	0.0011
调心滚子轴承	0.0018

2. 轴承摩擦力矩的准确计算

在轴承摩擦力矩的粗略估算中将轴承摩擦的四大组成部分等效成一个粗略的摩擦系数进行估算。事实上斯凯孚集团在 2003 年推出的《轴承综合型录》中针对轴承摩擦转矩的四大组成部分给出相对准确的计算方法。由于其计算相对比较复杂，并且在计算中各个参数在不同品牌之间也存在一定的差异，因此本书不罗列具体的计算方法。有兴趣的读者可以自行查阅。

随着技术的进步和计算机应用的普及，目前也出现了很多针对轴承摩擦力矩以及发热计算的仿真工具，可以更准确、更全面地对轴承内部摩擦发热的数值及分布情况进行良好的计算。

3. 轴承温升的计算

从前面计算中我们可以得到电机轴承运行时候的摩擦力矩，通过轴承摩擦造成的功率损失可以通过下面公式（1-2）计算：

$$Q = 1.05 \times 10^{-4} Mn \tag{7-2}$$

式中　Q——摩擦产生的热量（W）；

M——轴承的总摩擦力矩（Nmm）；

n——轴承转速（r/min）。

如果知道轴承与环境之间每1℃温差带走的热量（冷却系数），我们就可以估算此时轴承的温升：

$$\Delta T = Q/W_s \tag{7-3}$$

式中　ΔT——轴承温升（℃）；

Q——摩擦产生的热量（W）；

W_s——冷却系数（W/℃）。

二、电机轴承内部的温度分布

电机轴承如果作为一个整体来看，它的温升可以通过上面的估算方式得到。而电机轴承内部由于在不同地方存在摩擦，因此其内部也有一定的温度分布。

在电机轴承内部，滚动体和滚道之间是滚动摩擦发生的地方，也是流动摩擦发生的地方。因此在滚动体和滚道接触的地方是内部发热较多的位置。如果轴承内部存在挡边与滚子的滑动摩擦，那么这个地方的温度也会相对较高。并且，随着负荷的增加，这个位置的温度会更高。另外滚动体与保持架之间的摩擦也发生在滚动体附近。

另一方面，密封唇口与轴表面接触的地方，由于密封唇口与被密封面之间的接触和相对运动，这里是密封摩擦发生的地方，因此相对的温度也应该偏高。

当然在考虑轴承内部温度分布的时候还要考虑轴承的散热情况，比如有润滑介质的散热，空气的散热，以及相应零部件（轴、轴承室）的散热等，都会影响轴承内部的温度分布。

总体上，轴承承载部分内部的发热如图7-1虚线部分所示。

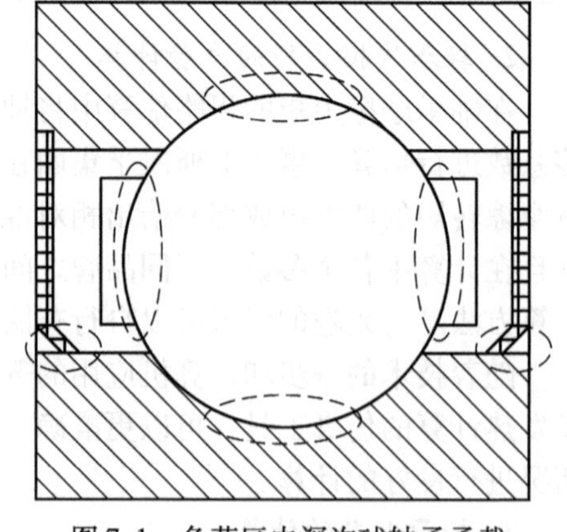

图7-1　负荷区内深沟球轴承承载部分内部发热

大体上可以做定性的描述，在摩擦发生的表面也就是热源处，相对温度应该会比周围高。

另一方面，轴承在整个圆周方向上也存在一定的温度分布。我们用最常见的卧式小型电机深沟球轴承的情况来说明轴承内部的温度分布。为了阐述清楚，假设这个轴承没有轴向预负荷。

在这个轴承承受径向负荷的情况下，

其内部有承载的地方叫作负荷区，合理的负荷区应该分布在径向负荷方向大约120°左右的范围内。在这个区域内，轴承滚动体和滚道之间承载，轴承同时和内圈、外圈接触，有滚动摩擦发热，有滚动体和保持架之间的滑动摩擦发热，有密封摩擦的发热，有搅拌润滑剂的流动摩擦发热。

在负荷区以外部分的轴承区域被称作非负荷区。非负荷区内，由于工作游隙的存在，滚动体和内外圈之间存在间隙，没有承载的滚动摩擦。此处依然存在滚动体与保持架之间的碰撞，以及一些滑动摩擦。滚动体被动的对润滑剂进行搅拌，有一部分流动摩擦。相对于负荷区的滚动体，这几部分摩擦会偏小。非负荷区的密封唇口接触力比负荷区小（由于微观上工作游隙存在导致的轴水平位置低于轴承室水平位置）㊀，此处的密封摩擦也偏小。

如果详细考虑轴承滚动体进出负荷区时滚动体和滚道之间存在的滑动摩擦，那么在负荷区与非负荷区交界的地方存在一个额外的滑动摩擦。

同样的，根据轴承的运动状态可以知道，在电机里轴承内圈旋转、外圈固定。此时内圈整个轴承圈都会参与摩擦与发热，也参与散热。而对于相同的滚动摩擦发热，对于外圈而言只有负荷区的部分参与发热，它产生的热量只会在接触区域内，通过热传导向外界传递。由此可以有一个定性的感受，轴承内圈整圈温度应该相近，而轴承外圈存在一个负荷区和非负荷区的温度差。

从上面分析可以有一个定性的判断，这个轴承在非负荷区发热小于负荷区，在负荷区与非负荷区交界的地方有一个额外摩擦的热源。

读者可以根据上面的思路推断深沟球轴承承受轴向负荷时候的情况，以及圆柱滚子轴承承载时内部的温度分布情况。

总体而言，轴承内部的温度分布与轴承内部摩擦直接相关，而轴承内部摩擦又与轴承内部运动状态相关。

在现场中小型电机应用的过程中，轴承内部温度的差异一般难以测量，即便得以测量也会发现其实温度差异不大。但是了解轴承内部发热的分布，对轴承故障诊断与分析有着相当大的帮助。

三、电机轴承系统的温度分布

电机轴承运行的时候，或者是出现发热故障的时候，工程技术人员更多的是从电机轴系统整体去看轴承的温度。因此需要对电机轴承系统的温度分布做一个介绍。

介绍轴承系统温度分布之前，需要对轴承发热和电机发热之间的数量对比有一个定性的认识。首先在这个轴系统中，电机的定、转子和轴承都是发热源。但是如果将轴承自身发热和电机定、转子发热进行对比就会发现，如果是在正常的工作状态下，轴承的发热和电机定、转子的发热相比是一个很小的数量级。

㊀ 此处存在不对中，但是这个不对中非常微弱，也是结构固有的，因此不属于故障不对中。

我们用一台 Y160L－2，15kW 三相异步电动机为例。电机使用 6209 轴承，转子重量为 34.5kg。电机试验时的转速为 3031r/min。

电机的损耗用于发热的功率是 998.3W。

经计算，轴承内部的摩擦力矩为 11.2Nmm，轴承的摩擦发热功率为 3.56W。

从这个最常用的电机实际测试和计算数字可以看到，电机轴承的发热功率占电机总的发热功率的 0.36%。

因此可以得到结论，电机轴承的摩擦在整个电机中所占比例极小，其自身发热在电机整个发热中几乎可以忽略不计。所以，电机轴承自身的摩擦不应该成为电机轴承的一个显著热源。

但是，轴承作为电机的一个部分，在整个电机的内部热量传递路径上处于一个怎样的位置呢？依然为了阐述方便，我们用内转式卧式电机为例，电机在工作的时候，电机发热主要来自于定子和转子绕组。对于一般的感应电动机而言：

转子绕组（或者导条）的发热会传导到转子铁心，转子铁心会将热量传递到轴上。同时转子在电机定子内部的空气中会有一部分散热。电机的轴和轴承内圈配合，热量从轴传递到轴承内圈上。

定子绕组的发热同样经过铁心，然后传递到机壳上，热量经过机壳传递到端盖上。电机轴承外圈和端盖上的轴承室配合，端盖上的热量由此传递到轴承外圈。

从上面热量传输的路径可以看出转子的散热条件比定子差。对于没有内冷的电机，往往用外面机壳的冷却风扇进行冷却。而转子仅仅在气隙里有空气流通，起到的冷却作用有限。由此可以知道，电机轴的温度应该高于轴承室温度。

从上面发热计算的例子中我们知道正常运行的时候，轴承本身的发热所占比例太小，因此对于轴承温度的主要影响因素应该是来自与电机相连接的零部件的温度传导。通过前面分析可知，轴的温度应该高于轴承室的温度，电机轴承内圈温度也应该高于轴承外圈温度。一般的电机轴承内圈比外圈温度高 10～15℃。

通过分析，我们对电机整个轴系统的发热分布有了一个总体了解，电机绕组温度最高，转子铁心的温度应该高于定子铁心（在没有内冷却装置的时候），轴承部分的温度是由传导来的热量占主导，轴承内圈温度高于外圈温度，轴的温度（靠近轴承部分）高于轴承室的温度。

了解电机轴系统温度的正常分布有利于工程师在现场针对轴承温度报警时候的做出总体判断。但是在实际应用中，工程技术人员需要了解热量分布的原因而不是死记硬背一个结果，这样才能对温度的正常、异常等结果进行总体的判断。案例 26 就是其中一个与轴系统热量分布有关的实际案例。

典型案例 26. 某电机厂生产的重型感应电机一端轴承温度高

某电机厂生产的重型感应电机，自带风冷装置，转子没有冷却装置。在试验的时候，电机轴伸端轴承温度高（80℃），非轴伸端轴承温度正常（不高于 60℃）。

检查了电机的轴承配置，润滑选择等均未发现问题。后来去现场检查，了解到电机的冷却风扇的气流是从非驱动端向驱动端流动的。当时正值盛夏，非轴伸端进风口温度40℃左右，轴伸端出风口温度达到75℃。而现场测量的轴伸端温度是使用温度计贴在靠近轴承外圈部分的轴承时测得的数值。这样一来就找到了问题的所在，测量处的冷却空气都达到75℃，轴承温度不可能低于75℃，加上轴承本身的发热以及测量误差，轴承达到80℃完全不能说明是轴承出现了故障。

因此现场建议调整冷却风路，降低出风口温度（根据现场工程师反应，设计人员曾经做过改变风路走向的试验，实验结果是两端轴承发热情况转换，原来温度合格的轴承出现了温度过高的现象，而原来温度高的轴承温度回落到正常值）。但是由于结构问题，风路无法改变。因此必须对轴承的应用进行调整。因为实际轴承温度是80℃左右，并未超过轴承的热处理稳定温度，因此不需要对轴承进行改变。轴承外圈温度80℃的时候，轴承内圈温度应该在95℃左右，轴承内部温度应该还会略高，因此需要对轴承使用的润滑脂进行调整。将普通的中温润滑脂更换为高温润滑脂（在第四章曾经介绍，70℃以上，每升高15℃，润滑脂寿命降低一半）。同时由于这个温度高于80℃，因此不能使用二硫化钼添加剂。这样确保轴承在80℃的运行温度下可以长期运行。

经过调整后，在现场监控轴承温度的变化趋势，发现轴承的温度一直稳定在80℃，并未出现异常波动，轴承运行也一切正常。事后此电机轴承运行一直没有出现故障，并且随着冬季的到来，冷却风口温度下降，轴承的温度也从80℃慢慢地回落。

第二节　电机轴承发热问题的现场诊断

电机轴承在运行的时候，由于内部或者外部的原因一定会出现一定的发热，然而不是所有的发热都是故障。一些固有的发热和温度升高在机械运行的时候不可避免的。

一般在工程实际中，我们说的电机轴承发热故障指的是电机轴承在运行时候的异常发热表现。

电机轴承发热问题的故障诊断现场往往是从设备的温度报警开始的。当电机轴承出现了温度报警的时候，工程技术人员除了对温度的绝对值进行判断以外，也要对温度的分布，热量的来源，温度的变化趋势等进行分析，这样才能对轴承发热的故障进行全面的诊断，为后续深入分析做好准备。并且很多时候，在这个过程中就已经可以找到问题所在，并予以排除。

一、根据温度限值的判断

（一）轴承运行中根据温度限值的判断

对于轴承在运行中的发热判断，现场的电机使用者会根据日常的电机轴承温度检测结果与标准限值进行比对，当温度高于限值的时候发出报警，并提出故障诊断需求。本书第二章中介绍了电机轴承温度的测量与相关限值。

实测温度和温度限值的比较是电机轴承发热诊断中最简单的第一步。但是仅仅做出这样的判断与真正的诊断与分析相去甚远。下面一些问题就是单纯靠温度限值判断无法解决的：

- 低于温度限值的温度变化就没有问题么？
- 高于温度限值的温度就一定有问题么？

这两个问题的答案都是“不一定”。首先，低于温度限值的温度，如果变化趋势声呈现恶化，则应该尽早引起注意，避免由一个迹象演变成一场灾难。另外，即便温度测量值低于限值，那么温度的分布是否正常呢？在不应该发热的地方出现了发热，可能是某些故障隐患引起的，需要予以排除。诸如此类的问题还有很多。

同样地，测量温度高于温度报警值的时候，需要辨别到底是什么原因引起了这样的超限报警。案例 26 中，这台电机的轴承通常的温度不会超过 70℃，但是在这台电机里，轴承温度超过这个值，然而经过分析，并非故障，也不需要处置。

虽然有各种工况告诉我们对电机轴承过热进行故障诊断的时候，基于温度限值比对的报警往往不能直接肯定的提示故障存在以及原因，但是它可以提示故障的可能性。并且由于其简单、易用的特点，这种方法依然被广泛使用。对基于温度限值的报警目前是判断电机轴承过热与否的重要手段。

前面提出了几个使用温度限值报警在故障诊断中的不确定性，并非建议工程师抛弃温度限值报警的手段，而是建议工程师技术人员不要单纯的生搬硬套温度限值。要理解温度限值报警仅仅是提示了一种可能性。基于这种可能性，借助其他技术以及分析手段和方法才可以做出准确的诊断和分析。

（二）冷态时对电机轴承曾经温度的判断

除了对电机轴承运行温度与温度限值的对比，有时候电机停机之后也可以从轴承的外观上判断轴承大致经历的温度能有多高。这主要是因为轴承钢在经历高温的时候，其内部金属组织机构会发生变化，同时钢材表面的颜色也会发生相应的改变。根据轴承颜色的改变判断轴承曾经经历的温度可以参考表 7-3。

表 7-3　轴承承受高温之后的颜色变化

颜色	摄氏度/℃	华氏度/℉[⊖]
草黄	150 ~ 177	300 ~ 350
深棕	177 ~ 205	350 ~ 400
蓝	205 ~ 260	400 ~ 450
黑	>260	>500
黑灰	>540	>1000

⊖ $1℉ = \frac{5}{9}K = \frac{5}{9}℃$。

从表7-3中可以看到，轴承表面呈现黄色的时候就意味着轴承已经经历超过150℃的高温，此时轴承内部的非金属零部件、润滑等都需要承受极限的温度。总体上可以做出判断，只要轴承发生上述表面变色，首先轴承内部温度一定提示某种故障。并且钢材材质会受到影响，如果继续使用该轴承，一定存在隐患，因此必须更换。

二、温度分布分析与判断

电机轴承发热的故障诊断与分析工作中，有时候要对电机轴承相关零部件的温度分布进行检查。电机轴承测温元件提示轴承温度高的时候，对报警信号是否对应某种故障的检查就需要依赖于对轴承温度分布的判断。

从前面电机轴系统温度分布的介绍可以知道电机轴承正常工作时候的温度分布。实际检查中，一旦实际的电机轴承以及周围的温度分布与正常分布有差异，就需要引起重视。在现场进行轴承温度检查的时候应该注意以下几点：

1. 轴承与周围零部件不应该出现局部大梯度温度差异

前已述及，轴承本身的发热相对于电机自身发热而言应该是一个小数量级的存在，总体而言甚至可以忽略不计。轴承的温度很大程度上是受到轴承室、轴的影响。其热量很多都来自于这些相关零部件的热传导。因此，轴承的温度总体上应该与轴承室相当。通常如果使用埋置温度计的方法测量的轴承温度，应该和轴承室温度相差不大（考虑轴承室外面的散热，应该有些许差异）。

因此，在现场进行温度测量的时候，如果发现轴承温度明显超过轴承室温度，或者轴承部分温度明显比周围零部件温度高出较多的情况，则很有可能是轴承部分出现了某种故障。必须对轴承进行检查，如果温度分布短时间差异拉大，则必须尽快停机，避免造成事故。

2. 轴承自身不应该出现较大的温度分布差异

轴承正常运转的时候，在径向上，轴承内部内圈和外圈之间存在一个10~15℃的温度差异。这是一个经验数值，并且这个数值差异是由于转子和定子散热条件造成的。因此这个温度差的存在是一个正常的现象。当轴承内外圈温度差明显大于这个数字范围的时候，应该引起工程技术人员注意，有可能是某些故障的表象。

另一方面，在圆周方向上，对于轴承自身而言，客观上静止圈负荷区的温度应该比静止圈非负荷区温度高，但是这个温度分布几乎难以察觉，这是因为：第一，正常轴承的自身发热很小；第二，滚动体转动和润滑剂的循环，同时也带动热量循环，使这部分温度趋向均匀。因此，当轴承圈圆周方向存在明显温度分布差异的时候，应该引起注意，检查是否存在某些故障。

对温度分布的检查除了检查电机轴承本身之外，也需要对密封件附近的温度进行相应的检查。尤其是密封唇口与轴表面接触的地方。一旦发现表面温度异常升高，或者温度明显高于周围零部件的温度，则需要迅速做出进一步检查和处理

（有时候是停机之后的颜色变化反映出运行时经历温度的差异）。

典型案例 27. 某电机烧毁轴承局部发热

某电机厂一台电机烧毁，转子在定子内部发生扫堂现象，轴承烧毁。如图 7-2 所示。

图 7-2 中可见，电机轴承部分颜色偏黑。从轴方向观察，靠近轴承部分出现颜色改变，颜色从轴承外侧向内侧的分布分别由黄变棕，再变蓝，最后变黑（读者可以自行对照表 7-3 了解温度具体值）。由此可见轴承经历高温超过 260℃，并且温度从轴承向外扩散，逐步降低。从温度分布看，这个故障中温度过高的源头是轴承，并且温度逐步升高到很高的数值。因此此处排查电机烧毁的重点检查对象就是轴承。

图 7-2　电机轴承烧毁案例

本案后经过对轴承的核查（失效分析），结论是轴承润滑选择不当。经过调整，故障得以排除。

三、发热来源分析与判断

电机轴承发热故障诊断的时候，温度的分布与发热来源的判断密不可分。发热的限值就是发热的幅度，它和温度的分布都是电机轴承发热的一个表现。通过这个表现来推断热量是从哪里来的，就是我们需要排查的发热来源。比如上面案例 27 中，在烧毁的电机转子轴上，通过颜色的变化了解到故障发生时候轴上面的温度分布。我们知道，热量在固体上的传导都是沿着从高温到低温的方向，通过对温度留下痕迹的分布的判断，我们发现了故障时温度最高的地方，并且知道了温度传导的方向。由此，确定了发热点的位置。通过对发热点位置的判断可以排查故障的来源。这种方法适用于对电机轴承的轴系统的发热来源检查，同时在对电机轴承本身进行分析的时候，也适用相同的方法。

典型案例 28. 轴承圈断裂

某电机厂电机运行的时候，在温度检测的时候发现温度升高，但是并未超过报警值。随着电机的运行，电机出现振动噪声，对电机进行拆解，发现电机轴承内圈断裂。断裂轴承圈如图 7-3 所示。工程技术人员无法确认电机轴承内圈断裂的原因，随即求助。

经过询问，电机当时的温度升高并不严重，但是并没有对电机轴承温度的分布做进一步的记录。

拆解轴承时发现轴承滚道断裂附近的一侧有黄色的痕迹。并且这个黄色最深颜色的地方位于滚道边缘，颜色从边缘到中心方向依次变淡。

在轴承内部发热分布的部分讲述中我们介绍过轴承内部应该是在滚动体和滚道接触的地方发热最多。而这个断裂的轴承圈的局部发热是在滚道边缘。仔细观察轴承的接触轨迹（失效分析一章会做具体介绍），会发现发热的区域并不在轴承接触区以内，并且轴承接触轨迹内的滚道表面形貌并没有出现严重的失效。

图 7-3 电机轴承圈断裂

另一方面，这个发热的痕迹在轴承圈的轴向上只有局部出现，其他部分良好，没有过热痕迹。

由此可以判断温度的分布是从轴承圈外侧局部传入，并且这个热源是局部热源。

我们知道，轴承受热会出现膨胀，如果局部短时迅速受热，会使整个轴承圈上的温度分布出现差异。在局部过热的时候，局部出现膨胀，此时轴承圈内部出现相应的应力分布，当轴承承受负荷转动的时候，这些应力受到影响，在金属的某个弱点处迅速集中，随着轴承的滚动网不出现。这样的应力，以及应力的反复最终导致轴承圈的断裂。

本案后建议电机工程技术人员进一步查找轴承局部发热的外部热源。

四、温度变化趋势分析与判断

电机轴承温度变化趋势的分析就是针对电机轴承的运行温度在时间序列上的变化来对轴承的运行状态进行诊断和评估的方法。这个方法和振动的时域分析方法一样，实际上就是电机轴承温度的时域变化分析。

（一）电机轴承温度变化的趋势

电机轴承经过正确的安装和润滑脂填装之后，假设不对其进行补充润滑，并且电机轴承一直保持一个状态运行，其温度会呈现如图 7-4 所示的趋势。

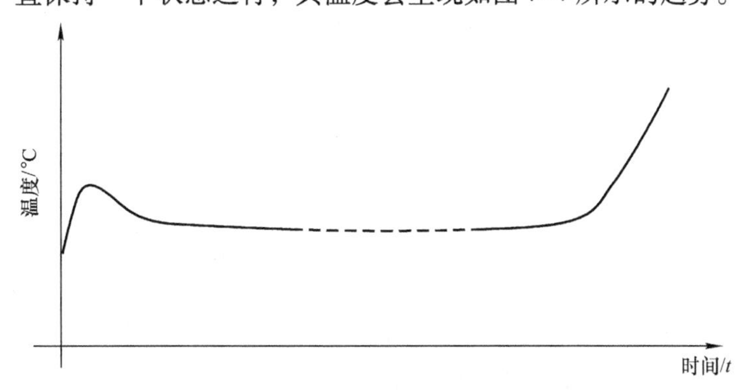

图 7-4 单一工况电机轴承温度趋势

当电机轴承刚刚投入运行，由于匀脂和磨合的作用，轴承温度会出现升高。匀脂的过程很快结束，轴承温度随之下降，并稳定在一个持续的工作温度水平。随着轴承的磨合，轴承的温度会有一定的下降，这个下降幅度不会很大，并且下降的时间与磨合时间的长短有关。经过轴承的稳定运行，当轴承内部出现润滑脂到达寿命极限，或者轴承内部出现某种失效的时候，轴承温度开始持续上升，直至最终失效。

当电机轴承在运转过程中经过补充润滑的时候，其温度又会经历一遍匀脂－稳定的过程。其匀脂的过程依然是温度上升到一定值后回落到稳定状态。这种温度波动不意味着轴承内部存在故障。当然，补充润滑操作是否得当从温度变化趋势上也有一定的规律，请参照图 4-67。

上述是电机在稳定工况下，持续运行的情况，实际工作中电机轴承的工作状态有时候会出现变化，因而轴承的运行温度也会出现变动。电机轴承温度发生变化的过程大致可以由如图 7-5 所示的两种趋势来表示。

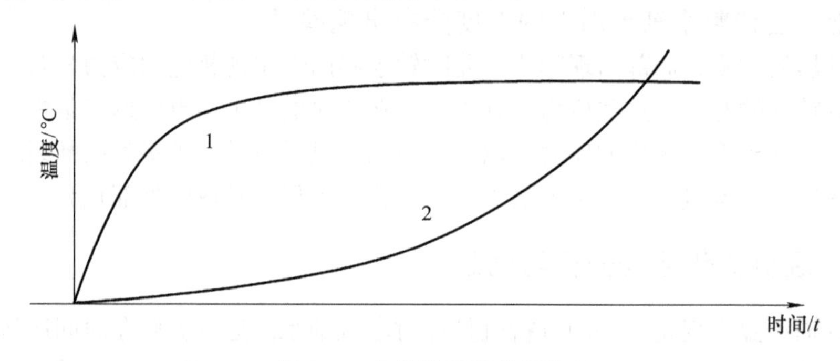

图 7-5　电机轴承温度趋势

图 7-5 中有两条温度曲线。当电机轴承温度呈现曲线 1 的变化趋势的时候，可以看到电机轴承温度进入一个快速上涨，但是很短时间内稳定在某一值的过程。此时工程技术人员需要关注电机轴承最终稳定的温度是否是轴承选型时候允许的工作温度，如果轴承选型设计的时候考虑了这个温度，则此时可以不予处理；但是如果这个温度超出了设计考虑的范畴，就应进行相应的调整。

图 7-5 中曲线 2 表示，电机运行温度持续上涨，即便此时温度没有超出设计范畴，或者没有达到温度报警阈值，但是温度上涨的趋势在长时间内持续，此时必须引起注意。不能等到温度报警的时候再予以关注。

从上面分析可以看出，电机轴承温度趋势的检查尤其在电机轴承温度变动的时候显得尤为重要。当电机轴承温度发生变动的时候，需要更密切地观察轴承温度，避免温度出现急速上升，轴承内部出现温度上升的恶性循环。

（二）电机轴承温度变化信号的采样

对于电机轴承温度的时域记录与振动信号的时域记录在采样频率上有明显差异。一般而言，电机轴承的温度变化受到热容量的影响，相对于振动变化而言是一个缓慢变化的过程。即便是所谓的温度迅速上升，这个信号的频率也远低于振动信号。因此一般而言，如果使用在线温度检测系统，振动信号的采样需要精确到毫秒级，而对于温度信号而言，采用分钟级已经足够。如果是对于稳定运行的设备，甚至可以采用动态的方法调整温度监测的频率。比如，根据温度变化率的情况决定采用更密集的温度采样。温度变化越剧烈，采样频率越高；相反的，温度变化越平稳，温度采样频率越低。这样避免了采样数据和采样工作的浪费。

五、基于红外热成像技术的电机轴承发热诊断

一般使用温度计测量电机温度或者电机轴承温度都是单点位置测量，这样的测量方法更多的是关注温度的时域变化与大致的分布。现在的红外热成像技术已经相当成熟，在工业设备中，有些无法进行温度测量的地方，可以使用红外热成像技术对设备进行温度分布的监控。红外热成像技术可以更准确地测量电机以及相关设备的热分布情况，同时可以给出非常明确的热源位置。对于设备发热的故障诊断可以做出最直接的提示。

在得到热成像图片的时候，工程技术人员应该对比“正常状态”下的温度分布与实际拍摄的温度分布的差异。存在差异的地方，就应该是故障诊断的重点关注点。

另一方面，有些零部件安装了温度监测与报警装置，设备运行的时候如果报警装置提示了温度异常，工程技术人员可以通过红外热成像仪判断报警零部件附近是否存在其他热源。这样就可以避免“谁报警就处理谁”的现象，从而在根源上解决设备发热问题。

典型案例 29. 利用红外热成像技术判断热源

图 7-6 是一台电机驱动泵负载的电机以及联轴器处的热成像图片。当时电机提示轴承温度报警。通过热成像图片可以看到除了电机以外，在联轴器的连接处有高温现象。而轴承温度传递来自于电机以及联轴器的发热部位。轴承温度报警是由联轴器传递来的热量造成的。

根据提示，工程技术人员同时进行了振动的频域信号分析，发现振动值存在明显的“软脚”特征与“不对中”特征。

最终，待电机停机对联轴器进行检查，发现联轴器出现比较严重的磨损，以及松动。后来对联轴器进行检修，更换连接弹性组件，设备故障排除。

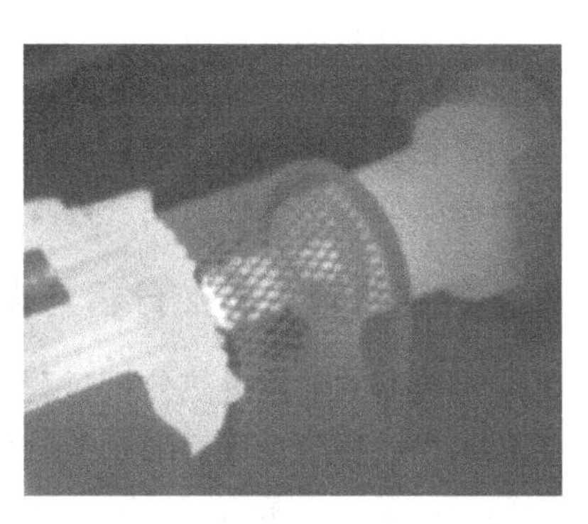

图 7-6　设备的红外热成像图片

这个案例中，报警零部件是轴承，但是最终故障根源是联轴器的连接零件。现场的工程技术人员没有全面分析，仅仅针对报警

零部件进行判断，这样就会出现“头疼医头，脚痛医脚”的情况。正确的方法应该是使用多重手段对报警零部件周围的情况进行分析，从而找到问题的根源，并予以排除。

上述思路是电机轴承故障诊断与分析中非常重要的一点。很多电机轴承故障诊断的悬案都来源于信息的缺失。而很多信息的缺失是由于最开始进行故障信息采集的时候，人为的进行信息屏蔽造成的。这种所谓的信息屏蔽往往会让故障的根本原因成为“漏网之鱼”，导致出现“哪里报警查哪里，哪里报警换哪里”的情形。这样的处置方式无法从根本上排除故障。假如上述案例中，工程师发现轴承温度报警，首先对轴承进行更换，并拆解，然后交给轴承工程师做失效分析。不难想象通过最后的分析结果，要想得出正确结论就会变得十分困难。

第三节　电机轴承发热分析与其他方法的综合运用

电机轴承在运行的时候一定会产生一些热量，其宏观的外在表现就是轴承的温度升高。轴承温度的变化作为轴承工作运行状态量化参数指标的一个重要组成部分，是能够最直观地被工程技术人员测量和察觉的。

电机轴承的温度变化受到热源、轴承环境温度，以及相关零部件热容量等的影响。虽然电机轴承的温度和振动一样是一个现象表征参数，但是其受到影响的因素多，并且交杂在一起，无法像振动信号一样进行特征分离。同时，电机轴承的过热一方面可能是某种故障的结果；另一方面可能是某些故障的原因。

因此，电机轴承的发热具有更大的不确定性。一般对电机轴承的过热故障进行诊断与分析，不能仅仅通过温度测量得到最终结果。不论是温度限值的判断，还是对温度分布的分析，最终都只能得出大致确定的发热部位等定性判断，最终是为电机轴承故障诊断与分析提供一些线索。

不难看出在这里，电机轴承过热是一个故障表象，同时也是故障诊断与分析的线索之一。这个线索是在电机和设备没有进行拆解的前提下的信息。在拆解设备之前，可以结合其他非拆解手段——振动分析，来进行相互印证，也确保拆解的目的性和有效性。

为了更清楚地说明电机轴承发热分析与其他分析方法和技术的关系，下面通过本章一些典型案例里的应用进行阐述。

一、电机轴承发热分析与振动分析

一个典型的轴承过热分析过程的案例就是案例 29。这个案例中，处理者看到了电机轴承过热的报警，之后不是马上将轴承过热当做结论，而是首先参考振动分析的结果，发现了振动的异常。同时再用红外热成像技术确定热源。最终在联轴器的连接部件上发现了导致振动信号异常的根本原因。这是一个将电机轴承发热诊断与振动分析相结合的典型案例。两种手段相互配合，相互发现新的线索，最后相互印证。这样在进行故障诊断与分析的时候，就可以在给出实际操作建议之前做到胸有成竹。

二、电机轴承发热分析与轴承应用技术

上述案例中，在对设备拆解之前得到轴承过热报警之后，工程技术人员首先会根据轴承应用技术相关知识判断发热正常与否。一旦出现发热的异常，首先利用轴承应用技术检查轴承的工作状态，从中找到导致轴承过热的线索。这是轴承发热诊断、分析与轴承应用技术的结合。轴承应用技术的基本逻辑为轴承发热是否应该判定为异常提供依据和理论支持。

三、电机轴承发热分析与轴承失效分析

有些故障分析已经进入了对设备进行拆解的阶段，此时一个重要的工作就是轴承的失效分析。而轴承出现过热之后，一旦达到一定的温度，轴承材料本身颜色等就会发生变化，根据颜色变化推断热源是辅助轴承失效分析很重要的手段。轴承失效分析有时候面临最大的挑战是界定诸多失效模式中哪一个是最早出现的，而轴承的发热故障诊断与分析，往往可以在这方面提供帮助。

比如典型案例 28 中，面对轴承圈断裂的失效模式，如果不能找到导致断裂的根源，这个分析仅仅得出断裂的结论，对于维护工程师而言是没有意义的。导致轴承圈断裂的原因有很多，比如敲击、材质缺陷、温度变化等因素。故障诊断人员必须在轴承上面寻找线索。而轴承圈颜色的变化，表明了温度和发热的变化，颜色变化的位置结合断裂端口处的金属组织形态可以帮助工程师确定二者之间的关系，从而判断是轴承圈局部发热，导致断裂。这就将失效分析中断裂的判断又向前推进了一步。工程师根据发热部位周围的零部件信息，寻找热源。也就寻找到了造成发热的根本原因。轴承圈断裂的故障分析才算得出了最终结论。上述是轴承发热诊断分析与轴承失效分析相配合的典型思路。

综上，轴承发热故障在整个轴承故障诊断与分析中是一个主流类型的故障，但是仅仅根据电机轴承发热的分析方法进行判断是远远不够的，必须与轴承应用技术、轴承失效分析或者轴承振动信号分析等相关故障诊断方法相结合，才能最终找到故障的根本原因。

第八章　电机轴承失效分析技术

电机轴承失效分析是电机轴承故障诊断与分析中十分重要的技术和手段，是轴承故障诊断“定责”判断的核心技术之一。本章从电机轴承失效分析的基本概念、基本标准和原理着手，进而对电机轴承失效分析的基本步骤和方法进行系统阐述。

第一节　电机轴承失效分析概述

一、电机轴承失效分析的概念

电机轴承失效分析是通过对失效的电机轴承进行鉴别与鉴定，进而进行分析推理找到导致轴承失效的根本原因的技术。首先失效分析的对象是失效的轴承，或者怀疑有失效的轴承。而在故障诊断基本概念一章中我们曾经讨论，故障不一定等于失效，因此对于电机轴承的失效分析仅仅是电机轴承存在失效情况时用到的分析方法，是整个故障诊断与分析方法的一个重要组成部分，两者之间并非对等关系。

轴承周围零部件或者设备发生某些故障时，其运行状态会出现异常表现，但是如果这种异常表现并未导致轴承失效，此时设备处在故障初期，对轴承影响甚少，对这个故障的诊断就不一定进入轴承失效分析的范畴。例如，电机初始安装时候的对中不良，电机试运行的时候就会发现振动异常，此时及时停机调整，故障就可以排除。这其中的轴承不一定出现失效（视运行状态而定），因此也就不需要进行失效分析。

另一方面，轴承失效分析往往需要对轴承进行细节的痕迹鉴定与判断，很多情况下需要对轴承进行拆解。多数情况下，对于电机的生产使用者而言轴承一旦经过拆解就难以复原。此时轴承失效分析就是一个破坏性的分析方法。并且，在拆解轴承的同时也会造成轴承周围的一些因素发生改变，一些故障的线索可能因此而消失。因此在决定对轴承进行拆解之前，需要先对周围信息进行仔细收集和分析，谨慎地决定对轴承的拆解动作。

轴承失效分析的目的是找到导致轴承失效的根本原因，并予以排除，避免失效的重复出现。因此即便是破坏性分析手段，其对后续电机轴承的可靠运行也具有重大意义。电机轴承失效分析在表面上看，就是对轴承进行拆解，然后做一些小的纠正，之后重新安装轴承。但是其本质上和单纯轴承更换有非常大的区别，不论从目的、方法，以及关注重点上都有不同。表 8-1 对此进行了总结。

表 8-1　轴承失效分析与更换轴承

	轴承失效分析	更换轴承
目的	找到导致轴承失效的根本原因，避免失效再次发生	对轴承进行更新
前序工作	搜集周围设备以及轴承的相关信息	准备更换的轴承和工具
主体工作	对轴承进行拆解，对失效痕迹进行分析判断，结合前序工作收集的信息一同对轴承失效的根本原因进行合理推断，必要的时候做相关的验证工作	使用正确的方法将轴承进行拆解
后续工作	提出轴承失效分析报告，给出改进建议	检查安装后的轴承是否运转正常
关注重点	失效原因，鉴别、分析、判断	完好拆解，对周围零部件影响最小。安装后轴承运行正常

轴承失效分析通常也会与其他电机轴承故障诊断技术和手段配合使用，并且相互印证。就对失效分析的深度而言，轴承失效分析又被称作根本原因分析（Root Cause Failure Analysis，RCFA），顾名思义，轴承失效分析往往是最能够反映故障根本原因的分析手段。

二、电机轴承失效分析的基础和依据（标准）

轴承失效分析是一个通过观察、分析，将线索与理论体系相互联系并印证的过程。所以最初的轴承失效分析是一个非常经验化的工作，并且轴承失效分析对轴承表面形貌的判断往往在图像上呈现，很难量化说明。轴承失效分析技术发展之初，连这些失效的轴承表面形貌的归类都并不清晰，所以经常出现的情况就是：同一套轴承，在不同人的眼睛里观察到的结果可能不同，得到的结论也可能不同。有时，甚至出现因为对相同的失效点的不同叫法而带来的误会。这种因人而异的判断很多时候会使分析陷入混乱。

但是另一方面，千差万别的轴承失效也确实有其相类似的地方。这些类似不仅仅形貌类似，导致的原因也可以分类。这种科学的归类，在很大程度上统一了判断的一些标准，同时为失效分析的判别提供了依据。人们根据这样的归类，明确了相应的分类规则，描述了各个分类之间的共性和可能被诱发的原因，并发布了相应的图谱。目前最广泛使用的是 ISO 15243：2017《滚动轴承　损伤和故障　术语、特性和成因》。我国在 2009 年也参照这个国际标准颁布了 GB/T 24611—2009《滚动轴承　损伤和失效术语、特征及原因》。这些标准就是进行轴承失效分析最主要的依据。

需要指出的是，目前对轴承失效分析的各种资料中，很多时候并没有遵守既定规则的分析及命名原则。这样给轴承失效分析技术的应用带来了一定的难度。甚至有些大家耳熟能详的叫法，其实并不规范（标准中并未使用的命名）。造成这种情况有时候是由于对外语翻译的偏差，或者个人喜好的叫法不同。

不规范的叫法会导致技术人员在进行技术沟通时候出现很大误解，这些误解最终会造成大家判断的不一致，甚至最终分析结论与实际原因相去甚远。这也使轴承失效分析在某些情况下被认为是“经验学问”“不准确”“玄学”。而事实并非如此，轴承失效分析作为一门技术，其严格的定义和准确的描述是科学、周密而符合逻辑的，人为的修改、乱用或者对概念掌握的不准确才是导致失效分析失真的根本原因。

此处希望大家尽量使用标准中的归类和命名，以便于轴承失效分析技术发挥真正的科学作用，而避免成为“因人而变”的“玄学”。

三、电机轴承失效分析的限制

轴承失效分析作为一门科学，有其规范和适用条件。对于经验丰富的工程技术人员，通过对轴承失效分析概念的准确把握和对现场的敏锐察觉，可以很精准、迅速地找到轴承失效的原因，但是如果失效分析的边界条件被打破，有经验的专家的判断速度和准确度也会大打折扣。

（一）轴承失效分析的时机

首先，轴承的失效最终状态往往是多重因素多发、并发的。这种多发可能是由一个失效引起次生失效，而失效之间相互交杂。同时，各种交杂、并发的失效之间的发展速度也有可能不一样，有时候次生失效发展的比原发失效速度快，宏观上占据主导。

实际工作中，对轴承进行失效分析的一个重要工作就是界定失效之间的关系，其中包括时间先后关系和因果关系等。对失效关系的分析目的是找到原发失效，从而找到导致原发失效的根本原因。对于失效晚期的轴承，轴承的各种原发、次生失效已经严重相互叠加，轴承各个分析表面已经斑驳不堪，甚至轴承烧作一团。此时几乎无法对轴承的失效展开有效的分析和鉴别。由此可见，失效分析的时机对于失效分析工作的准确性非常重要。失效分析在轴承失效的越早期进行，其次生失效发生的数量就越少，越有利于找到原发失效。

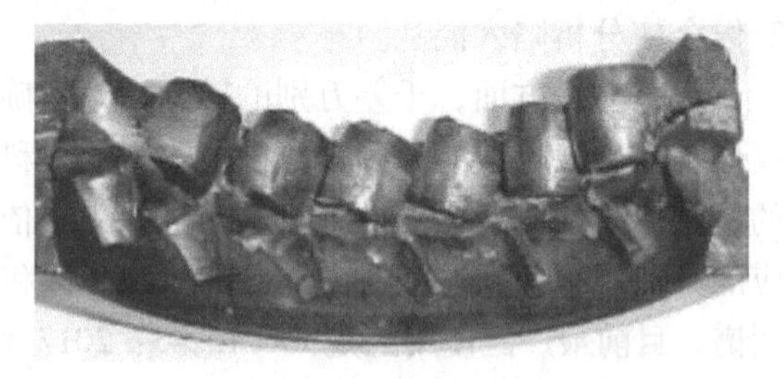

图 8-1　轴承失效晚期

图 8-1 是一个已经完全烧毁的轴承，轴承各种痕迹相互交杂在一起，对于这样的失效晚期轴承已经失去了分析的意义。

（二）轴承失效分析标准分类的局限

前已述及，经过多年的努力，轴承失效分析的国际标准和国家标准已经建立起来，并且相对完备。这些标准中定义的轴承失效的类型已经涵盖了大多数轴承失效的类型。但是面对千差万别的工程实际，依然有一些轴承的失效模式并没有被涵盖进来。工程技术人员在电机轴承诊断中使用失效分析的手段时，主要是依据国际标准进行失效判别，但是一旦发现某种失效确实不属于标准分类中的任何一种的时候，也不一定非要强行归纳到标准分类之中。

另一方面，工程师也不应该过于草率地定义非标准的失效类型。国际标准是经过长时间工程技术实践的总结，能够超出这些分类的轴承失效并不多。在做“非标准轴承失效类型”判定的时候必须谨慎。

不论是否属于标准轴承失效类型，对轴承失效表面的鉴别与鉴定都是通过观察实现的。虽然工程技术人员可以通过放大镜、显微镜等各种辅助工具，但是最终判断的依据还是一个从图片信息到主观判断的过程。这样的主观判断方法使得其结果受到分析人员经验、知识等方面背景的影响，因此总体上是一个概率的判断，存在一定的偏差可能性。

轴承失效这样的非量化主观判断过程非常难于实现数据化。即便使用相应的图像识别技术，其实现的难度，以及实现的准确性等在技术上都有待于进一步的改进和提升。目前在大数据和人工智能领域，对轴承失效分析领域的应用还处在起步阶段。

第二节　电机轴承的接触轨迹分析

一、轴承接触轨迹（旋转轨迹、负荷痕迹）的定义

一套全新的轴承，在生产过程中要经过车削和磨削等机械加工，生产完成之后，宏观上来看滚道和滚动体表面具有合格的表面精度，但是如果用显微镜进行微观观察，就可以清楚地看到所有的加工表面都有加工痕迹，就是我们所说的刀痕或磨痕。这些加工刀痕或磨痕就是微观上金属表面的高低不平。

电机轴承在承受负荷运转时，滚动体和滚道之间接触并承压。轴承滚动体在滚道表面反复承压滚动，就会将滚道和滚动体表面刀痕或磨痕压得略微平坦些。其实这个过程在任何新加工后投入运行的机械设备中都会存在，我们称之为“磨合”。轴承接触表面的磨合是接触表面退化的一个环节。接触表面从承载就开始退化，直至失效。其中初期的磨合过程是有益的，经过初期磨合，轴承的运行表现会更佳，滚动体和滚道的接触达到最优的状态，此时轴承的摩擦力矩和旋转状态也进入最佳。经过磨合的滚动体和滚道表面较之全新加工的表面而言，其粗糙度会产生变化。这种变化宏观上就可以看得出来，被滚过的滚道位置比旁边未承载的位置看起来有些许灰暗，从其反光程度的差异只能看出来，而用手接触并无触感差异。

我们把轴承滚动体和滚道表面经过磨合而粗糙度发生变化的痕迹叫作接触轨迹

或旋转轨迹（此定义源自 GB/T 24611—2009《滚动轴承　损伤和失效　术语、特征及原因》）。由上述接触轨迹产生的原因可以知道，接触轨迹的位置就是滚道和滚动体承受负荷的位置。也就是哪里承受负荷，哪里就会有接触轨迹。所以，接触轨迹是轴承承受负荷后在内部所留下的“线索”。

二、接触轨迹分析的意义

在前面对轴承分类介绍的部分阐述了轴承的承载能力。轴承的承载能力就是这个轴承对应该承受负荷的承受水平以及方向。轴承一旦承受了某个负荷，那么在对应的滚道和滚动体位置就会留下接触轨迹。在观察对比轴承的接触轨迹时，如果在轴承承载能力的范畴以外（承载方向和偏心等）发现了接触轨迹，就说明工况超出了设计预期。轴承承受了本来不应该承受的负荷。这样就提示了某些值得关注的地方。

我们将对接触轨迹的检查和分析叫作接触轨迹分析。事实上，很多轴承失效分析都会在接触轨迹分析阶段就已经找到对应的原因。只不过一些人过分地迷恋轴承失效模式的界定，直接跳过了此步骤。这样做，一方面忽略了重大承载线索；另一方面经常使失效分析结论脱离实际改进的需求。例如现实中，我们总是看到一些轴承失效分析报告直接给出“表面疲劳”等分类性结论，可是这个结论对于电机使用维护人员意味着什么呢？应该如何的改进呢？没有这些进一步的推论，这样的失效分析报告并无很大的指导意义。出现这种情况的原因很多时候就是忽略了接触轨迹分析，忽略了建立轴承失效模式界定与轴承运行状态推断之间联系的过程。

由此可见，轴承接触轨迹分析对于轴承失效分析而言十分重要，不可忽略。

三、电机轴承的正常接触轨迹

电机轴承在外界以及自身处于正常工况时，轴承滚动体和滚道经过一段运行（磨合）也会留下接触轨迹。我们按照正常工况下轴承承受不同负荷状态的接触轨迹分类介绍如下：

1. 轴承承受纯径向负荷的情况

轴承承受纯径向负荷内圈旋转时（卧式内转式电机无轴向负荷时），深沟球轴承及圆柱滚子轴承承载状态以及滚道接触轨迹如图 8-2 所示。

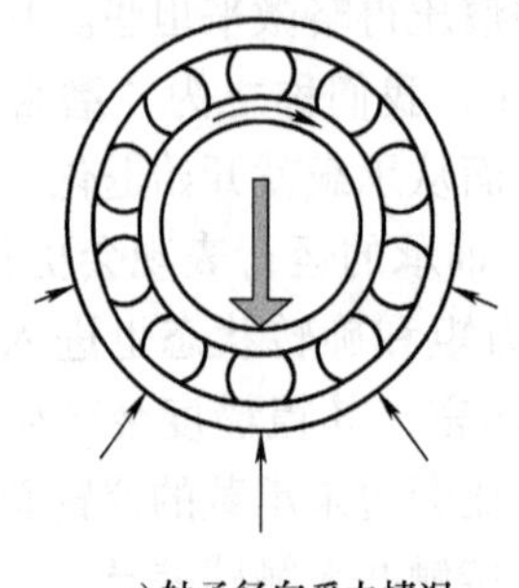

a) 轴承径向受力情况

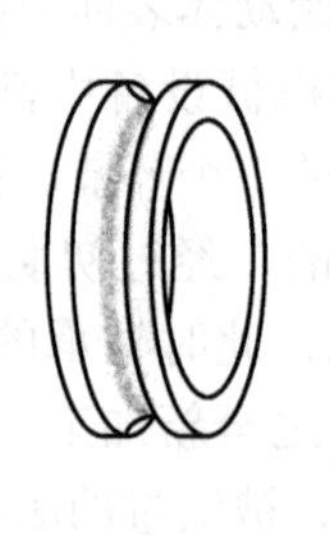

b) 点接触轨迹(球轴承)

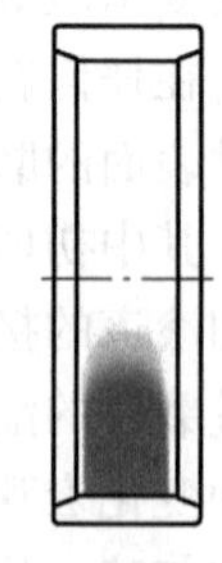

c) 线接触轨迹(柱轴承)

图 8-2　内圈旋转轴承承受径向负荷时的接触轨迹

轴承运转时，轴承内圈转动，内圈的所有位置都会经过负荷区，因此轴承内圈宽度范围的中央位置会出现宽度一致并且布满一整圈的接触轨迹。

轴承外圈只有负荷区承受负荷，所以外圈在负荷区范围内宽度方向的中央位置留下接触轨迹。正常的深沟球轴承负荷区应该在120°～150°的范围内，因此，在负荷区边缘随着负荷的减小，接触轨迹变窄，直至离开负荷区，接触轨迹消失。

当轴承工作游隙正常时，轴承负荷区为120°～150°；而当轴承工作游隙过小时，轴承接触轨迹如图8-3所示。此时负荷区范围会扩大，甚至拓展到整个外圈。由于依然是纯径向负荷，因此此时接触轨迹依然位于外圈沿宽度方向的中央位置，且与轴承径向负荷相对应的地方接触轨迹最宽，并向两边延展变窄。

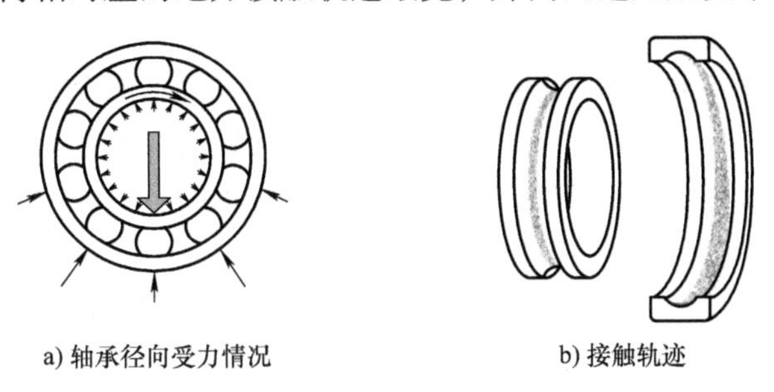

a) 轴承径向受力情况　　b) 接触轨迹

图8-3　内圈旋转轴承承受径向负荷时工作游隙偏小的接触轨迹

这种情况下，由于负荷是纯径向，并且内圈旋转，因此内圈接触轨迹布满内圈一周的等宽度轨迹，并出现在内圈沿宽度方向的中央位置。

工程实际中，若出现此种接触轨迹，就提示我们需要对轴承工作游隙进行调整。我们知道，造成轴承工作游隙过小的原因是轴的径向配合过紧，因此此时我们应该检查轴的径向尺寸，同时检查图纸径向尺寸公差设置。并根据本书轴承公差配合的建议进行调整。

外圈旋转轴承承受纯径向负荷外圈旋转时（卧式外转式电机无轴向负荷时），轴承承载状态以及滚道接触轨迹如图8-4所示。

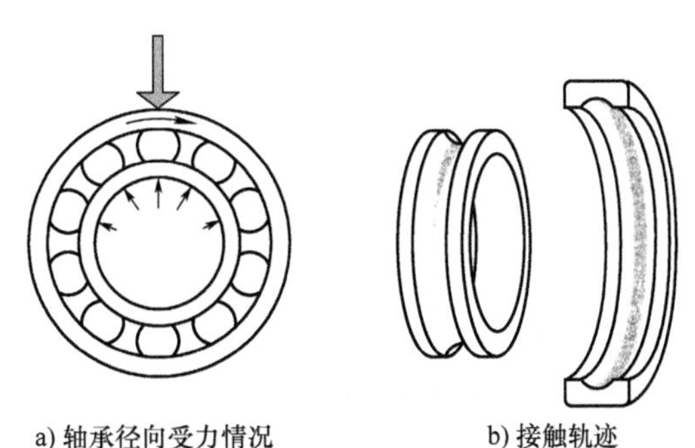

a) 轴承径向受力情况　　b) 接触轨迹

图8-4　外圈旋转轴承承受纯径向负荷的接触轨迹

此时，轴承内圈固定、外圈旋转，负荷区位于轴承上半部分。轴承外圈旋转通过负荷区，因此呈现外圈等宽度整圈接触轨迹。轴承无轴向负荷，因此外圈接触轨迹位于轴承宽度方向的中央位置。

轴承内圈处于负荷区宽度方向中央位置的地方出现中间宽、两边窄的接触轨迹。

关于工作游隙的判断，和内圈旋转的情况类似，请读者自行推断，此处不赘述。

2. 轴承承受轴向负荷的情况

轴承承受轴向负荷时，负荷由一个圈通过滚动体传递到另一个圈，也就是从轴承一侧传递到另一侧。因此接触轨迹将出现在滚动体的两边。图 8-5 为轴承承受轴向负荷时候的接触轨迹。

轴向负荷通过轴承圈将滚动体压在中间，因此轴承内部没有剩余游隙。对于纯轴向负荷的情况，轴承内圈和外圈呈现对称方向等宽度的布满整圈的接触轨迹。

纯轴向负荷将轴承内外圈压紧，因此不论内圈旋转还是外圈旋转，轴承两个轴套圈呈现的负荷痕迹呈现对称的分布。

在一般负荷下，滚道和滚动体的接触应该发生在滚道两个边缘以内，此时接触轨迹位于滚道之内的某个位置。但是当接触轨迹已经接触或者跨越轴承滚道边缘时，就说明此时轴承承受的轴向力过大，超出了轴承的承受范围，轴承会出现提早失效。

由此可以想到角接触球轴承就是偏移滚道的深沟球轴承，它将滚道沿着轴向负荷方向偏转，使轴承可以承受更大的轴向负荷。但是相应的，如果角接触球轴承承受了反向的轴向负荷，那么接触轨迹很容易就会跨越滚道边缘，这是不允许的。

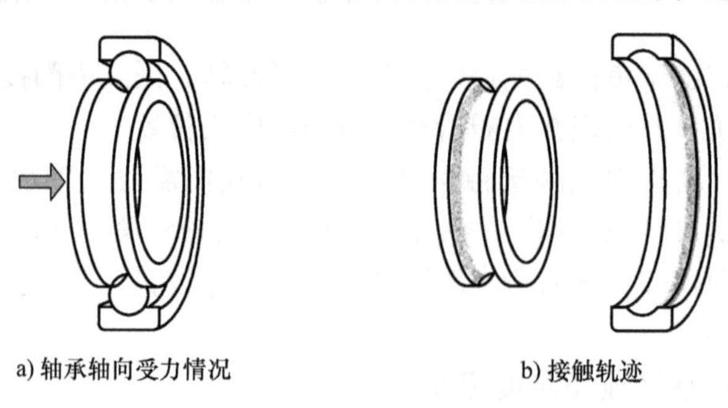

a) 轴承轴向受力情况　　b) 接触轨迹

图 8-5　轴承承受轴向负荷的接触轨迹

3. 轴承承受联合负荷的情况

如果轴承既承受轴向负荷又承受径向负荷（或者一个负荷可分解为轴向和径向两个分量），那么我们将这种负荷称为联合负荷。轴承在承受联合负荷时具有轴向负荷接触轨迹和径向负荷接触轨迹的联合特征。如图 8-6 所示。

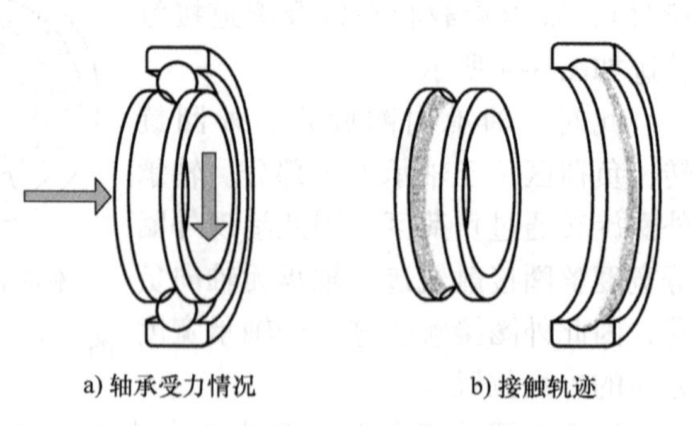

a) 轴承受力情况　　b) 接触轨迹

图 8-6　轴承承受联合负荷的接触轨迹

首先，联合负荷的轴向分量，

将滚动体通过轴承套圈压紧，因此轴承接触轨迹布满整个套圈一周，并沿着负荷传递方向分布在滚动体两侧。

另一方面，联合负荷的径向分量是轴承在径向分量的方向产生重负荷区，因此轴承接触轨迹在负荷方向宽，在反方向窄。这就说明径向负荷方向的轴承承载大，反方向承载小。

前面章节已经阐述，在常用的卧式内转式电机中，经常使用深沟球轴承结构布置，为减少轴承噪声，会对轴承施加轴向预负荷。这时候深沟球轴承所承受的负荷就是一个联合负荷，其中包括了电机本身的径向负荷以及轴向预负荷。此时电机经过一段时间运行，深沟球轴承内部的接触轨迹应该和上图 8-6 相类似。

如果此时轴承滚道上的接触轨迹居于滚道正中，并且可以观察到非负荷区，那就说明此时施加预负荷失败。电机在运行时，深沟球轴承实际上并未受到预负荷的作用。此时需要检查预负荷的施加是否出现问题。

四、电机轴承的非正常接触轨迹

轴承非正常运行工况包含很多种。由于不恰当负荷随工况变化而变化，对于轴承承受不恰当负荷状况无法一一列举。但我们只要将实际的接触轨迹和前面讲述的轴承正常运行状态下的接触轨迹对比，便可以找到差异，从而查找到一些线索。

下面对部分因外界条件不良所引起的非正常接触轨迹进行一些说明，其中包括轴承对中不良、轴承室圆度不合格等造成的轴承负荷异常等情况。

1. 轴承承受偏心负荷（对中不良）的情况

轴承承受偏心负荷，也就是轴系统对中不良的情况分为两种：一种是轴承室偏心（轴承室和转轴同心度较差）；另一种是轴偏心（轴承和转轴同心度较差）。

（1）轴承室偏心　轴承室偏心是指轴对中良好，而轴承室的中心出现偏心的状态。轴承内圈旋转外圈固定时，轴承状态及接触轨迹情况如图 8-7 所示。

由于内圈旋转，滚动体滚过内圈整周，内圈在可能承受负荷的宽度内普遍承载。内圈出现等宽度且布满整圈的接触轨迹。

轴承外圈一直处于偏心状态运行，因此接触轨迹呈现宽度不一致，且位于两个完全相反的方向斜向相对。

图 8-7b 中左边为深沟球轴承在轴承室偏心负荷下的接触轨迹，右边为圆柱滚子轴承此时的接触轨迹。与球轴承接触轨迹类似，此时圆柱滚子轴承沿套圈轴向中心线分布两个相对的接触轨迹。

（2）轴偏心　轴偏心是指轴承中心线对中良好，但轴出现偏心的状态。对于内圈旋转外圈固定的情况，轴承状态及接触轨迹如图 8-8 所示。

此时轴承内圈旋转，由于轴处于偏心状态，所以轴承内圈偏斜运行，产生宽度不一致的接触轨迹，同时接触轨迹位于相反方向斜向相对。

轴承运行时，由于内圈偏斜，所有的滚动体都会被压在两个轴承圈之间，因此

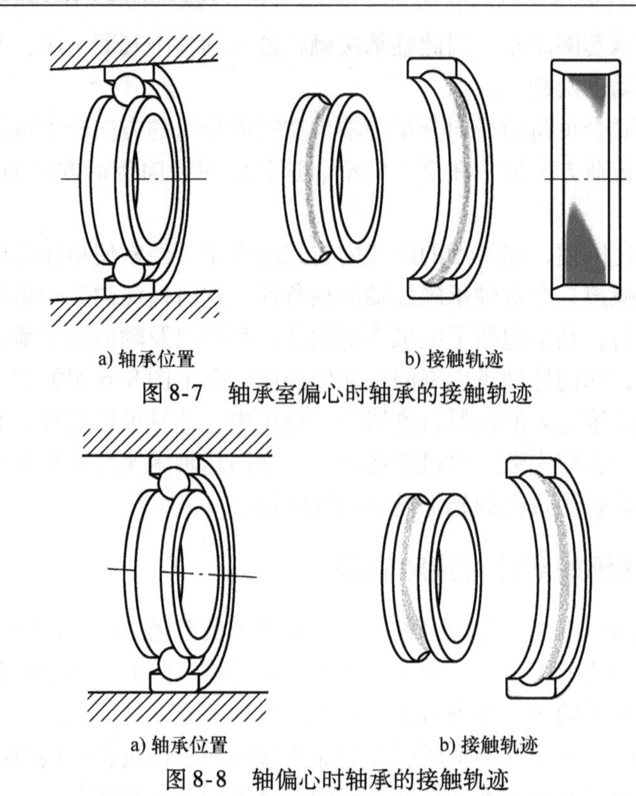

a) 轴承位置　　b) 接触轨迹

图 8-7　轴承室偏心时轴承的接触轨迹

a) 轴承位置　　b) 接触轨迹

图 8-8　轴偏心时轴承的接触轨迹

轴承运行时没有剩余的工作游隙。此时，轴承外圈出现宽度一致、遍布整圈的接触轨迹，且接触轨迹宽度相同。

即使对于非调心轴承，偏心负荷都会造成比较严重的后果。尤其是对于圆柱滚子轴承等对偏心负荷敏感的轴承而言，偏心负荷会造成滚动体与滚道接触的应力集中，因此会大大降低轴承寿命。

2. 轴承室圆度不良产生的接触轨迹

如果轴承室圆度不良，在轴承滚道上产生的接触轨迹（内圈旋转的情况）如图 8-9 所示。

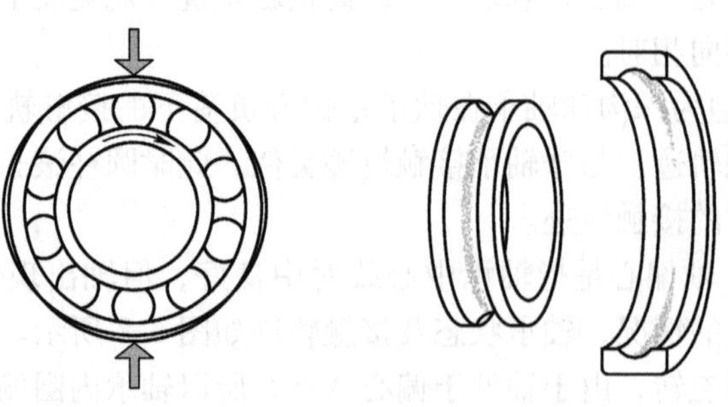

a) 轴承圆度不良　　b) 接触轨迹

图 8-9　轴承室圆度不良时轴承的接触轨迹

由图 8-9a 看到，轴承室呈现竖向窄、横向宽的椭圆形态。此时内圈旋转，内圈滚道轴向中央位置出现宽度一致、遍布整圈的接触轨迹。

轴承外圈由于受压于轴承室，竖直方向偏窄，通过滚动体与内圈承载；横向偏宽，分布有剩余游隙。因此轴承在上下端出现接触轨迹，在横向没有负荷轨迹，且负荷轨迹位于轴承圈轴向中央位置。

处于这种状态下的轴承会出现噪声不良的状态，最终会影响轴承寿命，应予以纠正。

3. 其他不良负荷状态的接触轨迹

了解了轴承滚道接触轨迹产生的原因，就可以推断其他负荷状态下的接触轨迹样貌。举几个例子如下：

1）轴承室如果圆柱度不良（假设圆度等其他因素正常）而呈现锥度，此时内外圈成楔形空间分布，显然楔形空间窄的地方承载会大，因此接触轨迹明显；而相对方向负荷轻，接触轨迹不明显；或者在极端状态下会没有接触轨迹。

2）普通电机内圈旋转的轴承在振动负荷下运行。此时如果振动比较剧烈，则轴承原本静止运行时应该处于非负荷区的地方也会出现接触轨迹。此时轴承内圈和外圈同时出现遍布整圈的接触轨迹。

3）振动负荷轴同步旋转时，此时负荷相对于轴承内圈的方向不变，虽然是内圈旋转的轴承，但是轴承外圈也会出现整圈的接触轨迹，而轴承内圈只在某些方向出现接触轨迹。

各种情况不胜枚举，读者可以使用上述分析方法，基于实际工况加以分析，从而得到接触轨迹的合理解释。

五、接触轨迹分析的工程应用

接触轨迹存在于所有已经运行过的轴承中。对轴承进行失效分析时，接触轨迹分析的主要作用是判断轴承是否曾经承担了不应该承担的负荷，同时判断这个负荷与失效点之间的关系。

例如，一台卧式内转式普通交流电动机采用两个深沟球轴承结构布置，同时轴系统施加一定的预负荷。其轴承正常的接触轨迹如图 8-10 所示。

图 8-10a 为浮动端轴承位于非轴伸端，图 8-10b 为固定端轴承位于轴伸端，同时在图 8-10b 中的轴承上为整个轴系统施加了轴向预负荷。

系统中两个轴承均承受径向负荷，如果外界还有其他径向负荷的话，轴伸端轴承的径向负荷应该大于非轴伸端，同时两个轴承均承受来弹簧的轴向预负荷，并且两个轴承承受的负荷方向相对。

由此可以看到两个轴承均承受负荷的作用，负荷痕迹也呈现复合负荷的状态。由于两个轴承承受的轴向负荷方向相对，那么两个轴承的接触轨迹在轴向上的偏移方向也应该相对，而不是同向。并且如果轴伸端有径向负荷，那么图 8-10b 中的轴

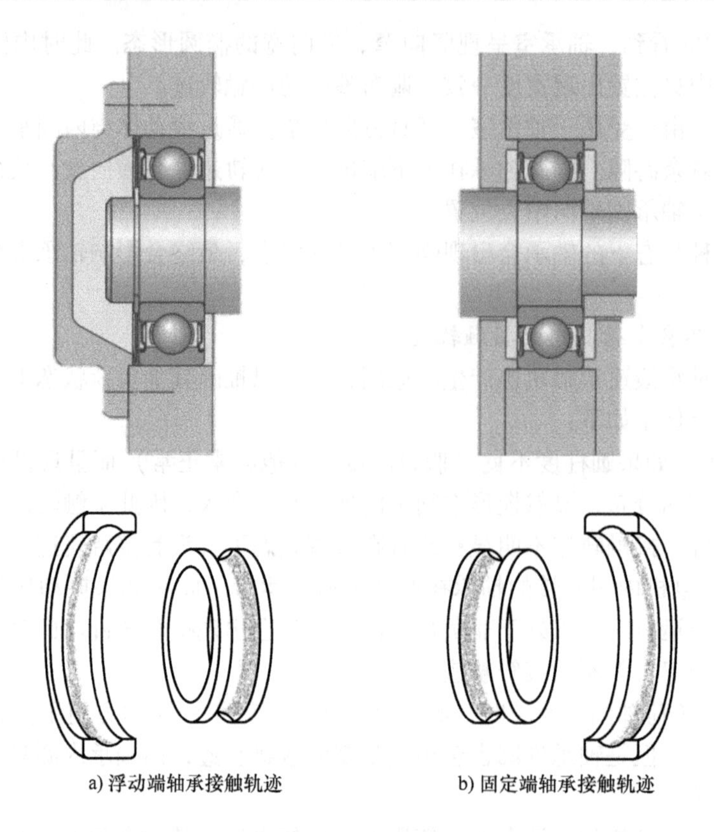

a) 浮动端轴承接触轨迹　　b) 固定端轴承接触轨迹

图 8-10　双深沟球轴承结构的轴承接触轨迹（有预负荷）

承的径向接触轨迹应该更宽。

可以通过以上的分析思路形似地判断其他类型的轴承系统配置中正常的负荷痕迹应该是怎样的。

另外，在出现失效的轴承中，通常失效点会处于接触轨迹内部或者附近。而失效点是已经损坏的轴承表面，距离失效点越远，失效表征越浅，其滚道状态更有可能呈现初期失效的样貌。而接触轨迹正好可以揭示轴承在未失效时候的承载状态。因此有经验的轴承工程师，除了对轴承失效点进行归类分析以外，也会十分关注轴承滚道接触轨迹，以推断失效初期的样貌，同时了解轴承承载状态。

有些经过一段时间运行的轴承在设备整体维护中被拆卸下来。经过检查发现轴承完好，此时就可以考虑将轴承重复安装使用。此时，对接触轨迹的了解便可以提示一种延长轴承寿命的方法。具体如下：

对于承受径向负荷的轴承，在固定圈上仅负荷区承载，接触轨迹出现在负荷区。接触轨迹的实质是表面退化的表现。负荷区滚道表面已经经过一段时间运转，表面退化在负荷区出现。若将轴承圈旋转 180°进行安装，将原先的非负荷区置于负荷区继续运行，那么轴承寿命将会延长。

第三节　轴承失效类型及其机理

一、概述

轴承失效类型分析是失效分析的核心内容。轴承周围的信息，以及轴承内部的接触轨迹等信息，都属于轴承失效点的周边信息。这些周边信息十分有用，但是最核心的部分依然是对失效点信息本身的解读。在解读失效点信息的时候，通常会使用相应的国际标准进行分类，而除了分类以外，对失效机理的理解结合失效点周围信息的收集，工程技术人员才能将整个逻辑线条捋顺，从而得到可以指导维修的故障诊断失效分析结论。

本节对轴承失效的标准类型以及机理进行相应的介绍。

按照 ISO 15243：2017《滚动轴承　损伤和故障　术语、特性和成因》和 GB/T 24611—2009《滚动轴承　损伤和失效　术语、特征及原因》的内容，轴承失效类型总共有 6 大类，参见图 8-11。

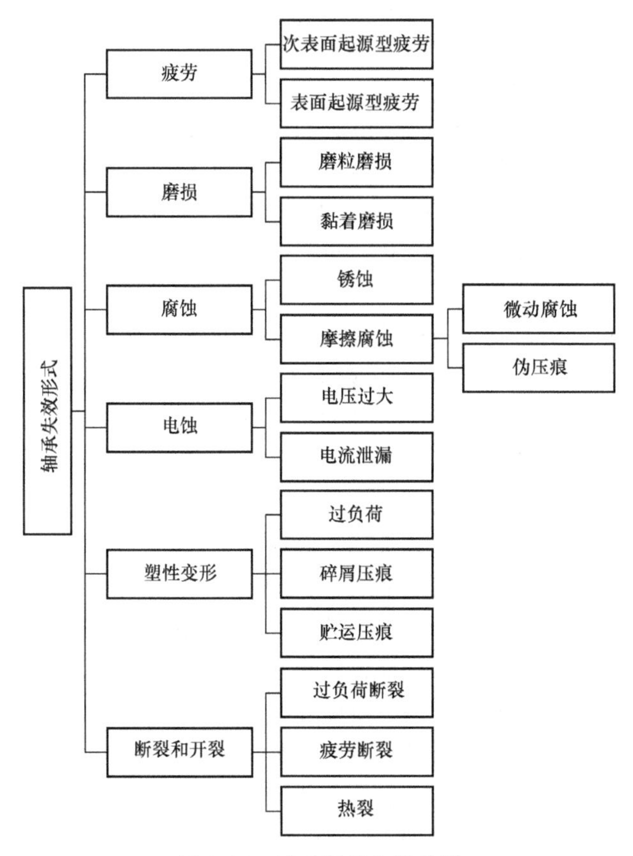

图 8-11　滚动轴承失效分类

ISO 15243：2017 规定的轴承失效形式是将轴承失效形式进行标准化，因此被归类的失效模式具有以下 3 个特点：

1）失效原因具有可识别的特点。虽然有很多种失效原因，但是每一种都可以被唯一地识别。

2）失效机制具有可识别的失效模型。失效机制可以被进行逻辑分组，这些分组可用于快速确定失效的根本原因。

3）观察到的轴承损伤可以确定失效原因。通过对失效原件及附属元件的仔细观察，可以排除周边干扰因素，从而找到真正的失效原因。

二、轴承失效类型之一——疲劳

疲劳是指滚动体和滚道接触处产生的重复应力引起的组织变化。宏观上就是轴承滚道及滚动体表面的小片剥落。

轴承在承载运转时，滚道表面以及表面下出现的剪应力分布存在两个峰值，一个在表面处，一个在表面下。两个剪应力随着轴承的滚动往复出现，从而导致了轴承金属出现疲劳。因此这两个位置成为轴承疲劳的两个关键点。在这两个地方出现的疲劳被定义为次表面起源型疲劳和表面起源型疲劳。

（一）次表面起源型疲劳

1. 次表面起源型疲劳机理（原因）、表现及对策

在轴承滚道承载时，如果表面润滑良好，表面剪应力峰值将被降低。因此次表面（表面下）的剪应力峰值将成为剪应力最大值。当剪应力出现次数达到一定值时，金属内部组织结构就会发生变化，进而出现微裂纹。轴承继续运转，微裂纹将向表面扩展，最后形成金属剥落。

次表面起源型疲劳最初生成时无法被察觉，这是因为它发生在轴承表面以下，此时轴承运行依然正常。当微裂纹扩展到表面时，轴承滚道表面就会出现缺陷。此时通过状态监测可以发觉轴承相关部件的特征频率异常。随着疲劳的继续发展，疲劳剥落将进一步扩大，此时轴承运转会出现异常噪声，通过宏观观察可以察觉。如果此时不采取措施，剥落下来的金属颗粒会变成滚道的污染颗粒，这样会造成其他次生轴承失效。各种轴承失效形式叠加，会使轴承最终出现严重问题，甚至危及设备安全。次表面起源型疲劳的发展如图 8-12 所示。

次表面起源型疲劳是一个逐步发展的过程，其发展的速度与轴承的转速和负荷的大小有关。在轴承失效初期和前期，次表面起源型疲劳可以被察觉。电机维护人员应该在发现轴承问题时及时处理，避免发生不可控的后果。

因轴承次表面起源型疲劳与轴承承受的负荷有关，所以通常经过轴承尺寸选择的负荷校验，使轴承工作在可以承受的负荷工况下。但是由于其他一些生产、工艺和使用的原因，一旦某些不应该承受的负荷施加到轴承之上，就将对轴承造成伤害。因此，检查并排出这些“非计划内”负荷，是应对轴承次表面起源型疲劳的

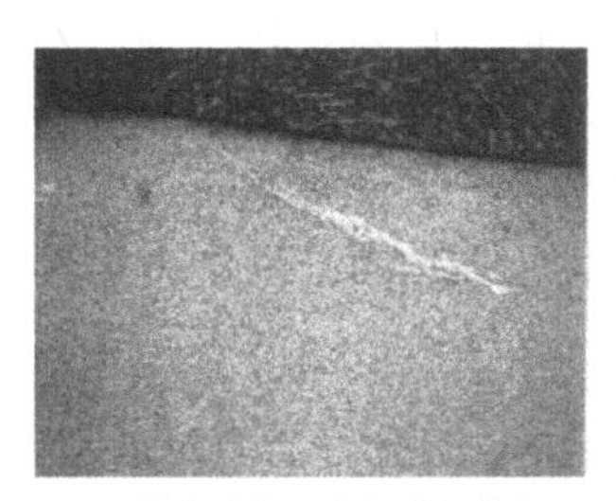

a) 滚道受载后次表面微裂纹

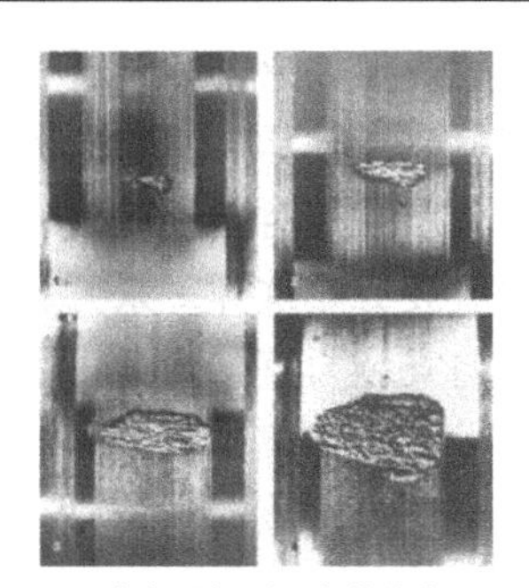

b) 次表面起源型疲劳的发展

图 8-12　次表面起源型疲劳

重要手段。

2. *次表面起源型疲劳举例*

如果轴承内部负载正常，则在轴承转数达到一定值时（剪应力出现至一定次数），轴承负荷区的滚道或者滚动体将会出现正常的次表面起源型疲劳。这就是所谓的轴承寿命的概念。但是当轴承承受不正常负荷时，往往在轴承运行不长时间就会出现次表面起源型疲劳。

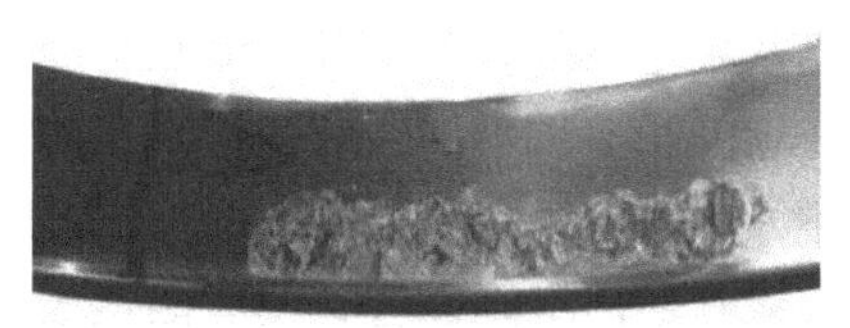

图 8-13　圆柱滚子轴承次表面起源型疲劳

圆柱滚子轴承偏载引起的次表面起源型疲劳，图 8-13 所示是一套圆柱滚子轴承次表面起源型疲劳的图片。首先，我们通过接触轨迹分析可以看到滚道表面一侧有接触轨迹，说明轴承承受了偏载。图 8-12 中仅显示了部分滚道，因此要结合整个滚道进行观察，来判断偏载是偏心还是轴承室锥度等因素引起的。在轴承承受偏载时，滚子一端和滚道之间的接触力很大，另一侧很小。导致滚子一侧下面的滚道次表面应力大于正常情况，因此轴承运行一段时间（短于正常的疲劳寿命）就会出现次表面起源型疲劳。

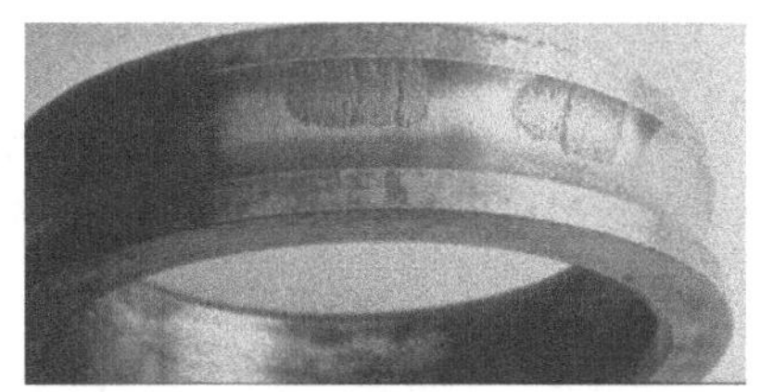

图 8-14　深沟球轴承安装不当引起的次表面起源型疲劳

深沟球轴承安装不当引起的次表面起源型疲劳，图 8-14 所示为一个深沟球轴承次表面起源型疲劳的照片。图中我们看到轴承滚道一侧出现几个疲劳剥落的痕迹。通过接触轨迹分析，我们看到所有的轴承滚道疲劳剥落都出现在滚道的一个方向，并且几个失效点都达到轴承滚道的边界，说明轴承受到了非常大的轴向负荷。同时，滚道上的疲劳剥落点并不是连续的接触轨迹分布。当我们用轴承的保持架进行对比时，会发现疲劳剥落的位置和保持架兜孔位置（滚动体位置）相对应，这种情况只有在轴承不旋转时才会发生。而如果轴承不转，滚动体和滚道表面的应力就不会反复出现。所以唯一的可能就是在轴承静止时，轴承受到比较大的轴向力，这个轴向力使滚道产生塑性形变，轴承运行时出现应力集中。当轴承旋转时在应力集中的地方提早出现了次表面起源型疲劳。这样一来，就可以判断这些次表面起源型疲劳的原因是：安装过程中，轴向安装力直接通过内圈、球和滚动体，在轴承外圈上产生轻微的塑性变形，从而引发了应力集中。

由此，结论是：该深沟球轴承的次表面起源型疲劳是安装过程中的敲击所引起的。

（二）表面起源型疲劳

一般情况下，表面疲劳是在润滑状况不良的情况下，由于滚动体和滚道产生一定的滑动，而造成的金属表面微凸体损伤所引起的。

1. 表面起源型疲劳的机理（原因）、表现及对策

当轴承润滑不良时，滚动体和滚道直接接触。如果发生相对滑动，就会造成金属表面微凸体裂纹，进而微凸体裂纹扩展而出现微片状剥落，最后会出现暗灰色微片剥落区域。

表面疲劳的宏观可见发展第一阶段是滚道表面粗糙度和波纹度的变化。此时微片剥落发生，如果不能及时散热，摩擦部分的热量就可能使轴承钢表面变色并且变软。这样很多轴承滚道表面呈现出非常光亮的表观形态（有资料用镜面状光亮来形容）。此时如果依然没有足够的润滑，并且散热不良，滚道表面的失效会继续发展，微片剥落继续发生，同时滚道表面会呈现类似于结霜的形态。这个时候，被拉伤的滚道表面甚至会出现沿着滚动方向的微毛刺。在这个区域，沿一个方向的表面非常光滑，而相反方向则十分粗糙。金属从滚道表面被拉开、剥落。如图 8-15 所示。

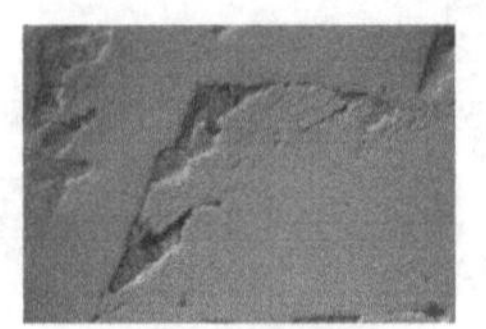

a) 滚道表面微裂纹

b) 滚道表面微剥落

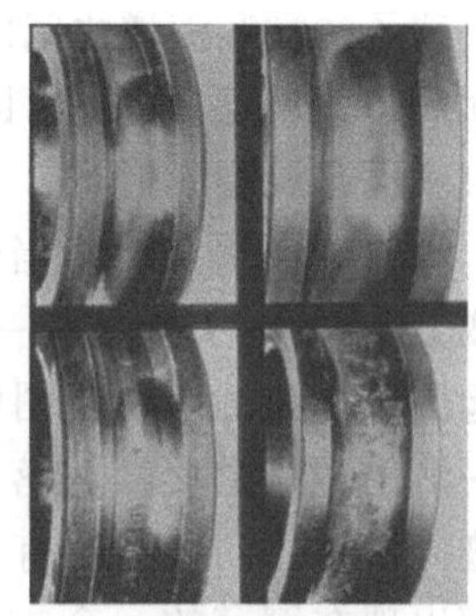

c) 表面疲劳的发展

图 8-15　表面起源型疲劳

轴承润滑不良诱发表面起源型疲劳，而当表面起源型疲劳开始之后，接触表面粗糙度变得更差，接触表面产生更多热量，从而进一步降低润滑黏度。润滑黏度降

低，再进一步削弱润滑效果。如此形成恶性循环。因此，轴承润滑不良导致的表面起源型疲劳发展十分迅速，轴承从开始出现失效到失效后期的时间很短，轴承迅速发热。往往要求一旦发现（通过振动监测和温度检测）异常，就立即停机检查，避免造成严重后果。

由于轴承表面起源型疲劳的原因多数与润滑相关，因此选择正确的润滑是防止轴承表面起源型疲劳的重要手段。

2. *表面起源型疲劳举例*

表面起源型疲劳的主要原因是润滑不良。这种润滑不良可能出现在轴承滚动体和滚道之间，也可能出现在其他滚动零部件之间。下面举例说明。

关于轴承滚道与滚动体之间表面起源型疲劳，图 8-16 所示为一个圆柱滚子轴承外圈滚道失效的例子。下面分析此例。

图 8-16　滚动体和滚道之间表面起源型疲劳

首先从接触轨迹角度判断，轴承的承载在轴承内部沿轴向均布，且位于轴向中央部分。这说明圆柱滚子轴承承受纯径向负荷，无偏心等其他不良负荷，轴承滚道损伤部位位于轴承承载区。

对轴承滚道表面进行仔细观察，发现表面粗糙度异常，且表面材料有方向性观感。轴承滚道呈表面疲劳指征，观察轴承失效痕迹周围，可以判断此轴承处于失效初期。

表面起源型疲劳与润滑和最小负荷相关。

润滑不足或者油脂黏度过低时，金属直接接触，如果轴承内部是纯滚动，表面疲劳初期会出现表面抛光。但是这个实例中，表面失效呈现方向性粗糙的表面起源型痕迹，不符合这一指征。

润滑过量或油脂黏度过高，或者最小负荷不足的时候，轴承滚动体和滚道之间有可能出现无法形成纯滚动的情况，因而会在滚道表面直接拉伤。观感就是粗糙的拉伤。图 8-16 所示与此相符。

通过以上分析，可以判断这个轴承表面疲劳与最小负荷、油脂填充量，以及黏度（温度）有关。

由此，建议检查轴承最小负荷、油脂牌号、运行、起动温度，以及油脂填充量。

上述案例中，继续观察滚道失效痕迹旁边有滚道变色，这是由于表面疲劳润滑不良带来的高温所引起的。

仔细观察，还可以看到圆柱滚子轴承挡边部分有摩擦痕迹。这证明，这套轴承可能是外圈引导的圆柱滚子轴承，且轴承保持架和挡边端面出现了摩擦。从前面介绍的内容可知，当油脂稠度过高时，对于外圈引导的圆柱滚子轴承，其保持架和端面之间很难实现良好的润滑，这从另一个角度印证了前面对表面观察的判断。

圆柱滚子轴承安装不当，在前面轴承安装拆卸和轴承噪声部分内容中，都提及圆柱滚子轴承安装时造成滚动体或者滚道表面的拉伤会引起轴承噪声等现象。下面我们从轴承失效分析角度再看看这个问题。

图 8-17 为一套圆柱滚子轴承安装造成的滚动体表面拉伤照片。

图 8-17　圆柱滚子轴承安装不当引起的圆柱滚子轴承的表面起源型疲劳

从接触轨迹角度来看，图 8-17 所示的滚动体和滚道表面呈现轴向痕迹。这种接触和相对运动在轴承正常旋转时是不可能出现的，唯一的可能性就是轴承安装时，如果直接将滚动体组件连同端盖直接推入轴承，滚动体组件在滚道表面是滑动摩擦，此时滚动体和滚道表面没有润滑，滚道和滚动体表面会被拉伤，从而留下接触轨迹。

从轴承失效分类角度看，如果这种滑动摩擦不严重，仅仅是造成滚动表面微凸点被拉伤，则此时肉眼难以察觉。但经过长时间运行，表面剪应力反复作用，就产生了表面起源型疲劳。这些疲劳部位从被拉伤的微凸点开始向周围扩展，宏观上就呈现出和滚子间距相等的失效痕迹。

如果这种安装滑动比较严重，将可能直接造成滚道或者滚子表面的擦伤。这种擦伤未经轴承运行便已经可以被察觉到，待轴承运行时，轴承失效会开始恶化。从轴承失效分析角度来讲，这属于轴承的磨损一类（详见后续内容）。

通过上述分析，我们从轴承失效分析角度解释了为什么在安装拆卸推荐中，建议安装之前在滚到表面涂一层油脂，同时安装时尽量左右旋转着旋入端盖组件，而不是直接推入。

三、轴承失效类型之二——磨损

轴承的磨损是指在轴承运转中，滚动体和滚道之间表面相互接触（实质上是微凸体接触）而产生的材料转移和损失。

严格意义上讲，轴承的磨损也是发生在表面的，是与表面疲劳类似，属于表面损伤的一种。但是它与表面起源型疲劳有区别。表面起源型疲劳是在轴承表面产生微凸体裂纹，从而随着负荷的往复开始发展的轴承失效；而磨损是指在表面直接造成材料的挪移和损失，可以理解为磨损更严重，不需要往复的表面剪应力就已经成为一种损伤，同时磨损伴随着材料的减少或者转移。

（一）磨粒磨损

轴承的磨粒磨损指的是由内部污染颗粒等充当的磨粒而造成的轴承磨损。

轴承内部的污染颗粒可能来自轴承安装过程中对轴承或油脂的污染，也可能来自密封件失效后轴承内部进入的污染。

另外，当轴承出现疲劳剥落时的剥落颗粒也可能成为次生磨粒磨损的磨粒来源。

在前面轴承润滑部分中曾经提及，二硫化钼作为极压添加剂使用时，如果轴承转速很高，则二硫化钼添加剂在这个时候也会充当磨粒的作用而伤害轴承。

1. 磨粒磨损的机理（原因）、表现及对策

磨粒磨损的发生是和磨粒不可分割的。若接触表面之间存在其他微小颗粒，在接触表面承载并相对运动时，这些小颗粒就会被带动在接触表面间承载移动，充当摩擦颗粒的作用，对接触表面造成损伤。轴承的磨粒磨损都会伴随着轴承材料的遗失，初期宏观表现为轴承滚道及滚动体表面的灰暗。进而，原本进入的污染颗粒和刚刚被磨下来的金属材料一起成为磨粒，使磨粒磨损进一步恶化。

对于轴承而言，磨粒磨损可能发生在滚动体和滚道之间，也可能发生在滚动体和保持架之间，甚至保持架与轴承圈之间。轴承发生磨粒磨损的发展是过程性的失效，失效出现时，轴承内部剩余游隙会变大，有时轴承的保持架兜孔与滚动体的间隙也会变大。随着磨粒磨损的发展，轴承会出现过快发热和异常噪声等现象。

轴承磨粒磨损严重程度以及发展速度与轴承内部污染程度、轴承转速、负荷的情况相关。

通过上述可知，轴承的磨粒磨损多数与污染颗粒有关，因此注意轴承使用过程中的清洁度以及对轴承使用正确的密封，是防止轴承磨粒磨损的重要措施。

2. 磨粒磨损举例

图 8-18 所示为一个深沟球轴承磨粒磨损失效的保持架。从图中可以看出保持架有很多材料的损失。这时拆开轴承，会发现轴承油脂里有大量的金属碎屑掺杂其他污染颗粒，轴承保持架兜孔变大，保持架材料被磨损。

通常这样的轴承保持架磨粒磨损会伴随着对轴承滚道的磨粒磨损同时发生。磨粒磨损发生时应该及时检查轴承密封、润滑等部分，查找污染进入的原因。

图 8-19 所示的滚道磨粒磨损为一个球面滚子轴承内圈。图中不难发现原本光亮的轴承滚道变得灰暗，仔细观察会发现其布满微小的坑。这就是轴承运行时候由于污染进入轴承内部引发磨粒磨损而造成的。轴承的这种状态继续发展下去就会使滚道表面出现大量的材料损失。

从图 8-19 中可以见到，轴承滚道表面颜色灰暗，内圈严重的变形，变形的原因是轴承圈有一些部分被磨薄。轴承油脂内部含有大量轴承钢的金属材料以及其他污染颗粒。此时建议检查轴承密封和润滑的清洁性。

（二）黏着磨损

轴承黏着磨损也被称作涂抹磨损、划伤磨损、黏合磨损。通常是指轴承运转时，由于滚动元件之间的直接摩擦而使材料从一个表面向另一个表面转移的失效模式。

图 8-18　保持架磨粒磨损

图 8-19　滚道磨粒磨损

1. 黏着磨损机理（原因）、表现及对策

轴承滚动体和滚道直接接触时，如果有比较大的力并有足够的相对运动，就会发生两个表面在一定压力下的滑动摩擦。通常这种摩擦伴随着较多的发热，甚至使轴承材质出现“回火”或者“重新淬火”的效果，并且在这个过程中还有可能出现负荷区的应力集中，导致表面开裂或者剥落。而此时温度又很高，剥落下来的材料会被黏着到另一个接触表面之上。这样的结果就是我们所说的黏着磨损。

由上述可知，黏着磨损产生的基本条件（特点）是：表面相对滑动；摩擦产生较大热量；金属材质被“回火”或者“重新淬火”从而出现剥落；材料的转移。

轴承发生黏着磨损可能的原因包括：①轴承的突然加速度运行；②轴承最小负荷不足；③轴承圈和轴承室相关部件之间的蠕动等。要避免这些情况的发生，首先需要保证油膜处于流体动力润滑状态，避免接触表面出现退化；其次选择合适的添加剂，防止滚动表面的滑动；最后保证润滑的洁净度，避免滚动表面磨损。

黏着磨损的宏观表现是轴承的温度升高和出现尖锐噪声。其中温度升高会十分显著。伴随着温度升高，润滑恶化，出现恶性循环，最终导致轴承毁坏。这样的轴承高温除了恶化润滑，还会给轴承本身带来恶劣影响。一般地，轴承可以在热处理稳定温度以下运行（请参考本书轴承基础知识部分）。当轴承温度高于此温度时，轴承材料的硬度等会受到影响而降低。轴承材料硬度每降低 2 ~4 个洛氏硬度，轴承寿命就会降低一半。

为避免轴承发生黏着磨损，应该改善轴承的润滑，根据实际工况选择合适的润滑黏度的同时，要综合考虑轴承的频繁起动问题、过快加速度起动问题，以及轴承内部不可避免的滑动问题（诸如滚动体与挡边的滑动摩擦）等。

2. 黏着磨损举例

滚道负荷区位置的黏着磨损，在轴承运转时，滚动体进出负荷区时会出现相对滑动。如果轴承运行于过快的加速度时，滚动体和滚道表面就会出现“涂抹”现象，也就是我们说的黏着磨损。图 8-20 所示就是一个圆柱滚子轴承内圈上的痕迹。图中轴承内圈上有比较明显的沿滚动方向的摩擦痕迹，并且表面有材料损失

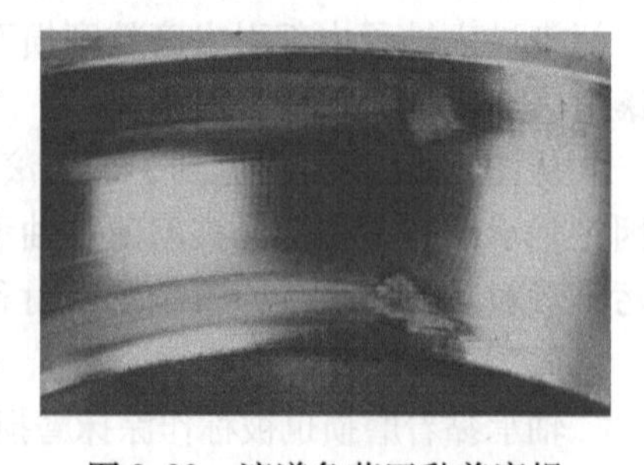

图 8-20　滚道负荷区黏着磨损

的状况发生。

当轴承所承受的负荷无法达到最小负荷时（请参考轴承大小选择部分），滚动体在滚道内无法形成纯滚动，也就是出现了打滑。这样的承载打滑也会使接触表面出现黏着磨损。

另外，滚动体和滚道之间在和相对转速过小时，也有可能发生黏着磨损。

我们知道滚子轴承承受轴向负荷的圆柱滚子轴承中除了 NU 和 N 系列以外，其他内外圈均带挡边的圆柱滚子轴承可以承担一定的轴向负荷。同时圆锥滚子轴承也可以承载一些轴向负荷。但是这些滚子轴承承载的轴承负荷都是通过滚子端面和挡边之间的滑动摩擦实现的。

由于这些轴承的轴向负荷能力是通过滑动摩擦实现的，因此对承载就有一定限制。承载不能过大（可以根据相关资料进行计算）；速度不能过快（可计算）。超过这些限制就会出现图 8-21 中所示轴承失效。

图 8-21 是一套圆柱滚子轴承（双侧带挡边）承受轴向负荷时，其滚子端面的照片。

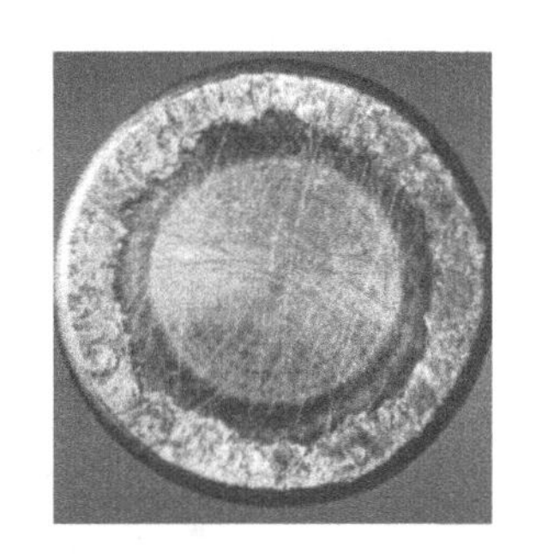

图 8-21　滚动体端面黏着磨损

从接触轨迹角度来看，正常的圆柱滚子轴承不应该承受轴向负荷，即便带挡边的圆柱滚子轴承通常也仅仅适用于轴向定位。但是在图 8-21 给出的这些套轴承中发现了滚子端面的接触轨迹，说明该轴承曾经承受了轴向负荷。

从失效分类的角度，可以看出图 8-21 给出的滚子端面有多余的材质黏着。如果观察轴承圈挡边，会发现材料的遗失。由此可以判定为轴承滚子端面和挡边之间发生了黏着磨损。此时应该检查轴承是否承受了轴向负荷，并予以适当调整。

四、轴承失效类型之三——腐蚀

轴承钢材质在一定条件下发生化学反应而被氧化，从而引起的轴承失效即轴承的腐蚀。从腐蚀的过程和机理上划分，有锈蚀和摩擦腐蚀两种类型。

（一）锈蚀

1. 锈蚀的机理（原因）、表现及对策

轴承是由轴承钢加工而来的，当轴承钢与水、酸等介质接触时，会被其氧化生成钢的氧化物。而被氧化的材质与未被氧化的材质一起，其强度发生变化，并有可能产生腐蚀凹坑。如果轴承继续运行，就会在腐蚀凹坑的位置出现应力集中，进而产生小片剥落。

2. 锈蚀举例

在潮湿的工作环境中，会使轴承的润滑剂中含有水分。这些水分会成为轴承发生锈蚀的重要诱因。除此之外，润滑剂中的水分对润滑影响很大。通常润滑剂中含量0.1%的水分就会让润滑的有效黏度降低50%。图8-22a为轴承的滚道受水分影响而出现腐蚀的一个示例。

另一方面，有些润滑剂含有可以使轴承某个部件氧化的成分，这些成分会造成轴承锈蚀。因此在选用新润滑剂时除了选择合适的黏度，还需要考虑润滑剂成分对轴承材质的影响（曾有风力发电机轴承铜保持架与所选用润滑剂发生化学反应变黑的案例）。

通常，轴承生产完成之后都会进行防锈处理。因此出厂的新轴承表面都有一层防锈油，一般而言，轴承的防锈油的防锈功能都会有一定的期限（具体期限可咨询轴承生产厂家或者查阅相关资料）。因此，请在防锈油失效之前将轴承投入使用或者进行再次防锈处理。另外，一般轴承生产厂家使用的防锈油可以和大部分润滑剂兼容，因此在使用之前，请不要将轴承的防锈油清洗掉，这样，一方面可以保护轴承；另一方面避免在清洗过程中对轴承的污染。

轴承锈蚀是由污染带来，那么，注意轴承的防护就成了应对轴承锈蚀的主要措施，例如：加强轴承的密封、储存及组装环境的清洁等。

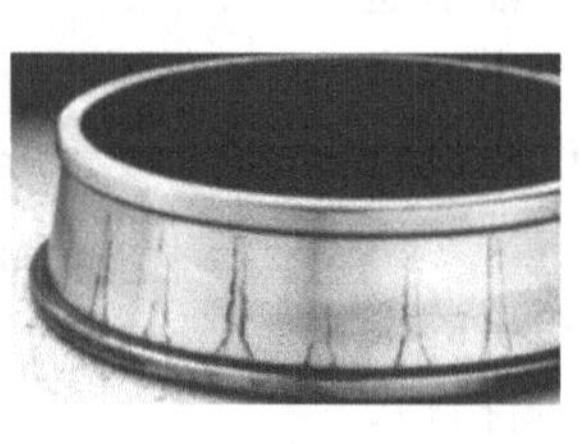

a) 示例1

b) 示例2

图8-22　滚道锈蚀

典型案例30. 绝缘漆挥发导致的轴承锈蚀

某电机厂对一批库存电机进行发货前的质量抽查时，发现噪声异常，经分析后拆开电机，发现轴承滚道表面有锈蚀。如图8-23所示。

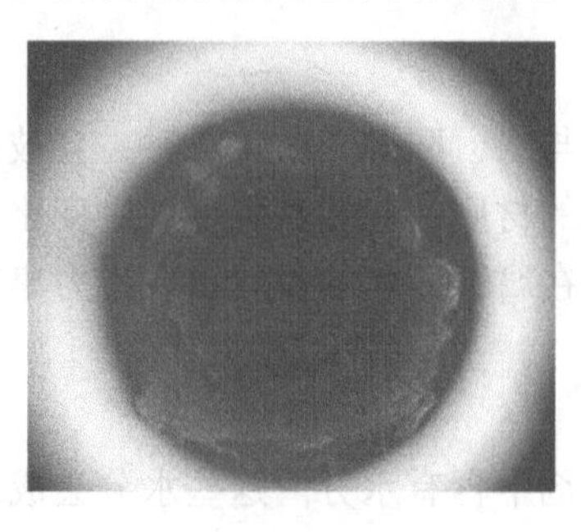

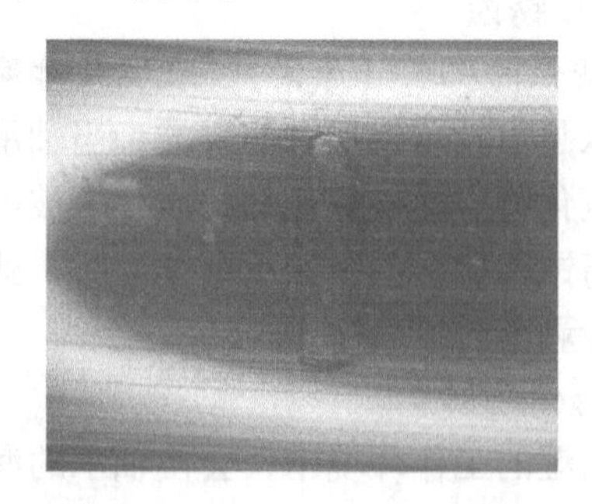

图8-23　滚道锈蚀

仔细检查电机生产流程及储存情况，环境干燥并无水分，排除了环境造成轴承锈蚀的原因。大家质疑：既然轴承有防锈油，并且轴承装机运行的时候轴承滚道被油脂覆盖，为何会在滚道表面发生锈蚀。

经过对轴承滚道锈蚀成分的分析，确定锈蚀是由于某些酸性物质腐蚀轴承所形成。后经过分析查找，发现生产车间为了提高生产效率，缩短了绕组浸漆时绝缘漆干燥的时间，因此电机装机后绝缘漆继续挥发干燥，此锈蚀为绝缘漆挥发所致。分析如下：

绝缘漆挥发出来的主要成分是甲酸。甲酸附着在油脂上使油脂变性，并促进油脂的水解。当甲酸浓度增大，轴承滚道表面被变性的酸性油脂腐蚀时，就出现了轴承滚道锈蚀。

此类问题在很多电机厂反复出现，总结其原因并提出如下改进意见：

1）使用无溶剂绝缘漆。

2）选用不含氧化成分的绝缘漆。

3）严格按照工艺规定，保证浸漆温度和干燥时间。如果有可能，可以适当延长干燥时间。

典型案例 31. 停机后环境潮湿引起的锈蚀

图 8-22b 所示为一套球面滚子轴承出现腐蚀的照片。从接触轨迹的角度来看，锈蚀出现在滚道表面，且与滚子间距相同。每个锈蚀痕迹从滚子下面承压中心两侧开始出现，然后向两侧扩展。同时轴承滚道上有运转过的连续接触轨迹，因此可以推断出这套轴承应该是装机运行过之后处于长期停机状态，造成其轴承接触轨迹出现每个滚子接触的不连续，其他并无异常。

观察轴承滚道表面，发现痕迹颜色变深，因此宏观观感是锈蚀。如果需要进一步确认，可以通过提取表面材质进行化验。

此时应该检查油脂中的水分含量以及其他酸性物质含量，以确认宏观判断。

最后检查工作环境及密封条件，以进一步证实并提出改进方案。

（二）摩擦腐蚀（摩擦氧化）

在接触表面出现相对微小运动时，接触金属表面微凸体被磨去，这些微小的金属颗粒很容易发生氧化而变黑形成粉末状锈蚀（氧化铁）。在接触应力的作用下，这些氧化的锈蚀附着在金属表面形成摩擦腐蚀（摩擦氧化）。由此可见，摩擦腐蚀是由摩擦和腐蚀两个过程组成，总体上是一个化学氧化的过程，属于腐蚀一类的轴承失效模式。

在不同接触摩擦状态下，摩擦腐蚀产生的表象和内在机理有所不同，因此我们又将摩擦腐蚀分为微动腐蚀和伪压痕（振动腐蚀、伪布氏压痕）。

1. 微动腐蚀（摩擦锈蚀）

（1）微动腐蚀的机理（原因）、表现及对策轴承通过配合安装在轴上和轴承室内，在轴旋转时，轴和轴承内圈之间、轴承室和轴承外圈之间有相对运动的趋势。当配合选择较松的时候，金属接触表面会发生微小的相对运动。这种微小的运动会将接触表面的微凸体研磨下来形成微小金属颗粒，这些微小金属颗粒氧化后形成金属氧化物（氧化铁颗粒），它们在微动中被压附在轴承金属表面上，呈现出生锈的样貌。这就是我们所说的微动腐蚀。图8-24是一套有微动腐蚀的轴承内圈照片。

图8-24　已有微动腐蚀的轴承内圈

由上可见，微动腐蚀的特点是其发生在相对微动的接触表面之间（通常是相对配合面），呈现氧化的表观，有时有生锈粉末，伴随部分金属材料损失。

微动腐蚀初期宏观上的表象是配合面呈现类似生锈的样貌。随着材质的遗失，配合面的配合进一步被破坏，微动腐蚀更加严重甚至出现配合面大幅度的相对移动，就是我们俗称的跑圈现象。

我们在观察轴承配合面“生锈”痕迹时，切不可当作生锈进行处理。此处“锈迹”也不是一般生锈原因造成的。也确有人提问：配合面没有氧气，何来生锈？微动腐蚀的机理可以帮助我们解答这个问题。

微动腐蚀有时不仅仅发生在轴承内圈上，有时也会发生在轴承室与轴承接触的地方，造成轴承室内部的凹凸、锥度，以及过度磨损等情况。此时，轴承室不能为轴承提供良好的支撑。轴承外圈在不良支撑下承载运行，会造成断裂。通常这种断裂都是在滚道上沿轴向方向的。如图8-25所示。

图8-25　微动腐蚀引起的轴承圈断裂

防止微动腐蚀的主要对策就是选择正确的轴与轴承内圈、轴承室与轴承外圈的尺寸配合。有时采取其他防止轴承外圈“跑圈”的措施，比如O形环和带卡槽的轴承等。

（2）微动腐蚀举例

1）轴承外圈微动腐蚀。图8-26所示为一个球面滚子轴承外圈微动腐蚀。从接触轨迹的角度可以看到，轴承外圈和轴承室接触的外表面呈现类似生锈的现象。“锈迹”点分布在滚道对应的外面，负荷承载无异常。

图8-26　轴承外圈的微动腐蚀

从失效分析的角度来讲，轴承外圈外表面“锈迹”不可擦除，其他无异常，这是微动腐蚀所致。建议检查轴承外圈和轴承室的配合尺寸。避免外圈蠕动继续发展破坏轴承运转状态。

在本书轴承公差配合部分我们谈及了正常的轴承配合，考虑轴承圈的挠性，轴承外圈总会有相对于轴承室的蠕动趋势。这种蠕动趋势无法避免，因此会导致微动腐蚀。因此，在进行电机维护时，如果发现轴承外圈有轻微微动腐蚀的迹象，在通过检查轴承室尺寸，配合正常的情况下，可以不用做特殊处理。此时考虑的重点是这个微动腐蚀是否严重，以及是否有继续扩大发展的趋势。如果有，则需要进行纠正处理。

2）轴承内圈微动腐蚀。图 8-27 所示为轴承内圈微动腐蚀。对于内转式电机，一般轴承内圈和轴之间配合相对较紧，即不希望轴承内圈和轴发生相对运动，若出现相对运动，则会严重影响轴承滚动体的运转状态。

图 8-27　轴承内圈的微动腐蚀

当轴承内圈和轴配合不良时，轴承内圈和轴之间会发生蠕动，从而产生如图 8-27 所示的微动腐蚀。轴和轴承内圈之间的配合不良包括尺寸配合过松，或者几何公差不当。图 8-27 所示的轴承内圈均匀分布的微动腐蚀的痕迹。从接触轨迹的角度观察，应该是内圈配合过松所致。

相比于外圈微动腐蚀，内圈微动腐蚀发生时产生的影响更容易恶性循环。内圈一旦有微动腐蚀，将造成配合进一步变松，则轴在旋转时配合力更难以带动轴承内圈，从而滑动加剧，情况更趋恶劣。另外，与外圈相比，轴利用与轴承内圈之间的滑动摩擦带动轴承内圈旋转，而轴承外圈本来不需要旋转，因此轴承内圈和轴之间的摩擦趋势更大，更容易出现微动腐蚀现象。因此，一旦发现轴承内圈微动腐蚀，应尽快进行纠正。

2. 伪压痕（振动腐蚀，伪布氏压痕）

（1）伪压痕产生的机理（原因）、表现及对策

当滚动表面出现往复性相对运动时，在轴承滚动体和滚道表面接触的材料会出现微小运动。如果滚动体在滚道表面是纯滚动，那么这种微小运动可能是由于挠性原因而出现的回弹运动；如果滚动体和滚道之间产生了微小的相对滑动，那么这种微小运动可能是滚动体和滚道表面的相对滑动。

不论是回弹还是相对滑动，金属表面的微凸体都会由于疲劳而脱落。这些微小的金属颗粒有可能被环境氧化。由于轴承内部润滑脂的存在，润滑剂覆盖了接触表面，这些微动痕迹和金属颗粒的氧化发生较少。但是这样的微动持续进行，会在滚道及滚动体表面形成凹坑，且凹坑的痕迹和滚动体相关。对于滚子轴承，多数为直线形状；对于球轴承，多数为点状。

出现这些后续变化的前提是“往复性”相对运动，这经常发生在振动的工况中。在轴承静止不转的场合下，形成的凹坑间距与轴承滚动体间距相当；当轴承处于运转的振动场合时，滚道表面留下的凹坑间距比滚动体间距小。

上述现象分别如图 8-28、图 8-29 和图 8-30 所示。

图 8-28　轴承的点状伪布氏压痕

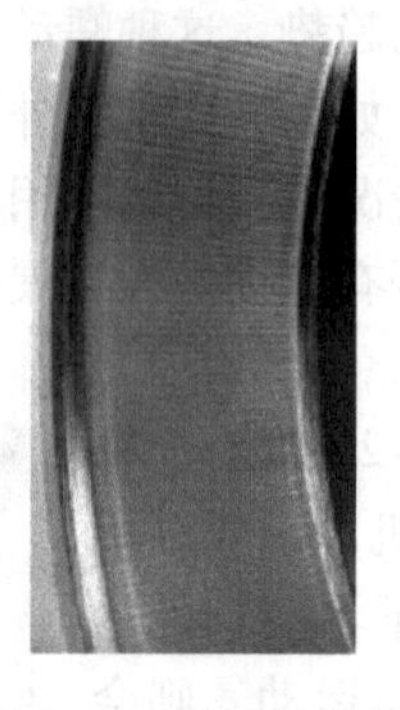

图 8-29　轴承的现状伪布氏压痕

图 8-30　轴承不运转时的伪布氏压痕（圆柱轴承）

从上面的机理分析可以看到，伪压痕产生的过程与微动腐蚀十分相似，其不同点在于伪压痕不一定发生金属颗粒的氧化（由于油脂的作用）。因此有些资料中把轴承伪压痕归于轴承磨损一类。

出现伪压痕的轴承在运行时会出现异常噪声，拆开轴承就可以见到上面描述的滚道痕迹。为避免电机轴承出现伪压痕的重要措施就是要保证电机轴承在安装、储运和使用等工况，避免滚动体在滚道上出现“往复性”运动。同时在轴承润滑内添加相关的添加剂（比如某种极压添加剂），以在滚动体和滚道之间形成阻隔，这些方法将会对避免伪压痕出现有帮助。

（2）伪压痕举例

1）运输过程中产生的伪压痕。电机从生产厂发送到用户必经运输。在运输过程中电机轴承处于静止状态，但是运输过程中的路途颠簸和车辆的起、停、转弯都会使轴承滚动体在内圈上出现相对的蠕动。由微动腐蚀的机理可知，此时电机轴承滚道上很容易就会产生伪压痕类型的轴承失效。所以很多电机厂都会遇到这样的问题：电机生产制造测试环节噪声合格，但是运抵客户现场试车时就出现异常噪声问题。这就是由于运输过程中轴承内部出现伪压痕的情况。

2）船舶上使用的电机在停用较长时间后产生的伪压痕。有时候会出现正常运行时电机轴承噪声正常，一旦停机一段时间再启用时，电机轴承出现了异常噪声。这种情况下，电机运转时振动负荷不会在电机轴承滚道固定部分往复运动，因此不会出问题。但是电机停止工作时，就构成了伪压痕的产生条件。要避免这种情况的出现，可以在轴承选择油脂时适当选用具有极压添加剂的油脂，防止轴承不运转时滚动体和滚道的直接接触，以削弱伪压痕的形成。

五、轴承失效类型之四——电蚀

电蚀是指当电流通过轴承时对轴承造成的损伤失效模式。由于机理不同，我们把轴承电蚀分为由于电压过高造成的电蚀和由于电流泄漏造成的电蚀。

（一）电压过高造成的电蚀

轴承内圈、外圈和滚动体都是轴承钢制成的，它们都是良好的导体。轴承运行之前需要施加润滑，则在从轴承的一个圈到滚动体再到另一个圈的路径中，润滑剂相当于放入它们三者相互之间的绝缘介质。在轴承外圈和滚动体之间的润滑一起构成了一个电容，相同的，在轴承内圈和滚动体之间也构成电容。我们可称之为接触点电容。当由于外界原因，接触点电容两端有电动势（或者说电压）时，油脂起阻隔作用，或者说是绝缘介质作用。当该电动势（电压）达到一定值时，就会击穿电容。

击穿的过程是以火花放电的形式出现的。在击穿时，局部火花温度很高。这个温度一方面可以使油脂碳化；另一方面会使轴承表面在高温下出现熔融，从而呈现微小凹坑。这些凹坑直径可达100μm（见图8-31）。

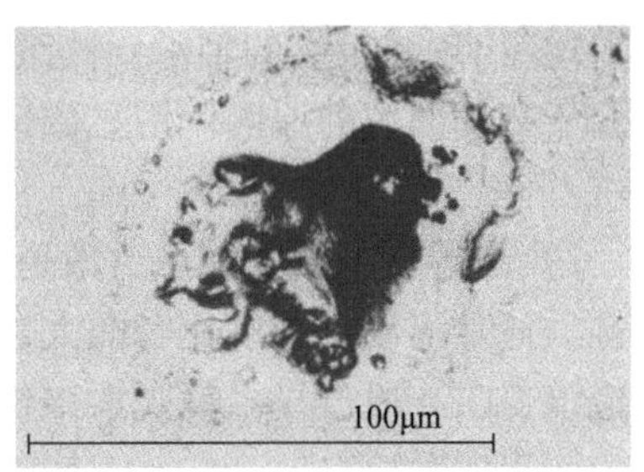

图8-31　由于过电压产生的电蚀坑

另一方面，轴承运行时滚动体是转动的，滚动体和滚道的接触点是移动的。随着滚动体的滚动，接触点的两个接触面会被分离开，出现类似“拉电弧”的效应。这种情况加剧了放电的效应。

当轴承滚道上出现了这样的电蚀凹坑，滚动体滚过时，就会在凹坑边缘产生应力集中。而凹坑形成时，由于高温使凹坑处轴承钢的结构发生变化，在凹坑附近形成变脆的一层，在应力集中的情况下更加容易剥落。由此开始，轴承的次生失效发生。

电压过高而出现电蚀的轴承，首先是油脂退化，在油脂中可以找到碳化的痕迹，在轴承滚道上也可以见到明显的电蚀凹坑。轴承运行的宏观表现，初期是噪声，随着失效的发展，轴承噪声变大、温度升高。

（二）由于电流泄漏造成的电蚀造成的电蚀

实验表明，即便很小的电流通过轴承，而且并未形成上述电压过高时形成的大电蚀凹坑的情况下，轴承滚道表面依然会出现微小的电蚀凹坑，随着轴承的旋转，凹坑将逐步发展为波纹状凹槽。当凹坑刚刚出现时，均布于滚道表面，使滚道呈现灰暗状。通常电机在一定转速下旋转，微小的电压积累，会通过润滑膜的电流呈现一定频率的脉动性。所以，经过一段时间后，滚道上面的微小电蚀凹坑会呈现一定的聚集。聚集的结果就是形成了间距相等的电蚀凹坑槽，有时我们将这种纹路叫作“搓板纹”（ISO标准中用词为Fluting，意为衣料上的细纹；国标中翻译为“电蚀波纹状凹槽”；本书称之为“搓板纹”，这是行业内的习惯称谓）。而对于球形滚动体（滚珠）而言，由于存在自旋和公转，所以微小凹坑的发生不具备可以聚集的因素，因此均匀分布于滚动体表面，没有特征的分布，但柱状滚动体会有“搓板纹”。上述现象如图 8-32 所示。

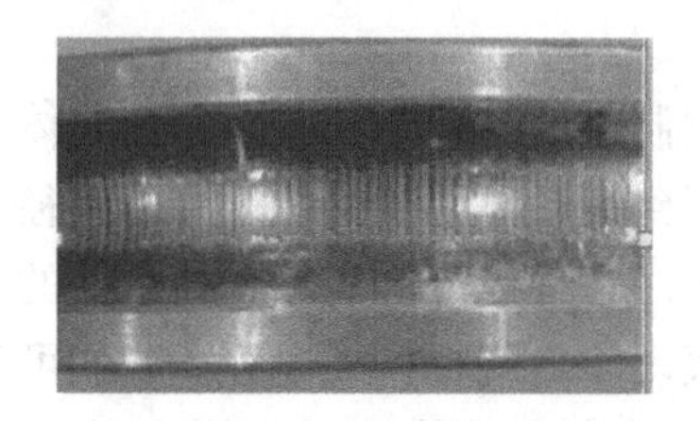

图 8-32 轴承通过电流时产生的电蚀“搓板纹”

搓板纹和伪压痕经常容易混淆。可根据如下差别加以区别：

1）出现搓板纹的轴承，其滚动体表面发污、光洁度下降、纹条间隔均匀。这是由于布满凹坑的原因。用显微镜观察滚动体和滚道，会发现上面布满了微小电蚀凹坑。

2）出现伪压痕的轴承，滚道上呈现压痕，同时滚动体上也有可能出现压伤的痕迹。通常滚动体硬度比套圈大，即便滚动体上不出现压伤痕迹，其整体光洁度也不应该变暗。通过显微镜观察，伪压痕处呈现机械磨损特征，没有电蚀凹坑。

六、轴承失效类型之五——塑性变形

当轴承受到的外界负荷在轴承零部件上产生超过材料屈服极限的力时，轴承零部件就会发生不可恢复的变形，这种失效模式被定义为塑性变形。

ISO 标准中把塑性变形分为如下两种不同方式：

1）宏观：滚动体和滚道之间接触载荷造成在接触轨迹范围内的塑性变形。

2）微观：外界物体在滚道和滚动体之间被滚辗，在接触轨迹内留下的小范围塑性压痕。

其实这两种分类的实质都是一样的，都是指轴承零部件发生可逆的塑性变形。

（一）过负荷（真实压痕）

轴承在静止时所承受的载荷超过轴承材料的疲劳负荷极限时，在轴承零部件上就会产生塑性变形；轴承在运转时候，如果承受了强烈的冲击负荷，也有可能超过轴承零部件的疲劳负荷极限而发生塑性变形。这两种情形都归类于过负荷塑性变形。

从过负荷塑性变形的定义可以看到，过负荷需要有如下特点：

1）轴承承受很大的静态负荷或者振动冲击负荷。

2）轴承零部件在负荷下出现不可逆变形。

3）等滚动体间距的表面退化（塑性变形痕迹间距与滚动体间距相等）。

4）轴承操作处理不当。

在轴承选择时，如果已知轴承处于低速运转状态，当速度很低时需要对轴承额定静负荷进行校核，以避免轴承出现过负荷引起的塑性变形。同时，如果轴承可能经历巨大的冲击振动负荷，则也要在轴承选型上进行斟酌。在这些情况下，除了考虑过负荷会引起塑性变形之外，还需要注意改善润滑。

轴承操作不当引起的过负荷塑性变形，需要对操作中的错误进行纠正。

（二）碎屑压痕

1. 碎屑压痕的机理（原因）、表现及对策

理想状态的轴承运转下，轴承滚动体和滚道之间只有油膜承压。当有其他颗粒进入承载区域时，这些颗粒将在滚道上被碾压，滚道和滚动体上会出现压痕。不同的颗粒在滚道上的压痕也不尽相同。

2. 碎屑压痕举例

如果轴承内部出现软质颗粒（木屑、纤维、机加工铁屑），则软质颗粒会被压扁，同时在滚道上留下类似于扁平的压痕，这些压痕边缘并不尖锐，呈现平滑的趋势（见图8-33）。软质颗粒会造成润滑失效，相应地，在滚道和滚动体表面留下的压痕也会造成应力集中。这些都会引发次生轴承失效。其宏观表现包括轴承的发热和异常噪声。污染颗粒引起的轴承振动会出现不规则的峰峰值。

如果轴承内部出现硬脆性颗粒（硬淬钢、硬矿物质颗粒等），那么硬脆颗粒会在负荷区被碾压，首先在滚道上产生压痕，同时硬脆性颗粒可能会被压碎，碎屑在旋转方向扩散，同时被继续碾压，进而发生次生碎屑压痕（见图8-34）。在显微镜下可以观察到硬脆性颗粒产生的碎屑压痕边缘呈现相对尖锐的状态，并且沿着轴承旋转方向扩散。往往一个压痕后面跟着若干偏小的压痕，同时压痕下面呈现类似于图8-35中所示的扩展性。

图8-33　软质碎屑压痕

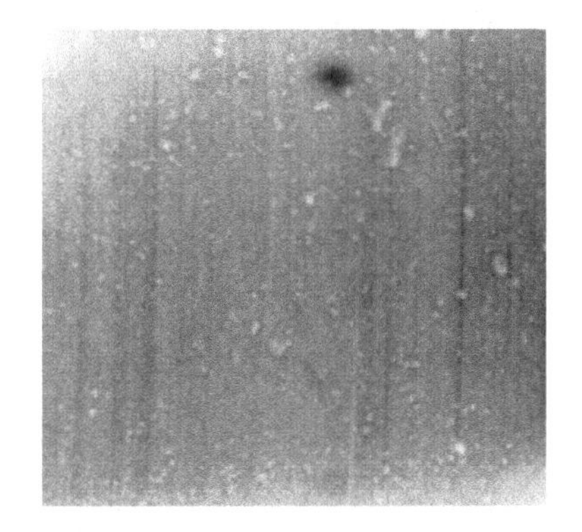

图8-34　硬质碎屑压痕局部

硬脆性颗粒导致的碎屑压痕也会引起轴承表面起源型疲劳。电机轴承出现异常噪声和发热，同时在振动监测时会出现偶发性不规则的峰峰值。

轴承出厂时进行的振动测试中，有的生产厂家进行了振动的峰峰值测试，其目的就是检查轴承生产制造过程中的污染情况，即轴承内部是否存在未清洗干净的污染颗粒。

GB/T 6391—2010《滚动轴承　额定动载荷和额定寿命》描述了颗粒压痕对轴承寿命的影响，设计人员可以参考。

不论是软性颗粒还是硬脆性颗粒，都是轴承运行时不允许出现的。究其来源，多数与污染有关。因此要严格控制轴承安装使用时的清洁度。比如，不用木板添加油脂、不用棉质手套搬运轴承、保持油脂清洁、安装场所保持清洁等，这些措施都可以在很大程度上改善由于污染带来的轴承碎屑压痕导致的轴承失效。

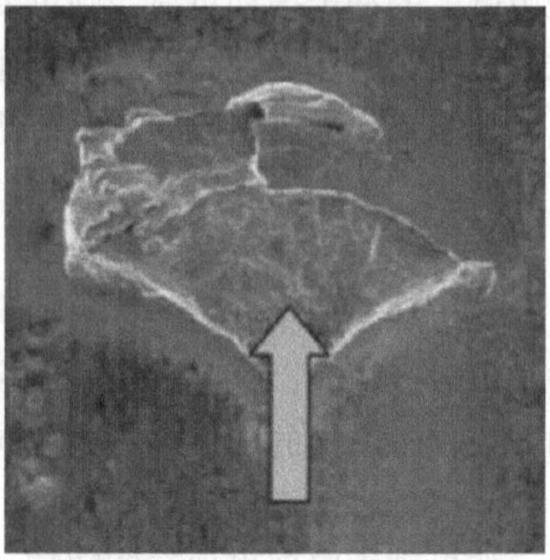

图 8-35　硬质碎屑压痕

（三）不当装配压痕

1. 不当装配的机理（原因）、表现及对策

在对轴承进行安装等操作时，轴承滚动体等元件在受到冲击负荷的情况下也会在滚道表面挤压出塑性变形的痕迹。

电机生产过程中用锤子直接敲击轴承的错误做法，除了敲击本身会损坏轴承以外，敲击力通过滚动体在滚道之间传递，也会在滚道上产生塑性变形。

改善轴承安装工艺，使用正确的工装以及安装手法，可以避免此类问题的发生。此内容在轴承安装部分已有详述，在此不重复。

2. 不当装配举例

图 8-36 所示为轴承在安装时出现的不当装配。从图中可见，轴承内圈侧面有一处为安装时直接敲击产生的损坏，而轴承滚道一侧，留下了滚动体在冲击安装力下挤压滚道而产生的压痕。

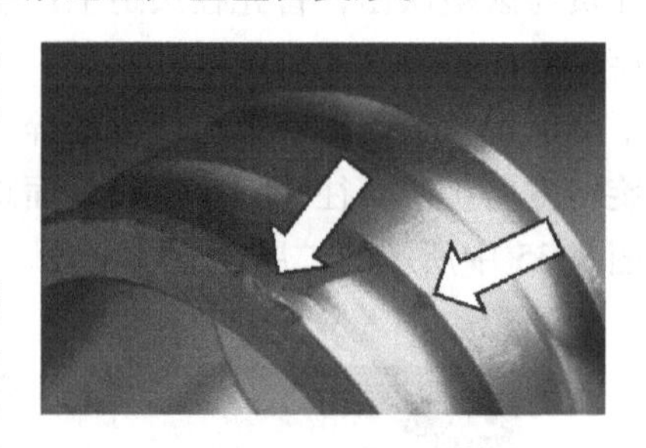

图 8-36　不当装配的轴承损伤

七、轴承失效类型之六——断裂和开裂

当轴承所承受的负荷在轴承元件上产生的应力超过其材料的拉伸强度极限时，轴承材料会出现裂纹，裂纹扩展后，轴承零件的一部分会和其他部分出现分离而造成轴承失效，这种轴承失效被称为轴承断裂接开裂失效。

根据轴承断裂和开裂的原因，大致分为过负荷断裂、疲劳断裂和热断裂。

（一）过负荷断裂

轴承由于应力集中或者局部应力过大，超过材料本身的拉伸强度时，轴承圈就会出现过负荷断裂。

导致过负荷断裂的应力集中可能来自负荷的冲击、配合过紧、外界敲击等因素。在对轴承进行拆卸时，所用拉拔器部分的应力集中也是造成过负荷断裂的原因之一。

图 8-37 所示为轴与轴承配合过紧而导致的轴承内圈过负荷断裂。

（二）疲劳断裂

疲劳断裂是材料在弯曲、拉伸、扭转的情况下，内部应力不断超过疲劳强度极限，往复出现多次之后，材料内部出现的裂纹。内部裂纹首先出现在应力较高的地方，随着轴承的运转，裂纹不断扩展，直至整个界面出现断裂。

图 8-37　过负荷断裂的轴承内圈

轴承的疲劳断裂经常呈现大面积的滚道疲劳破坏，同时在断裂区域内呈现台阶状，或是呈现线状。图 8-38 为一个深沟球轴承疲劳断裂图片。

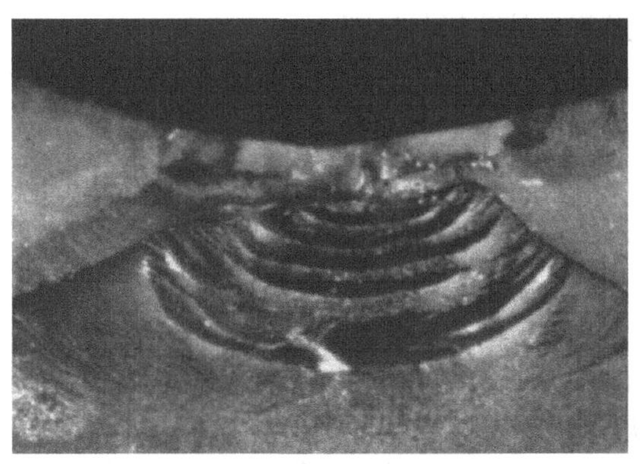

图 8-38　深沟球轴承疲劳断裂

疲劳断裂出现在轴承圈和保持架上。当轴承室支撑不足时，也会使轴承圈出现不断的弯曲，最终断裂。

（三）热断裂

零部件之间发生相对滑动而产生高摩擦热量时，在滑动表面经常会出现垂直方向的断裂，这种断裂被称为热断裂。发生热断裂时，摩擦表面由于高温而出现颜色变化。

一般而言，热断裂往往与不正确的配合以及安装操作造成的轴承圈“跑圈”相关。

第四节　电机轴承失效分析方法与应用

本章前三节介绍了轴承失效分析的基本理论以及分类标准。然而在工程实际中，电机轴承的故障诊断的失效分析过程并不是单纯的对比、分类的过程。工程技术人员面对的情况也不仅仅是对一些失效的轴承本体做出简单的判断，而是要根据故障的综合信息找到造成故障的根本原因。在查找原因的过程中，失效类型的判断只是整个过程中的一个组成部分。因此，在电机轴承故障诊断的全过程中，工程技术人员除了需要对失效分析理论本身的掌握以外，还需要学会用正确的方法对这些理论加以应用，从而完成现场情况的处理。

与前面对电机轴承失效分析技术介绍的逻辑顺序不同，对电机轴承进行失效分析的时候，其处理逻辑和工作流程并不是按照单纯的呈现、分类、判断的顺序进行的。通过失效分析技术找到导致失效的根本原因有其特定的步骤。这些步骤的目的是对现场信息（包含轴承以及轴承周边的信息）进行收集、整理、分析、推断和印证，同时这些步骤也是工程师在现场面对问题的探索顺序。

这些步骤主要包括：

- 对现场信息的收集与初步处理
- 对轴承进行拆卸
- 对轴承本体进行失效分析与诊断

其中对轴承本体的失效分析与诊断，按照轴承的观察顺序，包含如下步骤：

- 轴承外观检查（配合面以及端面）
- 轴承滚道检查（滚动接触轨迹以及失效模式）
- 滚子轴承的挡边以及端面检查
- 保持架检查
- 密封件检查

在进行上述各个步骤的过程中，工程技术人员就需要运用轴承失效分析的知识以及轴承应用基本知识，逐步观察寻找线索。

需要指出的是，有经验的工程师也许会从这些步骤中选取嫌疑最大的步骤优先进行，因此经常出现“跳步”的方式。而跳过哪些步骤以及对哪些步骤重点排查就取决于工程师的经验和技术水平。在不具备这样能力的时候，逐步排查是最可靠的方法。

另一方面，在针对一些现象进行有目的的深入检查的时候，往往由于新的发现导致对原来判断的否定，因此在实际工作中上述步骤也会出现反复迭代的情形。而这种反复都是根据诊断过程中的线索、判断而进行的，因此无法统一给出固定流程的模式。

本节对电机轴承故障诊断中的失效分析方法与基本步骤进行介绍。

一、现场信息采集与初步处理

当收到电机轴承运行的故障提示之后，工程技术人员应先进行非拆解的现场故障诊断与分析，其中包括设计检查、发热分析、振动分析等一系列步骤。当综合各个分析结果或者实际需要决定对轴承进行更深入的失效分析的时候，就需要进行失效分析的第一个步骤：现场数据采集以及初步处理。

这样做的原因在于：轴承或者电机的拆解实际上就是对轴承状态的一个改变，

在拆解的过程中一些重要的运行信息会丢失，而很多细节的信息是失效分析的重要线索，在失效分析有结论之前，很难确定哪些信息是不需要的信息，盲目地拆解造成的信息丢失会给后期深入分析带来麻烦，因此要在对轴承进行拆解之前全面地收集现场信息，并做一定的处理。

对于经验丰富的工程技术人员来说，有可能面对某种故障报警，主观上会决定对信息收集的取舍。这样大大提升了故障诊断的速度，但是也容易出现对某些信息的遗漏。这样操作对现场知识和经验的要求较高，对于初学者只能“宁缺毋滥”，待有一定现场经验的时候再做取舍。

（一）失效轴承数据采集

需要对失效轴承进行采集的信息包括：

1. 轴承工作的工况信息

轴承工作的工况信息主要是指轴承工作的电机的基本信息；电机工作于何种设备；电机的工作寿命预期；相类似工作状态的电机和轴承的运行表现；失效率等。

2. 故障轴承的基本信息

- 轴承基本信息：轴承型号、后缀；
- 电机中轴承的结构布置情况：定位端、非定位端信息；
- 轴承的预负荷情况：弹簧垫圈的大小和弹性，预负荷大小，预负荷方向等。

3. 轴承运行状态的基本信息

- 轴承的负荷信息：负荷的大小、方向，负荷的变化情况，振动情况；
- 轴承的转速信息：转速、工作制、电机起动频率、加速度。

4. 轴承附近的配合件基本信息

- 轴及轴承室的配合信息：实际配合情况，设计尺寸公差、几何公差；
- 配合零部件表面形貌：粗糙度，材料的增减等。

5. 环境基本信息

- 轴承工作的环境温度；
- 轴承工作环境的污染程度：灰尘、潮湿等；
- 轴承工作环境中的其他介质：氨气、氧气、真空、辐射等；
- 轴承或者电机周围零部件的信息：工作平台的振动情况，其他零部件的损坏情况，连接件的锁紧情况等。

6. 密封基本信息

- 密封方式：密封结构、密封材质、接触式、非接触式等。

7. 润滑基本信息

- 润滑剂基本信息：润滑剂类型（润滑油、润滑脂），基础油黏度，工作温度范围等；
- 润滑剂的使用量信息：润滑剂填装量，再润滑周期，日常再润滑方法，最后一次补充润滑的时间；

- 油路信息：进油孔位置、排油孔位置、进（出）油路情况。

8. 故障发生时的基本情况

- 设备轴承一般工作状况：温度、振动、预期寿命等；
- 同类电机轴承的失效信息：失效率、失效模式等；
- 电机轴承发生故障时的状况描述。

9. 轴承运行监测信息

- 电机轴承日常状态监测信息：温度、振动；
- 电机轴承发生故障时候的状态监测信息。

（二）润滑取样及检查

电机轴承润滑剂的信息可以包含很多电机轴承失效的原因，如果需要进行油液分析，就需要有合适的润滑剂化验样品。因此在对电机轴承进行失效分析之前也需要对润滑剂进行取样，并记录相关信息。其中包括：

- 润滑脂信息：上一个步骤中已经收集了一部分，此处可以分类沿用；
- 现场的油脂在轴承、轴承室的分布情况；
- 失效轴承润滑脂的颜色；
- 从轴承、轴承室不同的位置提取润滑脂样品，并记录取样位置；
- 润滑脂内是否有其他废润滑脂的成分。

另外在采样的时候需要注意保持采样容器的清洁度，避免二次污染，为后续分析造成干扰。同时采样容器需要有足够空间，这样在做油液分析的时候可以在容器内进行搅拌。

（三）轴承状态评估

除了对轴承周围的信息进行采集以外，在轴承拆卸之前，需要通过观察对轴承基本状态进行评估。评估工作主要从以下几个方面进行：

- 轴承的总体状况：是否旋转灵活，轴承表面颜色变化，轴承表面相关痕迹（磨损、断裂、腐蚀等），轴承清洁度，轴承配合面的状态等；
- 轴承密封件状态：密封件是否有破损，唇口处是否有损伤，润滑泄漏情况（位置、泄漏程度等）；
- 保持架情况：保持架是否有磨损、断裂，是否影响轴承旋转；
- 轴承运转情况：轴承是否还可以运转、是否有游隙发生明显变化。

二、拆卸失效的轴承

对失效的轴承进行拆卸工作往往与轴承失效程度以及轴承大小和设备情况有关。拆卸轴承的基本原则是尽量减少对轴承造成次生伤害，同时保证不能伤害轴承周围的轴、轴承室等相关零部件。

对于小型的轴承，可以参照轴承拆卸部分的内容，通过正确的方法对轴承进行拆卸。但是对于一些大型轴承或者现场条件有限的场合，对轴承的拆卸往往就需要首先对轴承进行一些破坏。破坏轴承有时候也是出于保护周围零部件的考虑。如果确有需要，必须破坏轴承，建议应该尽量避让破坏位置远离失效的部位，这样可以使拆卸轴承造成的次生伤害痕迹远离失效痕迹，给后续失效分析人员留下足够的观察信息窗口。

在对轴承进行拆卸之前，应该对轴承的朝向、滚子的数量等做出相应的标记，为后续失效分析提供位置信息。

拆卸下来的轴承应进行妥善保管，避免生锈等现象的发生，同时也不应造成轴承的二次污染。

三、轴承本身的失效分析与诊断

在完成了对失效轴承现场的信息收集和拆卸以后，就需要对轴承进行失效痕迹的分析和鉴定。下面的介绍按照从外自内的顺序进行，但是现场进行失效分析时的顺序不一定如此。

（一）轴承外观检查

轴承的外观是失效轴承最直观的第一观察点，这项检查主要包括对轴承配合面的检查以及轴承圈端面的检查。其中配合面的检查是其中的重点。

轴承的配合面反映了轴承圈在配合零部件上的支撑情况。设计人员在电机结构设计的过程中，会根据轴承将要出现的运动状态对每一个配合面做出界定。界定的方法就是制定尺寸公差以及几何公差，以达到需要的配合。当工件实际配合与设计意图相符的时候，其表面外观形貌就应该处于正常状态，不应该出现严重的失效（如果实际配合与设计意图相符，又出现了故障，则应该对设计进行检查，请参考本书第四章相关内容）。

工程技术人员进行失效分析的时候，主要是通过观察轴承配合面以及端面的状态查找可能的故障诱因。在对轴承外观检查以及后续将要介绍的其他部分的检查中，一旦进入对失效痕迹的分析阶段，也就意味着进入了失效模式的归类阶段。工程师通过观察，将轴承表面形貌与可能的失效模式进行对比，并确认可能的失效分类，从而进行后续的分析、逻辑连接与判断。这一思维过程十分复杂。由于描述的限制，我们只能逐类介绍，这样让知识看起来更像是一张二维故障树。而事实上在工程实际应用中，所有的失效点之间的逻辑连接与判断是跳跃或者多路径并发的，甚至会出现最终重合的过程。这一思维过程有时候不仅仅是二维，而是更多维度的判断。这也是电机轴承故障诊断与分析成为一个复杂应用技术的原因[㊀]。

基于以上原因，工程技术人员在阅读本部分内容的时候一定更要注意，虽然对

㊀ 目前一些大数据、人工智能技术试图将电机轴承故障诊断技术通过计算机进行模拟。这一过程中遇到的困难除了电机轴承故障诊断技术本身的难度以外，最大的困难是这项技术各个知识点之间的多维网络连接关系。

轴承的检查有一定的顺序，但是在每一个检查步骤中痕迹分析阐述的顺序与前后关系并非实际现场判断的顺序。比如外观检查中的几个常见的痕迹分析，它们之间是并列的，并无优先顺序。现场的判断是根据观察的线索进行排序的。

在对轴承外观进行检查的时候常见的痕迹大致有如下几种。

1. 微动腐蚀

微动腐蚀的机理已经在失效模式的相关章节里进行了介绍。微动腐蚀发生在两个配合表面之间，因此在检查轴承配合表面的时候有可能发现这种轴承失效的痕迹。图 8-39 是一例轴承内圈微动腐蚀的照片。

图 8-39　轴承内圈微动腐蚀

在轴承失效分析的工作中，当看到微动腐蚀在轴承配合表面出现的时候就提示了存在如下可能性：

- 轴承与配合零部件之间的配合过松
- 轴承与配合零部件之间的几何公差存在问题
- 轴承座因挠曲等外力发生变形

因此可以根据这些提示，展开下一步的分析和判断。

另一方面，轴承配合面的一些微动腐蚀反映了轴承内部滚动体的运行状态，可以和内部的接触轨迹分析进行相互印证。图 8-40 是一个深沟球轴承的外圈微动腐蚀痕迹。这个微动腐蚀发生在轴承外圈圆周宽度中心线附近，且分布在负荷区周围。这说明，轴承承受的径向负荷承载区的位置就在这里。

图 8-40　轴承外圈微动腐蚀

2. 滑动磨损

这里所说的滑动磨损不是指失效模式分类的标准模式，因此这里的叫法仅仅是对可能的分类方向的估计，不是标准失效模式的归类。在对轴承外表面以及配合面进行检查的时候，如果这些表面和其他相邻零部件出现相对滑动的时候，就有可能造成磨损，从失效模式角度上看，大致可以分为黏着磨损或者是磨粒磨损[⊖]。具体属于哪一类失效模式，工程技术人员可以根据表面形貌进行判断归类。

⊖ 如果是发生在滚道上的滑动磨损，还包括最小负荷不足造成的表面疲劳。此处阐述轴承圈表面的痕迹，因此不含此部分。

不论是哪一种失效，都会在配合表面（轴承内圈内孔，外观外表面），以及轴、轴承室的配合面引起表面粗糙度变化，严重者会出现冷焊，或者烧灼为一体的情况。配合表面的磨损会导致轴承预负荷减小，或者轴承内部游隙变大，并且如果这种相对移动在轴承运转时候发生的话，还会导致轴承内部滚动体与滚道之间的摩擦状态的改变。图 8-41 是轴承内圈内表面发生的滑动磨损，从失效表面看属于黏着磨损。

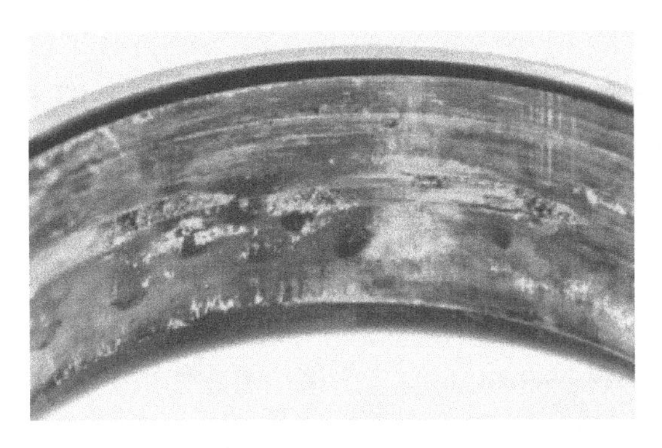

图 8-41　轴承内圈的滑动磨损（黏着磨损）

图 8-42 是一个深沟球轴承外圈表面磨损的痕迹。图中可见，轴承外圈周向中心线部分出现了光亮的磨损痕迹，而轴承外圈其他表面呈现“锈蚀”状态。

图 8-42　轴承外圈磨损

造成轴承配合面滑动磨损的原因包括：

- 在轴承转动时轴承内圈与轴、外圈与轴承室之间出现了相对旋转或滑动
- 配合表面配合过松
- 不平衡负荷
- 支撑表面接触不充分、零部件形状位置公差有问题
- 浮动端轴承浮动不顺畅

如果现场对轴承外观检查发现了上述的滑动磨损的痕迹，则应该对上述可能的原因进行排查，确定原因后对症下药，予以纠正。

3. 轴承圈支撑不均匀

对轴承外观和配合面进行检查的时候还有可能发现轴承圈支撑不均匀的情况，比如配合面的痕迹没有发生在预期的承载区域范围以内。配合面在某些区域出现磨损，而在其他区域没有呈现接触痕迹。图 8-43 中可以看到，轴承外圈外表面出现偏向一侧的摩擦痕迹。显然，如果轴承承受正常的径向负荷，其预期的承载位置应该在轴承外圈的中央部分。而这个轴承外圈表面的摩擦痕迹表明轴承外圈支撑发生偏移。

图 8-44 是一个轴承内圈支撑不均匀的的照片，与图 8-43 相类似，轴承内圈呈现了偏离轴承圈圆周宽度中心线的摩擦痕迹。

通常轴承支撑不良有可能与本身周围支撑部件的实际与加工精度（形状位置公差）有关系，因此一旦发现类似表面痕迹，就应该对这两个方面的信息进行检查。

图 8-43　轴承外圈支撑不均匀

图 8-44　轴承内圈支撑不均匀

4. 端面摩擦

轴承圈端面检查在轴承外观检查中也十分重要。通常轴承在正常状态下其端面有时候需要承载轴向负荷，有时候仅仅用于定位。无论如何其端面不应该与相邻零部件发生大幅度的摩擦、发热以及相对运动。因此一旦发现这些痕迹，就应该予以核查。图 8-45 是一个圆柱滚子轴承的端面照片。

图 8-45　轴承内圈端面的异常温度

图中可以看到圆柱滚子轴承内圈端面呈现一个局部的变色，根据本章前面介绍的内容可以判断这个局部的温度超过了 260℃。

图 8-46 是一个轴承端面异常摩擦痕迹的照片。这种摩擦有可能是轴承座或者轴定位不够导致与周围零部件发生干涉而造成的。

（二）轴承滚道的检查

做轴承失效分析的时候，轴承内部滚道的检查是最重要的一个环节。在检查过程中，通过观察轴承滚道表面形貌的变化，分析轴承内部的承载分布，确认其与正常状态之间的差异，然后对失效模式进行归类。最后将这些线索与轴承实际工况进行对应，寻找可能导致失效的原因。

图 8-46　轴承端面异常摩擦痕迹

1. 接触轨迹检查

前面章节中阐述了接触轨迹的成因，以及各种正常接触轨迹的形态，同时也列举了一些典型的非正常接触轨迹。事实上在对轴承进行失效分析的过程中，接触轨迹往往是和很多其他的失效痕迹糅杂在一起。工程技术人员在对轴承进行失效分析的过程中往往容易直接观察失效痕迹，而忽略了隐藏的接触轨迹，以及它所提供的信息。通过对接触轨迹的检查，往往可以迅速找到电机轴承工作状态与正常状态的不符点，是轴承失效分析中非常重要的手段。有些电机轴承的失效分析甚至不需要走到对失效模式进行归类的步骤，仅通过接触轨迹的判断就已经找到了根本原因。

图 8-47 是一个轴承失效的照片。图中轴承已经被烧毁，呈现黑色。图中的轴承圈是已经经过清洗的轴承外圈。

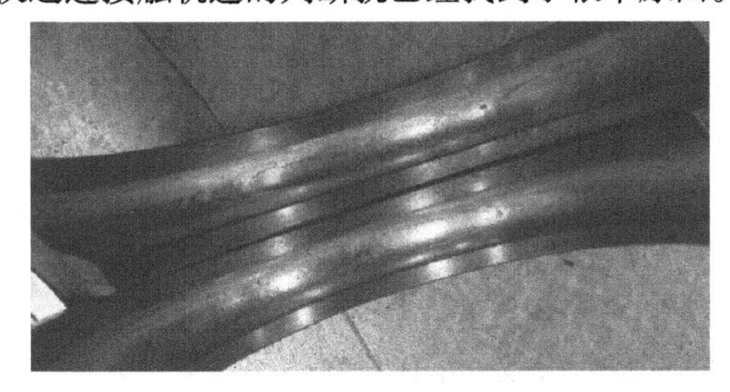

图 8-47　偏心负荷的接触轨迹

我们可以从图中看到。轴承圈上的浅色痕迹表面有承载痕迹，这两条痕迹是这个轴承内部的接触轨迹。在界定这个表面属于哪一类失效之前，我们观察接触轨迹的分布不难发现，两条浅色的痕迹不是分布在轴承圈中心，也不是平行的偏斜，而是整体上与外圈存在一个夹角。运用前面的知识，我们很容易发现这个轴承在运转的时候承受了偏心负荷。

典型案例 32. 某电机厂轴承过热报警

某电机厂为某增压器厂提供电机，电机卧式应用，选择两个深沟球轴承轴承，一端固定一端浮动的配置形式。设计工况下电机与前端设备通过膜片联轴器连接，要求轴承承受径向负荷，整个轴承系统没有轴向负荷。轴承型号为 6317/C3。电机安装在增压器上投入使用的时候，出现了轴承温度高于报警温度的情况。由于持续报警，增压器厂家要求电机厂进行整改。

现场了解到，电机轴承温度报警来自于定位端轴承。对轴承进行拆解，如图 8-48 所示。

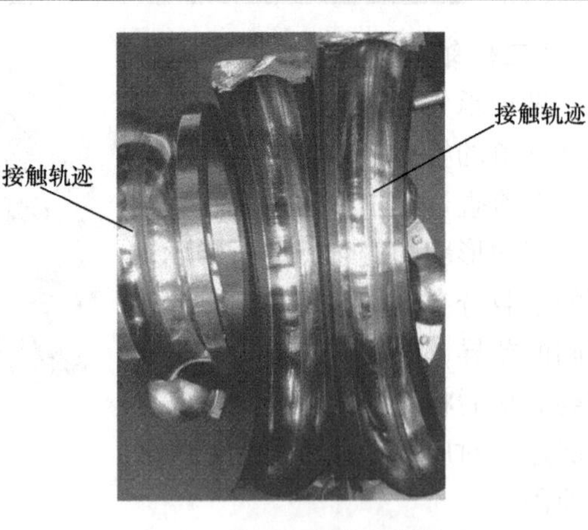

图 8-48　轴向负荷的接触轨迹

图 8-48 中可见，是定位端轴承内圈和外圈经过清洗之后的形貌。从轴承内圈和外圈上可以清楚地看到轴承在滚道上的接触轨迹。轴承内圈和外圈上出现了偏离中心线的接触轨迹，且接触轨迹与径向平面平行。由此可以清楚地判断轴承承受了轴向负荷。而这个轴向负荷是在设计时候根据要求并未加入考虑的。因此这个轴向负荷相当于轴承的额外负荷，并且图中可见，轴承已经出现了早期疲劳的迹象，可见这个额外的轴向力与轴承发热存在某种联系。

对现场浮动端轴承进行检查，发现浮动端轴承负荷轨迹基本位于滚道中心位置，且负荷较轻。

上面的观察与轴承配置相符，两个深沟球轴承结构的电机里，定位端轴承承受轴向负荷，而浮动端轴承不承受径向负荷。

进一步检查轴承电机的连接，发现客户使用的是膜片联轴器。电机安装的时候存在一定的轴向调整。而这个调整距离超过了膜片联轴器的轴向调整距离。经测量，此处连接产生较大的轴向力。

由此可以判定，这台电机的定位端轴承发热的原因是电机外承受了较大的轴向负荷。故障排除的方法就是调整电机的安装，消除轴向负荷。

2. 滚动体与滚道表面的失效痕迹

完成对失效轴承接触轨迹的观察与分析之后，就应该对轴承滚道和滚动体表面的失效痕迹进行检查和分析。

一般而言，检查滚动体和滚道表面的失效痕迹可以通过观察的方法，将其与标准失效模式进行对应，从而完成分类。

对轴承滚动体和滚道检查的时候往往看到的是下面的一些基本特征。工程技术人员根据这些特征才能进行更详细的失效模式分类与原因查找。

- 表面的凹坑：滚动体和滚道表面出现凹坑的时候，工程技术人员需要观察凹坑的形状以及分布。其中对于多发性凹坑，可以观察是否与滚动体形状、数量有某种关系。这样可以针对伪布氏压痕、振动痕迹等进行检查，如果凹坑分布与滚动体数量、形状无关，则要根据表面形貌判断是疲劳还是腐蚀，进而判断是表面疲劳，还是表面下疲劳，是化学腐蚀，还是电腐蚀等；
- 表面的摩擦以及磨损痕迹：滚动体或者滚道表面出现摩擦、磨损痕迹的时候，需要检查摩擦、磨损部位与周围零部件的对应关系，确定摩擦的来源，同时检查润滑、清洁度等情况，以便进行下一步判断分类；

- 表面颜色变化：如果滚动体与滚道表面出现颜色变化，根据颜色判断发热的温度、来源等信息。

另外，在进行失效分类的时候，工程技术人员面对的失效往往是多重失效掺杂在一起的情况。因此工程技术人员还要对主要失效、次要失效，以及一些可能的失效顺序进行判断。

在这个分析和推断的过程中，往往需要工程技术人员根据观察到的现象对现场实际情况进行多方面的检查、询问，从而构建合理的逻辑体系。这与工程技术人员自身的知识、经验水平有很大关系，也是失效分析过程中最难的环节。

为了说明这个过程，试举一个例子，这个例子看似十分简单，马上可以得到失效分类的结论，但是仔细思考，却发现其中有很多疑点。工程技术人员经过抽丝剥茧，最终才可以整理清楚其中的逻辑关系。其中，注意将工况与观察到的实际失效痕迹进行对应，这也是电机轴承失效分析中的重要环节。

典型案例33. 某台电机使用的圆柱滚子轴承噪声问题

某电机用户的一台电机出现轴承的异常噪声，用户拆解电机轴承发现如图8-49所示的轴承形态。

从图8-49中可以看到，这是一个NU型圆柱滚子轴承的内圈。轴承滚道上出现沿轴向的痕迹。显而易见，这些痕迹是造成电机轴承异响的原因。但是这些结果远不能完成失效分析工作，工程技术人员还需要判断造成轴承滚道这种损伤的原因是什么。

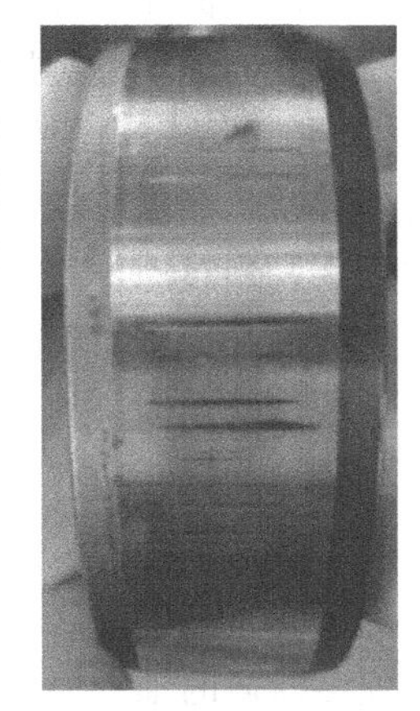

图8-49　发生噪声的圆柱滚子轴承内圈

根据典型的失效痕迹，可以很快得出如下判断：

第一种可能性：伪布氏压痕；

第二种可能性：轴承振动负载，布式压痕；

第三种可能性：轴承安装不当造成的拉伤。

然而仔细思考，针对这些判断都会有质疑：

如果是伪布氏压痕，不论是储存原因还是运输原因造成的伪布氏压痕都应该是等滚子间距分布的，而这个轴承为什么痕迹的间距是不规则的？

如果是布式压痕，那么仔细观察压痕表面，发现压痕内部有磨损痕迹，压痕边缘没有塑性变形后应力集中产生的剥落趋势。放大图如图8-50所示。

如果是安装不当造成的划伤，从上面对失效痕迹的仔细观察不难发现，这些痕迹不符合轴向拉伤的痕迹趋势，显然也不是划伤痕迹。

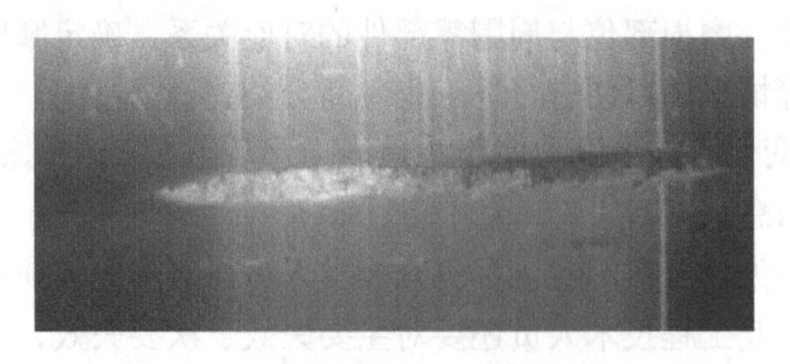

图 8-50　发生噪声的圆柱滚子轴承内圈（放大图）

既然这两个从图片直接得到的判断都不完备，就需要继续收集信息并深入挖掘。

首先，从图中的接触轨迹看，轴承滚子基本在轴承滚道中心位置沿圆周滚动，轴承负荷相对平衡。轴承在正常运行的时候，滚动体在滚道内圈表面滚动，滚道受力应该是均匀连续的，不应该出现离散的沿着滚子母线方向的受力痕迹。出现这种离散的受力痕迹有以下几种可能性：

- 轴承在运转的过程中出现剧烈振动。这种振动负荷在某一瞬间对滚道产生巨大压力，滚道本身受伤。
- 轴承在非运转过程中，滚动体受到巨大的径向冲击，造成滚道压伤。
- 轴承在非运转过程中，滚子在滚道上往复“捻动”，造成局部磨损。

面对上面几种可能性必须逐一排查，才能找到问题的症结。

后来向现场工程技术人员询问这台电机使用的历史，发现这台电机并非刚刚安装使用的电机，电机已经安装了两年，之前电机在进厂的时候曾经做过检查，没有任何异常。在以前的运行中，也没有出现异常的噪声。电机驱动泵负荷，运行的时候没有剧烈震动。

我们知道，使用圆柱滚子轴承的电机在安装的时候由于一些安装手法的不当，会造成滚道划伤。如果造成了这样的滚道划伤，在电机进行出厂试验的时候就可以听到轴承的异常噪声。而这台电机在出厂试验的时候并没有噪声问题；另一方面，安装不当造成的轴承滚道拉伤，在痕迹上其形状有轴向趋势，同时拉伤入口和出口处的形状是可以辨认出来的，而这个轴承不具备这些特征。综合以上两个因素，排除安装时候的轴承损伤。

另外，电机在运输过程中会出现由于包装方式不当以及运输过程中的颠簸而造成的圆柱滚子轴承滚道的伪布氏压痕。伪布氏压痕属于磨损。从压痕特征看，这个轴承失效痕迹符合磨损特征。但是，运输过程造成的伪布氏压痕是在电机不运转的时候产生的，压痕通常具有等滚子间距的特征，而这个轴承没有这个特征。同时，电机在入场试验的时候并没有出现噪声异常，因此排除运输过程中造成的伪布氏压痕。

至此，电机在投入使用之前造成轴向痕迹的可能性都被排除了。我们将怀疑的重点放到了电机使用过程中。首先判断是否与运行中的强烈震动有关。虽然前面的表面形貌分析对伪布式压痕产生了质疑，但是此处依然要寻求现场证据予以排除。

我们知道，当电机轴承承受强烈震动或者冲击负荷的时候，负荷一旦突破材料的屈服极限，会产生塑性变形，也就是我们说的伪布式压痕。因此要排除伪布式压痕就需要确认负荷状态（失效痕迹的额也不符合伪布式压痕特征）。

经询问，这台电机的运行工况没有强烈震动。所以痕迹形貌不符合伪布式压痕特征。我们排除了剧烈震动导致的伪布式压痕的可能。

通过上述分析，可以得出第一步的结论：痕迹是伪布氏压痕，但不是安装和运输过程中造成的。那么这个伪布氏压痕的来源是什么呢?

再次询问工程师电机工作工况，了解到这台电机一般是用一备一，电机三年一维护。在过去三年内，只是偶尔起动一下，并且由于用得不多，因此也很少维护。而电机的工作平台没有剧烈震动，但是在设备上总会存在一点正常范围的整体震动。这个工况信息十分重要，通过对工况信息与实际观察之间的逻辑推理，我们才能找到导致轴承失效的根本原因。

首先电机多数时候是静止不动的，而总体上有小的震动，这就为伪布氏压痕的形成提供了条件。但是电机不是一直不用，在过去的三年中偶尔会起动，而几次起动之间的间隔比较长。这就给出了出现若干次形成伪布氏压痕的可能性。

由于电机每次起动、停车之后，滚子停留在滚道上的位置不大可能重合，因此会出现很多组伪布氏压痕，而每组伪布氏压痕会呈现等滚子间距的特征，不同组之间的间距具有不确定性。

基于以上判断和分析，我们终于整理出这台电机出现滚道损伤的根本原因，电机长时间不运行，并且电机整个工作平台有一定的震动，因此造成了电机轴承的伪布氏压痕损伤，从而导致轴承异常噪声。

因此，可以给电机使用者改善建议为在电机不运转的时候，应该经常对电机轴进行旋转，避免伪布氏压痕发生。在这个电机中使用具有极压添加剂的润滑脂。电机在不运转的时候，滚动体和滚道之间无法形成润滑油膜。因此使用具有极压添加剂的润滑脂可以防止轴承在不旋转时接触点处金属的直接摩擦，从而避免伪布氏压痕的出现。

从这个案例可以给工程技术人员一个启示：对电机轴承的失效分析与故障诊断不能仅仅局限于看到的图片，并以此进行归类。整个过程需要考虑电机轴承选型、安装、出厂、运输、使用等各个环节。并且进行逐一排查，最终确定根本原因。上述分析的每一步都很简单，但是各个步骤之间的逻辑和推断过程是这个案例最值得关注的地方。

电机轴承的失效绝非单一原因对应单一的结果。往往是多原因对应多结果的错综复杂关系。这需要工程师具有扎实的理论技术基础和丰富的实践经验。

3. 轴承圈的断裂

有时候轴承内部除了滚道上的失效痕迹以外，还会出现轴承圈的断裂。从断裂的方式看，轴承圈的断裂包括疲劳断裂、通裂、周向断裂㊀等。

● 疲劳断裂：轴承圈的疲劳断裂与其他疲劳断裂一样呈现在断裂区有台阶状痕迹（见图8-38）。同时在轴承接触表面存在大量的疲劳破坏痕迹。造成轴承圈疲劳断裂的原因是在轴承内部某一处出现了疲劳，在疲劳发展的过程中由于应力集中而导致轴承圈断裂。

● 通裂：轴承圈的通裂表现为轴承圈轴向的贯通断裂。如果断裂断口处呈现略微圆滑的状态，则表明轴承在断裂之后仍然进行了一段时间的运行。如果运行的时间久一些，甚至会在断口处出现部分剥落；如果断口处是尖锐的，则说明断裂之后轴承就没再运行过，换言之，有可能是拆卸过程中产生的。轴承的通裂与轴承的内圈配合、温度等相关因素有关。

● 周向断裂：这种断裂在轴承圈的周向上发展，有时候会断裂成几块。在轴向负荷下，这些断裂经常发生在偏离滚道中部的区域。这种断裂与疲劳有关，外圈表面表现出不正常的承载痕迹。如若发生，需要改善支撑。

4. 过热变形

轴承部件过热时会出现变色，滚动体、滚道塑性变形严重，温度也会急剧变化，轴承内部出现多处黏着，硬度低于58HRC，此时轴承呈现过热变形的状态。通常可以用轴承圈表面的颜色对轴承承受过的温度进行判断，但是要注意区分是轴承材质本身回火还是由于润滑剂造成的变色。

通常轴承过热变形与轴承工作游隙不足、润滑不良、外部热源、润滑剂过量、轴承内部损坏（比如保持架断裂）后仍强制运行有关。

（三）检查滚子轴承挡边以及端面

滚子轴承在电机里经常被使用，尤其是N系列和NU系列的圆柱滚子轴承。我们以圆柱滚子轴承为例，阐述在电机轴承失效分析中对滚子端面以及滚道挡边的检查。

1. 滚子轴承挡边与滚子端面的损坏

电机里最常用的NU和N系列圆柱滚子轴承通常一个轴承圈滚道带挡边，另一个滚道不带挡边。理论上不应该出现挡边与滚动体端面面对的一侧出现较大的接触力的可能。因此一旦发现此处存在接触轨迹，并且有明显的表面失效痕迹，则应该引起注意。这样的接触可能与轴承对中不良，冲击负荷、润滑污染等诸多因素相关。

2. 轴承挡边与保持架的磨损

在轴承转速的部分，我们阐述过圆柱滚子轴承内圈引导和外圈引导的结构形

㊀ 此处的分类是根据断裂宏观状态划分，而非断裂失效模式的划分。关于失效模式，请参考前序章节。

式，在脂润滑条件下，其 ndm 值不应该超过 250000。因此当我们在对轴承进行失效分析的时候，一旦出现了保持架外圆与轴承挡边内侧的摩擦痕迹（或者是保持架内圈表面与轴承挡边外侧的摩擦痕迹），就应该检查其转速以及润滑条件是否与上述情况相关。

3. 挡边断裂

图 8-51 为一个轴承挡边断裂的照片。图中轴承的单边出现部分断裂或者碎裂状态，引起这种失效的原因包括：轴承出现冲击负荷、安装时候的敲击、保持架或者滚动体断裂引起的次生破坏等因素。

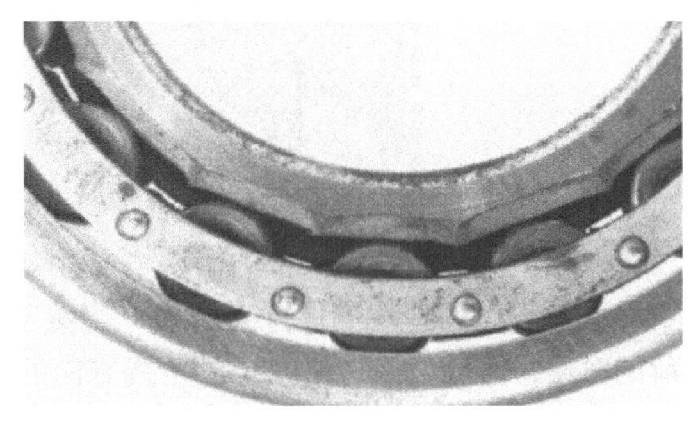

图 8-51　轴承挡边断裂

（四）检查保持架

保持架的损坏一般包括磨损和断裂两种类型。

1. 保持架的磨损

电机轴承在运行的时候，保持架可能和滚动体以及轴承圈（轴承圈引导的保持架类型）发生碰撞和摩擦，当这种碰撞和摩擦比较严重的时候就会对保持架造成磨损。保持架的磨损包括下面几种情况：

（1）润滑不良或污染造成的保持架磨损　对于轴承圈引导的保持架，当润滑不良或者润滑污染的时候，保持架引导面与轴承挡边发生摩擦，可能造成保持架磨损。

对于滚动体引导的轴承，当润滑不良或者润滑污染的时候，滚动体和保持架兜孔之间发生摩擦，造成保持架磨损。磨损的保持架兜孔会继续变大，当过大的兜孔已经不能被滚动体引导的时候，就会出现类似于轴承圈引导的情况，此时保持架会和套圈发生摩擦，进一步发展有可能造成保持架端面的磨损。

这种磨损通常在兜孔处是对称分布的，对于圆柱滚子轴承可能发生在两个侧边上。此时的磨损属于磨粒磨损，伴随着保持架材质的丢失，保持架会被磨薄。

（2）速度过高造成的保持架磨损　对于轴承圈引导的轴承，当轴承的 ndm 值高于 250000 的时候，如果依然使用脂润滑，就会造成保持架与轴承圈的摩擦，从而保持架出现磨损现象。对于黄铜保持架的轴承，磨损一方面在保持架上会看到磨损痕迹；另一方面可以在轴承的润滑脂里找到铜的成分。电机厂经常说的黄铜保持架磨铜粉现象指的就是这种情况。

对于使用叉形尼龙保持架的轴承，在高转速的情况下，由于离心力的作用，保持架会出现喇叭形变形。当变形达到一定程度的时候就会和轴承圈发生摩擦，从而出现磨损。如图 8-52 所示。

图 8-52　高速运行深沟球轴承保持架磨损

（3）滚子歪斜造成的保持架磨损　当滚子轴承承受的负荷过低或者承受偏心负荷的时候，会产生保持架兜孔对角线方向的偏斜磨损，如图 8-53 所示。这种偏斜负荷对保持架的破坏如果继续发展，会导致保持架横梁断裂，以及侧边的进一步破坏。

图 8-53　滚子偏斜造成的保持架磨损

避免这种情况就需要调整轴承负荷的对中，同时对轴承游隙进行合适的选择。

（4）球轴承偏心运行造成的保持架磨损　深沟球轴承承受偏心负荷的时候，轴承中滚动体的运行轨迹与径向平面存在一个夹角，此时轴承内部滚动体的周向速度不同，与保持架的摩擦也更加剧烈，此时保持架内部的应力分布也不均匀，同时随着转动出现交变往复。这种情况下，最开始发生的是滚动体在兜孔内部与保持架的摩擦加剧，失效进一步发展，会在保持架弱点处出现断裂。图 8-54 是一个受到偏斜负荷的深沟球轴承保持架的磨损情况。

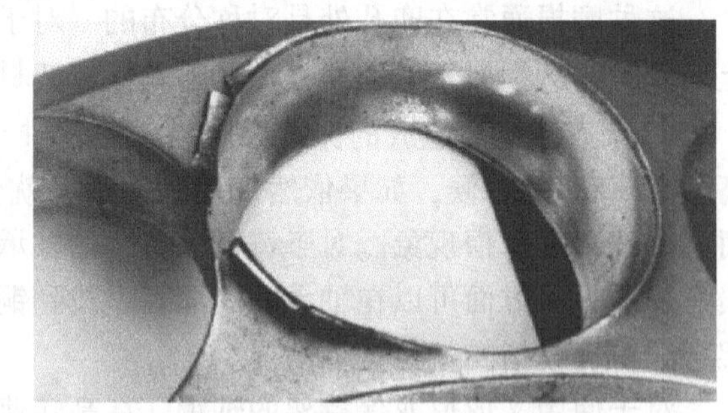

图 8-54　深沟球轴承受偏斜负荷导致的保持架磨损

此时应该对轴承的负荷对中情况予以纠正。

典型案例 34. 某电机深沟球轴承保持架在偏斜负荷下磨损并断裂

某厂电机出现抱轴故障，对电机进行拆解，情况如图 8-55 所示。

图 8-55 深沟球轴承保持架断裂现场

图 8-55 中可见，轴承颜色变黑，保持架在兜孔薄弱处断裂成若干段。轴承内部润滑脂中有大量铜粉末，轴承已经烧毁。

对保持架进行仔细观察，情况如图 8-56 所示。

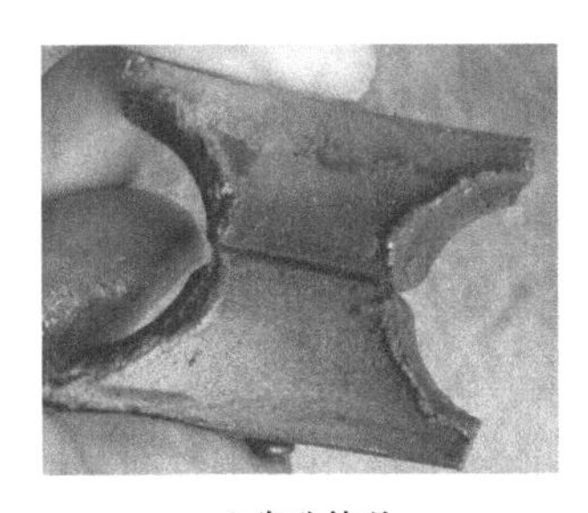

a) 兜孔外观

b) 兜孔内部

图 8-56 深沟球轴承断裂保持架兜孔处

图 8-56 中可见，保持架的兜孔一侧出现严重磨损。图 8-55a 中可以看到保持架在兜孔一侧磨损成突出状态，通过这个痕迹可以判断磨损的方向。图 8-55b 中可以观察到轴承保持架兜孔内侧在图中下侧存在严重磨损。由此可以推知轴承滚动体在兜孔内与兜孔之间的摩擦受力。观察保持架断裂断口处的状态，表面呈现疲劳状态。

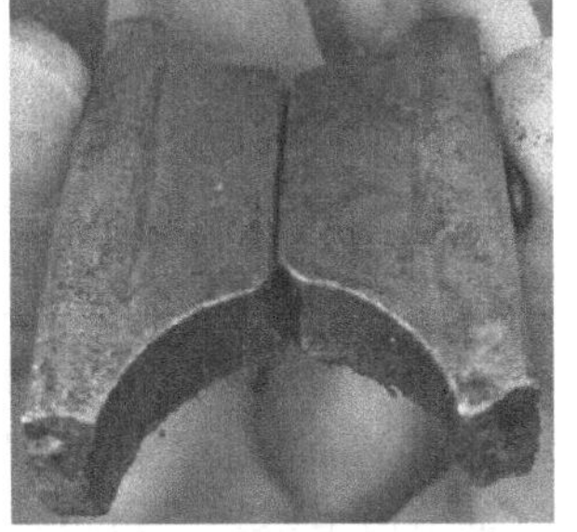

图 8-57 深沟球轴承断裂保持架外端面

观察轴承保持架外端面，如图 8-57 所示，图 8-57 中可以看到轴承保持架外端面也出现了磨损。

从保持架的磨损情况可以大致判断与轴承内部负荷偏斜（不对中）有关，为寻找进一步的证据，我们观察了轴承内圈和外圈，如图 8-58 所示。

a) 外圈

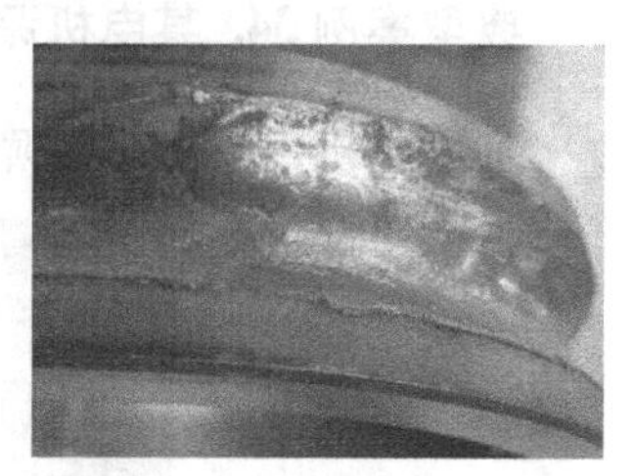
b) 内圈

图 8-58　失效轴承的外圈和内圈

从图 8-58 中的外圈可以看到，外圈两侧端面呈现黑色，经历过高温，表面有摩擦痕迹，这与保持架外侧摩擦产生对应关系。

从外圈的负荷接触轨迹可以看到，存在明显滚道偏斜的痕迹，并且这种偏斜程度较大，几乎已经达到了滚道的边缘。从图中内圈的情况可以看到，滚道边缘有明显受力磨损突出的痕迹，这与保持架状态所反映的轴承承受偏斜负荷（不对中负荷）产生对应关系。

同时，内圈和外圈滚道上呈现表面疲劳的失效痕迹。

综合以上几方面证据，我们可以得到如下推论：

首先，轴承承受严重的不对中负荷，这样的负荷使滚动体在滚道内产生与滚道径向平面不平行的整圈接触轨迹。同时，这个负荷非常大，以至于滚动体几乎可以碾压滚道边缘产生磨损。此时轴承内部滚动体和保持架在偏斜负荷下产生摩擦，磨损保持架，使兜孔出现磨损痕迹。随着保持架兜孔的扩大，滚动体无法引导保持架，保持架下落，出现滚道引导保持架的状态，此时保持架外端面与外圈内侧面产生摩擦，保持架被磨损。

另一方面，保持架在轴承运行过程中，由于受到不对中负荷的作用，和滚动体之间出现较大的碰撞力，这个碰撞力在整个保持架圆周上分布不均，并且随着转动使保持架内部出现应力往复。这样在保持架结构的薄弱点——兜孔的薄弱处会出现疲劳断裂。

在整个过程中，轴承内部的润滑持续恶化。主要有几个原因：第一，在偏斜负荷的作用下，轴承发热，导致润滑脂黏度降低，润滑性能下降；第二，轴承保持架与滚动体和轴承圈的摩擦发热也会让润滑黏度降低；第三，轴承保持架磨损的铜颗粒进入润滑，成为润滑中的污染，加剧了润滑的恶化。所以持续的润滑恶化导致了轴承滚道上面的表面疲劳现象。

通过以上分析，可以认为轴承的不对中负荷导致轴承内部滚动体、滚道以及保持架的受力和运动状态的改变，是最终轴承失效和电机抱轴的根本原因。

后经工程师调整，并更换轴承，此处电机轴承恢复正常。

2. 保持架的断裂

（1）保持架边缘、连接处断裂　安装和使用正常的轴承保持架在轴承运行过程中会和滚动体以及滚道发生碰撞，通常情况下这样的碰撞不会十分剧烈，但是当负荷达到一定程度，并且应力往复出现的时候，保持架会在其强度弱点处出现断裂的情形。对于普通的保持架而言，其强度弱点往往出现在连接处，以及兜孔最薄弱的地方。案例 32 中就是保持架在兜孔薄弱处出现的断裂。对于铆接式保持架，铆钉连接处也是强度弱点。

通常导致保持架在其强度弱点处出现断裂的原因与振动或者大的冲击负荷有关系。如果外界负荷情况无法变动，就需要对轴承保持架类型的选择做出调整，尽量选用一体式保持架，或者窗式保持架。

（2）不当安装造成的保持架变形或者断裂　如果轴承保持架在非应力弱点处出现断裂，并且排除了负荷偏斜等因素，那么就有可能与轴承的安装使用不当有关系。

图 8-59 所示为一个尼龙保持架受高温出现熔化的情况。这说明轴承加热温度超过了保持架的耐受温度。

保持架如果出现局部变形，则应该检查轴承安装过程中是否存在敲击的可能性。图 8-60 所示为金属保持因为敲击而出现的变形。

图 8-59　保持架出现高温熔化

图 8-60　敲击造成的保持架变形

（五）检查密封件

对于具有密封的轴承，除了检查轴承本身以外也要对轴承的密封件进行相应的检查。

1. 接触式密封件唇口磨损

正常的接触式密封件，唇口与接触的零部件之间存在一定的滑动摩擦。一般设计中，唇口与接触面的宽度应该比较窄，剖面看起来接触部位有点尖锐。如果观察到唇口变得不再尖锐而出现了变宽，甚至开裂的情况，则表明密封唇口出现了磨损。

密封件工作温度过高，唇口处有污染颗粒，唇口处接触力过大（过盈量过大），以及唇口处没有润滑等都是造成密封件唇口磨损的原因。

2. 密封件外观的损伤

如果密封件表面出现变形、凹坑、擦伤、唇口翻起，以及密封件整体位置偏离等情况的时候，说明轴承的安装使用过程中存在外力的伤害。此时应该对轴承的使用操作进行检查。

从上述的介绍不难看出，对基本现场轴承失效分析的方法和顺序基本是从轴承周围数据的收集，到轴承外观，再到轴承内部滚道、保持架、密封件的检查这样一个过程。总体上是一个由外到内、逐步聚焦的过程。每一步的检查发现都会进一步将工程技术人员关注的焦点汇聚到某处，然后通过对比、归类找到痕迹并印证其间的逻辑关系。如果说失效分析分类是武器，那么分析过程就是如何使用武器的过程，两者的总和构成了电机轴承失效分析技术。

第五节　电机轴承失效分析与其他方法的综合运用

在其他章节中，我们分别讲述了在电机轴承故障诊断与分析过程中各个领域的技术与轴承失效分析进行结合应用的重要性。毋庸置疑，轴承失效分析是最传统，也是最重要的轴承故障诊断与分析的手段。总体上，轴承失效分析技术以轴承应用技术为基础，通过观察轴承本体，调查轴承应用条件，判断导致轴承失效的可能性。没有了轴承应用技术，轴承失效分析就变成了轴承的失效分类，而无法建立和寻找那些导致失效的线索与现象之间的逻辑关系。

对于轴承运行和故障状态的各种描述手段和记录手段，为轴承失效分析提供了更多的参考，提高了失效分析的准确性。同时通过更完善的状态监测管理可以大大减少轴承的失效，甚至很多时候可以在需要轴承进行失效分析之前就找到设备故障的所在，这大大地减少了轴承失效分析的工作量。

在对电机轴承故障诊断与分析的工作中综合的运用相关的知识，运用各种知识发现新的线索，相互印证，相互提示，最终才可以做到又快又准的进行电机轴承的故障诊断。

笔者在每章之后都会提出各种知识之间的相互联系也是为了让工程技术人员尽量全面地运用这些知识。在现实工程实际中，有不少技术人员仅仅从一个门类的知识寻求答案，使问题解决路径变得非常崎岖困难，此时如果跳出当前领域，在其他领域里寻找到一些线索，往往能起到事半功倍的作用。

第四篇

电机轴承故障诊断与分析的实战和应用

第九章　电机轴承故障诊断的实战方法综合运用

本书前面的内容从手段、方法和基础理论知识方面进行了阐述。在电机轴承故障诊断与分析的工作中，除了对手段、方法以及基本知识的熟练掌握以外，最重要的就是如何将这些方法进行有机综合的运用。从本章开始，我们着重阐述电机轴承故障诊断与分析的实战方法，同时也是对前面八章内容的综合运用。

第一节　电机轴承故障诊断与分析实战中相关知识综合运用方法

电机轴承故障诊断与分析的实际工作中需要具备的知识十分丰富，这也是故障诊断与分析工作本身对工程技术人员提出的巨大挑战。仅从轴承故障诊断与分析的本身看，这些知识体系中至少应该包括如下几个方面，我们称之为轴承相关技术：

- 轴承应用技术
- 轴承润滑技术
- 轴承振动状态监测与分析技术
- 轴承失效分析技术

针对电机轴承故障诊断与分析，除了以上基本的轴承技术知识以外，还需要以下一些方面的技术知识，我们称之为电机相关技术：

- 电机结构设计基本知识
- 电机试验与监测基本知识
- 电机生产工艺知识
- 电机安装基本方法与相关知识
- 电机运行维护相关知识
- 电机振动状态监测与分析技术

电机用在各种工业设备上，对电机轴承故障诊断与分析的同时还要对相关周围环境设备的情况有基本的了解，因此进行电机轴承故障诊断与分析的时候对一些外围的知识也需要有相应的了解，我们称之为设备相关技术：

- 设备相关运行的知识
- 设备维护方法及基本流程

- 设备状态监测与分析相关技术
- 其他设备相关的技术信息

对于电机轴承故障诊断与分析工作而言，其相关技术的关系如图 9-1 所示。

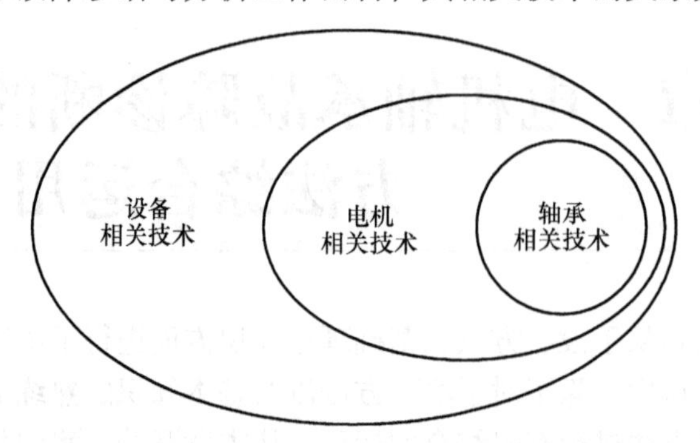

图 9-1　电机轴承故障诊断与分析相关技术关系

需要指出的是，图中所示并不是包含的概念[⊖]，其中的相关技术之间在故障诊断与分析的实际工作过程中呈现的是聚焦的关系。试想当设备运行出现故障的时候，第一步要做的工作是确定故障位置。如果是电机轴承相关的故障，那么这种确定故障位置的定位工作首先将工程师的目标聚焦到电机上，进而聚焦到轴承上。这个聚焦的工作实际上是一个确定与排除的过程。工程技术人员在进行确定与排除的过程中，每一步都需要了解当前相关领域的技术知识。这种关于故障定位的确定与排除的两条思维逻辑路线是现场经常用到的。

其中对故障位置进行确定的方法是指故障信息出现时运用相关的技术知识可以直接确定故障点的方法。比如设备故障报警，直接确定轴承状态异常。这需要对被确定为“故障元件”的对象及其相关技术知识有熟练的把握，或者这个故障状态特别典型，因此可以进行直接确认，也可以通过某些信息的对比进行。

对故障位置进行排除的方法是指当故障信息出现的时候检查故障点设备的状态，运用设备相关知识进行排除。当排除非故障元件之后，假如信息指向电机，则需要运用电机相关知识进行进一步排除，此时排除的范围更小，排除的目的是否定无关因素，从而为“确定”工作提供有力支持，同时也避免走弯路。

现实的电机轴承故障诊断与分析工作经常是确定的方法与排除的方法综合运用，甚至出现往复迭代。例如，当电机轴承温度报警发生的时候，报警信号给出的信息是一个确认信息，它确认了在设备中，是轴承的温度过高。这个信号将工程技术人员的关注点聚焦到与电机相关、与电机轴承相关的因素上。此时，故障诊断的目标已经缩小到一定的范围。在这个范围内，针对已经被确定的电机轴承温度过高

⊖ 轴承除了应用在电机中以外还有很多其他应用场合，以及相关的应用技术。此处并非包含的概念。同理，电机相关技术也不能被其他设备相关技术包含。

的报警信息进行进一步确定与排除，最终目的是明确导致这个温度过高的原因。很显然，现实的经验告诉我们，轴承温度过高不一定是轴承本身引起的。因此在这个过程中，就不能直接用确定的方法简单的由报警温度高得出轴承有故障的诊断结论。

上述过程也体现了电机轴承故障诊断与分析技术的复杂性。因为电机轴承的故障现象与故障原因之间存在着网状的对应结构，与简单的一一对应、一对多对应不同，这种网状结构的联系十分多元。通常情况下一个故障对应着诸多可能的原因，而某个原因可能跟其他不同的条件配合会引发不同的故障表现。这种复杂的知识逻辑结构，导致工程技术人员在进行故障诊断与分析的工作本质上是在一张交叉繁杂的知识网中缩小范围，最终聚焦。因此只有不断地肯定、否定，不断地确认、排除之后才能保证诊断的准确性。

另一方面，如果进行电机轴承故障诊断与分析工作时仅仅是大范畴的聚焦于电机轴承。图 9-1 中还展示了另一种关系，就是越是聚焦的部分要求工程师对相应知识的掌握程度越深。对于电机轴承周边的包括电机的基本知识以及设备的基本知识而言，从事电机轴承故障诊断与分析工作的工程技术人员掌握的程度相对就会弱一些。当然这部分的知识在实际运用中，可以和相关专业领域的工程师一起协同工作，一起进行判断和处理。切不可局限于自己的知识领域，在狭小的范围做判断。因为这样容易得到不准确的判断结论，同时给出的改善实施建议往往也会难以得到实施。

典型案例 35. 某立式电机非驱动端轴承噪声和发热

某电机厂生产高压潜水泵电机，电机工作时是立式工作状态。电机轴伸端放置于水中，受较大的轴向力（10t 左右）。电机轴伸端采用配对角接触球轴承承受大的轴向负荷，非轴伸端采用圆柱滚子轴承。电机在运行测试的时候，轴伸端轴承一切正常，但是非轴伸端轴承出现滚道以及滚子圆周周向的磨损痕迹。

经过对轴承拆解之后的失效分析，发现非轴伸端的圆柱滚子轴承的磨损痕迹是由于轴承负荷不足引起的。

配合轴承应用技术，我们可以知道立式电机在外界没有径向负荷的时候，圆柱滚子轴承容易出现最小负荷不足而导致的滚道磨损情况。

按照一般的轴承故障诊断与分析过程，如果仅仅基于轴承相关技术，此时已经可以给电机厂一个结论和建议：圆柱滚子轴承负荷太轻，轴承配置不当，建议调整轴承配置。

但事实上这样的结论是不能够实施的。经过询问电机的设计者，此时才知道这种高压潜水泵电机由于工作环境特殊，因此设计了特殊的密封。非轴伸端没有轴承外盖，只有内小盖。电机内小盖必须先安装到电机端盖内部，然后完成整个端盖的组装。这就要求轴承必须是分体式结构。

按照一般的方法，非轴伸端改为选用深沟球轴承结构，而深沟球轴承是一体式轴承结构，这样就无法按照上述工艺组装电机。

基于这台电机独特的结构以及工艺组装方法，可以看出：改变轴承类型的建议无法得以实施，这也就成了一个无效建议。也正是基于这些限制，唯一的方法是减小轴承尺寸，同时降低润滑脂黏度，并且建议选用具有抗摩擦添加剂的润滑剂。

从这个例子可以看到，仅仅基于轴承相关技术给出的建议在实际中不能实施，这使故障诊断与分析之后的改善建议变得无效。因此，必须对电机整个结构布置与生产工艺有一定的了解，同时结合轴承应用技术，才能得出可以彻底解决问题的合理建议。

随着人工智能与大数据技术在工业中的普及，对电机轴承进行故障诊断与分析的时候，有时候还需要借助大数据手段以及一些相应的方法。工程技术人员对这些方面的知识可以做相应的了解，我们称之为 DT&IT[㊀]结合的知识：

- 数据收集、接入
- 数据存储、管理
- 数据的清洗、分类与分析
- 大数据基本构架
- 其他 DT&IT 相关领域知识

电机轴承运行状态数据的统计与分析其实对于电机工程师而言并不陌生，以往对于单台电机、一批电机以及一类电机的运行情况统计数据等的分析都是电机工程师工作的一部分。但是当数据量从一台到成千上万台的时候，状态数据从单一的温度，到温度、转速、转矩、振动等诸多信号的时候，大量数据的处理和分析就是一门专门的知识了。这就需要数据技术（DT）专家的参与，同时数据的接、管、存等一系列操作的 IT 实现需要 IT 专家的参与。作为工业专家的电机工程师，对这些相关领域知识的适度了解有助于更好地利用这些最新的技术将电机轴承故障诊断与分析工作做得更快、更准。

综上所述，电机轴承故障诊断技术的现场实战是多学科综合运用的技术，在现场工作中有可能需要多知识领域的工程师共同协作来完成。立足于电机轴承本身进行的故障诊断与分析需要同电机工程师、设备工程师一起进行进一步的商讨才能最终形成可以落实的维修建议。

第二节　电机轴承故障诊断与分析的实际操作步骤

在前面章节的介绍中，各种手段、方法都是以基本理论知识为基础的应用，然而在面对一个轴承故障现场的时候，这些方法的综合联系与应用关系应该是怎样

㊀ DT：Data Technology（数据技术）；IT：Information Technology（信息技术）。

的？我们以电机轴承的设计、生产制造，以及使用过程为主线，探讨电机轴承故障诊断的实战应用。

首先，电机轴承故障诊断是对于电机轴承表现出的“非正常”状态进行的相应后续处理工作。这里必须对电机轴承的“正常状态”进行界定。

现场要对电机轴承进行故障提示，需要有参照。参照过程的目标是“状态”，通常用状态参数描述，参照的标准是“正常”，通常以设计意图为表征。因此，故障诊断现场工作的第一步就是记录状态，也就是对电机轴承故障信息和参数的收集工作；然后是根据状态信息的参考值以及相应标准进行故障确定。

在对状态的记录和故障确定之后，就是对异常信息的处理，以及对失效诸多参数或者失效现场的诊断与分析。

通过故障诊断与分析，最终的目的是判断出最根本的故障原因，然后根据故障原因给出切实可行的改善建议。

总体过程如图 9-2 所示。

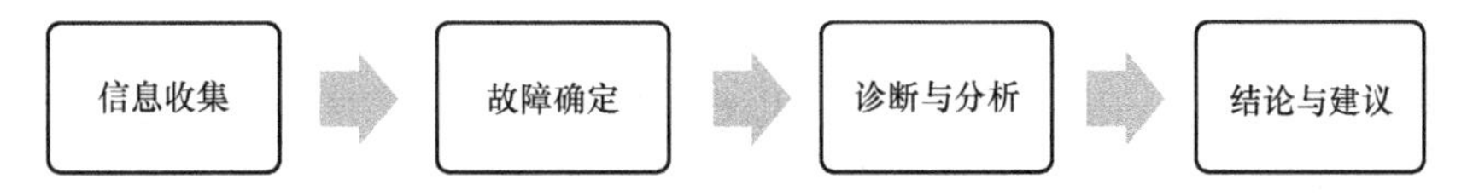

图 9-2　电机轴承故障诊断与分析过程

我们用电机轴承故障诊断的两种常见场景阐述故障诊断的实际操作过程。

一、电机试验过程中的故障诊断与分析过程

电机在出厂之前会进行一些测试。从轴承的角度而言，这些测试主要是检查电机轴承是否存在电机轴承的选型、结构设计，以及电机的生产制造等方面的问题。在这个过程中就有可能存在这样或那样的异常状况，也就是所谓的故障，这些测试是电机出厂前一个重要的环节。

（一）电机测试过程的数据收集与记录

电机在电机厂内进行测试的时候主要有两种情况，对于新机型的型式试验以及对于量产产品的出厂试验。不论对于型式试验还是出厂试验，电机厂都会对电机以及轴承的基本状态信息进行检测和记录，这个过程就是信息收集的过程。对于信息的收集，越全面就越有利于进行后续的分析工作。对于电机轴承的故障诊断而言，本书第二章中阐述了主要的电机轴承状态信息以及其测量方法等内容。工程技术人员需要根据相关情况选择需要测量、记录的信息，并通过正确的测量方法进行数据采集并记录下来。

（二）电机测试中的轴承故障确认

在电机测试的过程中，电机轴承“正常”状态的参考值对于型式试验和出厂试验是不同的。

对于新机型的型式试验，有可能轴承的选型、轴系结构布置以及周围的设计都经过了重新设计。因此这台电机的轴承的“正常状态”没有以前的记录可以参考。这时候对测试中电机轴承的运行状态正常与否的界定主要来自于相关的国际标准、国家标准、行业标准以及产品设计时给出的设计预期。关于相关标准参数的限值，可以参照本书第二章，对于设计者本来的设计预期则需要来自设计计算等相应的工作。在现场进行测试的时候，一旦测试数据与这些限值出现差异，或者呈现一种不良的发展趋势，则需要工程技术人员予以关注，由此来判断是否是“故障状态”。

对于出厂试验中的电机，在开发阶段的型式试验结果以及历来生产相同电机的试验结果可以作为出厂试验中电机轴承故障与否的判断限值。相应地，如果工厂里保留历史生产、测试数据的记录，并且可以形成大数据判断能力，则此时可以形成基于大数据的判断限值。

（三）电机测试中的轴承故障诊断与分析

当电机测试过程中确认某些信息提示电机轴承处于故障状态的时候，就需要对电机轴承的监测信号进行分析。

在拆解电机之前，工程技术人员可以根据振动分析、噪声分析、发热分析等方法对电机轴承的故障情况做基本的判断。本书第四~六章分别介绍了这些分析方法的技术细节。

当使用不拆解方法无法排除故障，或者无法确定最终故障点的时候，需要对电机进行拆解，对轴承进行分析。此时就是使用本书中第八章的相关知识进行电机轴承失效分析工作。

电机轴承故障诊断与分析中各种手段以及方法都是以电机轴承应用技术为基础的。不论是在不拆解电机的诊断过程中还是在拆解电机轴承的轴承故障分析过程中，将观察到的信息与电机轴承应用技术相结合，综合考虑工况等因素，才能得出下一步分析的方向和目的。

在电机进行测试的过程中，此时电机并未投入真正的使用，因此，此时进行故障分析的时候工程技术人员会结合轴承应用技术关注到设计、零部件生产、组装等诸多生产内部环节。检查实质是设计参数的校验和生产工艺的检查，其目标更多的是判断设计选型对不对；结果是否合理，生产制造工艺是否正确等一系列电机厂的内部问题。

（四）电机测试中的轴承故障诊断的结论与建议

电机测试中的轴承故障诊断结论包含以下几个部分：

- 轴承质量的判断
- 轴承相关零部件的质量判断
- 轴承选型的判断
- 轴系统轴承结构设计的判断
- 润滑设计的判断

- 生产加工工艺的判断
- 电机储存过程的判断

工程技术人员通过故障现象与导致故障现象的原因的逻辑对应关系，在故障诊断与分析中找到导致故障的根本原因，同时根据实际情况，结合电机生产制造的约束条件以及设计中的特殊要求，运用电机轴承应用技术，给出合理的维修和改善方案，从而避免故障的再次发生。

典型案例 36. 某电机厂电机轴承噪声在出厂试验中批量不合格

某电机厂生产中小型普通三相感应电动机，现场生产人员按照固定的生产工艺已经生产了几十年。该电机厂突然接到某大品牌外协订单，外方派驻质检人员对每一台电机出厂试验进行把关。开展严格控制出厂试验以来，该电机厂生产的电机噪声不合格率达到 30%。

经检查电机的各项其他指标正常，电机本身设计也不存在明显异常。电机轴承噪声检测的时候呈现明显异常。后决定对一些电机进行拆解。

将轴承拆解下来之后，内圈滚道如图 9-3 所示。

从图 9-3 中可以看到：这是一个圆柱滚子轴承内圈外表面，滚道上出现几处异常压痕，疑似硬质颗粒污染物。同时在拆解轴承之前，对轴承润滑脂进行取样，如图 9-4 所示。

从图 9-4 中可以看出润滑脂内部有很多污染颗粒。经过油液分析，提示铁含量和硅含量明显偏高，污染物可能是铁屑或者灰尘颗粒。

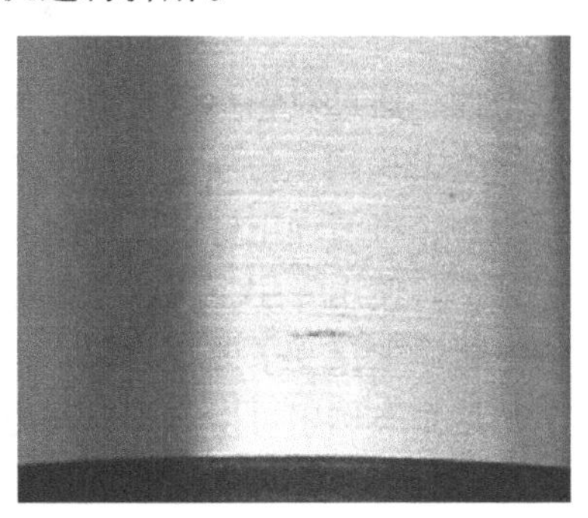

图 9-3　轴承内圈滚道

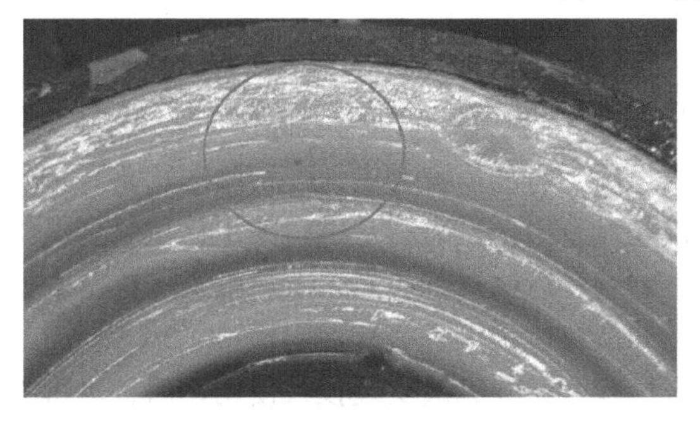

图 9-4　轴承内部油脂的污染

现场生产人员认为一直是按照公司工艺进行生产，不应该造成污染，后来对现场进行检查发现现场在安装轴承之前，为了保证不污染轴承，会使用高压气体对轴承端盖以及转子进行吹气清理。然而，进行清理的地方就在生产线旁边，已经涂装润滑脂的轴承就在附近。这样就可以得到一个判断，是这个清理的工序对轴承造成了污染。

另外，电机轴承内圈的定位是使用锁紧螺母进行的。在安装锁紧螺母的时候，工人使用锤子敲击锁紧螺母。检查锁紧螺母发现锁紧螺母上有材料缺失，如图9-5所示，这也是造成轴承内部污染的原因之一。

图9-5　锁紧螺母的损伤

至此，通过对轴承的检查，发现了轴承内有污染的可能，同时根据现场组装工艺的检查，找到了污染源。因此对厂家提出如下建议：

第一，将清理工件的工序挪至厂房门口，远离轴承安装场地；

第二，使用专用工具改正锁紧螺母的安装工艺，避免造成锁紧螺母的损伤。

电机厂家接受了改进建议，一周后，噪声不合格率降低至5%以内。

从这个案例中可以看到，对电机轴承故障诊断与分析的过程中必须与电机的生产工艺过程等相关的情况相联系，仔细观察相关操作人员的操作。以失效分析的推测为靶心，寻找造成失效的原因，最终结合工程实际给出切实可行并有效的改进方案。

二、电机使用中的故障诊断与分析过程

在电机投入使用之前，有的厂家会做入厂检验。这是一个必要的环节。由于一般电机在出厂之前都经过了出厂试验，从电机的出厂试验到电机投入使用前的进厂检验中间主要经历了储存和运输过程。对于电机轴承而言，电机的入厂检验主要是检查轴承在电机运输和储存过程中是否存在问题。

当电机通过了入厂检验，并完成安装投入使用之后，电机将处在运行状态。此时对轴承故障的诊断是对电机运行参数的检查，需要如下几个步骤：

（一）电机运行过程中的状态监测与运行数据记录

电机投入使用之后，电机使用者会对一些电机的运行参数进行监测和记录。当电机轴承出现故障的时候，这些状态监测信号就会出现报警。这种报警本身就已经给设备维护人员提出了一个基本的故障定位信息，因为它将显示来自于哪一台电机

出现故障报警。这对于工业设备中众多电机投入使用的时候，发现某一台电机存在异常具有明确意义。但是此时还完全无法界定是否是电机轴承故障。

如果要进行更进一步的定位，就需要对电机的每一个轴承的振动、温度、转速等一系列信号进行监测和记录。

在实际工厂运行中，根据电机工作的具体情况，有可能不需要对所有的电机轴承都采取如此丰富的监测和记录。此时就要根据电机以及轴承故障的重要性以及发生频率进行优先级排序，从而确定监测的信号种类与监测频率。这个过程是电机轴承维护方法中一个重要的环节，其分类和分析方法如图 9-6 所示。

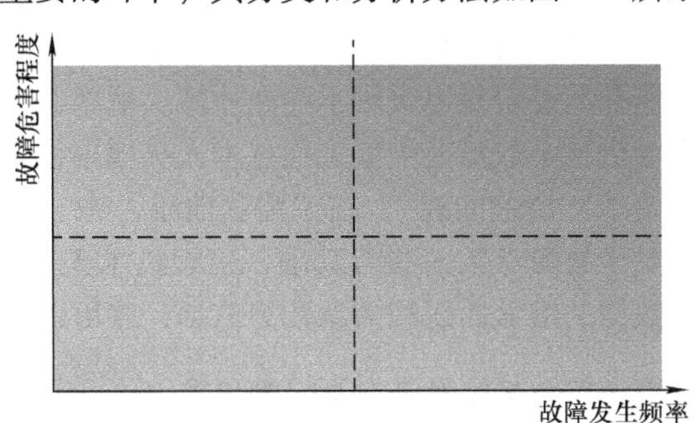

图 9-6　电机轴承状态监测优先级排序

图 9-6 是基于电机轴承日常运行中出现故障的频率以及故障出现之后的危害程度进行的优先级排序，灰度颜色越深表示优先级越高。对于发生频率高、故障危害大的位置，需要采用密集的状态监控手段通过多数据监控尽量完整地记录轴承运行状态。这样才有助于在轴承出现故障早期就给使用者做出更加明确的提示和判断，从而合理安排后续维护时间与工作，最大限度地减少损失。

对于发生频率低，故障危害小的位置，电机使用者可以根据情况酌情减少电机轴承监测数据的类型以及监测频率。

对于故障危害大但是发生频率低的位置，电机使用者根据风险评估，考虑承受故障损失的能力，决定状态数据监测的频率与种类。对于这种位置，增加监测数据种类，同时适度安排或者根据情况减少监测频率是可行的。

对于故障危害小但是发生频率高的位置，就是日常说的小毛病不断的位置，电机使用者可以适度增加监测频率，但是合理缩减监测数据种类。

以上对设备运行状态数据的监测与记录都是定性描述，事实上基于历史数据和一个设备长时间的运行，这个工作是可以完成定量统计并进行明确划分和排序的。在这个工作中以往的检修记录、检修频率、故障类型等信息都可以被充分利用。

当然完备的电机轴承运行数据记录能够对电机轴承故障诊断与分析起到很好的帮助作用，即便不能提供太多的历史数据，电机使用者至少也应该对电机轴承发生故障时候的周围监测数据有所记录。

对电机轴承运行数据的监测与记录的基本手段和方法可以参考本书第二章相关内容。

（二）电机运行过程中的轴承故障确认

对于运行过程中的电机轴承故障进行确认的工作主要是在电机轴承处于工作状态下展开的。从状态监测信息中发现某些异常的时候，确认是否存在故障；或者是检修过程中根据拆解的轴承判断是否存在故障。

与电机测试过程中轴承故障的确认一样，这个工作首先需要有一个故障“正常”状态的数据作为参考。各种国际标准、国家标准，以及行业标准给出了一些设备运行的正常限值，一旦设备运行超过这些限值，就应该引起工程技术人员的重视。此处说的超出限值并非一定是电机轴承存在故障。从状态参数超出标准规定的正常限值，到界定为电机轴承故障是需要工程技术人员根据设备情况进行判定的。

第三章中我们介绍了“浴盆曲线”，在“浴盆曲线”中，设备正常运行阶段的轴承状态参数就是相对于故障参数的参考基准。工程技术人员以各种标准为参考，同时以电机轴承运行数据的浴盆曲线相关参数为依据，才可以判定是否存在故障。

典型案例 37. 某电机用户反映轴承温度经常报警

某化工单位使用的蒸气压缩机电机出现轴承温度频繁报警的情况。现场检查了轴承配置、轴承选型、轴承安装，以及轴承相关的信息均未发现异常。拆解下来的电机轴承也完好无损。但是根据 GB3215 设定的电机轴承报警温度为 80℃，而实际电机轴承测量温度也经常超过这个警戒值，电机用户对于频繁温度报警不堪其扰，却又不敢调整。

询问报警时候的环境情况，得知电机轴承温度报警在夏季频发，该厂位于中国南方某地，报警期间的环境温度接近 40℃。

我们知道，根据一般电机轴承操作规程规定，电机轴承最高温度不得超过 95℃。同时针对不同标准中电机轴承报警温度的规定也都有一个基本的环境温度要求。而该厂电机夏季运行的温度均未超过标准规定的环境要求。

从轴承本身来看，电机选用的是深沟球轴承填装了高温润滑脂。润滑脂的工作参考温度是 90℃，而轴承自身可以耐受的温度为 120℃。

基于上述原因，以及拆解的轴承并无损伤的事实，建议电机使用者调整报警温度。由于电机用户的困扰，给出了调整方案：

第一，将电机轴承报警温度初步调整为 85℃，同时更加密集地进行温度监控。从温度绝对值以及温度变化趋势上观察电机轴承温度变化。如果电机轴承持续升温，或者某时间段内升温迅速，则应马上停机，否则保持运行。

第二，如果电机轴承报警温度提升至 85℃之后，电机轴承运行未见异常，则应该降低温度监控密度。同时监控电机轴承在这个环境温度下的平均温度，以及调整之后的报警频率。如有必要，使用相同方法升高电机轴承报警温度设定，直至95℃。

事实上电机用户将报警温度升高到85℃之后，就不再受到频繁报警的困扰，同时电机轴承正常运行，未见故障。

这个案例就是典型的在电机投入运行的时候，对电机轴承故障界定的实例。这个案例中的电机轴承虽然被报警为温度超标，但是这并不意味着存在故障。应该根据电机轴承实际正常运行的历史数据合理地选择故障报警值。在这个案例中，在盛夏电机轴承的正常运行温度就应该是相对于报警值的参考。后面给出的调整方案其本质就是让客户“摸索”出这个轴承的“正常温度”的方法。

我们试着把这个案例推演到极端状态：如果其他条件一切正常的时候，这台电机运行温度真的超过95℃，稳定在97℃的情况应该如何处理？如果这台电机运行温度达到125℃应该如何处理？

针对第一个问题，此时轴承工作温度已经超过润滑脂的参考工作温度。抛开降低环境温度的措施以外，仅仅就轴承而言，我们应该调整润滑脂，选择可以工作在更高温度的润滑脂，并严密监控轴承温度变化趋势。与此同时如果温度趋势没有出现恶化迹象，且轴承周围零部件一切正常的情况下，可以调整报警温度。

第二个极端情况，轴承工作温度已经超过了普通轴承本身的热处理稳定温度，此时如果环境无法改变，我们应该考虑更换耐温等级更高的轴承，同时调整润滑。

当然上述极端情况如果发生，就意味着电机轴承选型中没有顾及高温的场景，这样的报警就已经表明轴承的应用出现了故障，必须进行一些调整和处理。

（三）电机运行过程中轴承故障诊断与分析

通过电机运行过程中的数据记录，以及对故障状态进行确认之后，就进入了电机轴承故障诊断与分析的主体工作。

我们知道，电机在运行过程中出现故障的时候，最好的情况就是不拆解电机从而排除故障。当然这样的情况也依赖于故障的类型。所以与电机测试中的故障诊断一样，工程技术人员依然首选不拆解电机的方式进行第一步的诊断与分析。

在故障界定阶段，我们通过电机轴承故障时状态数据与“正常状态”的数据进行了对比。事实上这也就是信号分析手段中的时域分析方法，可以参照本书中第三章的相关内容。如果轴承的状态监测信号是振动信号，那么本书第五章的相关内容则可以作为参照进行分析与诊断。

同时，对于振动信号而言我们还可以采用频域信号的分析方法。当然是在设备故障状态的时候有频域信号的实时记录的情况下，这种分析才能得以实施。另一种情况是，设备平时并没有频域信号的实时记录，但是如果可以让设备“带病”运行，对频域信号进行采集，这样的分析方法依然可以使用。

如果频域分析的方法无法使用，或者经过频域分析，仍然定位于轴承内部的某些故障而无法在不拆解电机的情况下排除故障的时候，只能对电机进行停机拆解，同时综合运用本书第二篇中各章相关的知识进行故障诊断与分析。

（四）电机运行过程中的故障诊断结论与维修建议

电机投入使用之前的入厂试验已经帮助使用者分离了设计、生产、制造、运输、储运过程中造成的电机轴承故障。那么电机使用过程中对电机故障诊断与分析经常能得出的结论往往与电机的选择、使用与维护有关，其中包括：

- 电机是否工作在与设计要求一致的工况
- 电机安装是否存在问题
- 电机维护过程是否存在问题
- 是否有一些设计、生产、制造的问题在电机试验中没有被发现

根据以往的经验，电机的试验中更多的诊断对象是电机本体，同时专门针对轴承的各种不同负荷的试验等在电机厂并不多。这与实验条件、专业要求等都相关。正是由于试验条件与实际工况条件的差异，很多与此相关的故障在出厂试验的时候无法被察觉，这就造成了在电机使用过程中的故障诊断经常发现的问题与使用因素相关。

一旦出现这样的问题，电机使用现场提出的改进方案往往受限。比如电机轴承最小负荷不足的问题，这种情况如果存在，并且不是十分严重，那么通过短暂的电机试验有时候不能被查出来。但是一旦投入使用之后，问题就有可能发展到故障的程度。这个时候，对于电机使用者而言，即便发现了轴承最小负荷没有达到要求的情况，也无法调整轴承的选型。此时的结论与方案也至多是缓解症状等措施。

第十章　电机轴承典型故障诊断与分析实战

本书前面的内容介绍了电机轴承故障诊断与分析的方法、技术，以及实战流程。在工程实际中电机轴承的有些故障是十分典型的，虽然在电机轴承的故障表现上呈现出一些差别，但总体存在一些相似的地方。本章就电机轴承典型故障的一些表现、原因，以及故障处理的方法等进行阐述，为工程技术人员的实战提供一些参考。

电机轴承故障现场的典型表现与电机轴承故障分类的概念有所不同。电机轴承故障的分类是从故障原因角度进行划分的，比如选型原因、结构设计的原因、安装使用的原因、维护的原因等。而事实上，在真正的电机轴承故障现场，轴承的状态不可能给工程技术人员提供故障原因分类，轴承往往是从表象上呈现某种故障状态，这时候的分类都是由工程技术人员进行划分的。这也经常给学习过电机轴承故障诊断或者轴承失效分析的工程师造成困扰，因为理论学习的框架顺序与实际工况发生时候的顺序是不同的。

正是基于这个原因，本书前面完成了理论框架的阐述，在本章中试图从某些典型的电机轴承故障表象入手，进行一些典型的共性分析。分析的顺序也是从表象到故障确认，到原因查找，再到故障处理以及改善建议。

电机轴承的运行故障状态对于外界观察者而言总体上有三个重要参数指标：温度、振动、噪声。这三类表现是电机轴承故障的最终表现形式，三者之间存在区别同时也相互联系。电机出现故障的时候往往是三种故障表现同时出现，只是在初期的时候某一种表现占据主导地位，或者是工程技术人员的监测手段仅仅监测了某个指标。随着电机轴承故障的不断发展，故障的表现变得越来越明显，最后会难以区分最初的故障状态。

对于电机的使用者来说，最便利的故障描述方法也是温度、振动、噪声三个方面。虽然电机轴承的故障类型有很多种，但是现场经常遇到的故障描述总体上还是以轴承过热、振动偏大、噪声异常现象为主。

但是如果仅仅提供这三个症状表现是无法对电机轴承的故障进行有效的诊断和分析的。对于工程技术人员来说，轴承过热、振动偏大、噪声异常这三个现象的描述仅仅是指出了故障的表现，是存在故障的提示，而真的故障诊断与分析往往就需要了解更多相关的信息才能得以进行。几乎没有人可以做到仅凭这三个信息中的某一个就得出准确结论（细心的读者不难发现，本书前面关于轴承故障诊断的监测手段、诊断与分析技术的介绍也多是围绕着这三个主要的故障表现进行的）。

因此，虽然本章描述的典型故障都会部分或者全部的表现为上述三类特征，但是为了更清楚地对共性故障进行描述，我们依然会将现象背后的状态进行细分。本章有一些节标题依然是原因性描述，这仅仅是为了描述方便，现场工程师看到的往往是现象而非原因。我们在每一节中的第一部分都会先行阐述现象，这些共性现象才是工程技术人员在现场看到的第一表现。

第一节　电机轴承负荷不当的故障诊断与分析

一、电机轴承负荷不当的故障机理及表现

我们知道电机轴承在承受负荷运转的时候会在滚动体和滚道表面留下接触轨迹，因此通常负荷不当的故障往往表现在滚道与滚动体的接触部分，而接触部位的表现，可以反映出轴承承受负荷的恰当与否。电机轴承负荷不恰当的情况如图10-1所示。

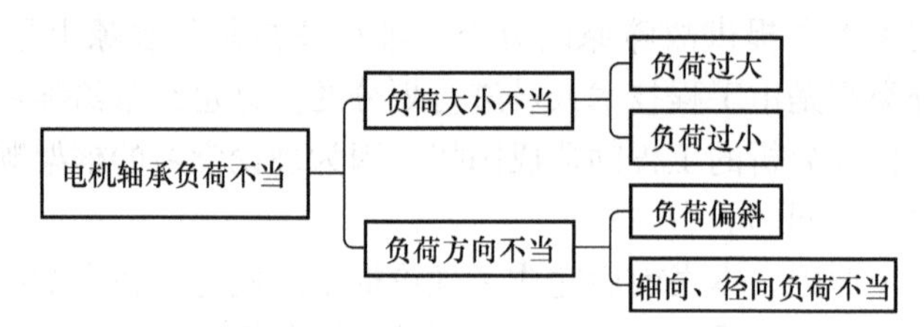

图 10-1　电机轴承负荷不当的故障

在不对轴承进行拆解的情况下，这些电机轴承负荷不当的情况下可能对应的温度、振动、噪声表现可见表 10-1。

表 10-1　电机轴承负荷不当的故障表现

故障类型			温度	振动	噪声
电机轴承负荷不当	负荷大小不当	负荷过大	升高	可能增大	可能增大
		负荷过小	升高	不明显	可能增大
	负荷方向不当	负荷偏斜	升高	增大	增大
		轴向、径向不当负荷	可能升高	可能增大	可能增大

表 10-1 中，如果出现负荷过小、以及负荷偏斜的情况，可以从振动的频域分析中得到更明确的提示。对于其他类型的负荷不当，则需要进行轴承的拆解，然后

通过对轴承表面的失效分析确定负荷不当的具体情况。

（一）负荷过大的情况

电机轴承负荷过大也就是轴承过负荷的情况，在这种情况下轴承寿命会缩短，出现相较于预期寿命更早的次表面起源型疲劳，次表面起源型疲劳如图 8-12 所示。

一般情况下，电机轴承出现单纯的负荷过大造成轴承提早失效很少见，往往是和负荷偏斜等情况掺杂在一起出现的。

图 10-2 所示就是轴承承受偏斜负荷导致局部负荷过大造成的轴承次表面起源型疲劳。

图 10-2　偏斜负荷引起轴承局部负荷过大造成的表面起源型疲劳

（二）负荷过小的情况

电机轴承承受的负荷过小，滚动体和滚道之间不能形成纯滚动，初期会呈现轴承温度升高的情况，进而出现轴承表面起源型疲劳。这种疲劳的初期会出现轴承滚动体和滚道表面的表面退化，呈现滑动摩擦的形貌，这与滚动体和滚道之间不能形成纯滚动有关。如图 10-3 和图 10-4 所示，图 10-3 中圆柱滚子轴承的滚道表面粗糙度发生变化，其宽度与接触区域相对应；图 10-4 中圆柱滚子轴承的滚动体表面呈现条状摩擦痕迹，并且这些痕迹占据圆周的大部分。需要指出的是，负荷过小的轴承存在类似的滑动痕迹，但是出现了单纯的滑动痕迹则不一定是负荷过小，如滚子受到阻碍不能旋转，在滚道圆周上出现滑动，也会造成滑动痕迹。负荷过小的滑动痕迹分布与滚子不能旋转造成的滑动痕迹分布有所不同。如果滚子不能旋转，那么滚子只在接触的部分出现滑动，滑动痕迹不会出现在圆周的大部分。

图 10-3　圆柱滚子轴承负荷过小的滚道痕迹 1

如果上述负荷过小的轴承继续运转，表面疲劳继续发展，会出现如图 10-5 所示的痕迹。

从图 10-5 中可以看到，轴承滚道表面出现了表层剥落，因为剥落得比较多因

图 10-4　圆柱滚子轴承负荷过小的滚动体痕迹

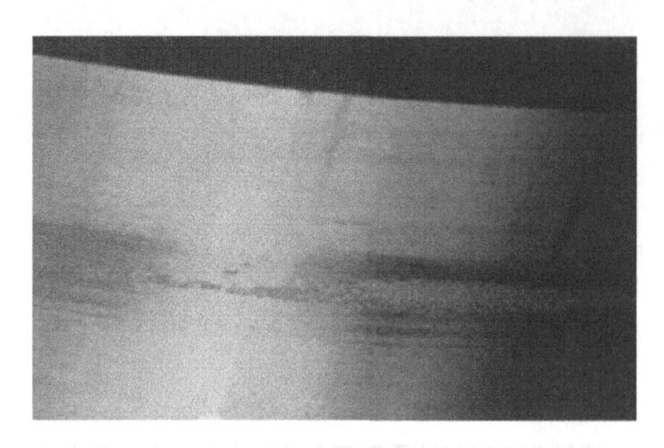

图 10-5　圆柱滚子轴承负荷过小的滚道痕迹 2

此看起来像麻点，有人称之为“点蚀”。

（三）负荷偏斜

轴承承受负荷偏斜的情况是指非调心轴承承受了偏心负荷。承受偏心负荷的轴承可以在拆解之后从轴承的接触轨迹分布中看得出，其复合轨迹特征如图 8-7 和图 8-8 所示。

轴承承受不当负荷有可能导致局部的负荷过大，同时另一部分负荷过小。因此，除了接触轨迹的特征以外，一旦失效发生，往往出现表面起源型疲劳或者次表面起源型疲劳。图 10-2 就是负荷偏斜导致的局部次表面起源型疲劳。

（四）不当的轴向和径向负荷

轴承承受不当的轴向和径向负荷指的是轴（径）向负荷被施加到不具有轴（径）向负荷能力的轴承上，或者过大的轴（径）向负荷被施加到轴（径）向负荷能力较小的轴承上的情形。

此时从轴承的接触轨迹中可以看到相应的痕迹。图 8-5 中所示就是深沟球轴承承受轴向负荷的接触轨迹情况，一般情况下深沟球轴承轴向承载能力不大，因此一定的轴向负荷会让接触轨迹朝着受力的方向偏移。一旦负荷过大，则有可能造成滚动体骑在滚道倒角边缘运行的情况，这样将会极大地缩短轴承的寿命。图 10-6 就是这样的例子。

从图 10-6 中可以看到，轴承右侧滚道边缘已经被挤压变形，这个痕迹提示轴承承受了过大的轴向负荷。

图 10-6 深沟球轴承承受过大的轴向负荷

二、轴承负荷不当故障的改进建议

当轴承反映出故障状态报警之后，工程技术人员通过诊断与分析确定故障与轴承负荷不当有关的时候，就需要采取相应的措施进行改进，避免后续故障重复发生。针对前面阐述的几种负荷不当的故障形式的改进措施如下：

1. 电机轴承负荷过大的改进建议

通过接触轨迹判断以及其他周围因素的判断，如果确定是单纯的轴承负荷过大，那么说明轴承选型的时候轴承负荷能力选择得过小，应该对轴承疲劳寿命重新校核，然后对选型进行调整。可参考本书的第四章轴承负荷能力校核中关于负荷能力上限校核（疲劳寿命校核）的相应内容。

如果是轴承局部负荷过大，则应寻找导致局部负荷过大的原因并予以排除。比如负荷偏斜、不当的轴向负荷等。

2. 电机轴承负荷过小的改进建议

通过接触轨迹判断以及其他周围因素的判断，如果确定是单纯的轴承负荷过小导致的故障，那么就说明轴承负荷能力选择得过大，应该对轴承最小负荷进行校核，然后对选型进行调整。可参考本书的第四章轴承负荷能力校核中关于负荷能力下限校核（轴承最小负荷校核）的相应内容。

在电机轴承最小负荷校核计算的公式中，我们不难发现：最小负荷与润滑脂黏度等因素相关。在某种情况下，润滑脂黏度过高会导致轴承最小负荷不足的情况。典型案例 6、7 所提及的就是这种情况。因此，在无法调整轴承选型的时候，通过润滑脂黏度的调整有可能起到缓解的作用，但是这种方法的调整范围很有限。

如果是其他原因导致的轴承负荷不足，则应对应寻找其原因，并予以排除。

典型案例 38. 中型电机球面滚子轴承发热

某电机厂生产的中型三相异步电动机在型式试验中，出现驱动端轴承温度过高的报警。电机未拆解的时候，通过振动分析发现有轴承套圈失效的特征频率，同时有一点机械松动的特征，然而两种频率的特征并不十分明显。

经了解，电机采用两个调心滚子轴承的结构形式，驱动端轴承作为定位端，非驱动端轴承作为浮动端。设计校核的时候，电机不承受轴向负荷。

后来对轴承进行拆解，发现调心滚子轴承中两列滚子里的一列表面形貌良好，另一列出现初期的表面起源型疲劳，其状态类似于图 10-3 的样子，同时滚子也出现类似于图 10-4 的形态。由此推断轴承这一列滚子承受的负荷过小，而另一列滚子在正常范围内。经校核，此轴承承受的负荷达到了最小负荷的要求。

通过对轴承内部结构的了解我们知道，调心滚子轴承承受径向负荷的时候，内部如图 10-7 所示。当轴承承受轴向负荷的时候，会出现图 10-8 的趋势。当轴向负荷与径向负荷的比例达到一定值的时候，会出现非受载一侧负荷变小，甚至脱开的可能性。

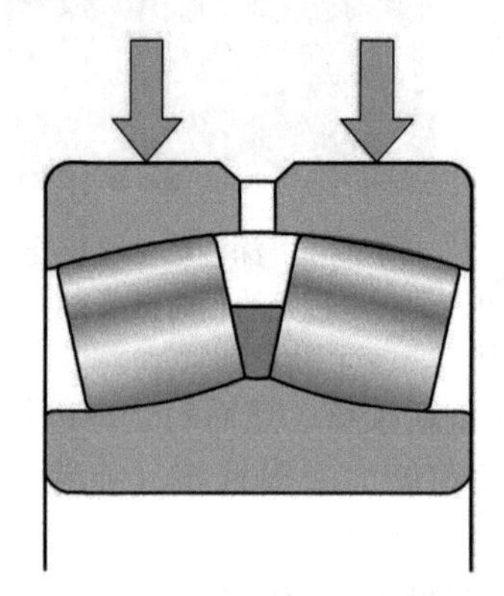

图 10-7 调心滚子轴承承受径向负荷

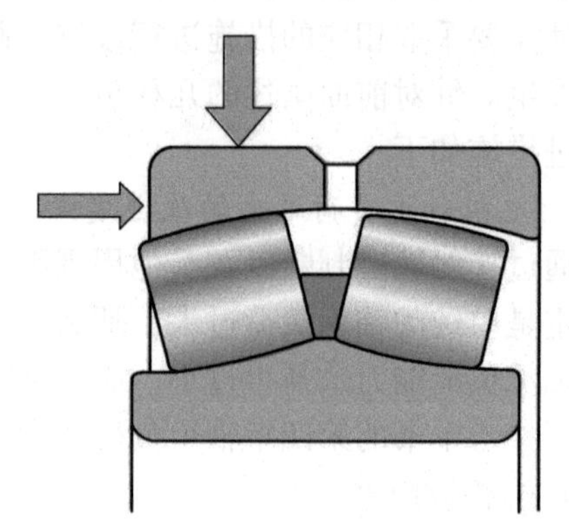

图 10-8 调心滚子轴承承受轴向负荷

根据对轴承内部负荷状态的分析，怀疑轴承受到了轴向负荷。对比驱动端轴承受载一列的接触轨迹，发现其承载痕迹较非驱动端轴承更加严重。由此可以判断，驱动端轴承承受较大的轴向负荷。

因该电机是在型式试验的时候出现这个故障，此时电机外界没有连接轴、径向负荷。因此检查电机内部，发现电机定、转子内部铁心轴向存在较大的对齐偏差，由此找到了轴向负荷来源。后对轴向负荷予以纠正，故障消失。

这个案例是电机承受不当轴向负荷导致的最小负荷不足而出现的故障。这种情况对于双列调心滚子轴承、双列角接触球轴承、配对的圆锥滚子轴承等一系列类似内部承载结构的轴承在一定轴向负荷的情况下，均有发生的可能。对于角接触球轴承、圆锥滚子轴承而言，通过调整良好的预负荷可以避免这种情况的发生。

3. 负荷偏斜的改进建议

通过振动监测或者轴承失效分析，如果判断出轴承承受了偏斜的负荷，就应该寻找轴承负荷偏斜的原因，通常包含以下几种：

- 轴承室几何公差不良
- 轴几何公差不良
- 电机安装对中不良

其中，零部件的几何公差不良主要应该检查圆柱度、圆锥度等尺寸。

如果发现负荷偏斜，则应该针对上述情况予以排查和纠正。

4. 不当的轴向、径向负荷的改进建议

轴承承受不当负荷的情况千差万别，必须根据前面对现象的诊断发现痕迹，由此找到负荷的来源。比如典型案例 36 中，我们根据电机轴承负荷侧的方向找到并确定了轴向负荷的方向，在典型案例 30 中，也是通过一样的方法，从接触轨迹的线索找到不当负荷的方向，最终予已排除。此处工程技术人员所做的改进就是排除不当负荷。如果不能排除，则需要对轴承选型进行重新考虑。

第二节 电机轴承润滑不良的故障诊断与分析

一、电机轴承润滑不良的故障机理及表现

电机轴承润滑不良的时候会造成滚动体和滚道之间接触部分的摩擦，由于出现了金属直接接触的摩擦，轴承运行的温度会上升，同时在滚动体和滚道接触表面会发生一些变化。轴承润滑不良的情况如图 10-9 所示。

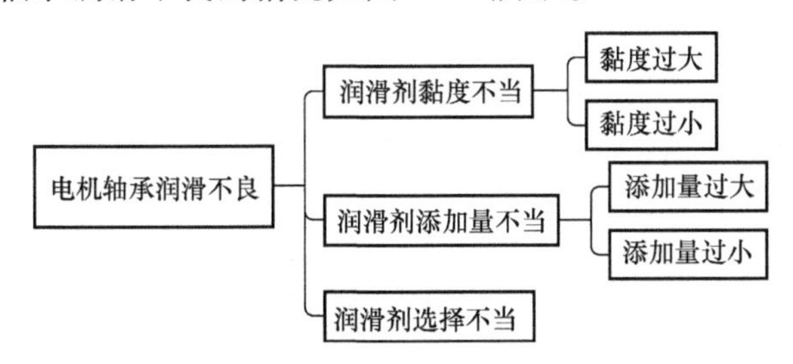

图 10-9 电机轴承润滑不良的故障

当电机轴承出现润滑不良的时候，使用不拆解电机的方法检查电机轴承会发现温度升高，但是不同的故障类型表现出来的温度升高的趋势不一样。

第一种情况：电机轴承内部由于润滑不当导致金属和金属之间的直接摩擦，但是这种摩擦并不严重，而此时温度升高导致的润滑剂黏度的降低也不多，温度升高后的润滑剂仍然能维持轴承在新的温度下运行。这种情况下，电机轴承温度将升高，并且保持在一个较高的温度下。然而此时毕竟存在润滑状态与“正常状态”的差异，轴承滚动体和滚道之间表面退化速度会高于“正常状态”。经过一段时间的运行，轴承出现表面疲劳，导致温度进一步上升，轴承出现失效。这种情况下的温度变化趋势如图 10-10 所示。这种情况下，在早期电机轴承振动信号方面表现的并不明显（虽然可以察觉），有时候电机会出现噪声等情况。

第二种情况：电机轴承内出现润滑不良的时候，轴承出现金属与金属之间的直接摩擦，从而导致轴承温度升高，而升高的温度使润滑剂黏度降低，降低黏度后的润滑剂润滑状况不足以支撑轴承稳定的运行，导致金属摩擦进一步加剧，如此往复的恶性循环，最终导致轴承烧毁。这种情况下，轴承润滑不良和轴承温度升高互为

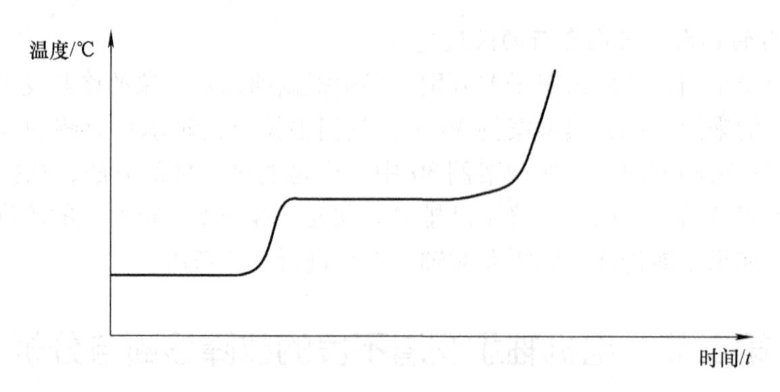

图 10-10　电机润滑不良引起的温度变化趋势

因果，恶性循环，轴承表面会出现迅速的失效；从失效开始到轴承烧毁的时间很短，甚至有的时候工程技术人员还来不及处理，轴承便已经失效。由于这种故障情况进展迅速，所以有时候会伴有振动、噪声的发生，有时候没有。

上述温度变化趋势多与轴承润滑剂黏度有关。关于轴承润滑剂添加量不同而产生的温度变化，可参考图 4-67。

以上轴承润滑不良的情况如果拆解轴承，会在轴承表面发现表面疲劳的情况。

如果润滑剂黏度较大，而轴承负荷较小的情况下，轴承的表面起源型疲劳会出现麻点状点蚀的状态，如图 10-11 所示。

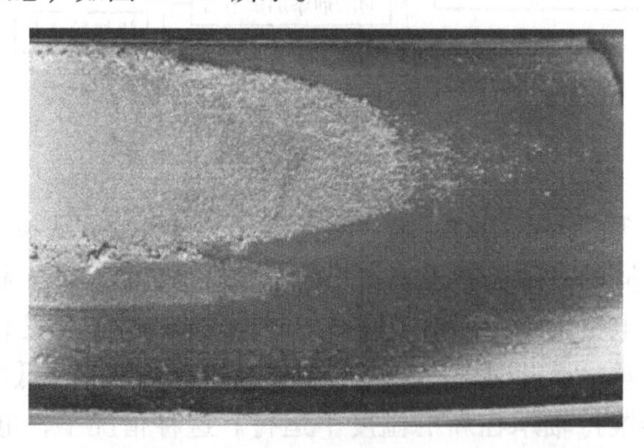

图 10-11　轴承负荷过小、润滑剂黏度较大时的表面起源型疲劳

读者不难发现，这种情况下的轴承失效表面与轴承负荷过小时候轴承失效的后期状态相似。这是因为，轴承形成滚动的最小负荷与润滑剂在该温度下的黏度有关（请参照本书有关最小负荷计算部分的内容），而形成这种失效痕迹的是黏度与负荷的相似结果。

如果在负荷较大而润滑剂黏度较低的情况下，轴承表面起源型疲劳的初期会呈现表面的镜面状抛光。如图 8-15c 所示的为表面起源型疲劳的初期状况。随着失效的继续发展，滚道受力抛光的时候会出现贝壳状凹坑，如图 10-12 所示。

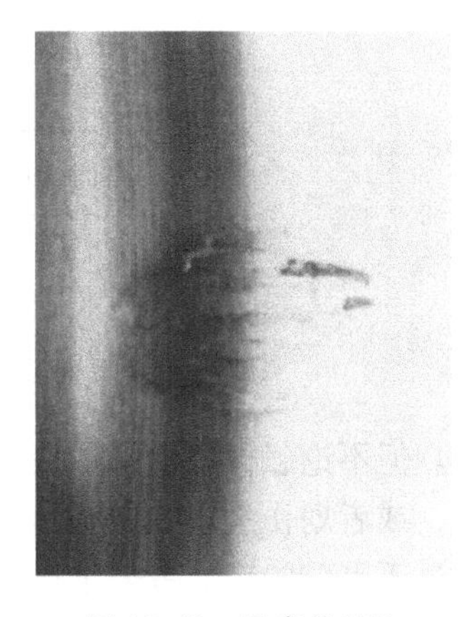

图 10-12　贝壳状凹坑

当这种贝壳状凹坑多发的时候，就呈现表面起源型疲劳的后续总体形貌，如图 8-15c 疲劳后期图片所示。

本节前面讲述的润滑不良中润滑选择不当的情况是指润滑剂中的添加剂选择不当、润滑剂化学成分与轴承本身或者保持架出现化学反应等情况。

其中，润滑剂中添加剂选择不当在电机轴承应用中最常见的是二硫化钼的选择。在高转速的时候，这种添加剂有可能充当磨料的作用对轴承表面造成磨粒磨损。

润滑剂化学成分与轴承发生化学反应的情形并不常见，但是如果在对轴承进行失效分析的过程中出现了保持架整体颜色的变色，则需要引起注意，有可能与此有关。

如前面所述，从轴承的宏观温度表现和轴承表面形貌上大致可以诊断出轴承润滑问题的下一级分类。但是这些判断中也存在着由于对图片理解等带来的模糊地带，当工程技术人员对自己的判断存在含糊不清的时候，可以使用电机轴承应用技术中关于润滑的相关知识，对该故障轴承的润滑进行校核检查，从而为自己的判断寻找更坚实的依据。核查的内容包含电机润滑的选择、添加、油路设计、维护添加等诸多方面。相关知识可参照本书第四章。

二、电机轴承润滑不良的改进建议

电机轴承润滑不良的外在表现给出的线索相对模糊，因此对电机轴承润滑问题的检查主要依赖于电机轴承应用技术中的相关知识，在这个核查的过程中，同时也就找到了与合理情况的不符点，此时对应的改进措施也就可以具有针对性的被提出来。其中不外乎，调整润滑选型、调整润滑填装工艺、调整润滑维护方案等。读者可以参考本书相关章节，此处不再一一赘述。

第三节　电机轴承污染的故障诊断与分析

一、电机轴承污染的故障机理及故障表现

电机轴承在安装使用的过程中要求其内部有较高的清洁度。轴承内部一旦有污染物进入，污染物首先会导致对轴承内部润滑油膜的破坏，进而对滚道和滚动体表面造成伤害。常见的电机轴承被污染的情况如图 10-13 所示。

总体上，污染物进入轴承之后，轴承内部润滑油膜遭到破坏，同时滚动体和滚道之间碾压污染物会造成金属接触表面的破坏。这种破坏可能是压痕，也可能是划

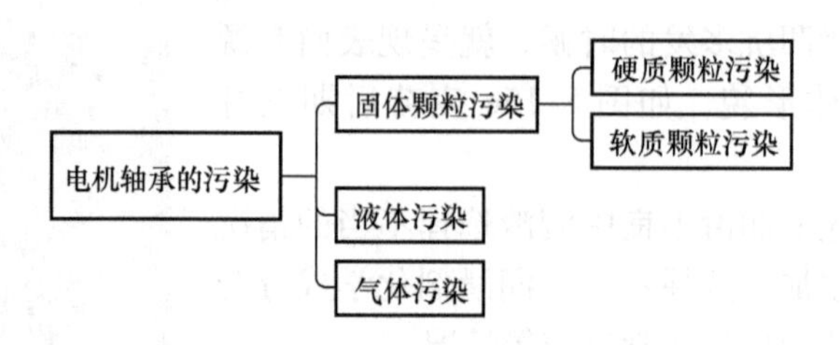

图 10-13　电机轴承受到污染的故障

伤。但不论怎样，金属的接触表面不再平滑，当受到负荷的时候会在金属凹坑的边缘，或者划伤痕迹的边缘出现应力集中，此处的润滑油膜也有可能被刺穿。滚动体滚过不平整的表面带来了振动和噪声，润滑膜的破坏带来了温度升高。在轴承滚动体与滚道表面于凹坑边缘应力往复出现一定次数之后就会出现疲劳剥落，而剥落下来的金属颗粒在滚道内部又形成了新的污染颗粒，如此往复，变成恶性循环，直至轴承彻底无法运转。

（一）固体颗粒污染的故障表现

电机轴承在储存、安装和使用的过程中最常见的污染是固体颗粒的污染，其中包括铁屑、铜屑、塑料、尘埃（沙粒）等。这些污染颗粒按材质软硬程度不同分为硬质和软质，其对轴承内部造成不同的伤害，造成的宏观表现也不同。

通过不拆解电机的手段对电机进行检查的时候，如果固体污染颗粒进入轴承，则会使轴承运行出现噪声异常，同时出现振动异常。轴承内部进入污染时噪声的特点是会出现不规律的、偶尔发生的异常声音。如果污染颗粒是细碎的颗粒，初期的电机振动变化不一定很明显，但是通过频谱分析可以找到相应的信号。如果颗粒体积较大，这时的振动信号就会比较明显。随着轴承运行状态的恶化，轴承会出现温度上升。

不拆解电机进行污染检测的另一个手段就是润滑的油液分析，通过油液分析，常见的铜、铁、木屑、纤维、塑料等都可以在分析中找到对应的元素，从而确认有污染进入。

如果对电机轴承进行拆解然后做失效分析，则可以进一步对污染的情况进行评估和确认：

1. 硬质颗粒污染

硬质污染颗粒进入轴承，当滚动体滚过的时候，由于污染颗粒质地坚硬，因此会对轴承表面造成边缘相对尖锐的压痕。同时，如果污染物本身硬且脆，当滚动体滚过的时候，如果污染物被压碎，则会在首个压痕后面出现散落状分布的一些硬质颗粒压痕。

图 10-14 是硬质沙粒进入轴承后造成的滚道凹坑。

如果硬质污染颗粒小且数量多，在轴承运转的时候，这些污染颗粒可以充当磨粒的作用，从而使轴承经过一段时间的运转出现磨粒磨损的状态。

2. 软质颗粒污染

软质污染颗粒进入轴承之后，当滚动体滚过的时候，由于污染颗粒质地相对较软，因此可能出现变形，被滚动体压扁，从而在滚道或者滚动体上出现边缘柔缓的压痕，如图 10-15 所示。

图 10-14　硬质沙粒造成的滚道凹坑

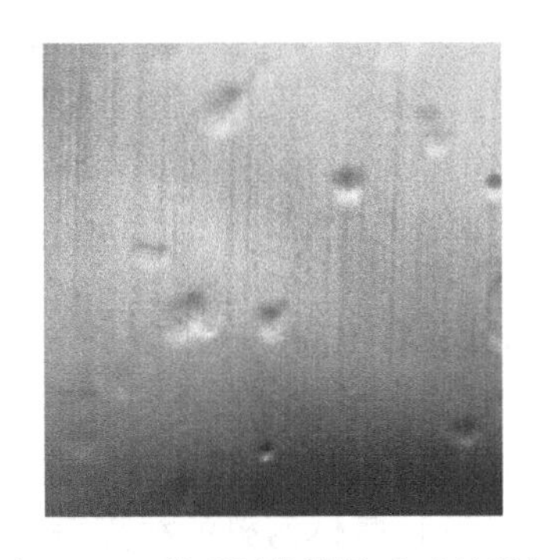

图 10-15　软质污染颗粒造成的凹坑

有些污染颗粒具有一定的延展性，比如铁屑，经过一段时间的运行，除了在滚道或者滚动体表面产生图 10-15 类似的压痕以外，自身也会被压扁并且留存在轴承内部和润滑脂里。有些电机厂对失效轴承进行拆解分析的时候会发现润滑脂里面有非常薄的闪亮金属片，油液分析成分为铁，这就是铁屑污染的一个典型情况。

对于软质颗粒，除了具有延展性的金属以外，有些纤维也会造成滚道表面的压痕。图 10-16就是棉纤维在轴承滚道上的压痕。

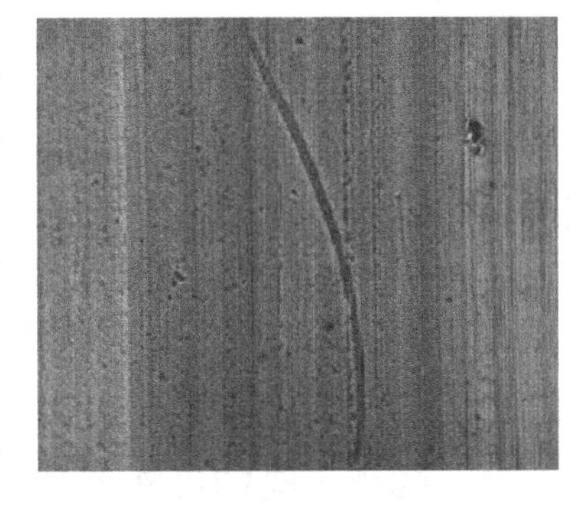

图 10-16　棉纤维造成的压痕

（二）液体污染的故障表现

通过不拆解电机的手段对电机进行检查的时候，如果有液体污染进入轴承，液体污染对润滑状态的破坏会使轴承宏观表现呈现出类似于润滑不良的情形，需要对电机进行拆解才能进行确认。当然还有一些具有腐蚀性的液体，直接可以腐蚀轴承，轴承直接受到伤害之后会出现内部零部件失效的宏观表现，会伴有温度、振动、噪声的异常。这就需要进一步地进行油液分析得到具体液体污染物的成分。

电机轴承液体污染物主要是水，当水进入轴承后会对润滑脂产生一定的影响，使其润滑性能大幅度降低。图 10-17 是水进入轴承之后，导致润滑不良的失效情况。

从图 10-17 中可以看出，轴承滚道的失效痕迹与润滑脂黏度低造成的表面退化类似。只是在这种情况下，发现润滑脂呈现乳白色，有乳化迹象，进行油液分析发

图 10-17　液体污染造成的润滑不良

现水分含量很高。在上述图片中也不难发现滚道边缘有类似水迹的痕迹。

有些电机轴承在不运转的时候出现液体污染进入，此时会造成滚动体在与滚道接触位置附近出现锈蚀的痕迹，如图 8-22 所示。

（三）气体污染的故障表现

电机轴承受到的气体污染一般是指一些腐蚀性气体的进入。腐蚀性气体进入初期轴承运行并无异常，当腐蚀发展，导致轴承内部发生变化的时候电机轴承会出现发热、噪声异常，当腐蚀导致电机表面形貌出现较大变化的时候，就会有明显的振动表现出来，这时候通过振动频域分析的手段可以发现轴承滚道、滚动体或者保持架的特征频率幅值偏高。

常见的情况就是在有氨的环境中，黄铜保持架会被腐蚀。此时会在振动信号上看到保持架的特征频率幅值增加，拆解轴承会发现保持架颜色发生改变。

还有一种电机领域特有的污染，就是绝缘漆的挥发，绝缘漆挥发出的甲酸会造成轴承滚动体与滚道的锈蚀。用显微镜观察轴承滚道会发现如图 8-23 所示的痕迹。具体机理请参考典型案例 30。

二、轴承污染的诊断与改进建议

通过对现场电机轴承的分析，根据不同的症状表现、轴承表面形貌诊断，以及润滑油液分析可以对轴承内部是否有污染进入做出明确诊断。

防止轴承被污染时需要注意的方面有：

- 轴承储存时候的清洁
- 轴承安装环节的清洁
- 润滑脂储存的清洁
- 润滑脂涂装时候的清洁
- 轴承密封件的性能
- 针对特殊工况（比如腐蚀等）的防护

其具体内容可以参照本书第四章关于轴承安装使用部分的相关内容。

第四节　电机轴承安装不当的故障诊断与分析

一、电机轴承安装不当的故障机理及表现

电机轴承在安装的时候如果处理不当将对轴承造成伤害。安装过程中污染造成的轴承损伤在上一节中已经进行了阐述，本节讲述从电机轴承故障诊断角度对安装不当其他因素进行的确认与改进意见。

对电机轴承而言，由于不当安装引起的损伤包括加热力不当和加热温度不当。安装力不当会导致对滚动体与滚道的损伤，以及对轴承套圈的损伤，如图 10-18 所示。

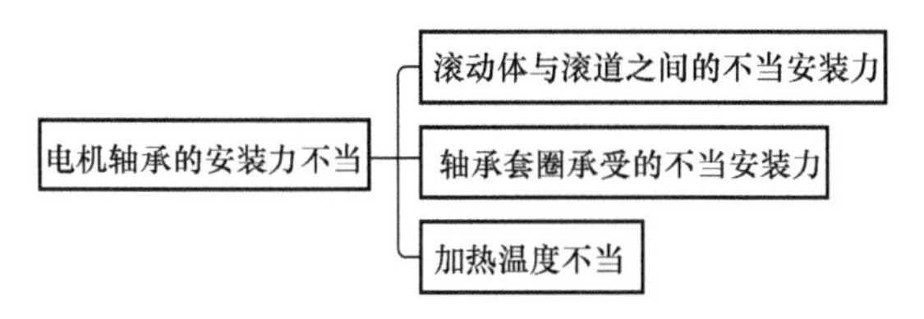

图 10-18　电机轴承不当安装的故障

轴承承受了不当安装力的时候，可能会在轴承相应位置造成损伤，这种损伤如果发生在滚道和滚动体上，电机轴承运行的时候首先会出现噪声不良的情况。随着运行继续，在损伤部分边缘会出现应力集中，这样就会出现次疲劳剥落的次级失效。此时在电机的振动频谱里会找到相应零部件特征频率的幅值增加，轴承温度也会随之上升。

在不拆解电机轴承的时候，通过振动监测只能发现轴承相应零部件的特征频率幅值增加，但是无法鉴别是否是轴承安装原因所致。要想对此进行确认，就必须进行轴承的拆解和失效分析。

电机轴承安装时加热温度不当会对轴承材质造成影响，使其硬度、内部金属组织机构、外部形状等发生变化。除了外部形状发生变化之外，这种情况在故障初期往往无法通过外界的振动监测、温度检测以及噪声检查等方法察觉。此时，只有通过轴承表面颜色变化，在一定温度情况下可以被辨别。请参照表 7-3 进行相应判断。

1. 球轴承不当安装故障的表现

对于球轴承而言，这种不当的安装力往往由于不当的轴向安装力，故障初期表现为轴承滚动体与滚道之间轴向的压痕。由于安装的时候轴承是静止不转的，因此这个压痕呈现等滚子间距的特征。随着轴承的运行，轴承会在压痕附近开始出现金属的疲劳，因此拆解的轴承呈现等滚子间距的疲劳形貌，如图 8-13、图 10-19 所示。

图 10-19　深沟球轴承不当安装的滚道痕迹

图 10-19 中，不当安装造成的疲劳特征除了等滚子间距以外，还有一个重要特征就是偏向轴向的一侧。在故障诊断的实战中，这两个特征综合起来说明轴承静止时承受了较大的轴向负荷，如果排除静止时轴向冲击负荷的因素，则可以断定是安装力所致。

2. 圆柱滚子轴承不当安装故障的表现

图 10-20 是圆柱滚子轴承不当安装引起的轴承滚道痕迹。

图 10-20　圆柱滚子轴承不当安装引起的轴承滚道痕迹

圆柱滚子轴承不当安装引起的滚道痕迹有几个特征：①沿着轴承轴向的剐蹭痕迹，严重情况下可以看出剐蹭的方向。图 10-19 是一个比较明显的例子，其中的剐蹭痕迹甚至可以看出三角形的滚子“啃”滚道的痕迹；②呈现大致的等滚子间距的分布。之所以说是大致，是因为电机在安装的过程中有可能经历多次重复安装，每次安装时的痕迹是一组等滚子间距的痕迹，而下一次安装出现的痕迹虽然也等滚子间距但是并不一定与前一次出现的痕迹存在对应关系。从图 10-19 就可以看出，经过多次安装，滚道表面已经出现很多刮伤。

出现上述初期现象，可以判断为安装不当所致的故障。

存在这样故障的轴承如果投入运行，会有明显的噪声，随着故障的进展会在上述痕迹附近出现疲劳等现象，同时伴有振动以及温度上升。

二、电机轴承安装不当的诊断分析与改进建议

如果通过上述分析判断已经诊断出电机轴承故障为安装所致，那么需要对轴承的安装工艺进行改进。具体改进的方法请参照本书第四章轴承安装拆卸相关知识来予以纠正。

需要指出的是，对于圆柱滚子轴承，在电机安装现场，可以在轴上制作一个与轴承内圈直径一致的工艺导入套，如图 10-21 所示。

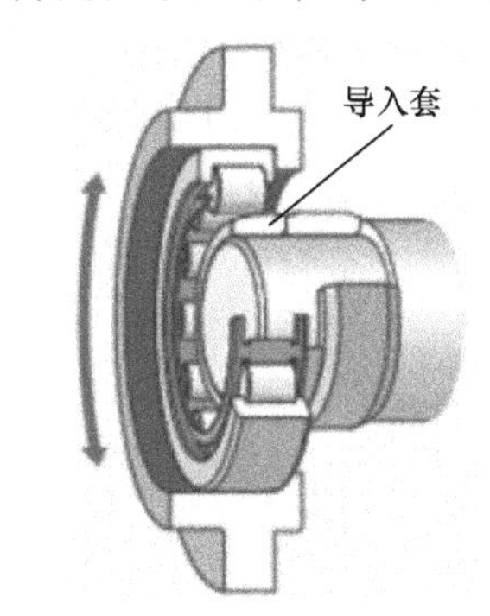

图 10-21　圆柱滚子轴承安装导入套

操作人员在安装轴承之前，在滚道与滚动体上涂一层润滑脂，安装的时候先将滚动体组件搁置在导入套上，然后轻微地转动组件，使之慢慢地被旋入轴承内圈之上，这样则可以在很大程度上避免安装过程中对轴承内圈的伤害。

第五节　电机轴承过电流的故障诊断与分析

一、电机轴承过电流的机理及表现

电机轴承的过电流问题是电机轴承故障中一个比较常见的故障。对于轴承而言，内圈、外圈以及滚动体都是导体，而润滑油膜并非导体，因此当轴承两端出现电压差的时候会出现油膜击穿，进而造成对滚动体和滚道表面的损坏。

（一）电机轴承的电蚀——过电流的故障表现

1. 宏观运行表现（不拆解电机）

电机轴承内部一旦出现电蚀的情况，故障初期轴承的振动噪声变化并不明显，此时轴承内部润滑已经有一部分被碳化，因此也存在润滑不良的某些特征。当轴承过电流引起的电蚀达到一定程度的时候，滚道表面会出现“搓板纹”，此时电机会出现噪声变大、振动变大，同时出现温度上升。通过频谱分析可以发现轴承相关零部件特征频率的幅值增加，但是无法判断是什么失效导致的幅值增加。

一般如果不进行电机轴承内、外圈的电压电流测量，电机轴承电蚀的宏观表现很难被准确地界定出来。因此，通常都是在拆解轴承之后进行失效分析的过程中发现特征的形貌而进行界定。

2. 轴承内部的表现

电机轴承出现过电流的初期首先是对润滑膜的击穿，由于高温的发生导致润滑脂被烧毁，从而可能出现润滑脂的碳化现象，如图 10-22 所示。

此时如果轴承过电流现象持续保持不恶化，那么被烧毁的润滑脂丧失了润滑性能，就会造成润滑不良的失效。

如果此时轴承过电流的情况继续恶化，那么会对轴承滚动体以及滚道造成电蚀的伤害。比较轻微的电蚀状态就是金属表面粗糙度的变化，如图 10-23 所示，图中左边滚动体是一个经过电蚀的滚动体，右边是全新的滚动体，不难发现经过电蚀的滚动体表面更加暗淡。

图 10-22　轴承过电流导致的润滑脂烧毁

图 10-23　电蚀造成的滚动体表面暗淡

失效进一步发展，就可以呈现图 8-32 中的搓板纹形态。

如果对电蚀过的轴承进行表面的放大，可以看到电蚀凹坑的痕迹，如图 10-24 所示。

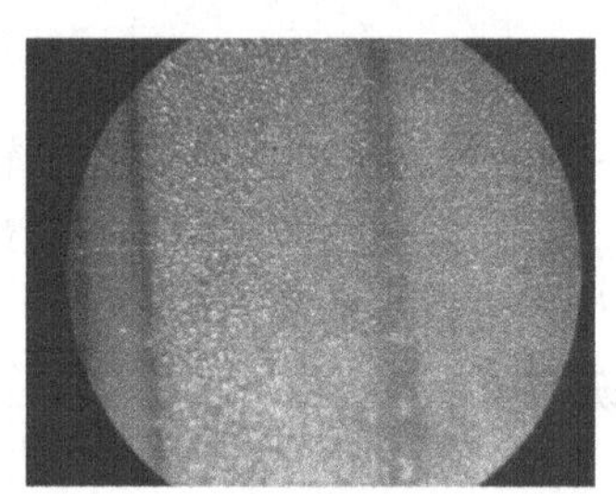

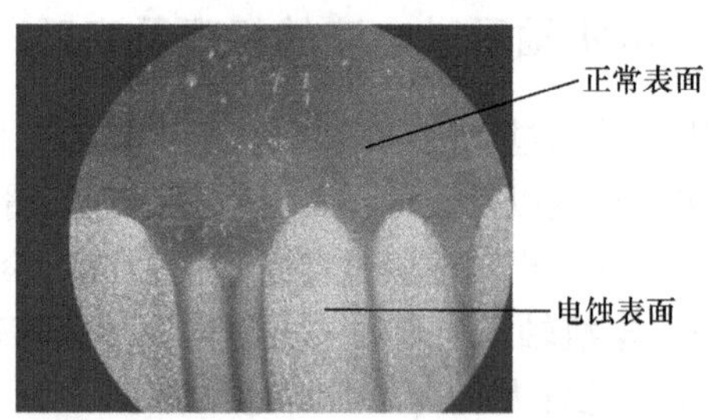

图 10-24　滚道表面电蚀凹坑

在电机轴承故障诊断的过程中，发现上述痕迹则表明存在轴承电蚀的问题。需要强调的是，电机轴承的电蚀表现不仅仅是搓板纹一种，其中也包括油脂烧毁，以及金属表面暗淡的情形。

（二）电机轴承过电流的机理及原因

1. 轴承在电流通路中的属性

对于轴承而言，轴承套圈和滚动体都是导体，流过电流不会造成损伤。但是电机滚动体和滚道之间的接触部分，出于减小摩擦的考虑都使用了润滑剂，而润滑剂是非导体。

在轴承没有运转的时候，此时还没有产生油膜，是金属和金属的直接接触，此时轴承在电路中表现为电阻性质。由于是金属和金属的接触构成的通路，此时即便有电流流过，也不会造成严重的问题。

当轴承在低速运转的时候，轴承滚动体和滚道之间处于边界润滑状态，既有金属和金属的直接接触，又有通过油膜隔离的接触。此时，轴承在电路中表现的状态是容抗和阻抗的性质。

当电机处于高速运行的时候，轴承滚道和滚动体之间被油膜完全分离，中间没有金属和金属的直接接触，处于液体动压润滑状态，此时轴承在电路中表现为容抗的性质。

2. 电机轴承过电流的通路

（1）环路电流　电流流经定子、轴承、转子构成回路，如图 10-25 所示，环路电流又分为低频环路电流和高频环路电流。

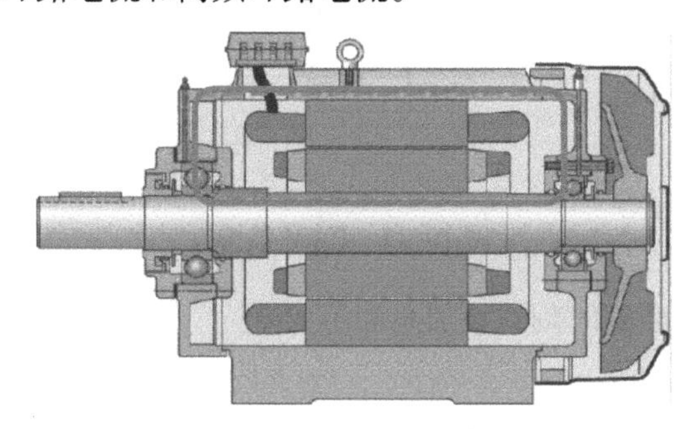

图 10-25　环路电流路径

1）低频环路电流。当电机内部电磁设计不对称的时候，会形成沿轴向的电位差，由此构成了沿着轴向的电流。这样产生的电机轴承过电流多为低频环路电流。

2）高频环路电流。现在电机控制多使用变频器，变频器电源和普通工频电源有很多差异。

工频三相电压波形如图 10-26 所示。

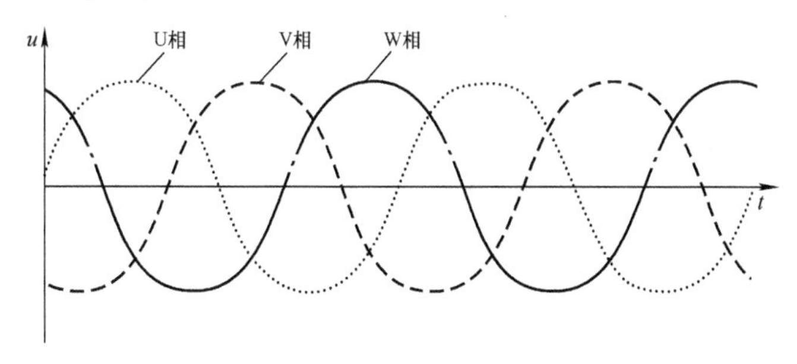

图 10-26　工频三相电压波形

此时三相电在任何时刻的叠加总和为 0：

$$u_{\mathrm{u}}(t)+u_{\mathrm{v}}(t)+u_{\mathrm{w}}(t)=0$$

这样不会出现共模电压干扰。

对于PWM调制的变频器而言，是使用不同宽度的方波等效出正弦波，如图10-27所示。

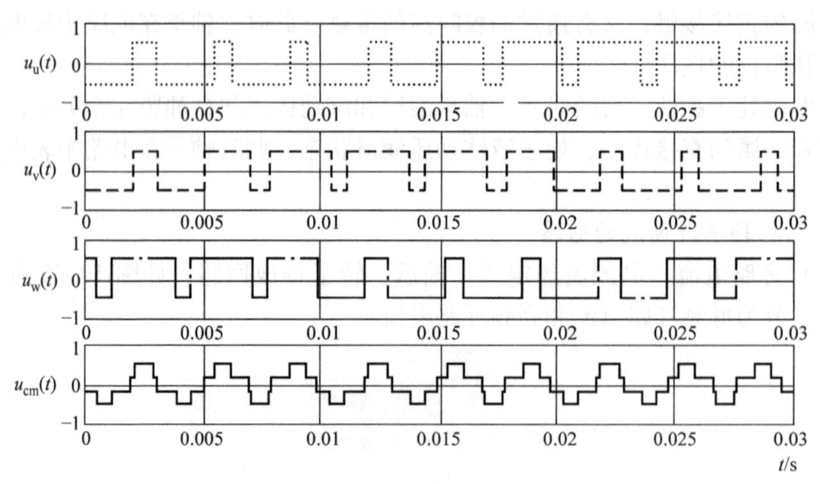

图10-27　PWM波形

此时，三相电在任意时刻的叠加总和不为0：

$$u_{cm}(t)=\frac{u_u(t)+u_v(t)+u_w(t)}{3}=\begin{cases}+U_d/2\\+U_d/6\\-U_d/6\\-U_d/2\end{cases}$$

也就是对于PWM调制的变频器，任意时刻中性点对地电压都不是0。由于这个共模电压的干扰导致的定子绕组三相不对称引起的电流不对称，产生了一个高频轴电压。由此引发了一个环路的高频轴电流。

（2）对地电流　自身对地电流路径如图10-28所示。如图所示，电流通过转子、轴承、定子与大地构成通路。

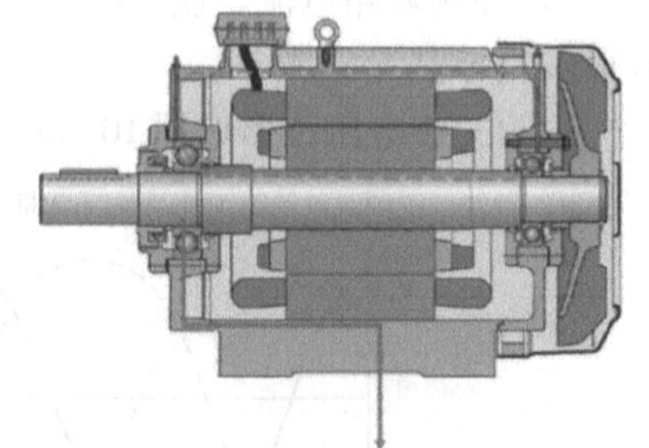

图10-28　自身对地电流路径

（3）放电电流　定子绕组和转子之间通过气隙耦合电容，当转子充电到一定程度，会通过轴承放电。

另一方面，如果外界存在静电，通过电机轴承也可能产生放电电流。比如带轮连接的电机，轴端带轮和皮带的摩擦静电通过轴承放电。

（4）高频接地电流　共模电压对地存在电势差，因此也可能出现由于共模电压产生的对地高频电流。加入定子接地不良，这个电压会通过联轴器传导到与电机连接的其他设备的轴承，形成对地通路，对轴承造成电蚀伤害。如图 10-29 所示。

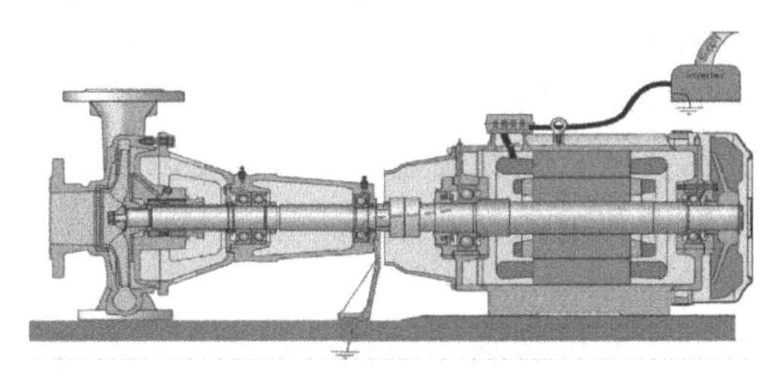

图 10-29　高频接地电流路径

二、电机轴承过电流的处理和改进建议

目前业界关于电机轴承电蚀问题的主流解决方案大致如下：

1. 使用绝缘涂层轴承

目前，一些轴承品牌生产商推出带绝缘镀层的轴承（简称绝缘轴承，见图 10-30），试图解决轴承过电流问题。此类轴承的特点可以从不同厂家处了解，此次不再赘述。

绝缘轴承由于轴承内圈或者外圈涂装了绝缘镀层，因此具有良好的直流绝缘作用，可以保护轴承不受直流电通过的困扰，而避免了直流过电流问题，就是上述原因中提到的静电放电问题。

另一方面，绝缘镀层相当于在轴承和轴承室或者轴之间添加了一个很大的电容。需要电容的击穿电压很高，才可以提供上述保护。但是在交流电的情况下，这个电容毫无用处。电容“隔直不隔交”的特点，使之在交流电情况下相当于导体，并不能起到阻隔作用。

所以当存在交流环流时，绝缘轴承起不到阻隔作用。

到目前为止，具备电感特性的绝缘涂层尚未研发成功，这也大大地限制了绝缘轴承的绝缘特性及应用效果。

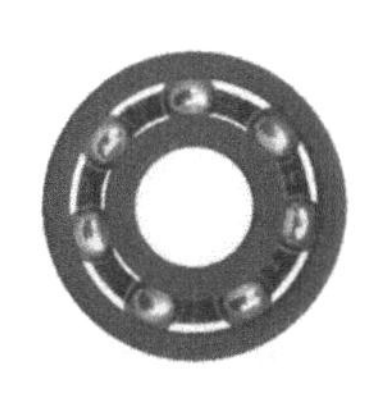

a) 电绝缘轴承

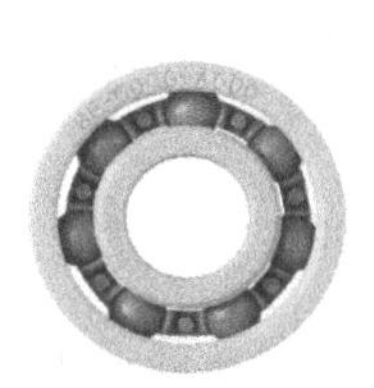

b) 聚合物滚珠轴承

c) 陶瓷轴承和滚珠

d) 安装了绝缘滚珠的轴承

图 10-30　绝缘轴承及其应用

2. 使用绝缘端盖

使用绝缘端盖是另一种对轴承进行过电流绝缘保护的方法。通常，绝缘端盖不是指使用绝缘材料制作端盖，而是在端盖与机座连接部分做好绝缘，如图 10-31 所示。用这种方式对轴承的保护作用与绝缘轴承类似。

使用绝缘端盖时，需要注意绝缘端盖的机械强度以及耐久性，避免由于绝缘端盖的老化而带来的尺寸变形和绝缘效果降低。

3. 轴承挡加一层陶瓷

目前有一种方法，是在电机转轴非负荷端烧结上一层厚度为 0.6mm（磨后尺寸）的陶瓷来起到轴承与转轴之间绝缘的作用，如图 10-32 所示。

图 10-31　绝缘端盖

图 10-32　烧结上一层陶瓷的电机转轴

4. 附加电刷短路法

不论绝缘轴承还是绝缘端盖，都是用“堵”的办法来防止电流流过轴承。实际中，同时还有一些“导”的办法给漏电流以出路。用附加电刷短路的方法就是其中之一。图 10-33 是附加短路电刷的应用实例。

图 10-33　附加短路电刷的应用实例

该方法是在电机转轴和轴承室之间加装一组电刷，从而使电流通过电刷将轴承“短路”，从而避免轴承的电蚀问题。

通过实践，此方法确实可以有效地保护轴承，并具有成本低廉的特点。但是，附加电刷的使用增加了后续维护的工作量，同时电刷的接触可靠性是其能否真正发挥“短路”作用的前提。电刷的更换和维护需要持续进行。另外，电刷摩擦下来的粉末如果进入轴承，会对轴承造成损伤，所以要特别注意对轴承清洁度的保护，这方面可以通过增加轴承密封来解决。

5. 使用导电油脂

早在十几年前，就有轴承生产厂家提出寻找可以导电的油脂填充到轴承中，这也是“导”的思路。目前，也确实能找到一些具备一定导电性的油脂（见图 10-34）。

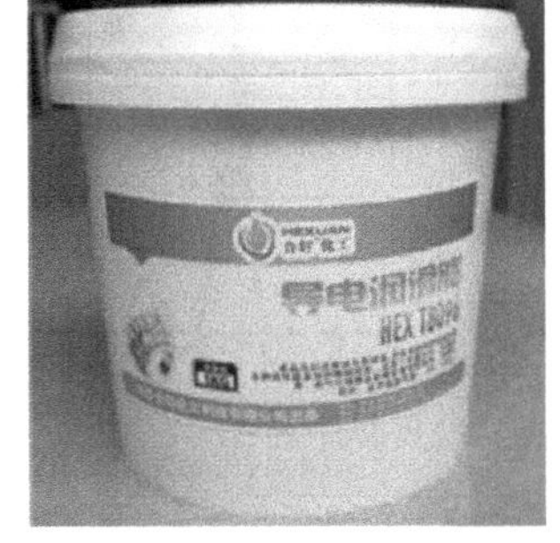

图 10-34　一种导电油脂

这些油脂在轴承静态测试下表现出良好的导电性。然而，轴承内部的运转接触是一个动态过程，轴承滚动体和滚道接触点的变化而引起的“拉弧”过程还无法避免，导致滚动体和滚道之间的接触电阻不稳定。因此使得这些“导电油脂”的导电性也不稳定。目前，在一些小型电机中曾有过导电油脂的应用，但就其效果而言，尚有待商榷。

三、电机轴承电蚀解决方案建议

综上所述，各种单独的解决方法都各有其优缺点。因此，单独依靠某一个方法来解决电机轴承电蚀问题存在其局限性。轴承电蚀问题在风力发电机中尤其引起了电机设计人员的重视。经过多年应用，一个疏堵结合的方法被证实具有更好的可靠性，也就是一方面在轴承部分添加绝缘（使用绝缘轴承或者绝缘端盖）；另一方面，在电机轴和基座之间添加短路电刷。

至于对绝缘轴承和绝缘端盖的取舍，电机设计人员要根据自己的实际情况进行评估。

第六节　电机轴承运行时啸叫声的故障诊断与分析

一、电机轴承啸叫声的故障机理及表现

（一）电机轴承啸叫声的表现

电机有一类十分常见的故障，就是电机运行时轴承出现的高频啸叫声。这种噪声的发生对于圆柱滚子轴承更为常见，有时也会出现在深沟球轴承中。在不拆解电机的情况下，这种啸叫声的噪声表现是：①这类噪声频率很高，很尖锐，呈现啸叫的效果；②这类噪声可能在某一个转速段出现，当电机运行离开这个转速段时，这个噪声就会减弱或消除，通常这类啸叫声不会出现在低速的情况下；③现场如果加入一些油脂，这个啸叫声就会消失，而当轴承内部匀脂完毕，多余油脂被挤出时，这个噪声又会出现。

此时如果使用振动频谱分析的手段进行监测，当啸叫声发生的时候，会出现两

个宽频的峰值，范围分布在 3～15kHz。图 10-35 就是某台电机轴承发生啸叫声时的频谱图，随着转速的变化，频谱图中的幅值发生变化，但是其分布规律不变。

快速傅里叶分析频谱中显示轴承滚动体特征频率较高，见图 10-36。

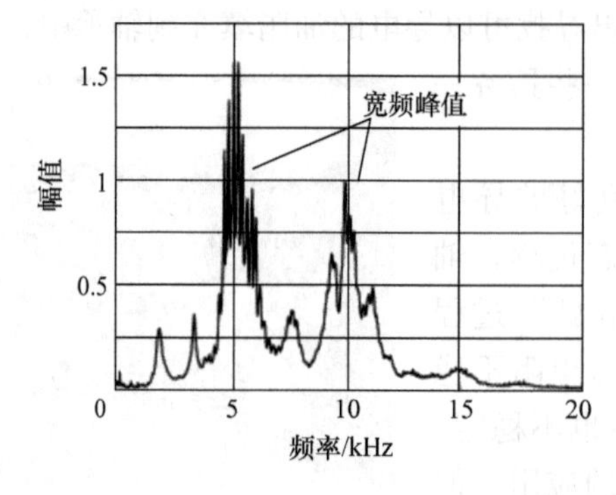

图 10-35　某台电机轴承发生啸叫声时的频谱图

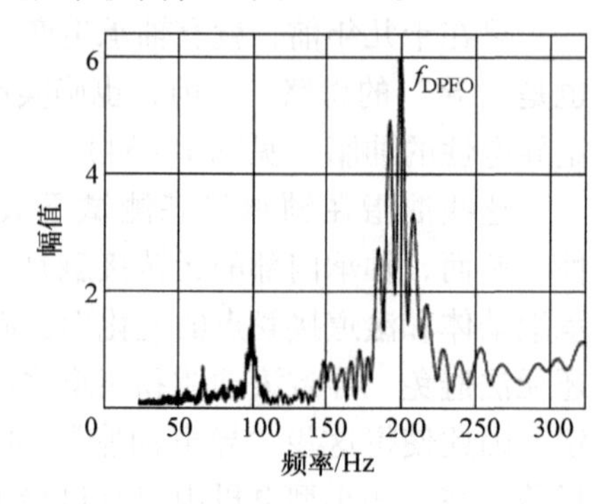

图 10-36　电机轴承啸叫声 FFT 频谱图

对出现啸叫声症状的电机检查轴及轴承室等其他零部件，都没有查到异常。轴承送去检验，各项指标也符合标准。

对电机进行检查，一旦出现上述症状，则可以判定为此类故障。目前关于这种啸叫声的故障还没有一个正式的命名，我们姑且用现象名称代表这类故障。

（二）电机轴承啸叫声的机理

从前面的频谱分析可以看到一些迹象，似乎电机轴承的这个啸叫声与滚动体相关。事实上，电机轴承运行中，当滚动体进入负荷区时，内圈滚道和外圈滚道之间会形成一个进口大、出口小的楔形通道，如图 10-37 所示。

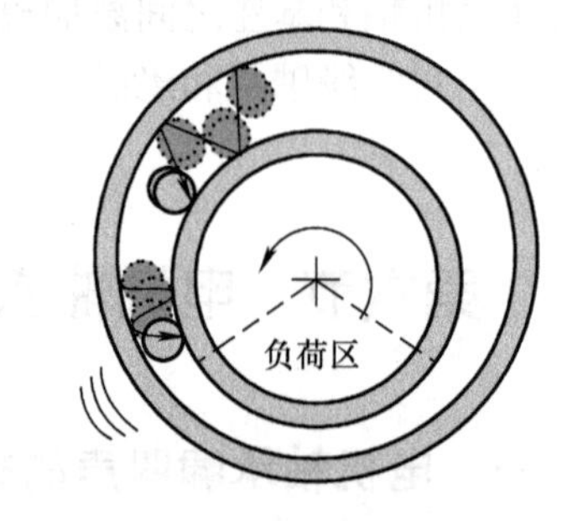

图 10-37　轴承滚动体运行的楔形空间

当轴承在一定转速下旋转时，由于表面粗糙度等外界因素，轴承滚动体存在一个内、外圈之间的振动。当这种振动发生在一个相对宽广的空间时，现象并不明显。但是当这个空间在滚动体进出负荷区的地方出现急剧减少，而滚动体的公转速度不变时，就会使滚动体沿着径向振动的频率升高。这种情况和我们日常拿乒乓球拍在球桌上按下乒乓球时的状态相似，当我们按下球拍时，乒乓球在球拍和球桌之间的振动频率升高，我们可以听到声音非常明显的变得尖锐起来。对于高速运转的轴承，会发生同样的情况。当轴承转速达到一定值时，滚动体会发生高频振动，宏观上就会出现尖锐的高频噪声。

而当现场人员在轴承内填入润滑脂的时候，过量的润滑脂对于滚动体在自由空间的振动起到一定的阻尼作用，同时当滚动体进入楔形空间的时候，阻尼的作用也减少了振动的发生和金属之间的碰撞接触。这就很有效地抑制了啸叫声。但是过多的润滑脂会被挤出轴承内部（过多润滑脂会造成温度升高），之后轴承内部又恢复了啸叫声发生时候的状况，于是以前的啸叫声就会重新发生。

二、电机轴承啸叫声的改进建议

从电机轴承产生啸叫声的机理中我们可以看到，电机滚动过程中表面粗糙度、润滑脂的阻尼作用，以及楔形空间对电机轴承的啸叫声影响很大。然而对于电机的用户而言，轴承表面的表面粗糙度是一个给定值或者是一个已经计算过的合理值，通常不能改动。那么可以从另外两个方向想办法减少电机轴承的啸叫声。

首先，如果我们可以减少这个楔形空间的楔形度，就会改善这类噪声。

对于深沟球轴承，一旦轴承施加了轴向预负荷，轴承滚动体与滚道之间就不存在剩余游隙，滚动体就不存在进入负荷区的过程，因此这个噪声就会被消除。这也是为什么建议对深沟球轴承施加轴向预负荷的原因之一。

对于圆柱滚子轴承，通常无法通过施加轴向预负荷的方法来影响轴承内部的径向游隙。因此，在工程实际中就要选用相对小一点的轴承游隙。当然，单纯减小轴承游隙也会有相应的风险，因此需要根据实际情况适度减小。这其中就需要技术人员根据实际工况进行选择。

某电机生产厂出现大面积圆柱滚子轴承啸叫声，我们建议用 C3L 游隙的轴承代替原来的 C3 游隙的轴承，结果啸叫声问题得到了完全的改善。此经验可以给电机设计人员一个提示。

其次，在轴承内部增加阻尼也可以减少此类振动。通常的方法是选用稠度高一些的油脂。和前面减小游隙一样，提高油脂的稠度，也需要平衡其他因素，以求得到最好的选择。但是增加阻尼的方法只是当这种振动出现时减少振动，并不能削弱其根源，因此较之前面的方法，此方法有效性略差。

第七节 电机轴承跑圈问题的故障诊断与分析

一、电机轴承跑圈问题的故障机理及表现

电机轴承跑圈可能发生的情况包括跑外圈和跑内圈。一般的轴承布置中，电机轴承的外圈与轴承室应该保持相对静止；内圈应该和轴保持相对静止。当轴承的外圈（内圈）与轴承室（轴）发生相对移动的时候，就是我们说的轴承跑圈。

如果电机轴承出现了跑圈，轴承内部的状态根据跑圈情况的不同受到不同程度的影响。如果是轻微的缓慢蠕动，轴承配合面会出现蠕动腐蚀的形貌。在《电机轴承应用技术》一书中详细地阐述了某些正常运行的轴承在松配合表面也有缓慢蠕动的趋势和可能。这样的蠕动，对轴承内部构成非常小的影响，因此通过各种状态监测手段也没有发现什么明显的特征迹象。

当跑圈情况变得严重的时候，配合表面的蠕动腐蚀会加剧，而轴承内部的滚动状态也遭到破坏，轴承出现发热的情况，继而轴承温度升高，在振动频谱上可以看到类似于松动的信号特征。如果跑圈继续发展，配合表面就会出现磨损，轴承内部发热严重，甚至最后烧毁。

有些时候跑圈会作为其他故障的次生故障出现，比如轴承内部已经卡死，而轴承受到电机电磁力强制旋转，在轴承配合表面就会出现严重的跑圈磨损，此时发热剧烈，严重时会造成轴承与轴的焊接，最终出现抱轴的情况。

当对电机进行拆解、对轴承进行失效分析的时候，轴承圈发生一定程度跑圈的时候出现的微动腐蚀（也叫蠕动腐蚀），可见图 8-24。如果轴承的跑圈对轴承室造成了磨损，在轴承室上可见相应的磨损痕迹，可见图 4-30。

二、电机轴承跑圈问题的故障改进建议

电机轴承跑圈问题的主要原因就是配合表面提供的阻力无法阻止轴承圈相对运动的趋势，所以相应对症下药的改进措施也是从配合表面着手。结合第四章轴承应用技术相关内容，总结电机轴承跑圈故障的改进点如下：

- 轴承与相关配合表面的配合尺寸选择不当。一般情况下过松会导致跑圈。
- 对于特殊材质的轴承室（比如铝壳电机），没有采取正确的防跑圈措施，或者措施不当。
- 轴承室、轴的尺寸公差超差。轴尺寸偏小、轴承室尺寸偏大会导致跑圈。
- 轴承室、轴的加工不良。比如锥度不良、表面高点等。这种情况下轴承受到的支撑不足，会导致跑圈。
- 轴承公差配合选择没有考虑特殊工况，比如振动等情况。
- 其他故障引起的轴承卡死，从而使跑圈成为次生故障。

在故障诊断现场，一旦确定了电机轴承有跑圈的故障，就需要从上面相关的因素着手，有针对性的进行改进。

有一个可能存在的误区是通过使用轴向夹紧力来防止跑圈，事实上这种措施是不可靠的。因为轴向夹紧力是对轴承施加轴向力，通过摩擦，形成阻碍轴向旋转的轴向力，这种方式比较间接。同时考虑到电机轴向尺寸公差的累积，在批量生产的时候会使这个夹紧力存在较大波动，从而影响夹紧效果。所以不建议使用轴向夹紧力的方式防止跑圈，除非其他工况限值都无法实施的情况下。

第八节　电机储运过程不当造成轴承损伤的故障诊断与分析

一、电机储运损伤的故障机理及表现

电机在出厂试验的时候一切运行表现正常，在到达使用现场进行检查的时候出

现了故障，这种情况下往往怀疑与电机的储存与运输过程中的不当处置有关。

上述进厂检查中的故障对电机轴承而言包括振动、噪声等异常，偶见温度异常。

电机轴承在储存和运输中不当处置造成轴承损伤的表现主要有两种：布式压痕和伪布氏压痕。

电机在运输过程中，轴承不运转，滚动体在滚道上不滚动，运输过程中难免出现颠簸，比如运输车辆路面不平整造成的上下颠簸，就构成轴承径向的振动；车辆转弯、起停等情况会造成轴承滚动体在滚道固定位置上的往复摆动；上述情况造成的滚动体在轴向的滑动等，这些滚动体在固定位置的蠕动就会造成伪布氏压痕。

由于此时电机轴承并没有旋转，因此滚子在负荷区相对位置固定出现类似于压痕的痕迹，我们称之为伪布氏压痕。伪布氏压痕的一个特征就是在轴承负荷区内形成等滚子间距的痕迹，可以参照图 8-49。如果微观观察，会发现这些痕迹内部呈现表面粗糙度的不同，如图 8-50 所示，这证明了痕迹的产生与往复运动的磨损有关。

如果电机在运输过程中出现剧烈振动，比如野蛮装车的情况，当振动传导到轴承滚动体和滚道之间的负荷超过金属材料屈服极限的时候，就会出现布式压痕。此时轴承滚道上会出现与滚子间距相关的压痕痕迹。观察痕迹内部，表面粗糙度与外界相似，并非磨损所致。这就是储运过程造成布式压痕的过程。

当电机轴承内部出现了由于储运过程不当处置造成的损坏，如果在入场试验的时候没有得以检出，轴承继续运行，每次滚动体滚过压痕部位就会出现应力集中，从而导致压痕附近的提前疲劳，最终呈现等滚子间距的滚道疲劳，如图 10-38 所示。这种痕迹与轴承安装造成的轴承损伤存在差异。安装造成的等滚子间距的失效痕迹应该是沿着受力方向的，对于深沟球轴承而言应该是沿着轴向力方向的，因此失效痕迹偏向滚道一侧。而由于轴承静态振动造成的失效则不一定是偏向轴向的。图 10-38 就是一例发生在滚道正中间位置的失效。

图 10-38　振动造成的轴承滚道疲劳

以上从储运振动条件到轴承失效痕迹的判断正向可以成立，反之则不一定。因为如果电机储运过程没有伤害轴承，而电机安装在设备上之后，在没运转的时候随设备受到剧烈振动，依然会造成相同的轴承损伤。因此在现场进行故障诊断的时候需要对这两种情况进行鉴别与排除。

二、电机轴承储运损伤的诊断与改进建议

当通过上述诊断方法确定电机轴承在储运过程中受到伤害的时候，现场必须对轴承进行更换，避免带病运行从而导致故障发展、恶化。

但是为了避免后续出现相同的问题，可以采取以下措施进行改进：①杜绝电机运输过程的野蛮搬运，避免对轴承造成伤害；②对于长期放置在仓库里的电机定期进行盘动，使其低速旋转，改变滚动体与滚道之间的接触位置；③改善电机的包装，防止电机运输过程对轴承的损伤。

改善电机包装的方法就是增加电机轴系统的系统支撑刚性，避免振动等工况对轴承内部造成影响。对于小型电机而言可以使用如图 10-39 所示的方式对电机的轴进行轴向和径向的固定。

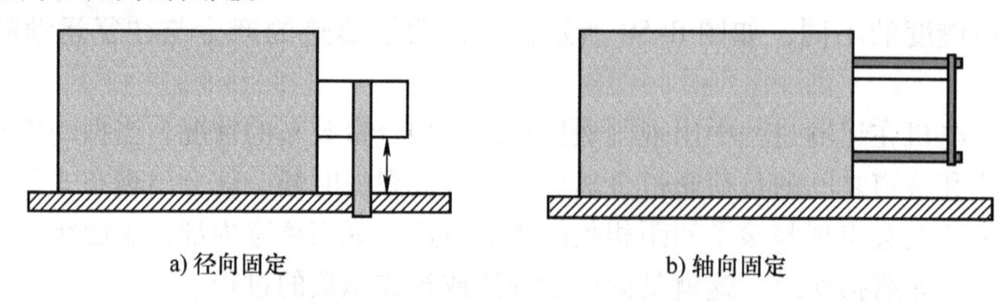

a) 径向固定　　b) 轴向固定

图 10-39　小型电机包装运输时对轴的固定

图 10-39a 中使用绑带的方式将电机轴在径向拉紧，这样在运输振动的时候，有助于消除滚动体由于剩余游隙而存在的内部振动。图 10-39b 中使用外接螺栓的方式将轴系统进行轴向固定，避免了轴向的窜动。通过这样的方法将电机轴在轴向和径向上做了固定，提高了轴系统的刚性，可以有效防止运输过程对轴承的伤害。

对于中型电机而言，使用绑带进行径向固定往往不太可行，可以使用轴支架的方式增加轴侧支撑从而保护轴承。

附　　录

附录1　电机轴承发热分析与故障诊断树

在第三篇中，虽然是根据电机轴承故障诊断的发生逻辑进行描述，但是为了阐述清楚，还是不得不引用了一些先分类再描述的方法。那么在现场轴承发生故障的时候，实际发生的状态是怎样的呢？本部分以电机轴承发热为例来进行阐述。

电机轴承发热的故障是电机轴承最常见的故障之一，故障发生的时候往往会先给工程技术人员一个温度异常的提醒，收到这种温度异常的提醒之后，工程技术人员会根据自己脑海中的知识体系绘制思维地图，寻求符合观察的线索，从而抽丝剥茧，进一步进行诊断与分析。除了现象以外，工程技术人员脑海中这张知识地图决定了故障诊断与分析工作的水平。

以电机轴承故障诊断为例，笔者将脑海中的思维地图进行绘制，如附图1-1～附图1-27所示，以飨读者。

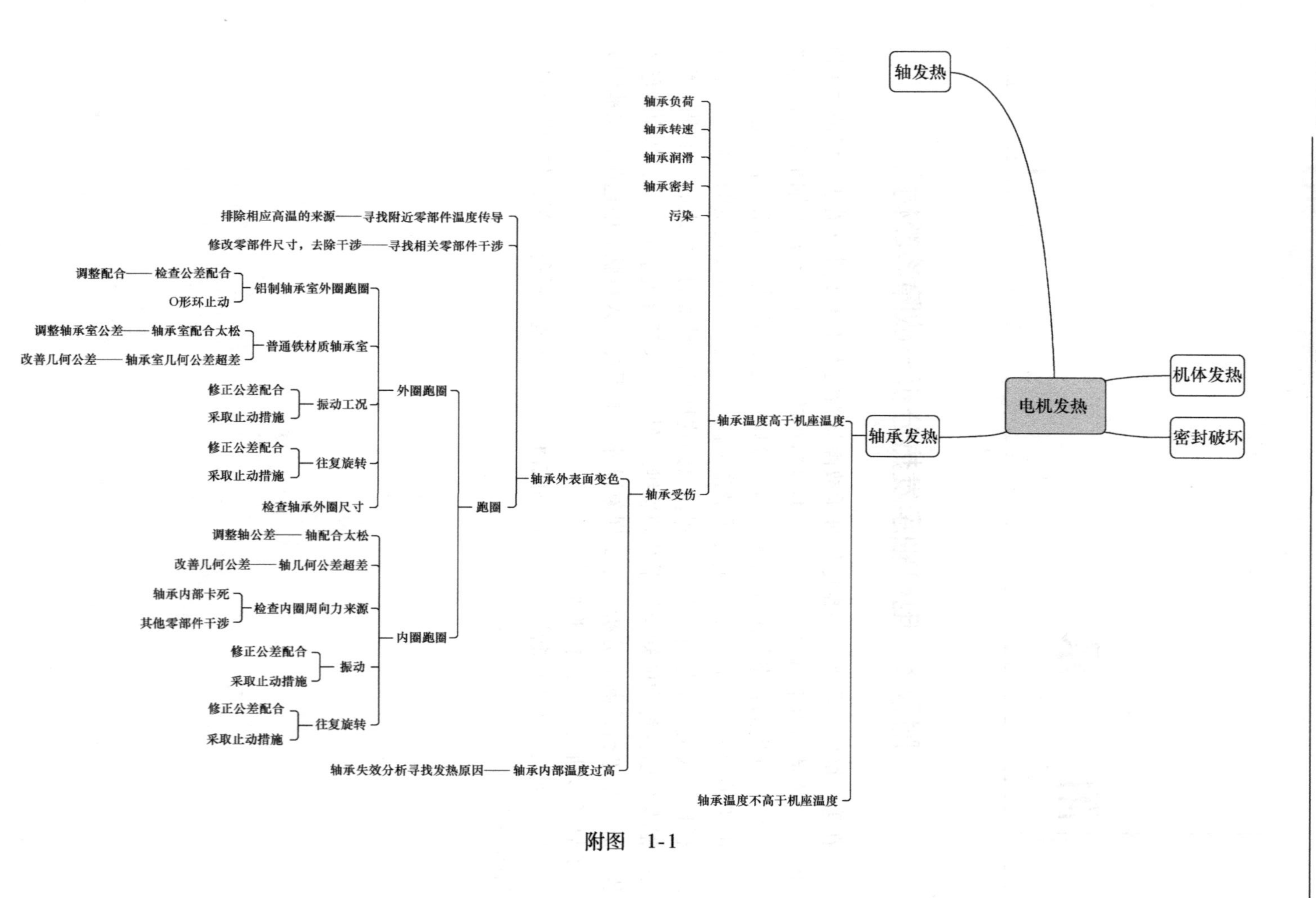
电机发热
机体发热
密封破坏
轴发热
轴承发热
轴承温度高于机座温度
轴承温度不高于机座温度
轴承负荷
轴承转速
轴承润滑
轴承密封
污染
轴承受伤
轴承外表面变色
轴承内部温度过高
轴承失效分析寻找发热原因
寻找附近零部件温度传导
排除相应高温的来源
寻找相关零部件干涉
修改零部件尺寸，去除干涉
跑圈
外圈跑圈
铝制轴承室外圈跑圈
检查公差配合
调整配合
O形环止动
普通铁材质轴承室
轴承室配合太松
调整轴承室公差
轴承室几何公差超差
改善几何公差
振动工况
修正公差配合
采取止动措施
往复旋转
修正公差配合
采取止动措施
检查轴承外圈尺寸
内圈跑圈
轴配合太松
调整轴公差
轴几何公差超差
改善几何公差
检查内圈周向力来源
轴承内部卡死
其他零部件干涉
振动
修正公差配合
采取止动措施
往复旋转
修正公差配合
采取止动措施

附图 1-1

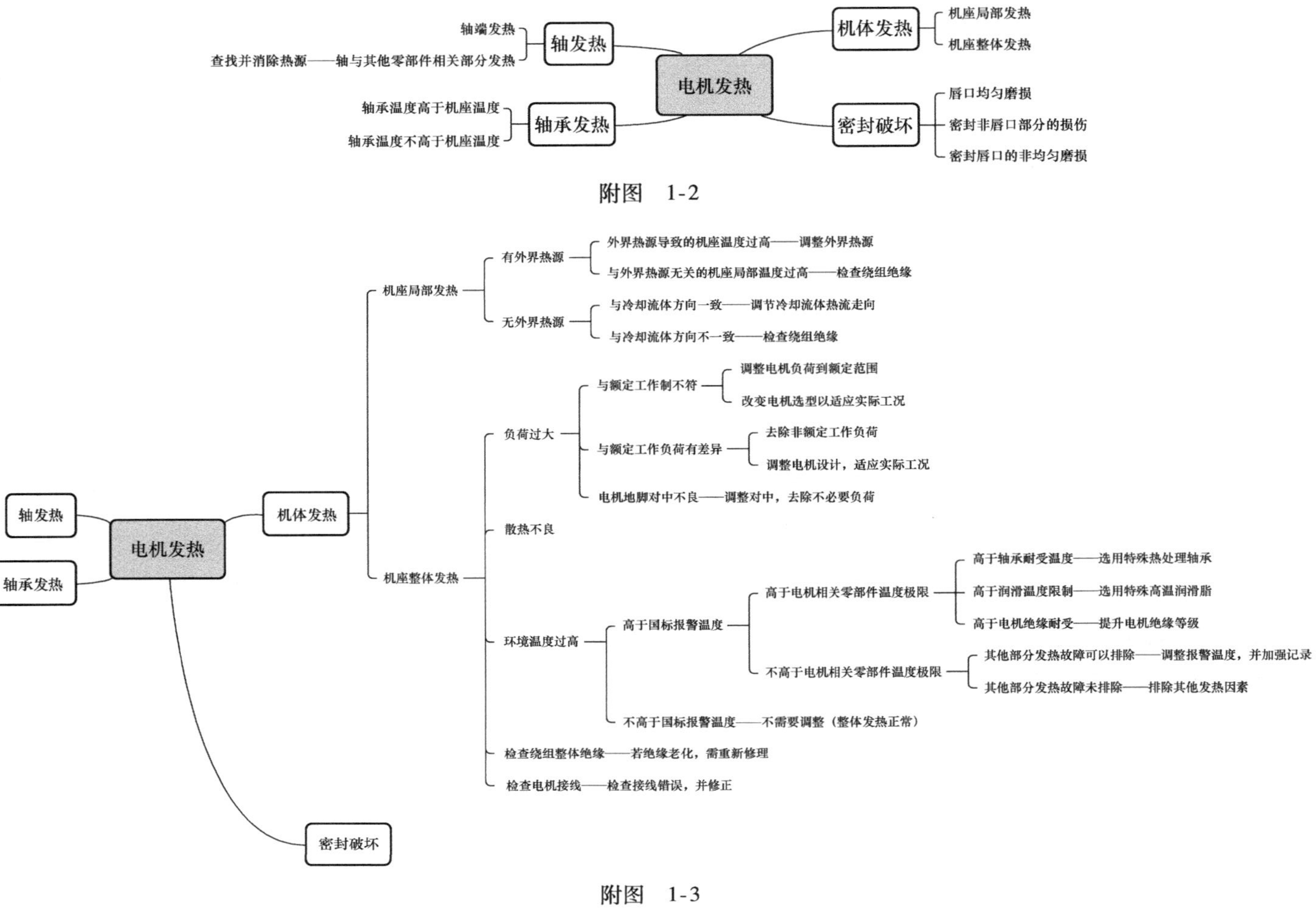

电机发热
轴发热
轴端发热
轴与其他零部件相关部分发热——查找并消除热源
轴承发热
轴承温度高于机座温度
轴承温度不高于机座温度
机体发热
机座局部发热
机座整体发热
密封破坏
唇口均匀磨损
密封非唇口部分的损伤
密封唇口的非均匀磨损
电机发热
轴发热
轴承发热
机体发热
密封破坏
机座局部发热
有外界热源
外界热源导致的机座温度过高——调整外界热源
与外界热源无关的机座局部温度过高——检查绕组绝缘
无外界热源
与冷却流体方向一致——调节冷却流体热流走向
与冷却流体方向不一致——检查绕组绝缘
机座整体发热
负荷过大
与额定工作制不符
调整电机负荷到额定范围
改变电机选型以适应实际工况
与额定工作负荷有差异
去除非额定工作负荷
调整电机设计，适应实际工况
电机地脚对中不良——调整对中，去除不必要负荷
散热不良
环境温度过高
高于国标报警温度
高于电机相关零部件温度极限
高于轴承耐受温度——选用特殊热处理轴承
高于润滑温度限制——选用特殊高温润滑脂
高于电机绝缘耐受——提升电机绝缘等级
不高于电机相关零部件温度极限
其他部分发热故障可以排除——调整报警温度，并加强记录
其他部分发热故障未排除——排除其他发热因素
不高于国标报警温度——不需要调整（整体发热正常）
检查绕组整体绝缘——若绝缘老化，需重新修理
检查电机接线——检查接线错误，并修正

附图 1-2

附图 1-3

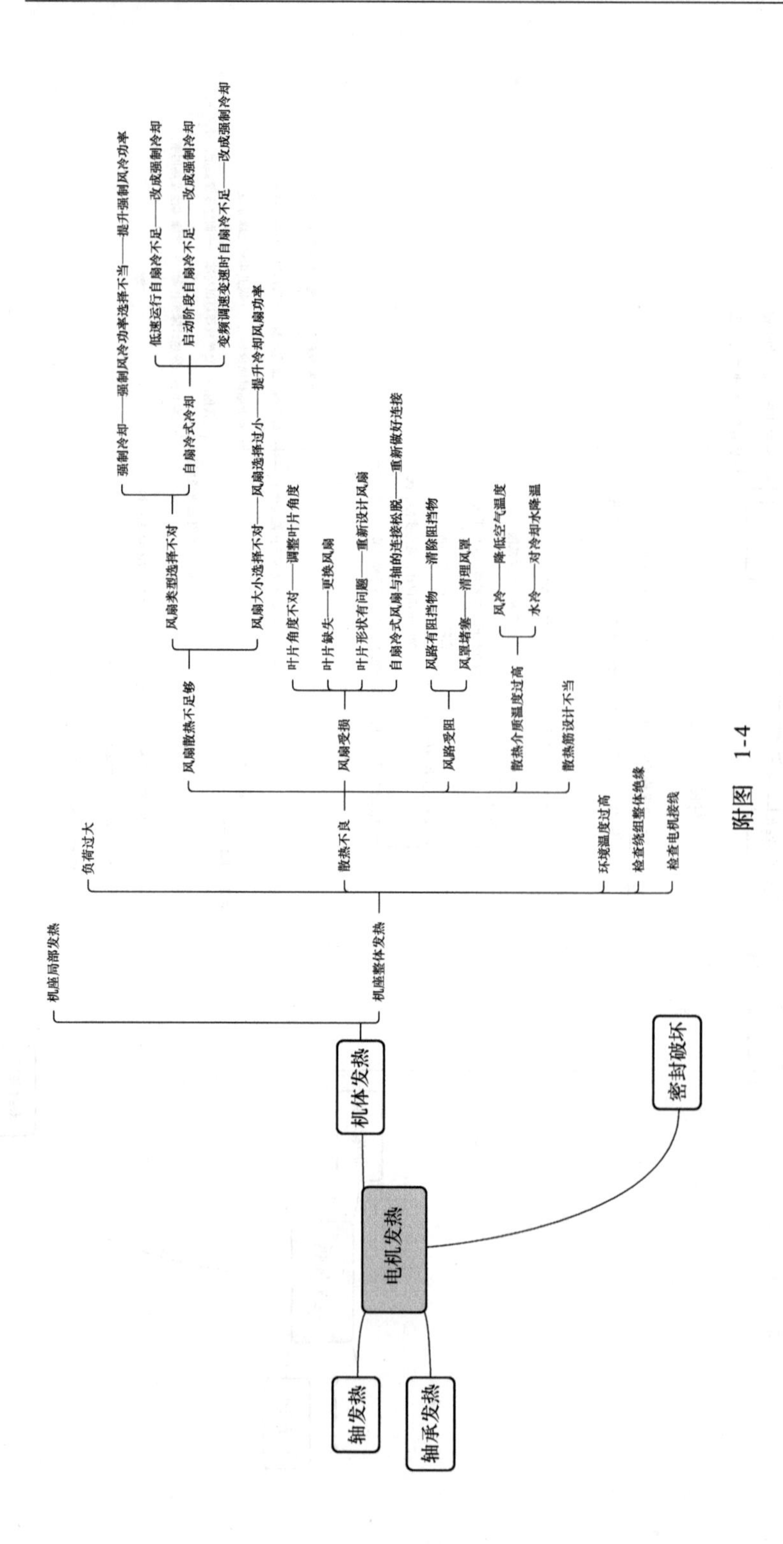
电机发热
轴发热
轴承发热
密封破坏
机体发热
机座局部发热
机座整体发热
负荷过大
散热不良
环境温度过高
检查绕组整体绝缘
检查电机接线
风扇散热不足够
风扇受损
风路受阻
散热介质温度过高
散热筋设计不当
风扇类型选择不对
风扇大小选择不对——风扇选择过小——提升冷却风扇功率
强制冷却——强制风冷功率选择不当——提升强制风冷功率
自扇冷式冷却
低速运行自扇冷不足——改成强制冷却
启动阶段自扇冷不足——改成强制冷却
变频调速变速时自扇冷不足——改成强制冷却
叶片角度不对——调整叶片角度
叶片缺失——更换风扇
叶片形状有问题——重新设计风扇
自扇冷式风扇与轴的连接松脱——重新做好连接
风路有阻挡物——清除阻挡物
风罩堵塞——清理风罩
风冷——降低空气温度
水冷——对冷却水降温

附图 1-4

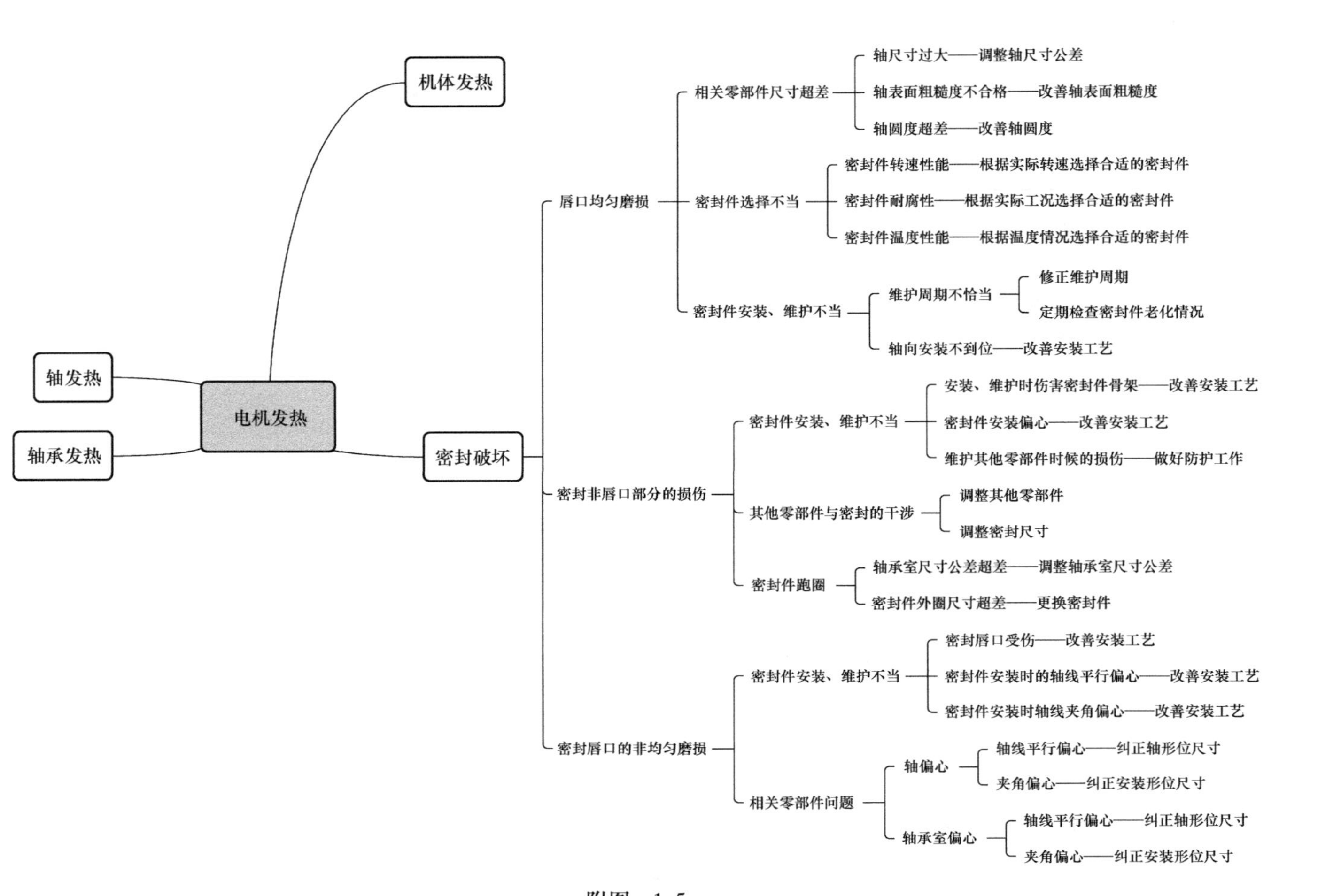

电机发热
机体发热
轴发热
轴承发热
密封破坏
唇口均匀磨损
相关零部件尺寸超差
轴尺寸过大——调整轴尺寸公差
轴表面粗糙度不合格——改善轴表面粗糙度
轴圆度超差——改善轴圆度
密封件选择不当
密封件转速性能——根据实际转速选择合适的密封件
密封件耐腐性——根据实际工况选择合适的密封件
密封件温度性能——根据温度情况选择合适的密封件
密封件安装、维护不当
维护周期不恰当
修正维护周期
定期检查密封件老化情况
轴向安装不到位——改善安装工艺
密封非唇口部分的损伤
密封件安装、维护不当
安装、维护时伤害密封件骨架——改善安装工艺
密封件安装偏心——改善安装工艺
维护其他零部件时候的损伤——做好防护工作
其他零部件与密封的干涉
调整其他零部件
调整密封尺寸
密封件跑圈
轴承室尺寸公差超差——调整轴承室尺寸公差
密封件外圈尺寸超差——更换密封件
密封唇口的非均匀磨损
密封件安装、维护不当
密封唇口受伤——改善安装工艺
密封件安装时的轴线平行偏心——改善安装工艺
密封件安装时轴线夹角偏心——改善安装工艺
相关零部件问题
轴偏心
轴线平行偏心——纠正轴形位尺寸
夹角偏心——纠正安装形位尺寸
轴承室偏心
轴线平行偏心——纠正轴形位尺寸
夹角偏心——纠正安装形位尺寸

附图 1-5

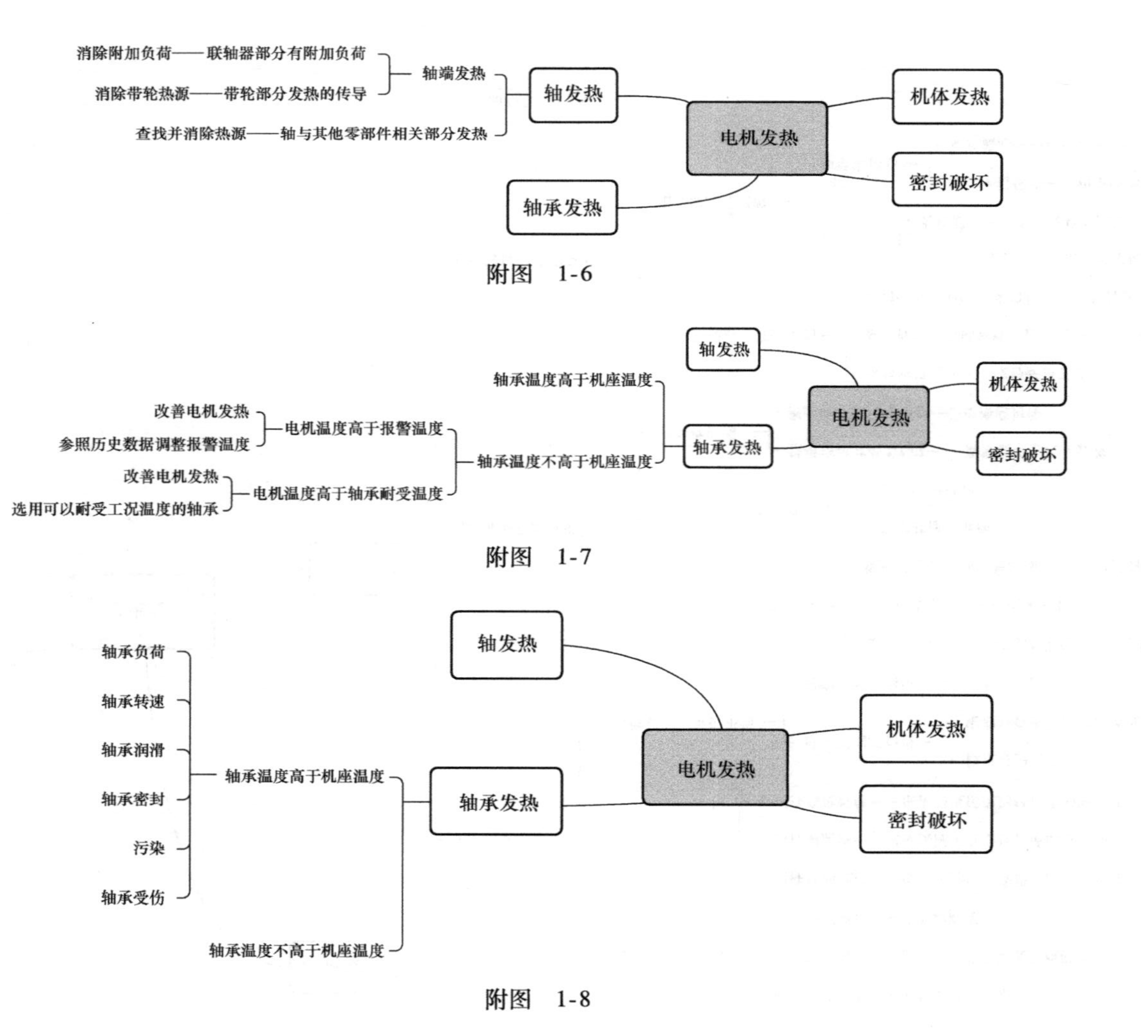

附图 1-6

附图 1-7

附图 1-8

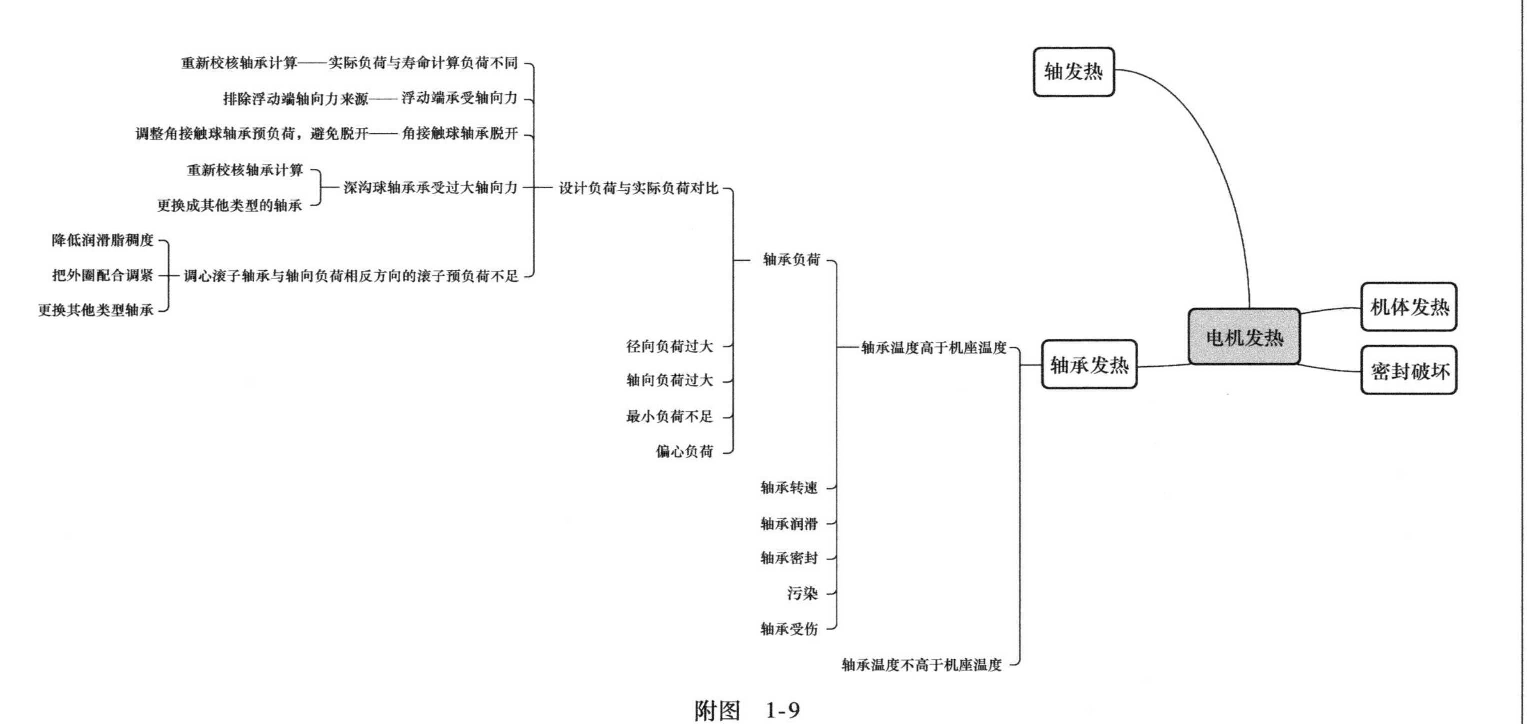
电机发热
机体发热
密封破坏
轴发热
轴承发热
轴承温度高于机座温度
轴承温度不高于机座温度
轴承负荷
轴承转速
轴承润滑
轴承密封
污染
轴承受伤
设计负荷与实际负荷对比
径向负荷过大
轴向负荷过大
最小负荷不足
偏心负荷
重新校核轴承计算——实际负荷与寿命计算负荷不同
排除浮动端轴向力来源——浮动端承受轴向力
调整角接触球轴承预负荷，避免脱开——角接触球轴承脱开
深沟球轴承承受过大轴向力
重新校核轴承计算
更换成其他类型的轴承
调心滚子轴承与轴向负荷相反方向的滚子预负荷不足
降低润滑脂稠度
把外圈配合调紧
更换其他类型轴承

附图　1-9

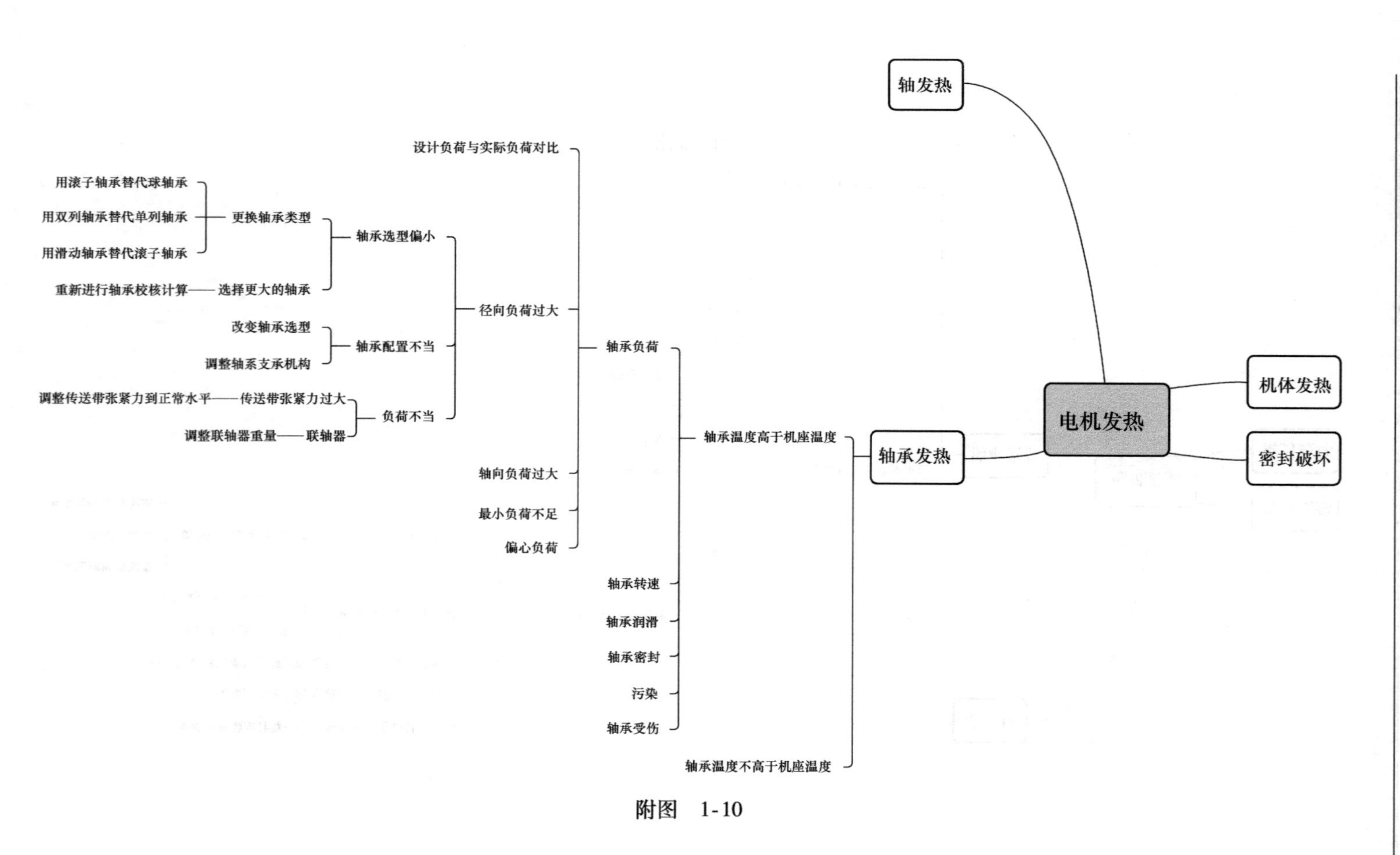

电机发热
轴发热
机体发热
密封破坏
轴承发热
轴承温度高于机座温度
轴承负荷
设计负荷与实际负荷对比
径向负荷过大
轴承选型偏小
更换轴承类型
用滚子轴承替代球轴承
用双列轴承替代单列轴承
用滑动轴承替代滚子轴承
选择更大的轴承
重新进行轴承校核计算
轴承配置不当
改变轴承选型
调整轴系支承机构
负荷不当
传送带张紧力过大
调整传送带张紧力到正常水平
联轴器
调整联轴器重量
轴向负荷过大
最小负荷不足
偏心负荷
轴承转速
轴承润滑
轴承密封
污染
轴承受伤
轴承温度不高于机座温度

附图 1-10

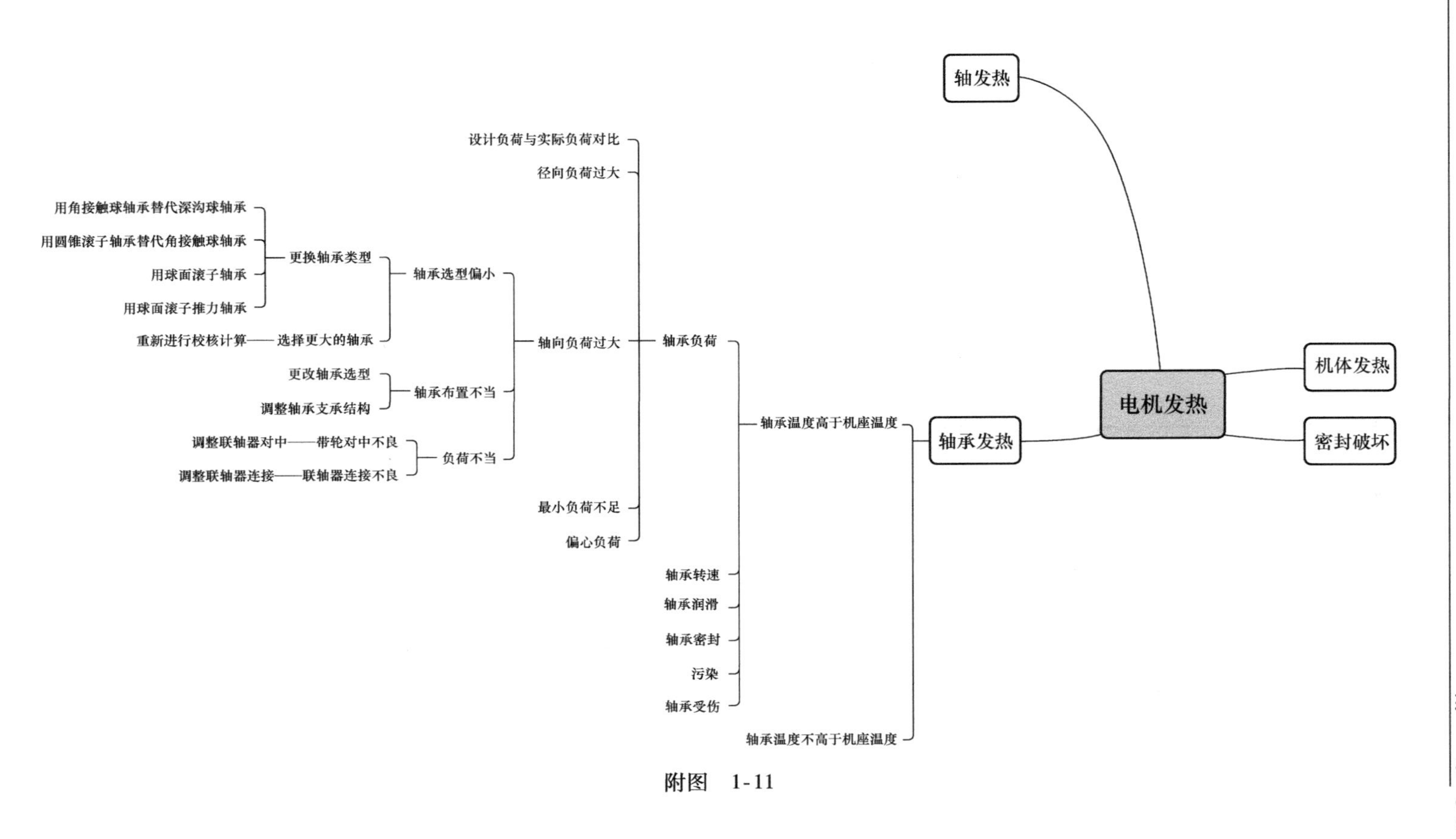
电机发热
轴发热
机体发热
密封破坏
轴承发热
轴承温度高于机座温度
轴承温度不高于机座温度
轴承负荷
轴承转速
轴承润滑
轴承密封
污染
轴承受伤
设计负荷与实际负荷对比
径向负荷过大
轴向负荷过大
最小负荷不足
偏心负荷
轴承选型偏小
轴承布置不当
负荷不当
更换轴承类型
选择更大的轴承
更改轴承选型
调整轴承支承结构
带轮对中不良
联轴器连接不良
用角接触球轴承替代深沟球轴承
用圆锥滚子轴承替代角接触球轴承
用球面滚子轴承
用球面滚子推力轴承
重新进行校核计算
调整联轴器对中
调整联轴器连接

附图 1-11

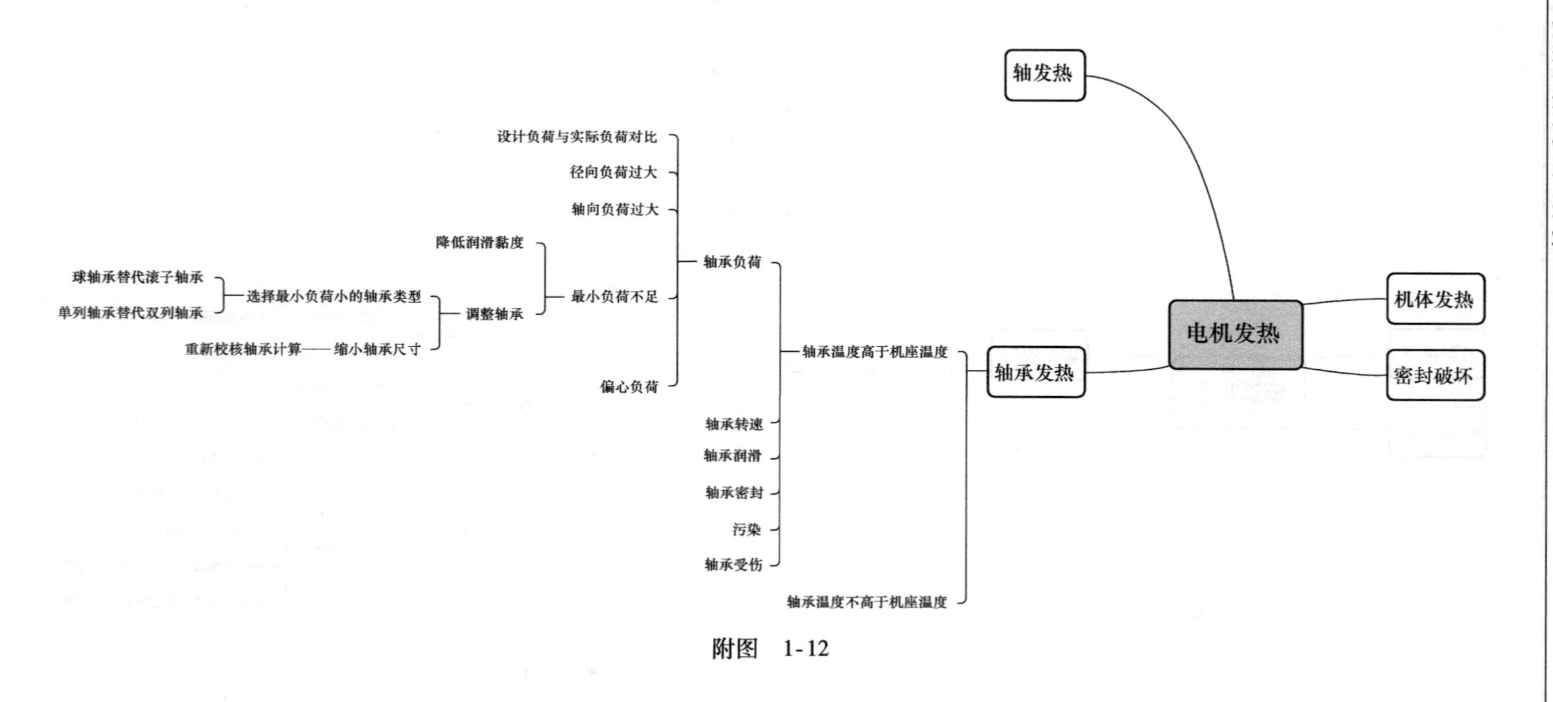
电机发热
轴发热
机体发热
密封破坏
轴承发热
轴承温度高于机座温度
轴承负荷
设计负荷与实际负荷对比
径向负荷过大
轴向负荷过大
最小负荷不足
降低润滑黏度
调整轴承
选择最小负荷小的轴承类型
球轴承替代滚子轴承
单列轴承替代双列轴承
重新校核轴承计算——缩小轴承尺寸
偏心负荷
轴承转速
轴承润滑
轴承密封
污染
轴承受伤
轴承温度不高于机座温度

附图 1-12

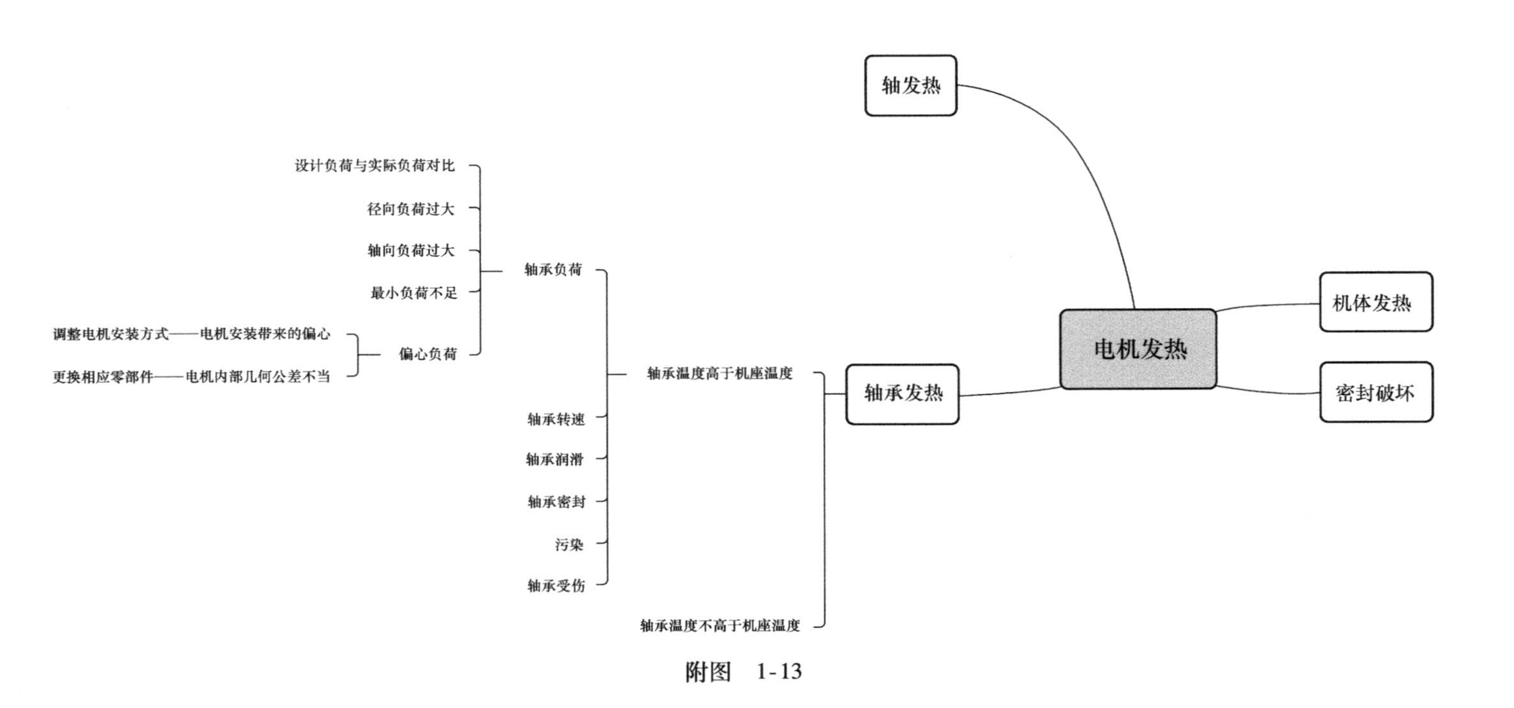

电机发热
轴发热
机体发热
密封破坏
轴承发热
轴承温度高于机座温度
轴承负荷
设计负荷与实际负荷对比
径向负荷过大
轴向负荷过大
最小负荷不足
偏心负荷
调整电机安装方式——电机安装带来的偏心
更换相应零部件——电机内部几何公差不当
轴承转速
轴承润滑
轴承密封
污染
轴承受伤
轴承温度不高于机座温度

附图 1-13

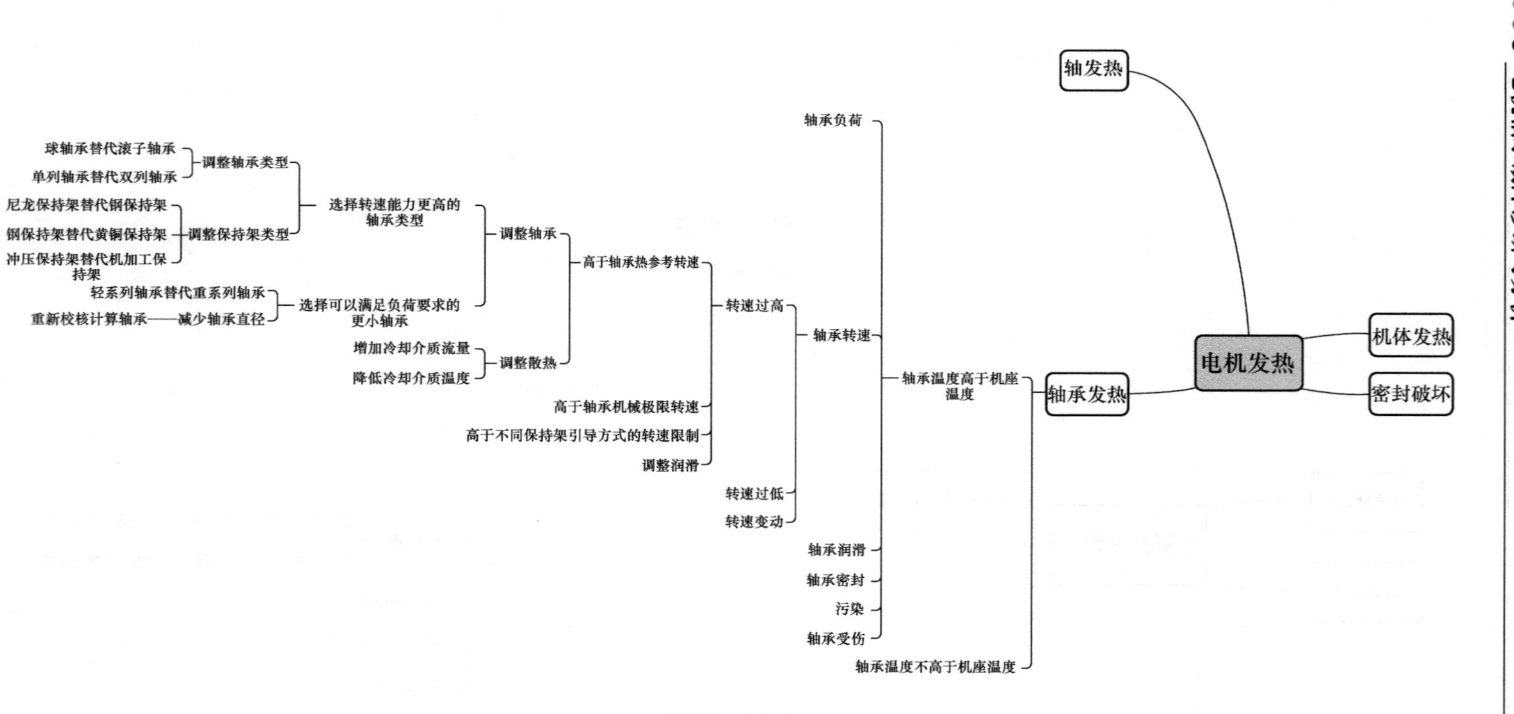
电机发热
机体发热
密封破坏
轴发热
轴承发热
轴承温度高于机座温度
轴承温度不高于机座温度
轴承负荷
轴承转速
轴承润滑
轴承密封
污染
轴承受伤
转速过高
转速过低
转速变动
高于轴承热参考转速
高于轴承机械极限转速
高于不同保持架引导方式的转速限制
调整润滑
调整轴承
调整散热
选择转速能力更高的轴承类型
选择可以满足负荷要求的更小轴承
增加冷却介质流量
降低冷却介质温度
调整轴承类型
调整保持架类型
球轴承替代滚子轴承
单列轴承替代双列轴承
尼龙保持架替代钢保持架
钢保持架替代黄铜保持架
冲压保持架替代机加工保持架
轻系列轴承替代重系列轴承
重新校核计算轴承
减少轴承直径

附图 1-14

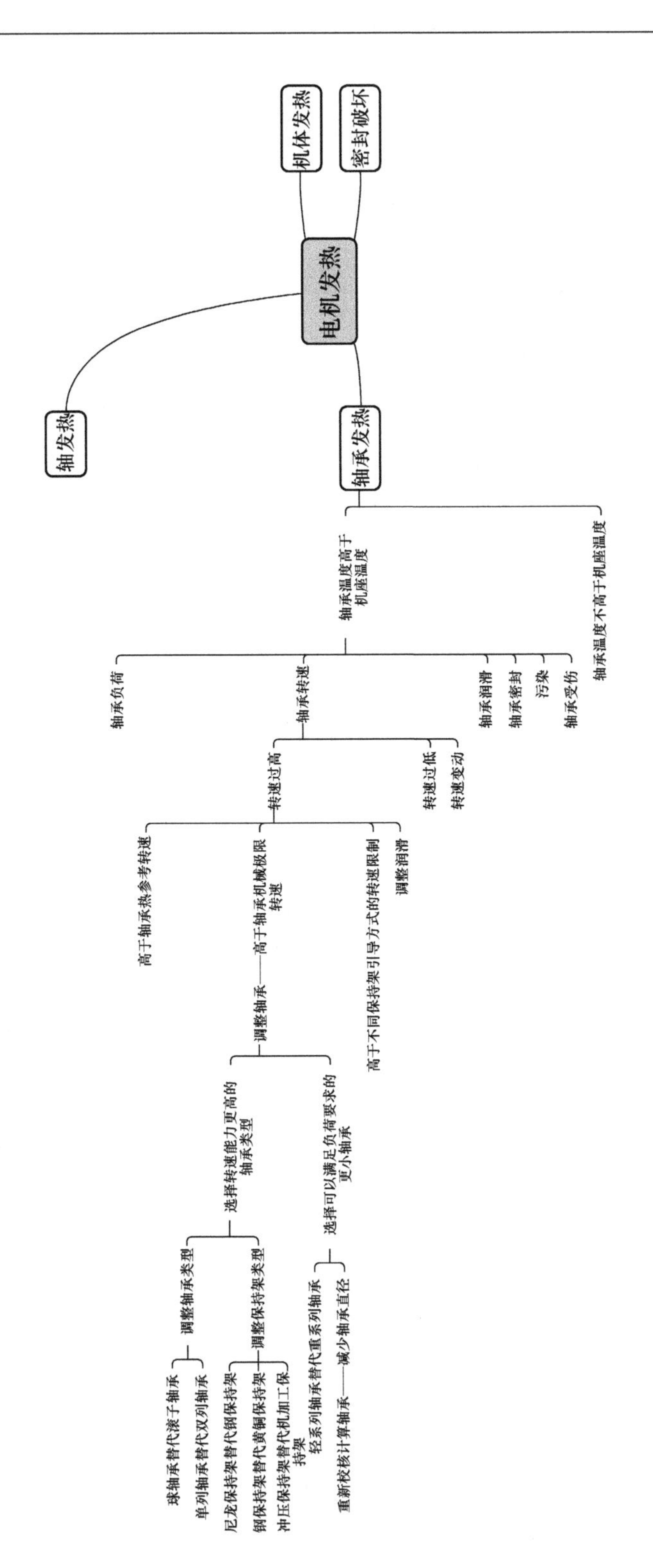

电机发热
机体发热
密封破坏
轴发热
轴承发热
轴承温度高于机座温度
轴承温度不高于机座温度
轴承负荷
轴承转速
轴承润滑
轴承密封
污染
轴承受伤
转速过高
转速过低
转速变动
高于轴承热参考转速
高于轴承机械极限转速
高于不同保持架引导方式的转速限制
调整润滑
调整轴承
选择转速能力更高的轴承类型
选择可以满足负荷要求的更小轴承
调整轴承类型
调整保持架类型
球轴承替代滚子轴承
单列轴承替代双列轴承
尼龙保持架替代钢保持架
钢保持架替代黄铜保持架
冲压保持架替代机加工保持架
轻系列轴承替代重系列轴承
重新校核计算轴承——减少轴承直径

附图　1-15

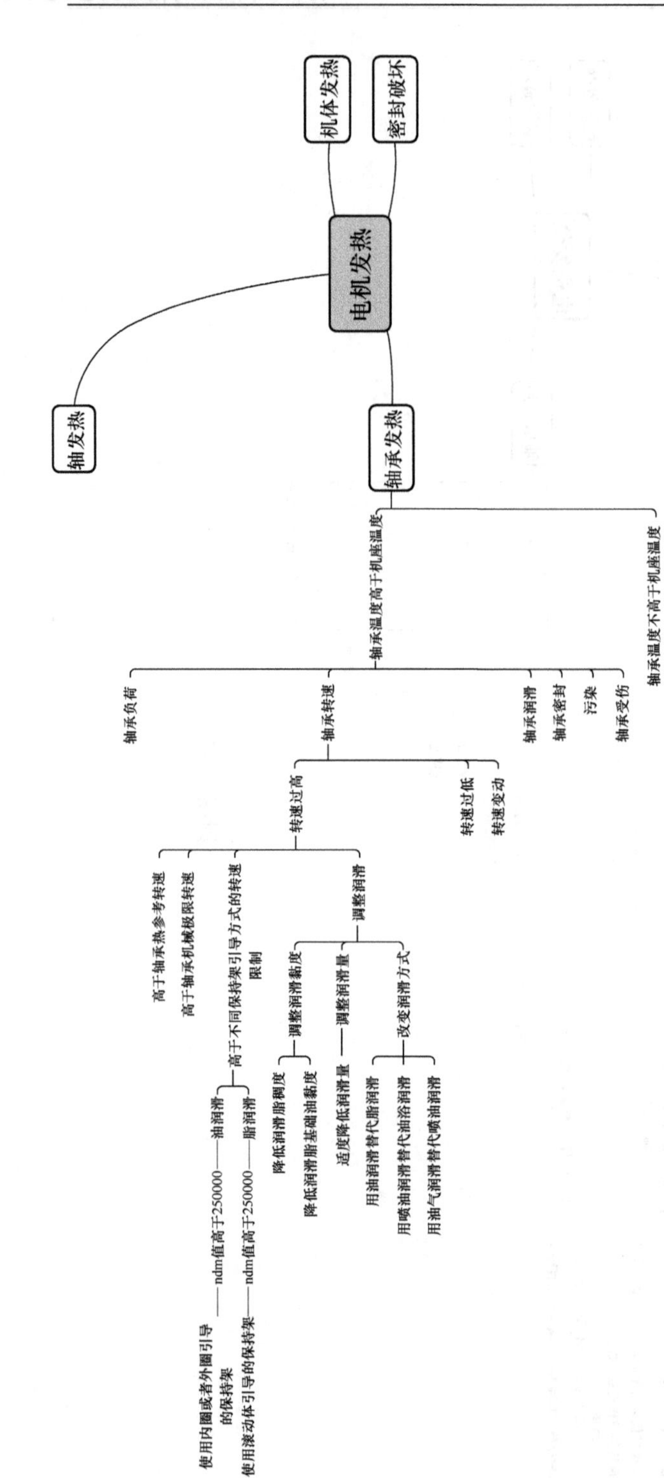
电机发热
机体发热
密封破坏
轴发热
轴承发热
轴承温度高于机座温度
轴承温度不高于机座温度
轴承负荷
轴承转速
轴承润滑
轴承密封
污染
轴承受伤
转速过高
转速过低
转速变动
高于轴承热参考转速
高于轴承机械极限转速
高于不同保持架引导方式的转速限制
ndm值高于250000
油润滑
使用内圈或者外圈引导的保持架
ndm值高于250000
脂润滑
使用滚动体引导的保持架
调整润滑
调整润滑黏度
降低润滑脂稠度
降低润滑脂基础油黏度
调整润滑量
适度降低润滑量
改变润滑方式
用油润滑替代脂润滑
用喷油润滑替代油浴润滑
用油气润滑替代喷油润滑

附图 1-16

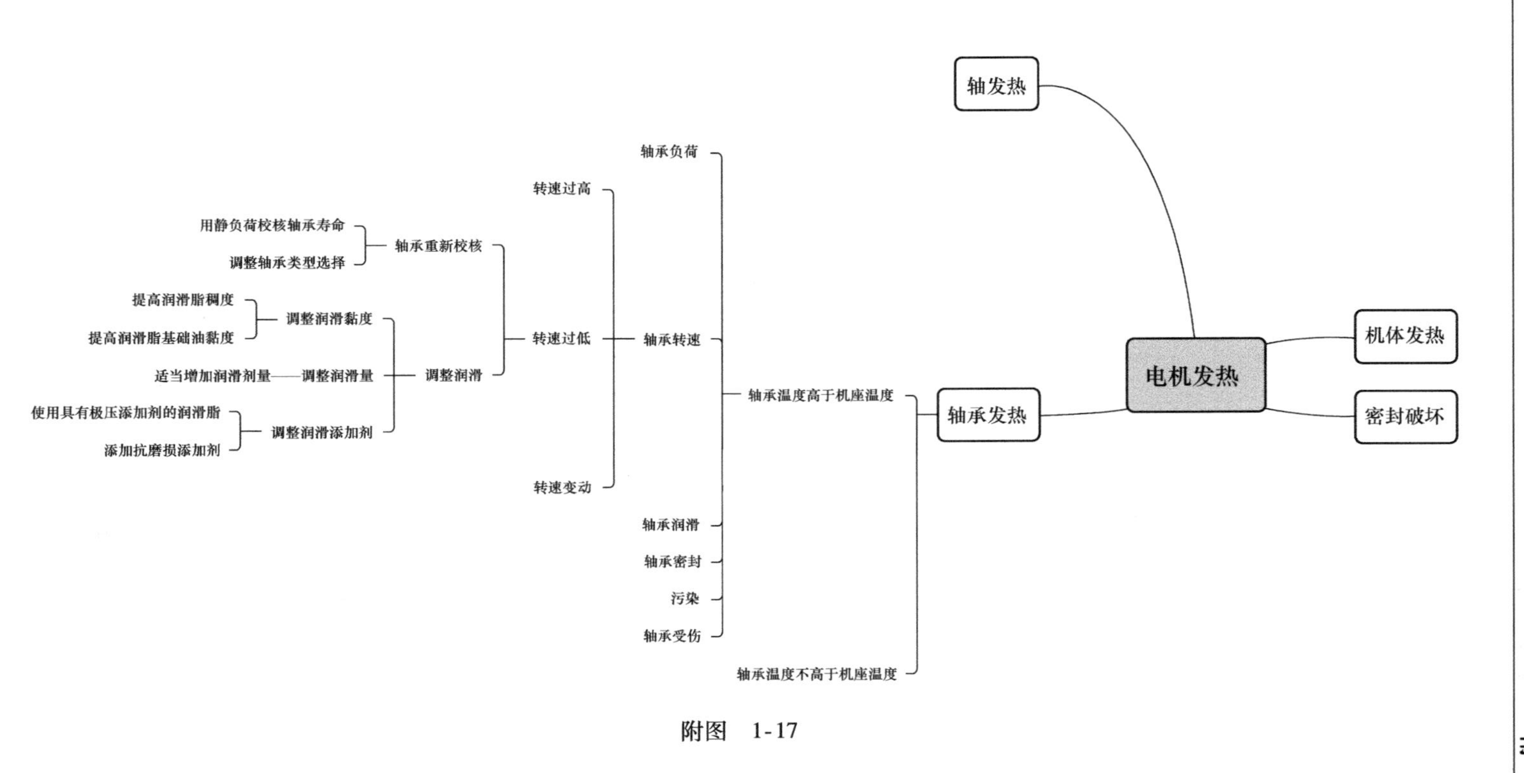

电机发热
轴发热
机体发热
密封破坏
轴承发热
轴承温度高于机座温度
轴承温度不高于机座温度
轴承负荷
轴承转速
轴承润滑
轴承密封
污染
轴承受伤
转速过高
转速过低
转速变动
轴承重新校核
调整润滑
用静负荷校核轴承寿命
调整轴承类型选择
调整润滑黏度
调整润滑量
调整润滑添加剂
提高润滑脂稠度
提高润滑脂基础油黏度
适当增加润滑剂量
使用具有极压添加剂的润滑脂
添加抗磨损添加剂

附图　1-17

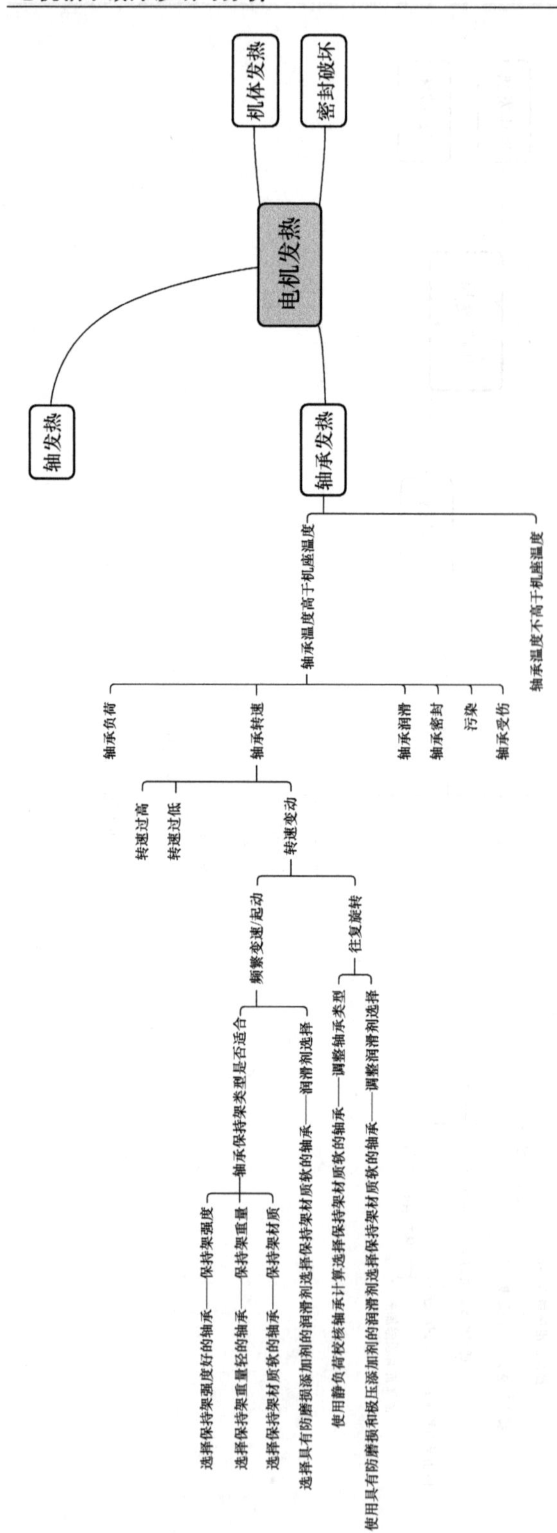
电机发热
机体发热
密封破坏
轴发热
轴承发热
轴承温度高于机座温度
轴承温度不高于机座温度
轴承负荷
轴承转速
轴承润滑
轴承密封
污染
轴承受伤
转速过高
转速过低
转速变动
频繁变速/起动
往复旋转
轴承保持架类型是否适合
选择保持架强度好的轴承——保持架强度
选择保持架重量轻的轴承——保持架重量
选择保持架材质软的轴承——保持架材质
选择具有防磨损添加剂的润滑剂选择保持架材质软的轴承——润滑剂选择
使用静负荷校核轴承计算选择保持架材质软的轴承——调整轴承类型
使用具有防磨损和极压添加剂的润滑剂选择保持架材质软的轴承——调整润滑剂选择

附图 1-18

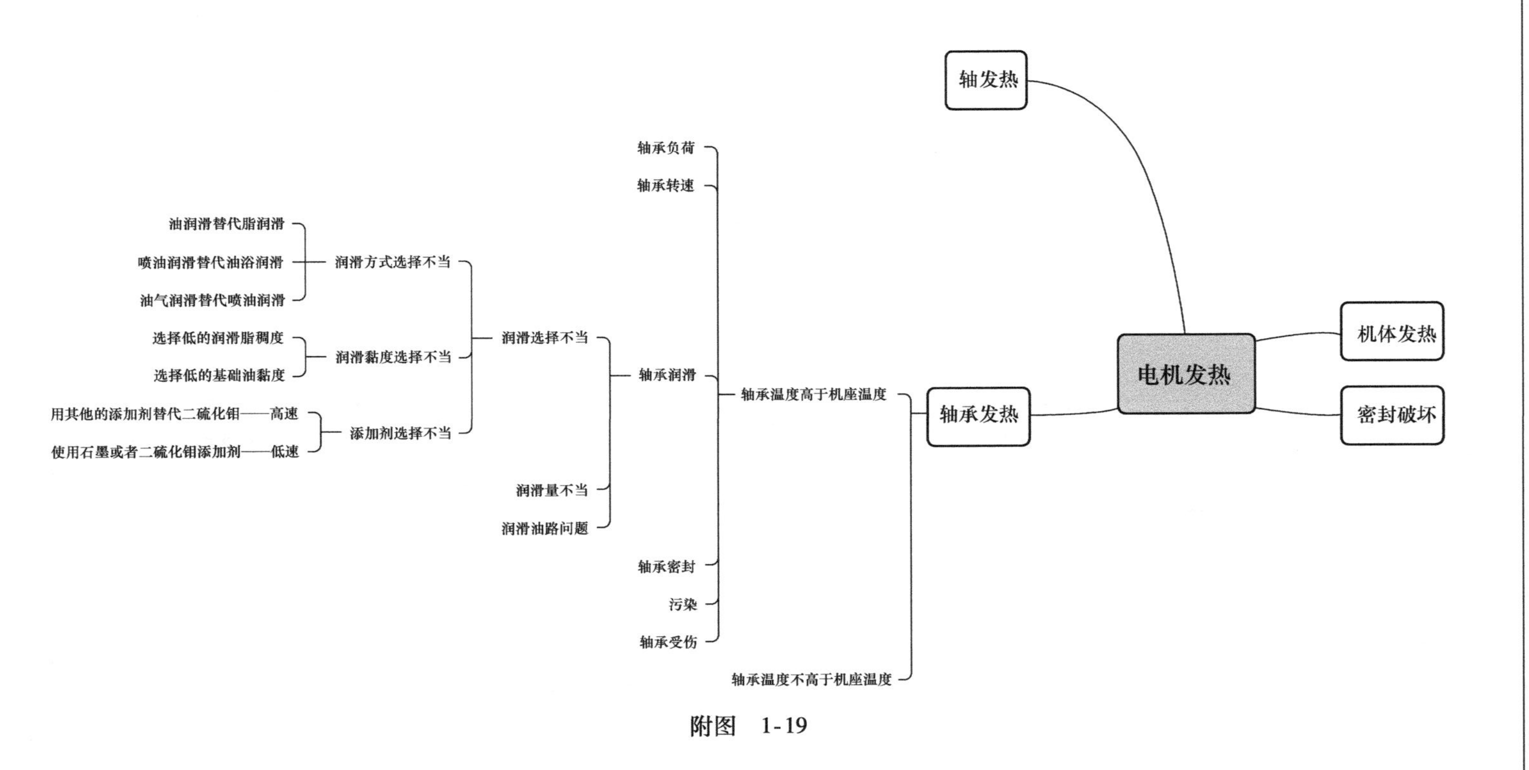
电机发热
轴发热
机体发热
密封破坏
轴承发热
轴承温度高于机座温度
轴承温度不高于机座温度
轴承负荷
轴承转速
轴承润滑
轴承密封
污染
轴承受伤
润滑选择不当
润滑量不当
润滑油路问题
润滑方式选择不当
润滑黏度选择不当
添加剂选择不当
油润滑替代脂润滑
喷油润滑替代油浴润滑
油气润滑替代喷油润滑
选择低的润滑脂稠度
选择低的基础油黏度
用其他的添加剂替代二硫化钼——高速
使用石墨或者二硫化钼添加剂——低速

附图　1-19

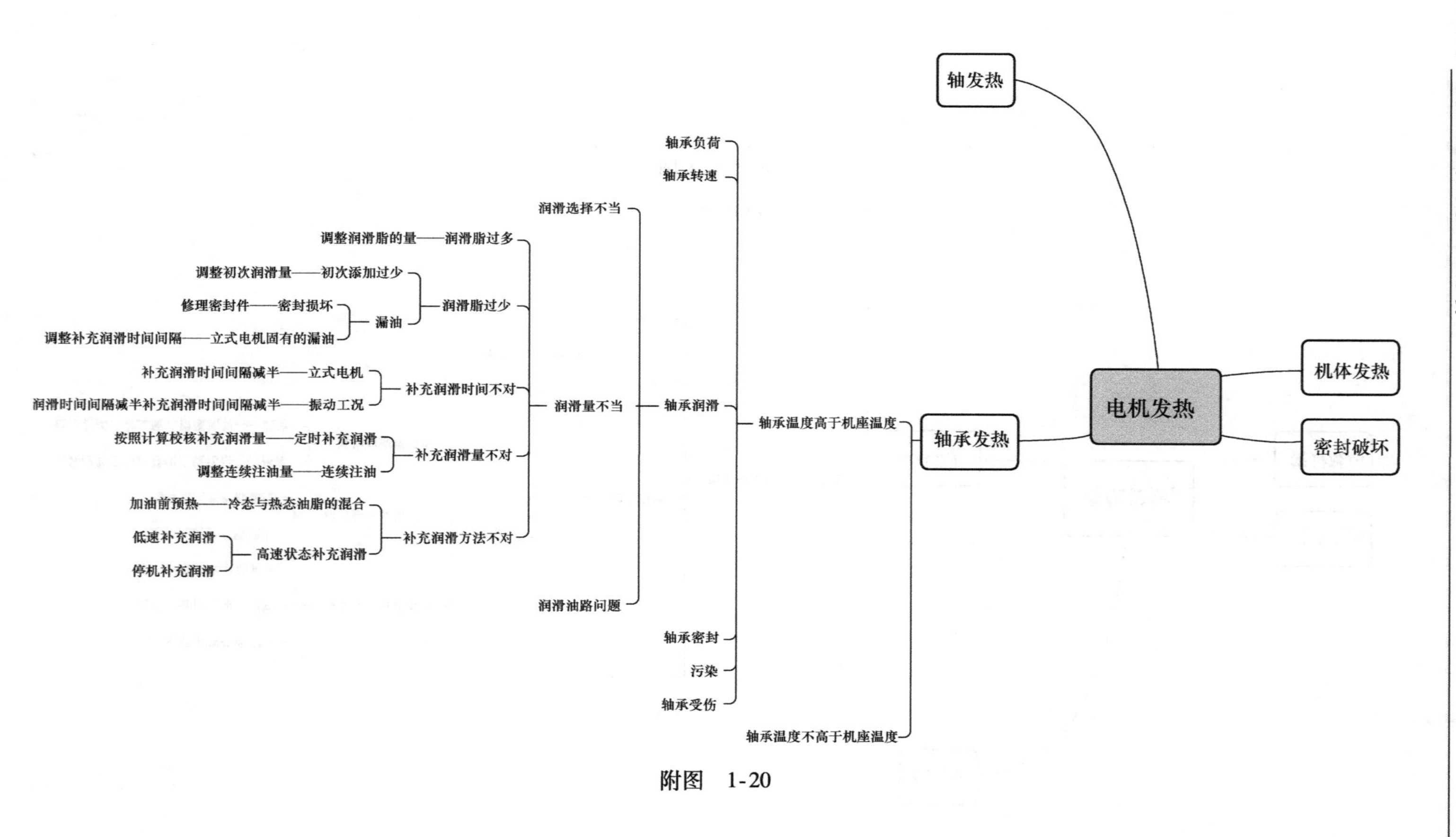
电机发热
机体发热
密封破坏
轴发热
轴承发热
轴承温度高于机座温度
轴承温度不高于机座温度
轴承负荷
轴承转速
轴承润滑
轴承密封
污染
轴承受伤
润滑选择不当
润滑量不当
润滑油路问题
调整润滑脂的量——润滑脂过多
润滑脂过少
调整初次润滑量——初次添加过少
漏油
修理密封件——密封损坏
调整补充润滑时间间隔——立式电机固有的漏油
补充润滑时间不对
补充润滑时间间隔减半——立式电机
润滑时间间隔减半补充润滑时间间隔减半——振动工况
补充润滑量不对
按照计算校核补充润滑量——定时补充润滑
调整连续注油量——连续注油
补充润滑方法不对
加油前预热——冷态与热态油脂的混合
高速状态补充润滑
低速补充润滑
停机补充润滑

附图 1-20

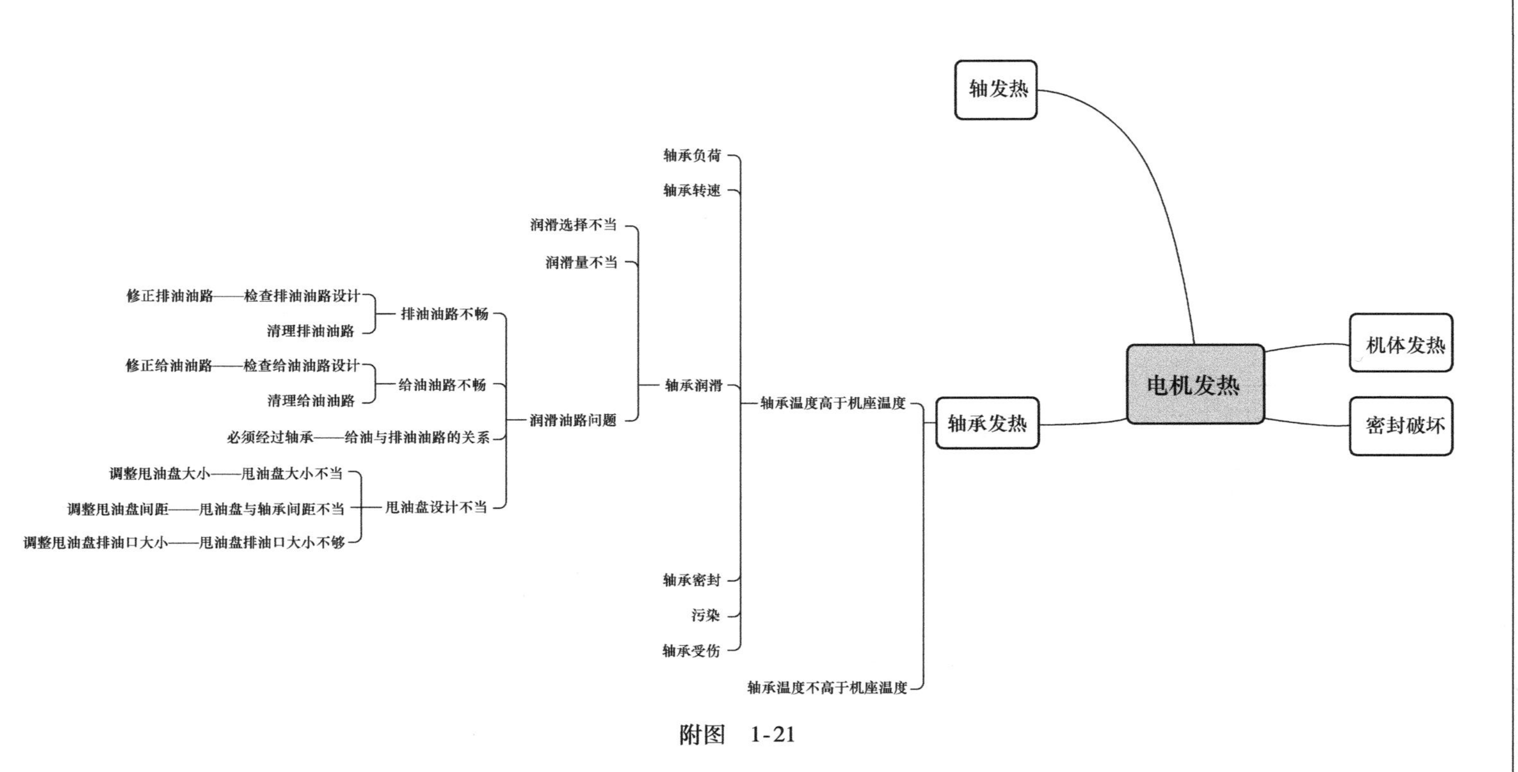
电机发热
轴发热
机体发热
密封破坏
轴承发热
轴承温度高于机座温度
轴承温度不高于机座温度
轴承负荷
轴承转速
轴承润滑
轴承密封
污染
轴承受伤
润滑选择不当
润滑量不当
润滑油路问题
排油油路不畅
给油油路不畅
给油与排油油路的关系
甩油盘设计不当
修正排油油路——检查排油油路设计
清理排油油路
修正给油油路——检查给油油路设计
清理给油油路
必须经过轴承——给油与排油油路的关系
调整甩油盘大小——甩油盘大小不当
调整甩油盘间距——甩油盘与轴承间距不当
调整甩油盘排油口大小——甩油盘排油口大小不够

附图　1-21

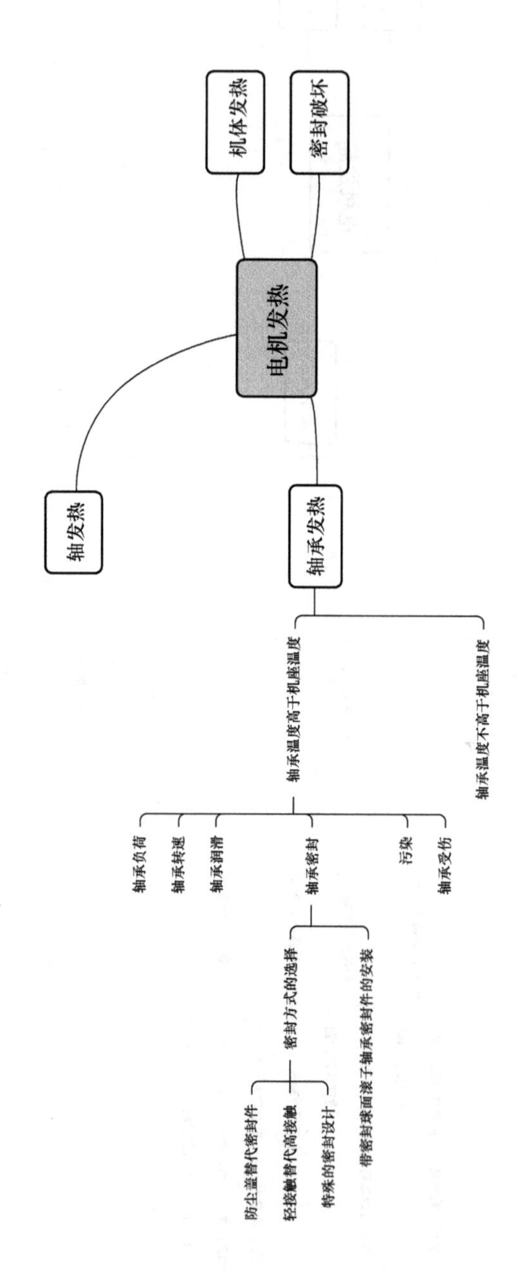
电机发热
机体发热
密封破坏
轴发热
轴承发热
轴承温度高于机座温度
轴承温度不高于机座温度
轴承负荷
轴承转速
轴承润滑
轴承密封
污染
轴承受伤
密封方式的选择
带密封球面滚子轴承密封件的安装
防尘盖替代密封件
轻接触替代高接触
特殊的密封设计

附图 1-22

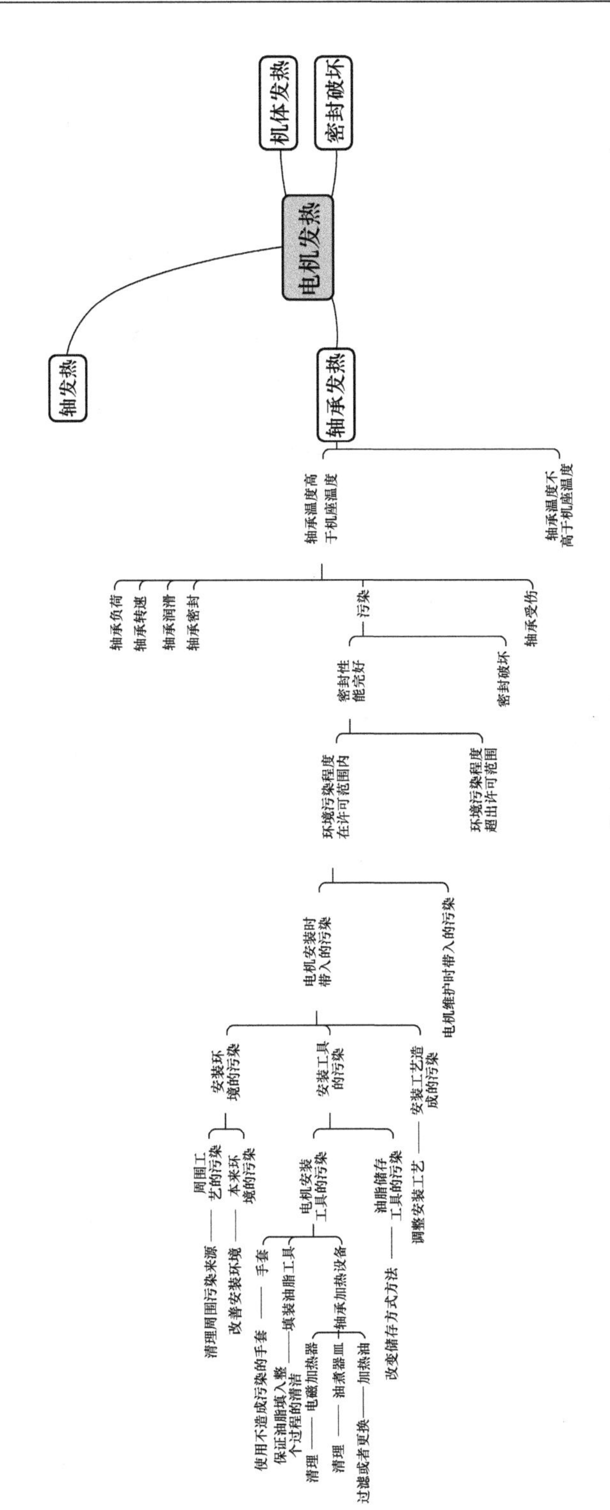
电机发热
轴发热
机体发热
密封破坏
轴承发热
轴承温度高
于机座温度
轴承温度不
高于机座温度
轴承负荷
轴承转速
轴承润滑
轴承密封
污染
轴承受伤
密封性
能完好
密封破坏
环境污染程度
在许可范围内
环境污染程度
超出许可范围
电机安装时
带入的污染
电机维护时带入的污染
安装环
境的污染
安装工具
的污染
安装工艺造
成的污染
周围工
艺的污染
本来环
境的污染
电机安装
工具的污染
油脂储存
工具的污染
清理周围污染来源
改善安装环境
手套
使用不造成污染的手套
填装油脂工具
保证油脂填入整
个过程的清洁
轴承加热设备
电磁加热器
清理
油煮器皿
清理
加热油
过滤或者更换
改变储存方式方法
调整安装工艺

附图　1-23

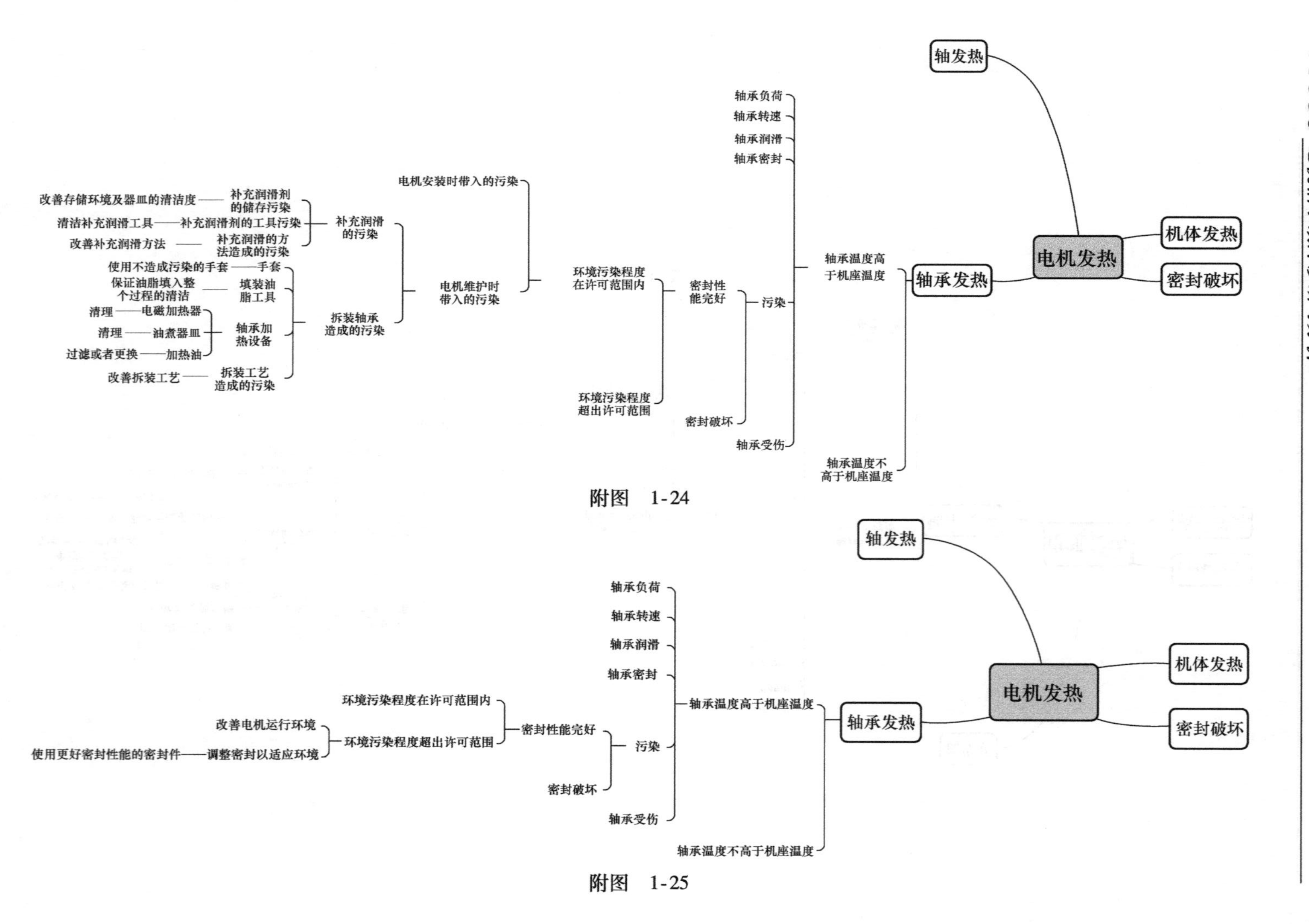

电机发热
轴发热
机体发热
密封破坏
轴承发热
轴承温度高于机座温度
轴承温度不高于机座温度
轴承负荷
轴承转速
轴承润滑
轴承密封
污染
轴承受伤
密封性能完好
密封破坏
环境污染程度在许可范围内
环境污染程度超出许可范围
电机安装时带入的污染
电机维护时带入的污染
补充润滑的污染
拆装轴承造成的污染
改善存储环境及器皿的清洁度——补充润滑剂的储存污染
清洁补充润滑工具——补充润滑剂的工具污染
改善补充润滑方法——补充润滑的方法造成的污染
使用不造成污染的手套——手套
保证油脂填入整个过程的清洁——填装油脂工具
清理——电磁加热器
清理——油煮器皿
过滤或者更换——加热油
轴承加热设备
改善拆装工艺——拆装工艺造成的污染

附图 1-24

电机发热
轴发热
机体发热
密封破坏
轴承发热
轴承温度高于机座温度
轴承温度不高于机座温度
轴承负荷
轴承转速
轴承润滑
轴承密封
污染
轴承受伤
密封性能完好
密封破坏
环境污染程度在许可范围内
环境污染程度超出许可范围
改善电机运行环境
使用更好密封性能的密封件——调整密封以适应环境

附图 1-25

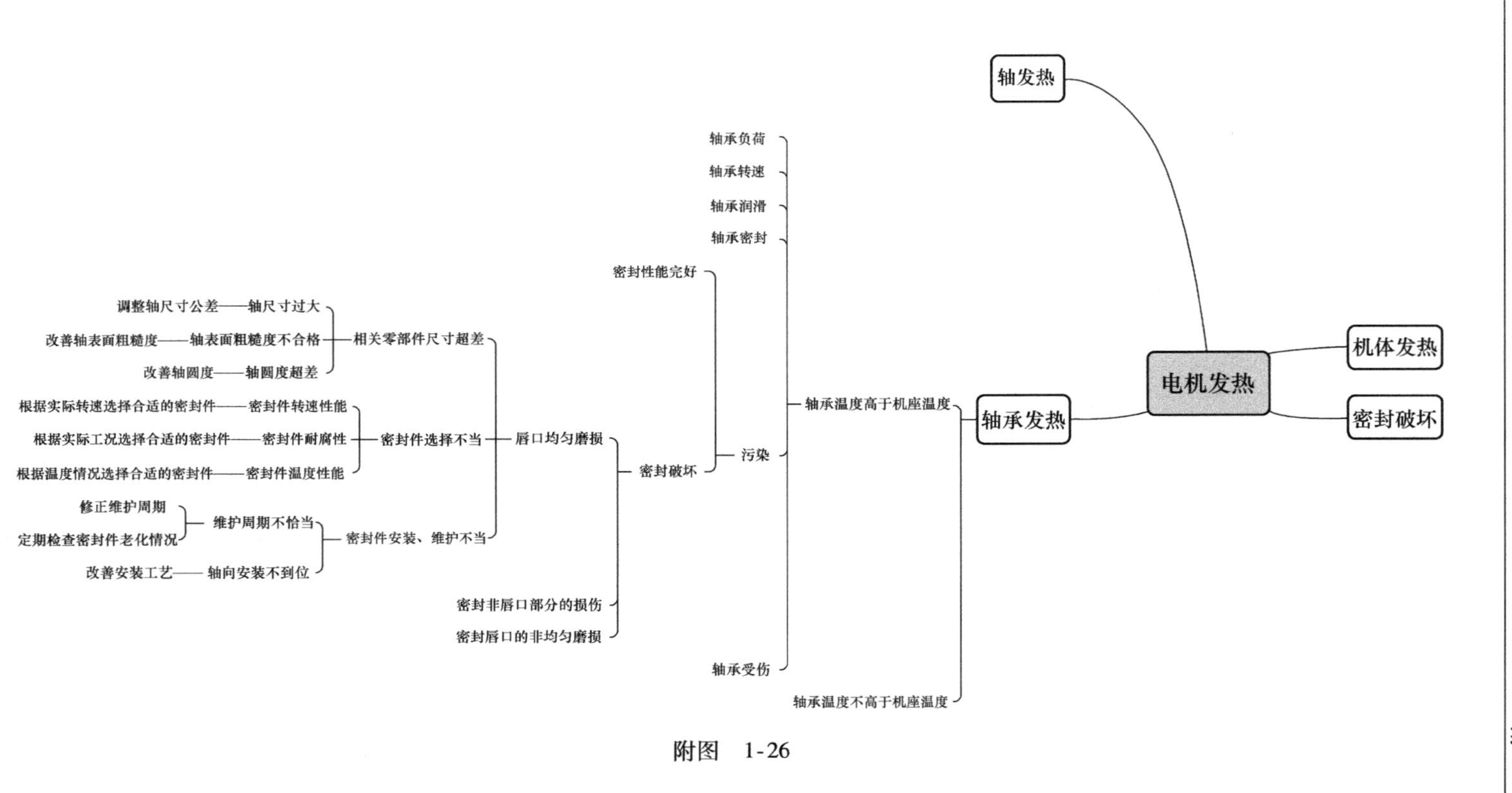
电机发热
轴发热
机体发热
密封破坏
轴承发热
轴承温度高于机座温度
轴承温度不高于机座温度
轴承负荷
轴承转速
轴承润滑
轴承密封
污染
轴承受伤
密封性能完好
密封破坏
唇口均匀磨损
密封非唇口部分的损伤
密封唇口的非均匀磨损
相关零部件尺寸超差
密封件选择不当
密封件安装、维护不当
调整轴尺寸公差——轴尺寸过大
改善轴表面粗糙度——轴表面粗糙度不合格
改善轴圆度——轴圆度超差
根据实际转速选择合适的密封件——密封件转速性能
根据实际工况选择合适的密封件——密封件耐腐性
根据温度情况选择合适的密封件——密封件温度性能
修正维护周期
定期检查密封件老化情况
维护周期不恰当
改善安装工艺——轴向安装不到位

附图　1-26

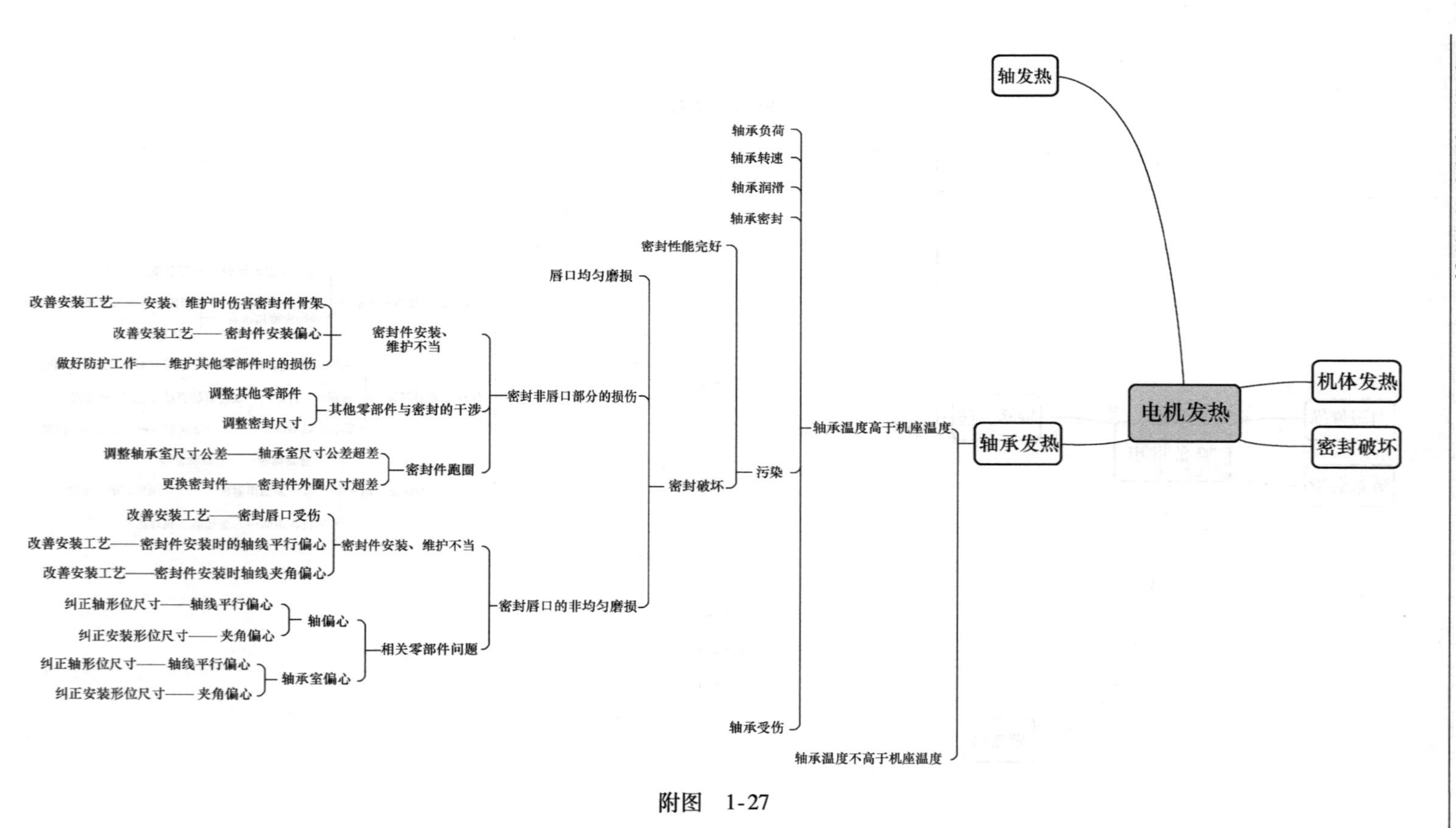
电机发热
轴发热
机体发热
密封破坏
轴承发热
轴承温度高于机座温度
轴承温度不高于机座温度
轴承负荷
轴承转速
轴承润滑
轴承密封
污染
轴承受伤
密封性能完好
密封破坏
唇口均匀磨损
密封非唇口部分的损伤
密封唇口的非均匀磨损
密封件安装、维护不当
其他零部件与密封的干涉
密封件跑圈
改善安装工艺——安装、维护时伤害密封件骨架
改善安装工艺——密封件安装偏心
做好防护工作——维护其他零部件时的损伤
调整其他零部件
调整密封尺寸
调整轴承室尺寸公差——轴承室尺寸公差超差
更换密封件——密封件外圈尺寸超差
密封件安装、维护不当
相关零部件问题
改善安装工艺——密封唇口受伤
改善安装工艺——密封件安装时的轴线平行偏心
改善安装工艺——密封件安装时轴线夹角偏心
轴偏心
轴承室偏心
纠正轴形位尺寸——轴线平行偏心
纠正安装形位尺寸——夹角偏心
纠正轴形位尺寸——轴线平行偏心
纠正安装形位尺寸——夹角偏心

附图 1-27

附录2　电机轴承故障对照表（GB/T 24611—2009/ISO 15243：2004）

可能的原因		缺陷特征																					
		磨损								疲劳		腐蚀			断裂			变形			裂纹		
		磨损增大	磨伤	划伤	咬粘痕迹和涂抹	擦伤和咬粘痕迹	波纹状凹槽和搓板纹	振痕	过热运转	点状表面疲劳	小片剥落和片状剥落	一般性腐蚀（生锈）	微动腐蚀（生锈）	电蚀环坑和波纹状凹槽	贯穿裂纹和断裂	保持架断裂	局部片状剥落和碎屑	变形	压痕	印痕	热裂纹	热处理裂纹	磨削裂纹
润滑剂	润滑剂不充分	●			●	●			●	●	●					●					●		
	润滑剂过多								●														
	黏度不合适	●			●	●			●	●	●					●					●		
	质量不合格	●			●	●			●	●	●	●									●		
	污染物	●	●	●						●	●	●							●				
工作条件	速度过高	●			●	●			●	●	●					●		●					
	载荷过大	●			●				●	●	●				●			●	●		●		
	载荷经常变化	●		●	●	●				●	●					●							
	振动	●			●	●		●		●	●		●		●	●							
	电流通过						●			●	●			●									
安装	电绝缘不良						●		●	●	●			●									
	安装不良					●				●	●				●	●	●	●	●	●			
	受热不均	●																●			●		
	偏斜	●				●				●	●				●	●		●			●		
	不应有的预负荷	●	●						●	●	●				●	●		●			●		
	冲击	●	●													●		●					
	固定不当	●	●		●					●	●				●		●	●			●		
	支撑表面不光滑	●	●							●	●		●		●			●					
	配合不正确	●	●						●	●	●		●				●	●			●		
设计	轴承选型不当				●	●			●				●		●	●	●						
	相邻零部件不匹配				●	●			●				●		●	●	●						
储运	储存不当											●											
	运输过程发生的振动					●		●					●						●	●			
制造	热处理不当	●							●	●	●											●	
	磨削不当																						●
	表面精加工不良	●	●							●	●												
	应用零件不精密	●	●						●	●	●				●		●						
材料	组织缺陷									●	●				●								
	材料不匹配	●			●	●			●									●					

附录3 深沟球轴承的径向游隙（GB/T 4604.1—2012）

内径范围/mm	游隙组别（代号）				
	2组（C2）	0组	3组（C3）	4组（C4）	5组（C5）
	游隙范围/μm				
>6~10	0~7	2~13	8~23	14~29	20~37
>10~18	0~9	3~18	11~25	18~33	25~45
>18~24	0~10	5~20	13~28	20~36	28~48
>24~30	1~11	5~20	13~23	23~41	30~53
>30~40	1~11	6~20	15~33	28~46	40~64
>40~50	1~11	6~23	18~36	30~51	45~73
>50~65	1~15	8~28	23~43	38~61	55~90
>65~80	1~15	10~30	25~51	46~71	65~105
>80~100	1~18	12~36	30~58	53~84	75~120
>100~120	2~20	15~41	36~66	61~97	90~140
>120~140	2~23	18~48	41~81	71~114	105~160
>140~160	2~23	18~53	46~91	81~130	120~180
>160~180	2~25	20~61	53~102	91~147	135~200
>180~200	2~30	25~71	63~117	107~163	150~230
>200~225	2~35	25~85	75~140	125~195	175~265
>225~250	2~40	30~95	85~160	145~225	205~300
>250~280	2~45	35~105	90~170	155~245	225~340

附录4 圆柱滚子轴承的径向游隙（GB/T 4604.1—2012）

内径范围/mm	游隙组别（代号）				
	2组（C2）	0组	3组（C3）	4组（C4）	5组（C5）
	游隙范围/μm				
10	0~25	20~45	35~60	50~75	—
>10~24	0~25	20~45	35~60	50~75	65~90
>24~30	0~25	20~45	35~60	50~75	70~95
>30~40	5~30	25~50	45~70	60~85	80~105
>40~50	5~35	30~60	50~80	70~100	95~125
>50~65	10~40	40~70	60~90	80~110	110~140
>65~80	10~45	40~75	65~100	90~125	130~165
>80~100	15~50	50~85	75~110	105~140	155~190
>100~120	15~55	50~90	85~125	125~165	180~220
>120~140	15~60	60~105	100~145	145~190	200~245
>140~160	20~70	70~120	115~165	165~215	225~275
>160~180	25~75	75~125	120~170	170~220	250~300

（续）

内径范围/mm	游隙组别（代号）				
	2 组（C2）	0 组	3 组（C3）	4 组（C4）	5 组（C5）
	游隙范围/μm				
>180 ~ 200	35 ~ 90	90 ~ 145	140 ~ 195	195 ~ 250	275 ~ 330
>200 ~ 225	45 ~ 105	105 ~ 165	160 ~ 220	220 ~ 280	305 ~ 365
>225 ~ 250	45 ~ 110	110 ~ 175	170 ~ 235	235 ~ 300	330 ~ 395
>250 ~ 280	55 ~ 125	125 ~ 195	190 ~ 260	260 ~ 330	370 ~ 440

附录 5　开启式深沟球轴承（60000 型）的极限转速值

规格/mm		极限转速/(r/min)	规格/mm		极限转速/(r/min)
内径	外径		内径	外径	
10	19，22，26，30，35	26000 ~ 18000	60	78，85，95，110，130，150	6700 ~ 4500
12	21，24，28，32，37	22000 ~ 17000	65	90，100，120，160	6000 ~ 4300
15	24，28，32，35，42	20000 ~ 16000	70	90，110，125，150，180	6000 ~ 3800
17	26，30，35，40，47，62	19000 ~ 11000	75	95，105，115，130，160，190	5600 ~ 3600
20	32，37，42，47，52，72	17000 ~ 9500	80	100，110，125，140，170，200	5300 ~ 3400
25	37，42，47，52，62，80	15000 ~ 8500	85	110，120，130，150，180，210	4800 ~ 3200
30	42，47，55，62，72，90	12000 ~ 8000	90	125，140，160，190，225	4500 ~ 2800
35	47，55，62，72，80，100	10000 ~ 6700	95	120，145，170，200	4300 ~ 3200
40	52，62，68，80，90，110	9500 ~ 6300	100	140，150，180，215，250	4000 ~ 2400
45	58，75，85，100，120	8500 ~ 5600	105	130，160，190，225	3800 ~ 2600
50	65，72，80，90，110，130	8000 ~ 5300	110	150，170，200，240，280	3600 ~ 2000
55	72，90，100，120，140	7500 ~ 4800	120	150，165，180，215，260	3400 ~ 2200

附录 6　带防尘盖的深沟球轴承（60000—Z 型和 60000—2Z 型）的极限转速值

规格/mm		极限转速/(r/min)	规格/mm		极限转速/(r/min)
内径	外径		内径	外径	
20	42，47，52	15000 ~ 13000	55	90，100，120	6300 ~ 5300
25	47，52，62	13000 ~ 10000	60	95，110，130	6000 ~ 5000
30	55，62，72	10000 ~ 8000	65	100，120，140	5600 ~ 4500
35	62，72，80	9000 ~ 8000	70	110，125，150	5300 ~ 4300
40	68，80，90	8500 ~ 7000	75	115，130，160	5000 ~ 4000
45	75，85，100	8000 ~ 6300	80	125，140	4800 ~ 4300
50	80，90，110	7000 ~ 6000	85	130，150	4500 ~ 4000

附录7 带密封圈的深沟球轴承（60000—RS型、2RS型、RZ型、2RZ型）的极限转速值

规格/mm		极限转速/（r/min）	规格/mm		极限转速/（r/min）
内径	外径		内径	外径	
20	42，47，52	9500～8500	55	90，100，120	4500～3800
25	47，52，62	8500～7000	60	95，110，130	4300～3600
30	55，62，72	7500～6300	65	100，120，140	4000～3200
35	62，72，80	6300～5600	70	110，125，150	3800～3000
40	68，80，90	6000～5000	75	115，130，160	3600～2800
45	75，85，100	5600～4500	80	125，140，170	3400～2600
50	80，90，110	5000～4300	85	130，150，180	3200～2400

附录8 内圈或外圈无挡边的圆柱滚子轴承（NU0000型、NJ0000型、NUP0000型、N0000型、NF0000型）的极限转速值

规格/mm		极限转速/(r/min)	规格/mm		极限转速/(r/min)
内径	外径		内径	外径	
50	80，90，110，130	6300～4800	95	170，200，240	3200～2200
55	90，100，120，140	5600～4300	100	150，180，215，250	3400～2000
60	95，110，130，150	5300～4000	105	160，190，225	3200～2200
65	120，140，160	4500～3800	110	170，200，240，280	3000～1800
70	110，125，150，180	4800～3400	120	180，215，260，310	2600～1700
75	130，160，190	4000～3200	130	200，230，280，340	2400～1500
80	125，140，170，200	4300～3000	140	210，250，300，360	2000～1400
85	150，180，210	3600～2800	150	225，270，320，380	1900～1300
90	140，160，190，225	3800～2400	160	240，290，340	1800～1400

附录9 单列圆锥滚子轴承（30000型）的极限转速值

规格/mm		极限转速/(r/min)	规格/mm		极限转速/(r/min)
内径	外径		内径	外径	
50	72，80，90，110	5000～3800	90	125，140，160，190	3200～1900
55	90，100，120	4000～3400	95	145，170，200	2400～1800
60	85，95，110，130	4000～3200	100	150，180，215	2200～1600
65	100，120，140	3600～2800	105	160，190，225	2000～1500
70	100，110，125，150	3600～2600	110	150，170，200，240	2000～1400
75	115，130，160	3200～2400	120	180，215，260	1700～1300
80	125，140，170	3000～2200	130	180，200，230，280	1700～1100
85	120，130，150，180	3400～2000	140	190，210，250，300	1600～1000

附录10　单向推力球轴承（510000型）的极限转速值

规格/mm		极限转速/(r/min)	规格/mm		极限转速/(r/min)
内径	外径		内径	外径	
50	70，78，95，110	3000～1300	90	120，135，155，190	1700～670
55	78，90，105，120	2800～1100	100	135，150，170，210	1600～600
60	85，95，110，130	2600～1000	110	145，160，190，230	1500～530
65	90，100，115，140	2400～900	120	155，170，210	1400～670
70	95，105，125，150	2200～850	130	170，190，225，270	1300～430
75	100，110，135，160	2000～800	140	180，200，240，280	1200～400
80	105，115，140，170	1900～750	150	190，215，250，300	1100～380
85	110，125，150，180	1800～700	160	200，225，270	1000～500

附录11　单向推力圆柱滚子轴承（80000型）的极限转速值

规格/mm		极限转速/(r/min)	规格/mm		极限转速/(r/min)
内径	外径		内径	外径	
40	60，68	2400，1700	85	110，125	1300，900
50	78	2400	90	120	1200
55	78，90	1900，1400	100	150	800
65	90，100	1700，1200	120	155	950
75	110	1000	130	190	670

附录12　单列角接触轴承（70000C型、70000AC型、70000B型）的极限转速值

规格/mm		极限转速/(r/min)	规格/mm		极限转速/(r/min)
内径	外径		内径	外径	
50	80，90，110，130	6700～5000	90	140，160，190，215	4000～2600
55	90，100，120	6000～5000	95	145，170，200	3800～3000
60	95，110，130，150	5600～4300	100	150，180，215	3800～2600
65	100，120，140	5300～4300	105	160，190，225	3700～2400
70	110，125，150，180	5000～3600	110	170，200，240	3600～2200
75	115，130，160	4800～3800	120	180，215，260	2800～2000
80	125，140，170，200	4500～3200	130	200，230	2600～2200
85	130，150，180	4300～3400	140	210，250，300	2200～1700

附录13　ISO公差等级尺寸规则

标准尺寸/mm	公差等级（IT）及尺寸/μm												
	IT0	IT1	IT2	IT3	IT4	IT5	IT6	IT7	IT8	IT9	IT10	IT11	TI12
1～3	0.5	0.8	1.2	2	3	4	6	10	14	25	40	60	100
>3～6	0.6	1	1.5	2.5	4	5	8	12	18	30	48	75	120
>6～10	0.6	1	1.5	2.5	4	6	9	15	22	36	58	90	150
>10～18	0.8	1.2	2	3	5	8	11	18	27	43	70	110	180
>18～30	1	1.5	2.5	4	6	9	13	21	33	52	84	130	210
>30～50	1	1.5	2.5	4	7	11	16	25	39	62	100	160	250
>50～80	1.2	2	3	5	8	13	19	30	46	74	120	190	300
>80～120	1.5	2.5	4	6	10	15	22	35	54	87	140	220	350
>120～180	2	3.5	7	8	12	18	25	40	63	100	160	250	400
>180～250	3	4.5	7	10	14	20	29	46	72	115	185	290	460
>250～315	4	6	8	12	16	23	32	52	81	130	210	320	520
>315～400	5	7	9	13	18	25	36	57	89	140	230	360	570
>400～500	6	8	10	15	20	27	40	63	97	155	250	400	630
>500～630	—	—	—	—	—	28	44	70	110	175	280	440	700
>630～800	—	—	—	—	—	35	50	80	125	200	320	500	800
>800～1000	—	—	—	—	—	56	56	90	140	230	360	560	900

附录14　深沟球轴承新老标准型号及基本尺寸对比表

基本尺寸/mm			新型号	老型号	基本尺寸/mm			新型号	老型号
内径	外径	宽度			内径	外径	宽度		
20	47	14	6204	204	45	85	19	6209	209
	52	15	6304	304		100	25	6309	309
	72	19	6404	404		120	29	6409	409
25	52	15	6205	205	50	80	16	6010	110
	62	17	6305	305		90	20	6210	210
	80	21	6405	405		110	27	6310	310
30	62	16	6206	206		130	31	6410	410
	72	19	6306	306	55	90	18	6011	111
	90	23	6406	406		100	21	6211	211
36	72	17	6207	207		120	29	6311	311
	80	21	6307	307		140	33	6411	411
	100	25	6407	407	60	95	18	6012	112
40	80	18	6208	208		110	22	6212	212
	90	23	6308	308		130	31	6312	312
	110	27	6408	408		150	35	6412	412

（续）

基本尺寸/mm			新型号	老型号	基本尺寸/mm			新型号	老型号
内径	外径	宽度			内径	外径	宽度		
65	100	18	6013	113	90	225	54	6418	418
	120	23	6213	213	95	145	24	6019	119
	120	33	6313	313		170	38	6219	219
	160	37	6413	413		200	25	6319	319
70	110	20	6014	114	100	150	24	6020	120
	125	24	6214	214		180	34	6220	220
	150	35	6314	314		215	47	6320	320
	180	42	6414	414		250	58	6420	420
75	115	20	6015	115	105	160	26	6021	121
	130	25	6215	215		190	36	6221	221
	160	37	6315	315		225	49	6321	321
	190	45	6415	415	110	170	28	6022	122
80	125	22	6016	116		200	38	6222	222
	140	26	6216	216		240	50	6322	322
	170	39	6316	316	120	180	28	6024	124
	200	48	6416	416		215	40	6224	224
85	130	22	6017	117		260	55	6324	324
	150	28	6217	217	130	200	33	6026	126
	180	41	6317	317		230	40	6226	226
	210	52	6417	417		280	58	6326	326
90	140	24	6018	118	140	210	33	6028	128
	160	30	6218	218		250	42	6228	228
	190	43	6318	318		300	62	6328	328

附录 15　带防尘盖的深沟球轴承新老标准型号及基本尺寸对比表

基本尺寸/mm			新型号		老型号	
内径	外径	宽度	单封闭 60000 - Z 型	双封闭 60000 - 2Z 型	单封闭	双封闭
10	26	8	6000Z	6000 - 2Z	60100	80100
	30	9	6200Z	6200 - 2Z	60200	80200
	35	11	6300Z	6300 - 2Z	60300	80300
12	28	8	6001Z	6001 - 2Z	60101	80101
	32	10	6201Z	6201 - 2Z	60201	80201
	37	12	6301Z	6301 - 2Z	60301	80301

（续）

基本尺寸/mm			新型号		老型号	
内径	外径	宽度	单封闭 60000－Z 型	双封闭 60000－2Z 型	单封闭	双封闭
15	32	9	6002Z	6002－2Z	60102	80102
	35	11	6202Z	6202－2Z	60202	80202
	42	13	6302Z	6302－2Z	60302	80302
17	35	10	6003Z	6003－2Z	60103	80103
	40	12	6203Z	6203－2Z	60203	80203
	47	14	6303Z	6303－2Z	60303	80303
20	42	12	6004Z	6004－2Z	60104	80104
	47	14	6204Z	6204－2Z	60204	80204
	52	15	6304Z	6304－2Z	60304	80304
25	47	12	6005Z	6005－2Z	60105	80105
	52	15	6205Z	6205－2Z	60205	80205
	62	17	6305Z	6305－2Z	60305	80305
30	55	13	6006Z	6006－2Z	60106	80106
	62	16	6206Z	6206－2Z	60206	80206
	72	19	6306Z	6306－2Z	60306	80306
35	62	14	6007Z	6007－2Z	60107	80107
	72	17	6207Z	6207－2Z	60207	80207
	80	21	6307Z	6307－2Z	60307	80307
40	68	15	6008Z	6008－2Z	60108	80108
	80	18	6208Z	6208－2Z	60208	80208
	90	23	6308Z	6308－2Z	60308	80308
45	75	16	6009Z	6009－2Z	60109	80109
	85	19	6209Z	6209－2Z	60209	80209
	100	25	6309Z	6309－2Z	60309	80309
50	80	16	6010Z	6010－2Z	60110	80110
	90	20	6210Z	6210－2Z	60210	80210
	110	27	6310Z	6310－2Z	60310	80310
55	90	18	6011Z	6011－2Z	60111	80111
	100	21	6211Z	6211－2Z	60211	80211
	120	29	6311Z	6311－2Z	60311	80311
60	95	18	6012Z	6012－2Z	60112	80112
	110	22	6212Z	6212－2Z	60212	80212
	130	31	6312Z	6312－2Z	60312	80312

附录16　带骨架密封圈的深沟球轴承新老标准型号及基本尺寸对比表

基本尺寸/mm			新型号		老型号	
内径	外径	宽度	单封闭 60000 - RS 型	双封闭 60000 - 2RS 型	单封闭	双封闭
10	26	8	6000RS	6000 - 2RS	160100	180100
	30	9	6200RS	6200 - 2RS	160200	180200
	35	11	6300RS	6300 - 2RS	160300	180300
12	28	8	6001RS	6001 - 2RS	160101	180101
	32	10	6201RS	6201 - 2RS	160201	180201
	37	12	6301RS	6301 - 2RS	160301	180301
15	32	9	6002RS	6002 - 2RS	160102	180102
	35	11	6202RS	6202 - 2RS	160202	180202
	42	13	6302RS	6302 - 2RS	160302	180302
17	35	10	6003RS	6003 - 2RS	160103	180103
	40	12	6203RS	6203 - 2RS	160203	180203
	47	14	6303RS	6303 - 2RS	160303	180303
20	42	12	6004RS	6004 - 2RS	160104	180104
	47	14	6204RS	6204 - 2RS	160204	180204
	52	15	6304RS	6304 - 2RS	160304	180304
25	47	12	6005RS	6005 - 2RS	160105	180105
	52	15	6205RS	6205 - 2RS	160205	180205
	62	17	6305RS	6305 - 2RS	160305	180305
30	55	13	6006RS	6006 - 2RS	160106	180106
	62	16	6206RS	6206 - 2RS	160206	180206
	72	19	6306RS	6306 - 2RS	160306	180306
35	62	14	6007RS	6007 - 2RS	160107	180107
	72	17	6207RS	6207 - 2RS	160207	180207
	80	21	6307RS	6307 - 2RS	160307	180307
40	68	15	6008RS	6008 - 2RS	160108	180108
	80	18	6208RS	6208 - 2RS	160208	180208
	90	23	6308RS	6308 - 2RS	160308	180308
45	75	16	6009RS	6009 - 2RS	160109	180109
	85	19	6209RS	6209 - 2RS	160209	180209
	100	25	6309RS	6309 - 2RS	160309	180309
50	80	16	6010RS	6010 - 2RS	160110	180110
	90	20	6210RS	6210 - 2RS	160210	180210

（续）

基本尺寸/mm			新型号		老型号	
内径	外径	宽度	单封闭 60000 - RS 型	双封闭 60000 - 2RS 型	单封闭	双封闭
50	110	27	6310RS	6310 - 2RS	160310	180310
55	90	18	6011RS	6011 - 2RS	160111	180111
	100	21	6211RS	6211 - 2RS	160211	180211
	120	29	6311RS	6311 - 2RS	160311	180311
60	95	18	6012RS	6012 - 2RS	160121	180121
	110	22	6212RS	6212 - 2RS	160212	180212
	130	31	6312RS	6312 - 2RS	160312	180312

附录17　内圈无挡边的圆柱滚子轴承新老标准型号及基本尺寸对比表

基本尺寸/mm				新型号	老型号
内径	外径	宽度	内圈外径	NU0000	32000
20	47	14	27	NU204	32204
	47	14	26.5	NU204E	32204E
	47	18	26.5	NU2204E	32504E
	52	15	28.5	NU304	32304
	52	15	27.5	NU304E	32304E
25	52	15	32	NU205	32205
	52	15	31.5	NU205E	32205E
	52	18	32	NU2205	32505
	52	18	31.5	NU2205E	32505E
	62	17	35	NU305	32305
	62	17	34	NU305E	32305E
	62	24	33.6	NU2305	32605
	62	24	34	NU2305E	32605E
30	62	16	38.5	NU206	32206
	62	16	37.5	NU206E	32206E
	62	20	38.5	NU2206	32506
	62	20	37.5	NU2206E	32506E
	72	19	42	NU306	32306
	72	19	40.5	NU306E	32306E
	72	27	42	NU2306	32606
30	72	27	40.5	NU2306E	32606E
	90	23	45	NU406	32406
35	72	17	43.8	NU207	32207
	72	17	44	NU207E	32207E
	72	23	43.8	NU2207	32507
	72	23	44	NU2207E	32507E
	80	21	46.2	NU307	32307
	80	21	46.2	NU307E	32307E
	80	31	46.2	NU2307	32607
	80	31	46.2	NU2307E	32607E
	100	25	53	NU407	32407
40	80	18	50	NU208	32208
	80	18	49.5	NU208E	32208E
	80	23	50	NU2208	32508
	80	23	49.5	NU2208E	32508E
	90	23	53.2	NU308	32308
	90	23	52	NU308E	32308E
	90	33	53.5	NU2308	32608
	90	33	52	NU 2308E	32608E
	110	27	58	NU 408	32408

（续）

基本尺寸/mm				新型号 NU0000	老型号 32000	基本尺寸/mm				新型号 NU0000	老型号 32000
内径	外径	宽度	内圈外径			内径	外径	宽度	内圈外径		
45	85	19	55	NU209	32209	55	90	18	64.5	NU1011	32111
	85	19	54.5	NU209E	32209E		100	21	66.5	NU211	32211
	85	23	55	NU2209	32509		100	21	66.0	NU211E	32211E
	85	23	54.5	NU2209E	32509E		100	25	66.5	NU2211	32511
	100	25	58.5	NU309	32309		100	25	66.0	NU2211E	32511E
	100	25	58.5	NU309E	32309E		120	29	70.5	NU311	32311
	100	36	58.5	NU2309	32609		120	29	70.5	NU311E	32311E
	100	36	58.5	NU2309E	32609E		120	43	70.5	NU2311	32611
	120	29	64.5	NU409	32409		120	43	70.5	NU2311E	32611E
50	80	16	57.5	NU1010	32110		140	33	77.2	NU411	32411
	90	20	60.4	NU210	32210	60	95	18	69.5	NU1012	32112
	90	20	59.5	NU210E	32210E		110	22	73	NU212	32212
	90	23	60.4	NU2210	32510		110	22	72	NU212E	32212E
	90	23	59.5	NU2210E	32510E		110	28	73	NU2212	32512
	110	27	65	NU310	32310		110	28	72	NU2212E	32512E
	110	27	65	NU310E	32310E		130	31	77	NU312	32312
	110	40	65	NU2310	32610		130	31	77	NU312E	32312E
	110	40	65	NU2310E	32610E		130	46	77	NU2312	32612
	130	31	65	NU410	32410		130	46	77	NU2312E	32612E
							150	35	83	NU 412	32412

附录 18 外圈无挡边的圆柱滚子轴承新老标准型号及基本尺寸对比表

基本尺寸/mm			新型号		老型号	
内径	外径	宽度	N0000 型	NF0000 型	2000 型	12000 型
20	42	12	N1004	—	2104	—
	47	14	N204	NF204	2204	12204
	47	14	N204E	—	2204E	—
	52	15	N304	NF304	2304	12304
	52	15	N304E	—	2304 E	—
25	47	12	N1005	—	2105	—
	52	15	N205	NF205	2205	12205
	52	15	N205E	—	2205E	—

（续）

基本尺寸/mm			新型号		老型号	
内径	外径	宽度	N0000 型	NF0000 型	2000 型	12000 型
25	52	18	N2205	NF2205	2505	12505
	62	17	N305	NF305	2305	12305
	62	17	N305E	—	2305E	—
	62	24	N2305	NF2305	2605	12605
30	62	16	N206	NF206	2206	12206
	62	16	N206E	—	2206E	—
	62	20	N2206	—	2506	—
	72	19	N306	NF306	2306	12306
	72	19	N306E	—	2306E	—
	72	27	N2306	NF2306	2606	12606
	90	23	N406	—	2406	—
35	72	17	N207	NF207	2207	12207
	72	17	N207E	—	2207E	—
	72	23	N2207	—	2507	—
	80	21	N307	NF307	2307	12307
	80	21	N307E	—	2307E	—
	80	31	N2307	NF2307	2607	12607
	100	25	N407	—	2407	—
40	68	15	N1008	—	2108	—
	80	18	N208	NF208	2208	12208
	80	18	N208E	—	2208E	—
	80	23	N2208	NF2208	2508	12508
	90	23	N308	NF308	2308	12308
	90	23	N308E	—	2308E	—
	90	23	N2308	NF2308	2608	12608
	110	27	N408	—	2408	—
45	85	19	N209	NF209	2209	12209
	85	19	N209E	—	2209E	—
	85	23	N2209	—	2509	—
	100	25	N309	NF309	2309	12309
	100	25	N309E	NF309E	2309E	12309E
	100	36	N2309	NF2309	2609	12609
	120	29	N409	—	2409	—

（续）

基本尺寸/mm			新型号		老型号	
内径	外径	宽度	N0000 型	NF0000 型	2000 型	12000 型
50	80	16	N1010	—	2110	—
	90	20	N210	NF210	2210	12210
	90	20	N210E	—	2210E	—
	90	23	N2210	—	2510	—
	110	27	N310	NF310	2310	12310
	110	27	N310E	NF310E	2310E	12310E
	110	40	N2310	NF2310	2610	12610
	130	31	N410	NF410	2410	12410
55	90	18	N1011	—	2111	—
	100	21	N211	NF211	2211	12211
	100	21	N211E	—	2211E	—
	100	25	N2211	NF2211	2511	12511
	120	29	N311	NF311	2311	12311
	120	29	N311E	NF311E	2311E	12311E
	120	43	N2311	NF2311	2611	12611
	140	33	N411	—	2411	—
60	95	18	N1012	—	2112	—
	110	22	N212	NF212	2212	12212
	110	22	N212E	—	2212E	—
	110	28	N2212	—	2512	—
	130	31	N312	NF312	2312	12312
	130	31	N312E	NF312E	2312E	12312E
	130	46	N2312	NF2312	2612	12612
	150	35	N412	—	2412	—
65	120	23	N213	NF213	2213	12213
	120	23	N213E	—	2213E	—
	120	31	N2213	—	2513	—
	140	33	N313	NF313	2313	12313
	140	33	N313E	NF313E	2313E	12313E
	140	48	N2312	NF2313	2613	12613
	160	37	N413	—	2413	—

（续）

基本尺寸/mm			新型号		老型号	
内径	外径	宽度	N0000 型	NF0000 型	2000 型	12000 型
70	110	20	N1014	—	2114	—
	125	24	N214	NF214	2214	12214
	125	24	N214E	—	2214E	—
	125	31	N2214	—	2514	—
	150	35	N314	NF314	2314	12314
	150	35	N314E	NF314E	2314E	12314E
	150	51	N2314	NF2314	2614	12614
	180	42	N414	—	2414	—
75	130	25	N215	NF215	2215	12215
	130	25	N215E	—	2215E	—
	130	31	N2215	NF2215	2515	12515
	160	37	N315	NF315	2315	12315
	160	37	N315E	NF315E	2315E	12315E
	160	55	N2315	NF2315	2615	12615
	190	45	N415	—	2415	—
80	125	22	N1016	—	2116	—
	140	26	N216	NF216	2216	12216
	140	26	N216E	—	2216E	—
	140	33	N2216	—	2516	—
	170	39	N316	NF316	2316	12316
	170	39	N316E	NF316E	2316E	12316E
	170	58	N2316	NF2316	2616	12616
	200	48	N416	NF416	2416	12416
85	150	28	N217	NF217	2217	12217
	150	28	N217E	—	2217E	—
	150	36	N2217	—	2517	—
	180	41	N317	NF317	2317	12317
	180	41	N317E	NF317E	2317E	12317E
	180	60	N2317	NF2317	2617	12617
	210	52	N417	—	2417	—

（续）

基本尺寸/mm			新型号		老型号	
内径	外径	宽度	N0000 型	NF0000 型	2000 型	12000 型
90	140	24	N1018	—	2118	—
	160	30	N218	NF218	2218	12218
	160	30	N218E	—	2218E	—
	160	40	N2218	—	2518	—
	190	43	N318	NF318	2318	12318
	190	43	N318E	NF318E	2318E	12318E
	190	64	N2318	NF2318	2618	12618
	225	54	N418	NF418	2418	12418
95	170	32	N219	NF219	2219	12219
	170	32	N219E	—	2219E	—
	170	43	N2219	—	2519	—
	200	45	N319	NF319	2319	12319
	200	45	N319E	NF319E	2319E	12319E
	200	67	N2319	NF2319	2619	12619
	240	55	N419	—	2419	—
100	150	24	N1020	—	2120	—
	180	34	N220	NF220	2220	12220
	180	34	N220E	—	2220E	—
	180	46	N2220	—	2520	—
	215	47	N320	NF320	2320	12320
	215	47	N320E	NF320E	2320E	12320E
	215	73	N2320	NF2320	2620	12620
	250	58	N420	NF420	2420	12420
105	160	26	N1021	—	2121	—
	190	36	N221	NF221	2221	12221
	225	49	—	NF321	2321	12321
110	170	28	N1022	—	2122	—
	200	38	N222	NF222	2222	12222
	200	38	N222E	—	2222E	—
	200	53	N2222	NF2222	2522	12522
	240	50	N322	NF322	2322	12322
	240	80	N2322	NF2322	2622	12622
	280	65	N422	—	2422	—

（续）

基本尺寸/mm			新型号		老型号	
内径	外径	宽度	N0000 型	NF0000 型	2000 型	12000 型
120	180	28	N1024	—	2124	—
	215	40	N224	NF224	2224	12224
	215	40	N224E	—	2224E	—
	215	58	N2224	NF2224	2524	12524
	260	55	N324	NF324	2324	12324
	260	86	N2324	NF2324	2624	12624
	310	72	N424	—	2424	—
130	200	33	N1026	—	2126	—
	230	40	N226	NF226	2226	12226
	230	64	N2226	NF2226	2526	12526
	280	58	N326	NF326	2326	12326
	280	93	N2326	NF2326	2626	12626
	340	78	N426	—	2426	—
140	210	33	N1028	—	2128	—
	250	42	N228	NF228	2228	12228
	250	68	N2228	—	2528	—
	300	62	N328	NF328	2328	12328
	300	102	N2328	NF2328	2628	12628
	360	82	N428	—	2428	—
150	225	35	N1030	—	2130	—
	270	45	N230	NF230	2230	12230
	320	65	N330	NF330	2330	12330
	320	108	N2330	NF2330	2630	12630
	380	85	N430	—	2430	—
160	240	38	N1032	—	2132	—
	290	48	N232	NF232	2232	12232
	290	80	N2232	—	2532	—
	340	68	N332	NF332	2332	12332
170	260	42	N1034	—	2134	—
	310	52	N234	NF234	2234	12234
	360	72	N334	—	2334	—
	360	120	N2334	NF2334	2634	12634

附录19　单向推力球轴承新老标准型号及基本尺寸对比表

基本尺寸/mm			新型号	老型号
内径	外径	高度	510000	8000
30	47	11	51106	8106
	52	16	51206	8206
	60	21	51306	8306
	70	28	51406	8406
35	52	12	51107	8107
	62	18	51207	8207
	68	24	51307	8307
	80	32	51407	8407
40	60	13	51108	8108
	68	19	51208	8208
	78	26	51308	8308
	90	36	51408	8408
45	65	14	51109	8109
	73	20	51209	8209
	85	28	51309	8309
	100	39	51409	8409
50	70	14	51110	8110
	78	22	51210	8210
	95	31	51310	8310
	110	43	51410	8410
55	78	16	51111	8111
	90	25	51211	8211
	105	35	51311	8311
	120	48	51411	8411
60	85	17	51112	8112
	95	26	51212	8212
	110	35	51312	8312
	130	51	51412	8412
65	90	18	51113	8113
	100	27	51213	8213
	115	36	51313	8313
	140	56	51413	8413
70	95	18	51114	8114
	105	27	51214	8214
	125	40	51314	8314
	150	60	51414	8414
75	100	19	51115	8115
	110	27	51215	8215
	135	44	51315	8315
	160	65	51415	8415
80	105	19	51116	8116
	115	28	51216	8216
	140	44	51316	8316
	170	68	51416	8416
85	110	19	51117	8117
	125	31	51217	8217
	150	49	51317	8317
	180	72	51417	8417
90	120	22	51118	8118
	135	35	51218	8218
	155	50	51318	8318
	190	77	51418	8418
100	135	25	51120	8120
	150	38	51220	8220
	170	55	51320	8320
	210	85	51420	8420
110	145	25	51122	8122
	160	38	51222	8222
	190	63	51322	8322
	230	95	51422	8422
120	155	25	51242	8242
	170	39	51324	8324
130	210	70	51424	8424
	170	30	51126	8126

（续）

基本尺寸/mm			新型号	老型号
内径	外径	高度	510000	8000
130	190	45	51226	8226
	225	75	51326	8326
	270	110	51426	8426
140	180	31	51128	8128
	200	46	51228	8228
	240	80	51328	8328
	280	112	51428	8428

基本尺寸/mm			新型号	老型号
内径	外径	高度	510000	8000
150	190	31	51130	8130
	215	50	51230	8230
	250	80	51330	8330
	300	120	51430	8430
160	200	31	51132	8132
	225	51	51232	8232
	270	87	51332	8332
170	215	34	51134	8134
	240	55	51234	8234

附录20　推力圆柱滚子轴承新老标准型号及基本尺寸对比表

基本尺寸/mm			新型号	老型号	基本尺寸/mm			新型号	老型号
内径	外径	高度	80000	9000	内径	外径	高度	80000	9000
10	24	9	81100	9100	50	70	14	81110	9110
12	26	9	81101	9101	55	78	16	81111	9111
15	28	9	81102	9102	60	85	17	81112	9112
17	30	9	81103	9103	65	90	18	81113	9113
20	35	10	81104	9104	70	95	18	81114	9114
25	42	11	81105	9105	75	100	19	81115	9115
30	47	11	81106	9106	80	105	19	81116	9116
35	52	12	81107	9107	85	110	19	81117	9117
40	60	13	81108	9108	90	120	22	81118	9118
45	65	14	81109	9109	100	135	25	81120	9120

附录21　我国和国外主要轴承生产厂电机常用滚动轴承型号对比表（内径≥10mm）

轴承名称		型　号				
		中国		日本 NSK	日本 NTN	瑞典 SKF
		新	旧			
向心深沟球轴承	开启式	61800	1000800	6800	6800	61800
		6200	200	6200	6200	6200
	一面带防尘盖	61800 - Z	106008	6800Z	6800Z	—
	两面带防尘盖	61800 - 2Z	1080800	6800ZZ	6800ZZ	—
		6200 - 2Z	80200	6200ZZ	6200ZZ	6200 - 2Z

（续）

轴承名称		型号				
		中国		日本 NSK	日本 NTN	瑞典 SKF
		新	旧			
向心深沟球轴承	一面带密封圈	61800 - RS	1160800	6800D	6800LU	61800 - RS1
		6200 - RS	160200	6200DU	6200LU	6200 - RS1
		61800 - RZ	1160800K	6800V	6800LB	61800 - RZ
		6200 - RZ	160200K	6200V	6200LB	6200 - RZ
	两面带密封圈	61800 - 2RS	1180800	6800DD	6800LLU	61800 - 2RS1
		6200 - 2RS	180200	6200DDU	6200LLU	6200 - 2RS1
		61800 - 2RZ	1180800K	6800VV	6800LLB	61800 - 2RZ
		6200 - 2RZ	180200K	6200VV	6200LB	6200 - 2RZ
内圈无挡边圆柱滚子轴承		NU1000	32100	NU1000	NU1000	NU1000
		NU200	32200	NU200	NU200	—
		NU200E	32200E	NU200ET	NU200E	NU200EC
推力球轴承		51100	8100	51100	51100	51100
推力圆柱滚子轴承		81100	9100	—	81100	81100

注：NSK 为日本精工公司（Nippon Seiko K. K. Japan），NTN 为日本东洋轴承公司（the Toyo Bearing Mfg Co. Ltd.，Japan），SKF 为瑞典斯凯孚集团。

附录22　径向轴承（圆锥滚子轴承除外）内环尺寸公差表

内径范围 d/mm	公差范围/μm										
	0 级（普通级）				P6 级				P5 级		
	内径	圆度			内径	圆度			内径	圆度	
		直径系列				直径系列				直径系列	
		8,9	0,1	2,3,4		8,9	0,1	2,3,4		8,9	0~4
>2.5~10	0~-8	10	8	6	0~-7	9	7	5	0~-5	5	4
>10~18	0~-8	10	8	6	0~-7	9	7	5	0~-5	5	4
>18~30	0~-10	13	10	8	0~-8	10	8	6	0~-6	6	5
>30~50	0~-12	15	12	9	0~-10	13	10	8	0~-8	8	6
>50~80	0~-15	19	19	11	0~-12	15	15	9	0~-9	9	7
>80~120	0~-20	25	25	15	0~-15	19	19	11	0~-10	10	8
>120~180	0~-25	31	31	19	0~-18	23	23	14	0~-13	13	10
>180~250	0~-30	38	38	23	0~-22	28	28	17	0~-15	15	12
>250~315	0~-35	44	44	26	0~-25	31	31	19	0~-18	18	14
>315~400	0~-40	50	50	30	0~-30	38	38	23	0~-23	23	18
>400~500	0~-45	56	56	34	0~-35	44	44	26	0~-27	27	21

附录 23　径向轴承（圆锥滚子轴承除外）外环尺寸公差表

外径范围 d/mm	公差范围/μm											
	0 级（普通级）				P6 级				P5 级			
	外径	圆度			外径	圆度			外径	圆度	
		直径系列				直径系列				直径系列	
		8,9	0,1	2,3,4		8,9	0,1	2,3,4		8,9	0~4
>6~18	0~-8	10	8	6	0~-7	9	7	5	0~-5	5	4
>18~30	0~-9	12	9	7	0~-8	10	8	6	0~-6	6	5
>30~50	0~-11	14	11	8	0~-9	11	9	7	0~-7	7	5
>50~80	0~-13	16	13	10	0~-11	14	11	8	0~-9	9	7
>80~120	0~-15	19	19	11	0~-13	16	16	10	0~-10	10	8
>120~150	0~-18	23	23	14	0~-15	19	19	11	0~-11	11	8
>150~180	0~-25	31	31	19	0~-18	23	23	14	0~-13	13	10
>180~250	0~-30	38	38	23	0~-20	25	25	15	0~-15	15	11
>250~315	0~-35	44	44	26	0~-25	31	31	19	0~-18	18	14
>315~400	0~-40	50	50	30	0~-28	35	35	21	0~-20	20	15
>400~500	0~-45	56	56	34	0~-33	41	41	25	0~-23	23	17

附录 24　径向轴承（圆锥滚子轴承除外）内外圈厚度尺寸公差表

内径范围 d/mm	公差范围/μm	内径范围 d/mm	公差范围/μm
>2.5~10	0~-120（-40）①	>120~180	0~-250
>10~18	0~-120（-80）①	>180~250	0~-300
>18~30	0~-120	>250~315	0~-350
>30~50	0~-120	>315~400	0~-400
>50~80	0~-150	>400~500	0~-450
>80~120	0~-200		

① 括号内的数字为 P5 级。

附录 25　Y（IP44）系列三相异步电动机现用和曾用轴承牌号

机座号	轴承牌号			
	主轴伸端		非主轴伸端	
	2 极	4、6、8、10 极	2 极	4、6、8、10 极
80	6204-2RZ/Z2（180204K-Z2）			
90	6205-2R/Z2（180205K-Z2）			

（续）

机座号	轴承牌号			
	主轴伸端		非主轴伸端	
	2 极	4、6、8、10 极	2 极	4、6、8、10 极
100	6206－2R/Z2（180206K－Z2）			
112	6206－2R/Z2（180306K－Z2）			
132	6208－2R/Z2（180308K－Z2）			
160	6209/Z2（309－Z2）			
180	6311/Z2（311－Z2）			
200	6312/Z2（312－Z2）			
225	6313/Z2（313－Z2）			
250	6314/Z2（314－Z2）			
280	6314/Z2（314－Z2）	6317/Z2（317－Z2）	6314/Z2（314－Z2）	6317/Z2（317－Z2）
315	6316/Z2（316－Z2）	NU319（2319）	6316/Z2（316－Z2）	6319/Z2（319－Z2）
355	6317/Z2（317－Z2）	NU322（2322）	6317/Z2（316－Z2）	6322/Z2（322－Z2）

注：括号内的为以前曾用过的轴承行业标准 ZBJ11027－1989 中规定的轴承牌号。

附录 26　Y2（IP54）系列三相异步电动机现用和曾用轴承牌号

机座号	轴承牌号			
	主轴伸端		非主轴伸端	
	2 极	4、6、8、10 极	2 极	4、6、8、10 极
80～100	同 Y（IP44）系列			
112	6206－2Z（180206K－Z2）			
132	6208－2Z（180208K－Z2）			
160	6209－2Z（180209K－Z2）	6309－2Z（180309K－Z2）	6209－2Z（180209K－Z2）	
180	6211（211－ZV2）	6311－2Z（311－ZV2）	6211（211－ZV2）	
200	6212（212－ZV2）	6212（312－ZV2）	6212（212－ZV2）	
225	6312（312－ZV2）	6313（313－ZV2）	6312（312－ZV2）	
250	6313（313－ZV2）	6314（314－ZV2）	6313（313－ZV2）	
280	6314（314－ZV2）	6317（316－ZV2）	6314（314－ZV2）	
315	6317（317－ZV2）	NU319（2319－ZV2）	6317（317－ZV2）	6319（319－ZV2）
355	6319（319－ZV2）	NU322（2322－ZV2）	6319（319－ZV2）	6322（322－ZV2）

注：同附录 25。

附录 27　滚动轴承国家标准

序号	编　号	名　　称
1	GB/T 271—2017	滚动轴承 分类
2	GB/T 272—2017	滚动轴承 代号方法
3	GB/T 273. 1—2011	滚动轴承 外形尺寸总方案 第 1 部分：圆锥滚子轴承
4	GB/T 273. 2—2018	滚动轴承 推力轴承 外形尺寸总方案
5	GB/T 273. 3—2015	滚动轴承 向心轴承 外形尺寸总方案
6	GB/T 274—2000	滚动轴承 倒角尺寸最大值
7	GB/T 275—2015	滚动轴承与轴和外壳的配合
8	GB/T 276—2013	滚动轴承 深沟球轴承 外形尺寸
9	GB/T 281—2013	滚动轴承 调心球轴承 外形尺寸
10	GB/T 283—2007	滚动轴承 圆柱滚子轴承 外形尺寸
11	GB/T 285—2013	滚动轴承 双列圆柱滚子轴承 外形尺寸
12	GB/T 288—2013	滚动轴承 调心滚子轴承 外形尺寸
13	GB/T 290—2017	滚动轴承 冲压外圈滚针轴承 外形尺寸
14	GB/T 292—2007	滚动轴承 角接触球轴承 外形尺寸
15	GB/T 294—2015	滚动轴承 三点和四点接触球轴承 外形尺寸
16	GB/T 296—2015	滚动轴承 双列角接触球轴承 外形尺寸
17	GB/T 297—2015	滚动轴承 圆锥滚子轴承 外形尺寸
18	GB/T 299—2008	滚动轴承 双列圆锥滚子轴承 外形尺寸
19	GB/T 300—2008	滚动轴承 四列圆锥滚子轴承 外形尺寸
20	GB/T 301—2015	滚动轴承 推力球轴承 外形尺寸
21	GB/T 305—2019	滚动轴承 外圈上的止动槽和止动环 尺寸和公差
22	GB/T 307. 1—2017	滚动轴承 向心轴承 产品几何技术规范（GPS）和公差
23	GB/T 307. 2—2005	滚动轴承 测量和检验的原则及方法
24	GB/T 307. 3—2017	滚动轴承 通用技术规则
25	GB/T 307. 4—2017	滚动轴承 推力轴承 产品几何技术规范（GPS）和公差
26	GB/T 4199—2003	滚动轴承 公差定义
27	GB/T 4604. 1—2012	滚动轴承 游隙 第 1 部分：向心轴承的游隙
28	GB/T 4648—1996	滚动轴承 圆锥滚子轴承 凸缘外圈 外形尺寸
29	GB/T 4662—2012	滚动轴承 额定静负荷
30	GB/T 4663—2017	滚动轴承 推力圆柱滚子轴承 外形尺寸
31	GB/T 5859—2008	滚动轴承 推力调心滚子轴承 外形尺寸
32	GB/T 5868—2003	滚动轴承 安装尺寸
33	GB/T 6391—2010	滚动轴承 额定动载荷和额定寿命

附录 28　滚动轴承行业标准

序号	编　号	名　称
1	JB/T 2974—2004	滚动轴承 代号方法的补充规定
2	JB/T 3573—2004	滚动轴承 径向游隙的测量方法
3	JB/T 5304—2007	滚动轴承 外球面球轴承 径向游隙
4	JB/T 5313—2001	滚动轴承 振动（速度）测量方法
5	JB/T 5314—2013	滚动轴承 振动（加速度）测量方法
6	JB/T 5386—2005	滚动轴承 机床主轴用双列圆柱滚子轴承 技术条件
7	JB/T 5389. 1—2016	滚动轴承 轧机用滚子轴承 第 1 部分：四列圆柱滚子轴承
8	JB/T 6643—2004	滚动轴承 四点接触球轴承 轴向游隙
9	JB/T 7047—2006	滚动轴承 深沟球轴承振动（加速度）技术条件
10	JB/T 7750—2007	滚动轴承 推力调心滚子轴承 技术条件
11	JB/T 7751—2016	滚动轴承 推力 圆锥滚子轴承
12	JB/T 7752—2017	滚动轴承 密封深沟球轴承 技术条件
13	JB/T 7753—2007	滚动轴承 鼓风机轴承 技术条件
14	JB/T 7754—2007	滚动轴承 双列满装圆柱滚子滚轮轴承
15	JB/T 8211—2005	滚动轴承 推力圆柱滚子和保持架组件及推力垫圈
16	JB/T 8236—2010	滚动轴承 双列和四列圆锥滚子轴承游隙及调整方法
17	JB/T 8570—2008	滚动轴承 碳钢深沟球轴承
18	JB/T 8571—2008	滚动轴承 密封深沟球轴承防尘、漏脂、温升性能试验规程
19	JB/T 8721—2010	滚动轴承 磁电机球轴承
20	JB/T 8722—2010	滚动轴承 煤矿输送机械用轴承
21	JB/T 8880—2010	滚动轴承 电机用深沟球轴承 技术条件
22	JB/T 8922—2011	滚动轴承 圆柱滚子轴承振动（速度）技术条件
23	JB/T 8923—2010	滚动轴承 钢球振动（加速度）技术条件
24	JB/T 10187—2011	滚动轴承 深沟球轴承振动（速度）技术条件
25	JB/T 10235—2001	滚动轴承 圆锥滚子 技术条件
26	JB/T 10236—2014	滚动轴承 圆锥滚子轴承振动（速度）技术条件
27	JB/T 10237—2014	滚动轴承 圆锥滚子轴承振动（加速度）技术条件
28	JB/T 10239—2011	滚动轴承 深沟球轴承用卷边防尘盖 技术条件

参考文献

[1] 王勇. SKF大型混合陶瓷深沟球轴承——风力发电机的可靠解决方案 [J]. 电机控制与应用，2008 (12)：54-57.

[2] 王勇. 风力发电机中的轴承过电流问题 [J]. 电机控制与应用，2008 (9)：15-19.

[3] 王勇. 工业电机中的滚动轴承噪声 [J]. 电机控制与应用，2008 (6)：38-41.

[4] 王勇. 工业电机中的滚动轴承失效分析 [J]. 电机控制与应用，2009 (9)：38-43.

[5] 王勇. 滚动轴承寿命计算 [J]. 电机控制与应用，2009 (7)：14-18.

[6] 王勇. 工业电机滚动轴承润滑方案设计 [J]. 电机控制与应用，2009 (12)：52-56.

[7] 王勇. 工业电机滚动轴承的安装与使用 [J]. 电机控制与应用，2010 (1)：56-60.

[8] 才家刚. 电机故障诊断及修理 [M]. 北京：机械工业出版社，2016.

[9] 才家刚，李兴林，王勇，等. 滚动轴承使用常识 [M]. 2版. 北京：机械工业出版社，2015.

[10] 才家刚，王勇，等. 电机轴承应用技术 [M]. 北京：机械工业出版社，2020.